U0215649

切换随机时滞系统的输出调节

李莉莉　葛　新　金翠丽　宋林阳　著

科学出版社

北　京

内 容 简 介

本书主要阐述基于耗散性和无源性理论的切换随机时滞系统的输出调节问题的基本内容与方法，介绍国内外相关领域的最新研究成果. 本书主要内容如下：时间依赖切换策略下切换随机时滞系统的耗散输出调节问题；误差依赖切换策略下切换随机时滞系统的耗散输出调节问题；带有交叉供给率的切换随机时滞系统的输出调节问题；切换时滞系统基于输出增长无源性的输出调节问题；基于无源性的切换随机时滞系统的异步输出调节问题；基于合并信号法的切换随机时滞系统的无源异步输出调节问题；耗散参数依赖的切换随机时滞系统的异步输出调节问题；基于切换技术的网络化飞行控制系统的事件触发异步输出调节问题.

本书适合切换系统和输出调节问题领域以及以此为工具的研究人员和工程人员阅读，也可作为高等院校控制理论与控制工程及相关专业的研究生及高年级本科生的参考书.

图书在版编目(CIP)数据

切换随机时滞系统的输出调节 / 李莉莉等著. —北京：科学出版社，2019.11

ISBN 978-7-03-062914-2

Ⅰ. ①切… Ⅱ. ①李… Ⅲ. ①时滞系统 Ⅳ. ①TP13

中国版本图书馆 CIP 数据核字(2019)第 242918 号

责任编辑：姜 红 高慧元 / 责任校对：彭珍珍
责任印制：徐晓晨 / 封面设计：无极书装

科 学 出 版 社 出版
北京东黄城根北街 16 号
邮政编码：100717
http://www.sciencep.com

北京中石油彩色印刷有限责任公司 印刷
科学出版社发行 各地新华书店经销
*

2019 年 11 月第 一 版 开本：720 × 1000 1/16
2020 年 1 月第二次印刷 印张：12 1/2
字数：252 000

定价：99.00 元

(如有印装质量问题，我社负责调换)

前　　言

在工程实际中，被控系统的参数和结构往往随着工况不同而发生变化，或是需要在不同工况之间相互转换来完成控制任务，因此许多工程中的系统具有多模态、多层次、强耦合等多种复杂特性. 传统单一的控制系统模型不能很好地描述其动态行为，因此切换系统的研究应运而生. 近年来切换系统的理论研究成果不断涌现，极大地推动了切换技术在复杂网络、电力系统等相关领域的应用，反过来又为切换系统自身的理论研究提出了新问题，例如，实际系统中广泛存在的时滞和随机干扰问题. 切换随机时滞系统因能够更客观、恰当地刻画实际系统的动态行为，近年来在切换系统领域引起了广泛的关注. 另外，作为联系系统输入输出关系的重要性质，耗散性理论及其特殊情况的无源性理论，通过建立存储函数与 Lyapunov 稳定性之间的关系，从能量的角度提出了对控制系统进行分析和综合的理论框架. 这为 Lyapunov 函数的构造提供了新方法，同时为应用耗散性或无源性理论解决控制系统分析与综合问题提供了桥梁. 因此，本书将耗散性和无源性理论拓展到切换系统的框架下，并以此为工具研究切换随机时滞系统的输出调节问题.

本书基于耗散性和无源性理论展开切换系统的输出调节问题的研究. 本书的主要研究结果经过严格的数学理论推导给出证明，并结合仿真算例进行验证. 结合耗散性和无源性理论，本书提出一套切换随机时滞系统的输出调节控制方法，不仅可以拓展切换系统的研究内容，而且对发展并完善切换系统耗散性理论和切换系统输出调节问题控制理论具有重要意义.

作者一直从事切换系统和输出调节问题的研究工作. 本书一方面对作者近年来从事切换系统输出调节问题研究的阶段性工作的心得体会进行总结；另一方面对基于耗散性和无源性理论的切换随机时滞系统的输出调节问题进行较为全面的介绍和探讨.

本书涉及的研究工作得到国家自然科学基金项目(项目编号：61304056，11671184，61773089，61773086，61703445，61703072)、辽宁省自然科学基金项目(项目编号：20170540097)、大连市高层次人才创新支持计划项目(项目编号：2016RQ049，2017RQ072)、中央高校基本科研业务费专项资金项目(项目编号：3132019105)的资助.

在本书出版之际，我由衷地感谢我的导师东北大学赵军教授，是他引领我走进了科研的殿堂，他一丝不苟的治学态度、孜孜以求的科研精神、淡泊名利的学者风度、诲人不倦的师者风范，一直深深影响着我，在此向他表示深深的敬意和衷心的感谢.

衷心感谢我的父母和丈夫，是他们在工作和生活上一如既往的支持、鼓励和奉献才使得本书的撰写工作能够顺利完成. 同时，向所有长久以来一直关心、帮助和支持我的各位师长、朋友和学生表示最崇高的敬意！感谢我的硕士研究生刘晨、罗静文、郭家珺，他们翻译、整理了本书的部分章节，他们的热情帮助使本书得以顺利出版！在撰写本书的过程中，参考了相关的书籍资料和文献，具体文献条目已在书后列出，在此向这些书籍资料和文献的作者表示感谢！

由于作者水平有限，书中难免会有疏漏之处，欢迎读者批评指教，不胜感激.

谨以此书献给我的女儿葛艾礼，愿我的小天使快乐成长！在撰写本书时花费了大量本该陪伴她的业余时间，感谢女儿的理解和等待.

李莉莉

2019 年 1 月 5 日于大连海事大学

目　录

1 绪　论

1.1 引　言

随着交通运输、航空航天、工业制造等行业的迅速发展，以及各类控制系统规模和复杂度的日益增长，现代控制系统的复杂程度、自动化程度以及性能要求也不断提高. 这对传统的控制方法和理论提出了挑战. 切换系统控制理论与方法的提出和发展具有深刻的工程背景，能够更贴切地刻画具有多模型、多层次等典型切换特点的复杂系统模型. 对其进行研究不仅可推动现代控制理论的快速发展，还可以为解决诸多实际问题提供行之有效的方法. 例如，飞行器系统的控制明显地表现出了多个模态，如全包线飞行或多作战任务引起的多模态特性，为了适应不同特性分别设计控制器参数，更好地优化设计，需要利用转换机制发现最符合当前工作状态的模型，并转换到相应的控制器以获得良好的整体控制效果. 此外，继电器闭合、断开两种模式的变换，以及齿轮变速器挡位的变化都是通过切换控制的思想来实现的.

切换系统的概念自提出以来引起了控制领域许多学者的浓厚研究兴趣，涌现出了丰硕的理论成果. 同时，随着切换思想和技术在工程领域中的迅速发展，一些新的问题也促进并推动了切换系统自身的理论研究，如时滞和随机干扰. 在实际问题的控制过程中，大多数系统的发展进程不仅依赖于当前的系统状态，还需要参考过去的系统状态. 另外，确定性的系统模型实则是对实际系统的简化，虽然具有易于分析与综合控制的优点，却越来越难以满足工程实际的高精度需求，所以系统的模型化有必要借助随机微分方程来描述随机扰动因素. 时滞和随机干扰往往是系统性能变差甚至系统不稳定的根源，这使得系统的分析和综合变得更加复杂和困难. 切换随机时滞系统因能够更客观、恰当地刻画实际系统的动态行为，近年来在切换系统领域引起了广泛的关注.

另外，耗散性及其特例无源性在控制领域中的应用起源于 Kalman、Yakubovich、Popov、Willems 等先驱关于稳定性和正实性等方面的开创性工作，经 Desoer、Moylan、Byrnes 等学者进一步发展，以及众多控制领域学者的共同努力，取得了相当丰富的成果，发现了耗散性及无源性与稳定性、鲁棒控制、优化控制等之间的密切联系，最终形成了耗散性和无源性理论. 作为联系系统输入输出关系的重要性质，耗散性理论及其特殊情况的无源性理论，通过建立存储函数与 Lyapunov 稳定性之间的关系，从能量的角度提出了对控制系统进行分析和综合的理论框架. 这为Lyapunov函数的构造提供了新方法，也为应用耗散性或无源性理论解决控制系统分析与综合问题提供了桥梁和有力的工具. 同时，耗散性或无源性理论的概念广泛存在于物理、力学等领域，其在电路、网络、热力学等方面也发挥了越来越重要的作用. 关于系统耗散性和无源性的研究不仅具有重要的理论意义，而且具有广泛的应用价值. 然而，由于切换随机时滞系统的复杂性，这类系统的耗散性和无源性理论研究变得十分复杂.

此外，为了处理各类控制系统的精度要求不断提高、运行环境日益复杂、系统干扰源增多等情况，在系统设计过程中应采用能够抑制干扰的控制方法. 输出调节问题正是由高速列车的振动抑制、汽车发动机的时速调控、飞行器的干扰抑制、恶劣天气条件下飞行器的起飞和着陆、机器人的协调和操纵等实际控制问题的数学公式化而产生的. 输出调节问题是控制理论与应用领域的核心问题之一，已经引起了控制界几十年的关注，并成为现代控制理论与应用发展的推动力. 虽然跟踪和/或干扰抑制问题是控制系统设计中普遍存在的任务，并且可以由各种方法处理，但是输出调节问题与其他处理跟踪问题和干扰抑制问题的方法不同，它旨在处理由微分方程组生成的参考输入信号和外部扰动. 这个微分方程组称为外系统，由外系统产生的信号称为外部信号，它模拟参考输入和干扰信号. 控制系统的镇定问题、跟踪问题、干扰抑制问题等均可视为输出调节问题的特例. 例如，如果系统的外部干扰为零，那么输出调节问题就可以退化为系统的镇定问题；如果系统外部干扰为常数，那么输出调节问题就可以归结为系统的输出跟踪问题. 切换随机时滞系统中连续动态和离散事件的相互作用、时滞和随机干扰使得其输出调节问题研究变得更加困难，同时也更加有意义.

因此，本书针对系统动态受随机干扰影响的切换随机时滞系统，以及系统动态和切换信号中带有时滞的切换随机时滞系统，基于耗散性和无源性理论比较深入地研究输出调节问题.

1.2　切换随机时滞系统概述

切换随机时滞系统是在系统模型和切换信号中考虑了时滞和随机干扰因素的一类复杂而特殊的切换系统，其研究主要是随着混杂系统以及作为其特殊形式的切换系统的研究而展开的. 随着科学技术的发展，现代工业过程中遇到的各种控制和管理问题变得越来越复杂. 这些系统常常包括连续(或离散)时间动态系统、离散事件动态系统，以及二者之间的相互耦合作用，表现出高度“混杂”的特性，称为混杂系统. 这类系统中所包含的连续状态和离散状态、连续控制和离散控制间的相互作用影响着彼此的行为方式. 单纯地依靠连续系统或离散系统的控制方法已不能完整地刻画出这类系统的实际动态行为，更加难以对系统实施高精度的控制. 因此，无论从实际工程角度还是从理论研究角度，都迫切需要一种能够将连续动态和离散动态有机地结合起来的控制方法. 在此背景下，混杂系统和切换系统方面的研究应运而生，成为当今崭新且充满活力的研究领域之一[1-6]，并在工程实践中得到广泛的运用[7, 8]. 混杂系统和切换系统的相关研究成果大多基于确定性模型. 然而，实际系统中往往同时存在各种时延和随机干扰，这使得系统模型难以单一地依靠切换系统、时滞系统或随机系统模型来精确地描述.

1.2.1 切换随机时滞系统的模型

建立反映随机、时延、多模型因素影响的切换随机时滞系统模型更符合实际工程的特点. 切换随机时滞系统的模型分别来源于切换系统、随机系统、时滞系统的研究.

从系统与控制科学角度来说，切换系统是一类重要而特殊的混杂系统，可以看作由一组连续(或离散)时间系统及一条决定各系统之间如何切换的规则组成，整个切换系统的运行情况由这条切换规则决定. 这条规则也称为切换律、切换信号或切换函数，它通常是依赖于状态或时间的分段常值函数. 由于在实际中的广泛应用，切换系统得到了很多学者的广泛关注[9-16]. 与一般的混杂系统相比，切换系统的结构简单，便于分析和设计，是目前国际上从系统与控制科学的角度进行混杂系统理论与应用研究中非常活跃的一个分支.

一个由 l 个子系统构成的连续切换系统由如下数学模型描述[6]：

$$\begin{cases} \dot{x}(t) = g_\sigma(t, x(t), u(t), v(t)) \\ y(t) = h_\sigma(t, x(t), v(t)) \\ x(t_0) = x_0 \end{cases} \tag{1.1}$$

式中， $x(t) \in \Re^n$ 是系统的状态； $u(t) \in \Re^m$ 是控制输入； $y(t) \in \Re^p$ 是系统的输出； $v(t) \in \Re^r$ 是外部信号(如干扰等)；取值于 $\varXi \overset{\text{def}}{=\!=} \{1, 2, \cdots, l\}$ 的分段常值函数 σ 表示切换规则， g_σ 、 h_σ 为光滑的向量场. 图 1.1 给出了一个简单的切换系统结构框图.

由图 1.1 可知，切换系统本质上是一种多模型的结构，它的每个子模型

$$\begin{cases} \dot{x}(t) = g_i(t, x(t), u(t), v(t)), \quad x(t_0) = x_0 \\ y(t) = h_i(t, x(t), v(t)) \end{cases} \tag{1.2}$$

称为切换系统(1.1)的第 i 个子系统， $i \in \varXi$.

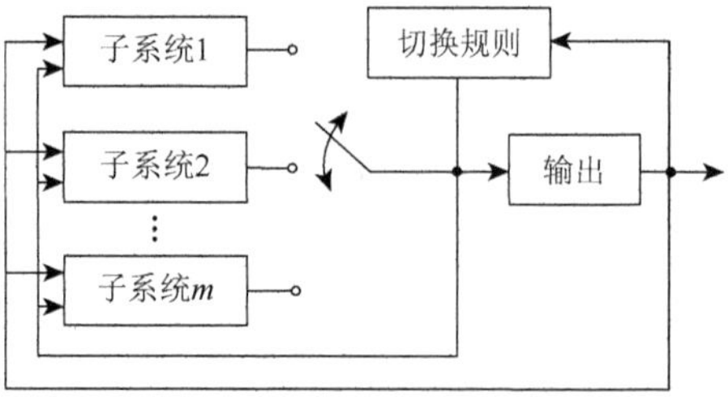

图 1.1　切换系统的结构框图

切换系统的动态由各子系统的动态和切换规则共同确定. 切换规则可以依赖于时间、系统的状态变量、输出变量、系统的外部信号、其本身过去值，其一般形式可表示为

$$\sigma(t^+) = \varphi(t, \sigma(t^-), x(t), y(t), v(t)), \quad t \geqslant 0$$

式中，$\sigma(t^+) = \lim\limits_{h \to 0^+} \sigma(t+h)$；$\sigma(t^-) = \lim\limits_{h \to 0^-} \sigma(t+h)$；$\sigma = i$ 表示第 i 个子系统被激活. 显然，在任一时刻有且仅有一个子系统被激活. 另外，假设切换规则 σ 在有限的时间区间上具有有限次切换.

对于同一个切换系统，执行不同的切换规则可能产生完全不同的系统行为，从而切换规则的设计在切换系统的综合中起到举足轻重的作用.

例 1.1　考虑下面的线性切换系统：

$$\dot{x}(t) = A_\sigma x(t), \quad \sigma \in \{1,2\} \tag{1.3}$$

式中，

$$A_1 = \begin{bmatrix} -0.5 & -0.4 \\ 3 & -0.5 \end{bmatrix}, \quad A_2 = \begin{bmatrix} -0.5 & -3 \\ 0.4 & -0.5 \end{bmatrix}$$

容易验证切换系统的两个子系统都是稳定的，其状态轨线如图 1.2(a) 和图 1.2(b) 所示. 下面选取两种不同的切换规则使得切换系统得到两种截然不同的结果，即系统是稳定的和不稳定的. 从任意初始状态出发，首先取切换规则(I)为：当系统轨迹进入第一、三象限时，切换系统切换到第二个子系统；当系统轨迹进入第二、四象限时，切换系统切换到第一个子系统. 其状态轨线的相平面如图 1.2(c) 所示，得到的切换系统是渐近稳定的. 然后选取切换规则(II)为：当系统轨迹进入第一、三象限时，切换系统切换到第一个子系统；当系统轨迹进入第二、四象限时，切换系统切换到第二个子系统. 其状态轨线的相平面如图 1.2(d) 所示，得到的切换系统是发散的.

由例 1.1 可以看出，选择不同的切换规则，可能导致切换系统稳定或者不稳定，得到截然相反的结论. 通过设计适当的切换规则可能使得各子系统都不稳定的切换系统达到稳定，从而实现通常系统不能实现的性能.

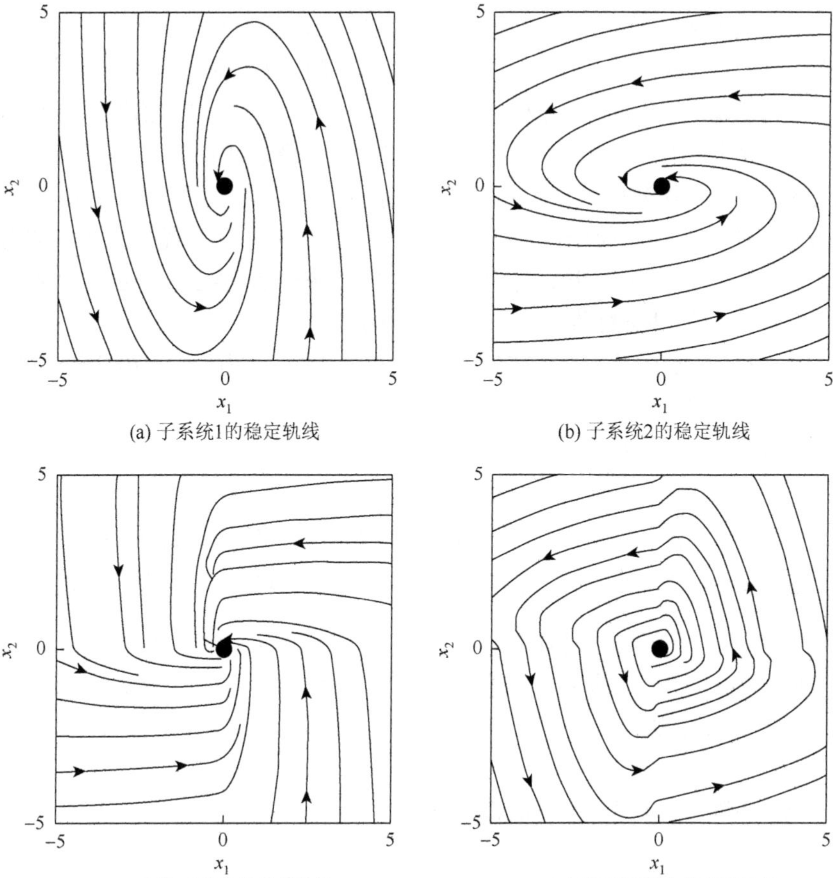

(a) 子系统1的稳定轨线　(b) 子系统2的稳定轨线

(c) 切换后稳定的系统轨线　(d) 切换后不稳定的系统轨线

图 1.2　切换系统(1.3)的相平面轨线

切换规则 σ 指挥并协调了切换系统各子系统的动态行为. 与连续系统或离散系统相比，切换系统的本质是切换，其性质不是各子系统性质的简单叠加. “切换”导致子系统的全部性质(如稳定性、可控性、可观性甚至是状态的有界性等)均不能保证得到继承. 因此，对于切换系统的研究是非常有必要的.

随着工程技术对系统精度要求的不断提高，随机因素对系统的控制性能影响逐渐引起人们的重视. 随机因素作用下的微分动力系统建模为随机系统. 具有高斯白噪声的 Itô 型随机系统是其中非常重要的一类系统类型，其一般形式如下：

$$\mathrm{d}x(t) = f_{1\sigma}(t, x(t))\mathrm{d}t + f_{2\sigma}(t, x(t))\mathrm{d}\omega(t)$$

式中，$\omega(t)$ 为 m 维布朗运动. 布朗运动的形式导数 $\dfrac{\mathrm{d}\omega(t)}{\mathrm{d}t}$ 也是有均值的高斯过程，也具有高斯白噪声的性质.

在工程实际中，系统状态的发展趋势通常不仅与当前状态有关，而且与系统过去的状态有关，该现象称为滞后. 它通常是系统不稳定的根源，对实际系统性能的影响往往不可忽视. 在非切换系统模型中，时滞常被描述为包含在系统状态中的有界未知常量或有界未知时变函数. 在切换系统模型中，时滞还可能存在于切换信号中，这种情况下执行器的切换信号超前或滞后于子系统的切换信号，即异步切换.

综上所述，实际系统中往往同时存在各种时延和随机干扰，因此本书考虑系统动态受随机干扰和时滞影响的切换随机时滞系统，这类系统能够更客观、恰当地刻画实际系统的动态行为，其一般数学模型如下：

$$\begin{cases} \mathrm{d}x(t) = f_{1\sigma}(t,x(t),x(t-d(t)),u_{\sigma'}(t),v(t))\mathrm{d}t + f_{2\sigma}(t,x(t),x(t-d(t)))\mathrm{d}\omega(t) \\ z(t) = f_{3\sigma}(t,x(t),x(t-d(t)),u_{\sigma'}(t),v(t)) \\ e(t) = f_{4\sigma}(t,x(t),x(t-d(t)),u_{\sigma'}(t),v(t)) \\ x(\theta) = \psi(\theta), \quad \theta \in [-\tau, 0] \end{cases} \tag{1.4}$$

式中，$x(t)\in\Re^n$ 是系统的状态；$z(t)\in\Re^p$ 是系统被控输出；$e(t)\in\Re^q$ 是系统输出误差；$u(t)\in\Re^m$ 是控制输入；$v(t)\in\Re^r$ 是外部扰动输入；$\omega(t)$ 是定义在概率空间上的布朗运动；$d(t)$ 是时变时滞，其初始条件为 $\psi(\theta)$；取值于 $\varXi \overset{\text{def}}{=\!=} \{1,2,\cdots,l\}$ 的分段常值函数 σ 和 σ' 分别是系统和控制器的切换规则；$f_{i\sigma}(i\in\{1,2,3,4\})$ 是适当维数的已知非线性函数.

1.2.2　切换随机时滞系统的研究背景

切换随机时滞系统在系统模型和切换信号中考虑了多模型、随机和时滞因素，因此具有切换系统、随机系统、时滞系统的应用背景.

切换现象广泛存在于工程实际中，如机器人制造[17]、交通控制、飞行器控制等[18]. 引入切换控制技术既可以完成一般连续控制系统无法完成的任务，如提高系统控制性能[19, 20]、解决单一连续控制器不能解决一些复杂非线性系统的控制问题[21, 22]等，又可以改善系统的暂态特性[23, 24]. 事实上，切换系统的例子在日常生活中随处可见，下面给出一个切换系统的实例.

例 1.2　双水塔系统[25].

如图 1.3 所示，双水塔系统由两个水塔组成. 其中水通过软管以固定的速度 w 向塔内注水，两个水塔分别以固定的速度 v_1 和 v_2 向外排水，在每个时刻软管只能向一个水塔中注水. 控制目标是保持两个水塔的水位在预先规定的水位 r_1 和 r_2 之上. 为此，需要设计一个切换的控制器，实现供水软管在两个水塔之间的切

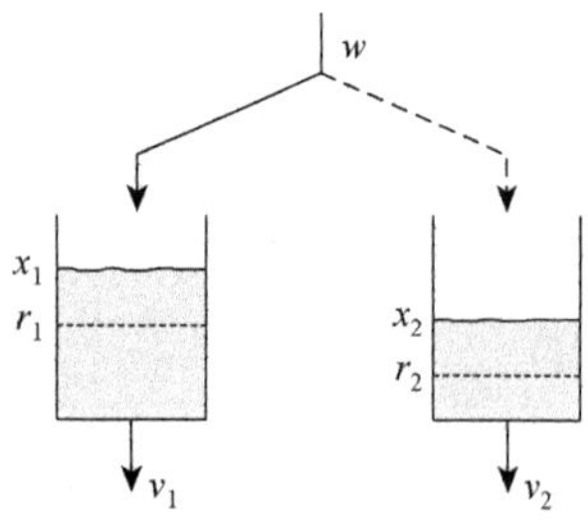

图 1.3　双水塔系统

换. 假设切换是瞬间完成的，且最初的水位在规定水位之上，即 $x_1 \geqslant r_1$，$x_2 \geqslant r_2$. 当某个水塔中的水位下降到规定水位之下的时候，控制器切换软管给这个水塔注水.

该双水塔系统可以用一个切换系统来描述. 系统的两个连续状态 x_1 和 x_2 分别表示这两个水塔的水位，系统的两个离散状态 q_1 和 q_2 分别表示向第一个水塔注水和向第二个水塔注水.

当向第一个水塔(模型 q_1)注水时，连续动态为

$$\begin{bmatrix} \dot{x}_1 \\ \dot{x}_2 \end{bmatrix} = \begin{bmatrix} w - v_1 \\ -v_2 \end{bmatrix}$$

当向第二个水塔(模型 q_2)注水时，连续动态为

$$\begin{bmatrix} \dot{x}_1 \\ \dot{x}_2 \end{bmatrix} = \begin{bmatrix} -v_1 \\ w - v_2 \end{bmatrix}$$

离散动态是 $q_1 \to q_2$ 和 $q_2 \to q_1$ 的切换. $q_1 \to q_2$ 的切换条件是

$$A_{12} = \left\{ \begin{bmatrix} x_1 \\ x_2 \end{bmatrix} \in \Re^2 \mid x_2 \leqslant r_2 \right\}$$

$q_2 \to q_1$ 的切换条件是

$$A_{21} = \left\{ \begin{bmatrix} x_1 \\ x_2 \end{bmatrix} \in \Re^2 \mid x_1 \leqslant r_1 \right\}$$

该切换系统如图 1.4 所示.

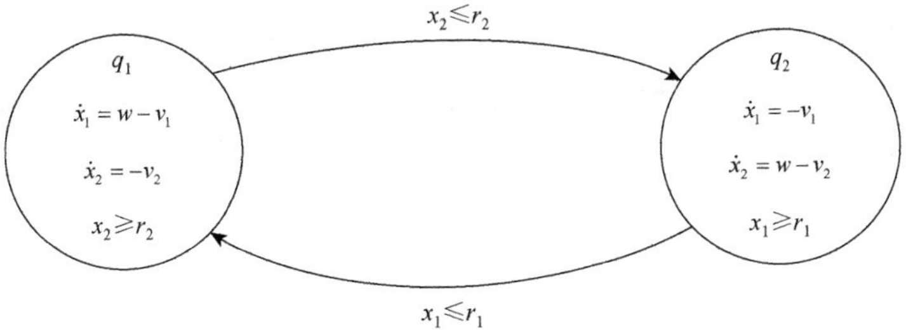

图 1.4 双水塔切换系统

切换系统的研究受到越来越多学者的关注，大多数研究成果集中于子系统为确定性系统的情况. 然而，这种情况对于实际系统来说过于理想化. 科学技术的快速发展对控制系统的精度提出了越来越高的要求，为了更精确地刻画实际系统的运行状况，在对实际系统建模时有必要考虑随机因素对系统的影响. 随机系统理论可看作确定性系统理论与随机过程理论的结合. 其中，高斯白噪声就是一种典型的零均值的平稳随机过程. 很多实际系统模型都使用高斯白噪声来描述随机干扰因素对系统的影响. 具有高斯白噪声的随机系统一般可分为 Itô 型随机系统和非

Itô 型随机系统，其中 Itô 型随机系统更为常见，其控制理论依赖于 Itô 型随机微分方程的相关理论. 1827 年，布朗运动的发现开启了随机微分方程理论的研究工作. 随后，法国数学家 Bachelier 于 1900 年在他的博士学位论文 *The Theory of Speculation* 中用布朗运动刻画金融领域的股票价格，并给出价格运行的随机模型. 1902 年，Gibbs[26]在研究保守力学系统哈密顿-雅可比微分系统的积分问题时，首次提出随机微分方程问题. 虽然之后的半个世纪，学者在随机系统理论方面取得了一定的研究成果，但直到日本数学家 Itô 将布朗运动引进随机积分[27]，并给出计算随机积分的公式[28]，随机系统理论体系才得以建立. 此后，随机微分方程的研究在工业、社会、经济等众多研究领域中都得到了广泛的关注. 例如，金融领域描述收益率波动的期权定价数学模型[29, 30]及工业领域描述白噪声对系统的影响[31, 32]等，都采用 Itô 型随机微分方程. 广泛的实际应用背景使得 Itô 型随机微分方程的理论研究受到高度重视.

另外，时滞现象广泛地存在于生物学、物理学、机械工程和信息技术等领域，亟待解决的相关实际问题推动了学者的研究. 例如，网络传输和排队的时延、弹性力学的滞后效应、传染病的潜伏期等. 传送系统、电力系统、通信系统等包含物质和信息传输的系统都是典型的时滞系统. 时滞通常会影响系统的性能，甚至导致系统不稳定. 近年来，时滞系统的性能分析与控制综合问题引起了人们的广泛关注和研究. 另外，在切换系统的模型中，时滞不仅可能会出现在系统的状态里，而且可能会存在于切换规则中. 这是由于在工程实际中，辨识系统模态和对系统施加相应的执行器需要花费一定的时间，从而导致在系统模态和执行器的切换过程中不可避免地会出现异步切换现象，即执行器的切换模态与子系统的切换模态不匹配的情况. 当两种模态不匹配时，不匹配的执行器施加在子系统上可能会导致切换系统不稳定. 因此，为了对系统进行有效的控制，研究切换系统的异步切换现象具有重要的实际意义.

综上，受随机干扰和时滞影响的切换随机时滞系统由于能够更客观、恰当地刻画实际系统的动态行为从而具有广泛的实际应用背景，成为理论研究中一类重要的系统模型.

1.2.3 切换系统的研究现状

稳定性作为控制系统的最基本性质，在切换系统研究初期吸引了大量学者的深入讨论. 尽管引入合理的切换规则可以提升整个系统的性能，但是切换行为也增加了切换系统稳定性分析的难度. 切换信号在切换系统的稳定性分析中起着关键性的作用，由此切换系统的稳定性大体可以分为两类：任意切换信号下的稳定性和限制切换信号下的稳定性[9, 33-35].

在工程问题中常常会遇到事先并不知道或者无法确定切换信号的情况，因此研究切换系统在任意切换之下的稳定性问题具有重大的意义. 针对任意切换信号下切换系统的稳定性分析，当前最主要的研究手段是共同 Lyapunov 函数方法，即切换系统对于任意的切换信号都稳定的充要条件是各个子系统都拥有一个共同的 Lyapunov 函数. 因此，寻求共同 Lyapunov 函数的存在条件[36]、构造共同 Lyapunov 函数的方法成为研究切换系统稳定性问题的核心内容. Liberzon 等[37]利用李代数的可解性条件，给出了切换线性系统对任意切换信号都具有渐近稳定性的一个充分条件，并证明了任意一组线性系统如果满足该李代数条件，那么就存在一个共同的二次 Lyapunov 函数. 文献[38]、[39]通过研究含有两个线性时不变子系统的一类切换系统的稳定性问题，给出了存在共同的二次 Lyapunov 函数的充分条件. 文献[40]引入一个线性不等式条件来保证共同的 Lyapunov 函数的存在性，研究了一类非线性切换系统的稳定性. 文献[41]给出了一种构造切换二次 Lyapunov 函数的方法，并利用该方法对任意切换下切换系统的稳定性分析和控制综合进行了研究.

由于切换系统的结构特点，为各子系统构造共同的 Lyapunov 函数显然是非常保守的. 事实上，实际系统中存在共同的 Lyapunov 函数的情况并不多见，尤其是非线性切换系统. 当子系统不存在共同的 Lyapunov 函数时，切换系统的稳定性就依赖于切换规则. 于是，人们开始寻求切换系统在这些限制切换信号下的稳定性条件. 限制切换又可以分为驻留时间切换、平均驻留时间切换、模型依赖平均驻留时间切换、状态依赖切换.

即使所有的子系统都是稳定的，不合理的切换规则也会导致切换系统变得不稳定[9]，如果能够确保所有稳定子系统之间的切换足够慢，那么整个系统仍然能够保持稳定，这就是所谓的慢切换. 文献[42]首先提出了驻留时间的方法用于刻画慢切换信号，即限制切换信号满足连续切换时刻之间的时间间隔要超过一个特定的值 $t_{i+1}-t_i \geqslant \tau_d$ (通常称 τ_d 为驻留时间). 然而在控制切换背景下，指定一个驻留时间太过严格. 在此基础上，文献[43]将驻留时间的概念进行了推广，提出平均驻留时间的概念. 也就是说，对于一个切换信号 $\sigma(t)$ 与任意时刻 $t_2 \geqslant t_1 \geqslant 0$，记 $N_\sigma(t_2,t_1)$ 为切换信号 $\sigma(t)$ 在开区间 (t_1,t_2) 上断点的个数，如果存在两个正数 N_0 和 τ_a 满足不等式 $N_\sigma(t_2,t_1) \leqslant N_0+(t_2-t_1)/\tau_a$，则称 τ_a 为切换信号 $\sigma(t)$ 的平均驻留时间，称 N_0 为抖振界. 因此平均驻留时间概念涵盖了驻留时间概念，并且当平均驻留时间无限小时，这种切换接近于任意切换，因此，平均驻留时间方法更具理论和实践意义. 文献[44]针对同时含有稳定和不稳定子系统的切换线性系统的稳定性进行了研究，结果指出，如果切换信号的平均驻留时间足够大，并且稳定子系统与不稳定子系统的总激活时间比率不小于一个指定的常数，那么切换系统是指数稳定的. 文献[45]首次提出了切换时滞系统理论模型，并基于平均驻留时间建立了切换时滞系统稳定的切换信号及切换控制器的构造方法.

对平均驻留时间切换信号的限制是任意两个连续切换时刻之间的平均时间间隔不少于τ_a，而τ_a由所有子系统的 Lyapunov 函数共有的递增系数μ和所有子系统共有的衰减率λ决定. 文献[46]指出为所有子系统配置相同的参数将会产生一定的保守性，提出了模型依赖平均驻留时间的概念，即对于一个切换信号$\sigma(t)$和任意时刻$T \geqslant t \geqslant 0$，分别记$N_{\sigma p}$和$T_p(T,t)$为第$p$个子系统在区间$[t,T]$上激活时的切换次数和总的运行时间，如果存在正数$N_{\sigma p}$和$\tau_{ap}$使得$N_{\sigma p}(T,t) \leqslant N_{0p} + T_p(T,t)/\tau_{ap}$成立，则称$\tau_{ap}$为模型依赖平均驻留时间，$N_{0p}$为模型依赖抖振界. 与平均驻留时间相比，模型依赖平均驻留时间的特点是每个p子系统都有自己的平均驻留时间τ_{ap}，τ_{ap}的计算依赖于p子系统自身所对应的 Lyapunov 函数的递增系数μ_p和衰减率λ_p. 因此模型依赖平均驻留时间切换信号下的切换系统的稳定性分析和控制器的设计更加灵活，并且得到的相关结论具有较小的保守性.

当系统状态轨迹穿越状态空间中的某一超平面(称为切换面)时导致切换行为的发生，这种类型的限制切换通常称为状态依赖切换[9]. 现有的状态依赖切换信号的处理方法主要有单 Lyapunov 函数方法和多 Lyapunov 函数方法，它们是传统 Lyapunov 函数方法在切换系统中的推广形式[47]，使用这两种方法常常需要对整个状态空间进行分割，而分割后的每个子区域对应切换系统的每个子系统. 单 Lyapunov 函数方法为每个子系统共用同一个类 Lyapunov 函数，其中类 Lyapunov 函数只要求在子系统被激活的时间段内下降，且单 Lyapunov 函数在切换点处是连续的，原理如图 1.5 所示. 单 Lyapunov 函数方法需要对切换系统的子系统找到同一个在整个状态空间递减的 Lyapunov 函数，这就为较多 Lyapunov 函数增加了保守性，因为多 Lyapunov 函数方法可以使得各个子系统选取各自的 Lyapunov 函数. 多 Lyapunov 函数的原理解释为：与系统(1.1)的l个子系统相对应，将整个状态空间$\Re^n$分割成l个子区域Ω_i，且$\bigcup_{i=1}^{l}\Omega_i = \Re^n$，$\mathrm{int}\Omega_i \cap \mathrm{int}\Omega_j = \Phi$. 每个子系统(1.2)都有各

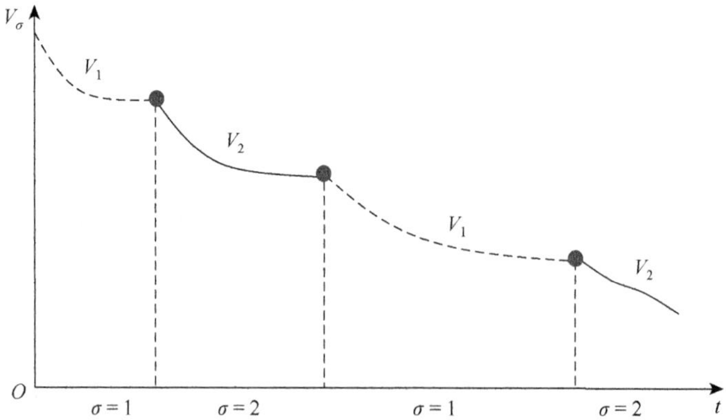

图 1.5　单 Lyapunov 函数方法原理

自的类 Lyapunov 函数的终点值(或起点值)小于上一次被激活时类 Lyapunov 函数的终点值(或起点值)，整个系统的能量将呈现递减趋势，则系统(1.1)全局渐近稳定，如图 1.6 所示.

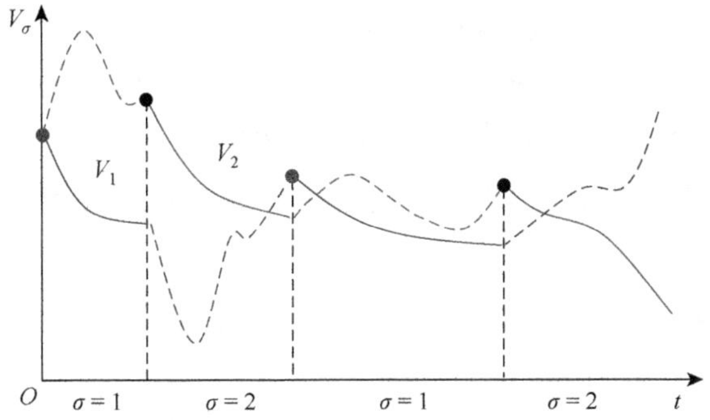

图 1.6 多 Lyapunov 函数方法原理

文献[48]利用多 Lyapunov 函数方法给出了非线性连续切换系统和非线性离散切换系统稳定性的结果. 文献[49]定义了更一般意义上的多 Lyapunov 函数，不要求在切换点处严格非增的条件，突破了文献[48]对单调性的限制，使多 Lyapunov 函数方法适用范围更为广泛. 随着切换系统理论的不断完善，越来越多的问题都可以借鉴稳定性的研究方法来展开研究，例如，切换系统的能控性和能观性[50, 51]、最优控制[52, 53]、鲁棒控制[54, 55]、自适应控制[56, 57]、H_∞ 控制及 L_2 增益分析[58, 59]等都取得了丰硕的成果.

1.2.4 切换随机时滞系统的研究现状

由于能够更客观、恰当地刻画实际系统的动态行为，切换随机时滞系统具有广泛的实际应用背景，成为理论研究中一类重要的系统模型.

在时滞系统的研究中，所得结果的条件判据可以根据是否包含时滞参数相关信息分为时滞无关条件和时滞依赖条件两类. 一般来说，时滞无关的条件判据不包含时滞信息，比较容易验证，比较适用于时滞未知的系统. 然而，时滞依赖条件通常比时滞无关条件的保守性小. 因此，近年来在时滞系统的研究中，时滞相关的分析与综合问题已经引起了人们的重视. 时滞系统稳定性的分析方法主要有两种，分别为频域方法和时域方法. 频域方法是基于经典控制理论的方法，通过分析时滞系统特征根的分布来判别系统的稳定性. 当系统特征根的分布不易判断、系统存在不确定性或系统时滞为时变时滞时，频域方法不再适用. 频域方法的局限性促使学者另辟蹊径，建立了时域方法. 目前研究者大多采用时域方法处理时滞. 例如，

Lyapunov-Krasovskii (L-K) 泛函方法[60, 61]和 Lyapunov-Razumikhin (L-R) 函数方法[62]. 然而，L-R 函数方法和完整 L-K 泛函方法[63]在处理时滞时分别有保守性大和计算量大的缺点. 为了改进上述的不足，研究者提出了简单 L-K 泛函方法[64]. 模型变换法[65-67]和自由权矩阵 (free weighting matrices，FWM) 方法[68]被提出来后也被广泛地用于研究时滞系统. Jensen 积分不等式[69]及其各种变式也是处理时滞项的一种有效方法. 最近几年，Wirtinger 积分不等式[70-73]作为 Jensen 积分不等式的扩展形式被提出来. 它不仅与状态 $x(t)$ 和延迟 $x(t-h)$ 有关，还取决于状态对延迟的积分 $\int_t^{t-h} x(s)\mathrm{d}s$. 在计算 L-K 泛函的导数时，利用 Wirtinger 积分不等式所得的结果更加精确，具有更小的保守性.

在切换系统的模型或者切换信号中，同时或者分别存在时滞的系统，称为切换时滞系统，它是一类非常特殊的切换系统. 由于连续动态、离散动态以及时滞之间的相互作用，切换时滞系统的行为比不存在时滞的切换系统或者非切换时滞系统的行为更为复杂. 近年来，切换时滞系统的研究受到了国内外学者的广泛关注并取得了丰硕的成果[74-78]. 例如，文献[79]和[80]分别研究了一类线性切换离散时滞系统和切换连续时滞系统的稳定性分析问题. 文献[81]研究了线性切换时滞系统的基于观测器的模型参考输出反馈跟踪控制问题. 文献[82]和[83]分别对一类奇异非线性切换时滞系统和一类具有扰动的非线性切换时滞系统进行了稳定性分析. 文献[84]在允许子系统 Hurwitz 不稳定的前提下，采用平均驻留时间方法对一类非线性切换时滞系统进行稳定性分析. 文献[85]对一类具有故障执行器的切换模糊时滞系统进行了可靠性分析. 文献[86]针对切换时滞系统，运用模型转换和不涉及 L-K 泛函的方法讨论了其指数镇定问题，并且在满足平均驻留时间的切换规则下给出了该系统的新的指数稳定性标准. 对于切换信号中存在滞后的异步切换问题，主要采用的是平均驻留时间方法. 即根据切换信号中的时滞信息将系统的整个运行区间分为系统模态与执行器模态匹配的区间和不匹配的区间，分别进行分析，考虑在切换点前后 Lyapunov 函数的关系，从而得到切换系统在整个运行区间上的稳定性.

对于 Itô 型随机系统，近十几年来的研究工作主要集中在不确定随机系统的稳定性分析、中立随机系统稳定性分析、随机系统的鲁棒控制以及随机系统的滤波问题等. 例如，文献[87]针对具有多面体不确定性的连续时间随机系统，提出了两个新的参数相关的有界实引理. 一种是基于 Lyapunov 矩阵与系统矩阵之间的乘积项解耦，将原系统转换为等价的描述系统形式，另一种是通过定义多个 Lyapunov 函数并结合新的边界技术得到. 这两种改进的有界实引理表示为线性矩阵不等式条件，用标准的数值软件可以很容易地对其进行检验. 文献[88]讨论了一类具有时变时滞的不确定随机系统的鲁棒时滞相关指数稳定性问题. 不确定性假定为范数有界形式.

利用新的 L-K 泛函和 FWM 方法，从线性矩阵不等式出发，导出了一个不太保守的鲁棒指数稳定条件. 文献[89]讨论了中立型随机线性系统的均方指数稳定性. 应用 L-K 理论，提出了一种基于线性矩阵不等式的时滞相关稳定条件. 由于避免了模型变换、交叉项边界技术或附加矩阵变量的使用，该方法得到了一个简单的准则，显示出较少的保守性. 在不存在随机扰动的情况下，广义 Finsler 引理简化为标准的 Finsler 引理，可用于随机时滞系统的分析和综合. 此外，还利用广义 Finsler 引理方法得到了一类具有不同离散和中立时滞的随机中立系统的稳定性判据. 文献[90]研究具有时变时滞的不确定随机系统的滑模控制问题. 控制系统中可能出现时变参数不确定性和未知非线性函数. 首先构造整体滑动面. 然后，利用线性矩阵不等式给出了一个充分条件，以保证在给定的切换面上，所有可容许的不确定性下随机动力学的全局随机稳定性. 综合滑模控制器保证了指定滑面的可达性. 文献[91]研究了由 Itô 型随机微分方程描述的非线性随机系统的滑模控制问题，控制系统中存在状态噪声和外部干扰噪声，利用 H_∞扰动衰减技术，提出了一种新的滑模控制方法，使系统在一定的 H_∞性能下具有渐近稳定的概率，通过非线性哈密顿-雅可比型不等式，得到了这些问题可解性的充分条件. 文献[92]提出了状态和观测参数未知的不确定线性随机系统的均方联合滤波和参数识别问题，并将未知参数视为维纳过程. 将原始问题归结为扩展状态向量的滤波问题，该扩展状态向量将参数作为附加状态. 所得到的滤波系统状态为多项式，观测结果为线性. 得到的扩展状态向量的均方滤波器也可作为未知参数的均方标识符. 文献[93]研究了具有模式依赖的量子化输出测量的不确定随机系统的滤波器设计问题. 这种对应关系涉及输出对数量化、马尔可夫跳跃参数、Itô 型随机噪声和状态噪声. 通过有效的数学变换，将系统方程中输出的量化误差转化为有界的非线性. 在该模型的基础上，设计了一种模式依赖的 H_∞滤波器，并建立了使滤波误差系统具有较强的随机稳定性的充分条件.

实际系统中往往同时存在各种干扰和不确定因素，这使得系统模型难以单一地依靠切换系统、时滞系统或随机系统模型来描述. 因此，切换随机时滞系统激发了学者的研究兴趣，并已经取得一定的研究成果. 文献[94]、[95]分别对一类非线性切换随机时滞系统和一类切换随机时滞网络系统进行了稳定性分析. 在考虑切换时延的情况下，文献[96]解决了一类线性切换随机时滞系统的异步镇定问题. 文献[97]给出一类离散切换随机时滞系统的异步滤波的设计方案. 文献[98]、[99]基于平均驻留时间方法，讨论了两类观测数据丢失的离散时间切换随机时滞系统的非脆弱控制问题，文献[99]的结果可应用于水质监测. 文献[100]研究了在任意切换下切换随机非线性时滞系统的全局输出反馈镇定问题. 文献[101]利用平均驻留时间方法，通过考虑包含稳定的子系统和既包含稳定也包含不稳定子系统两种形式研究中立切换随机时滞系统的稳定性问题. 文献[102]针对一类具有时变状态时滞和参数不确定的非线性切换随机系统，研究了控制器与故障诊断器集成设计的问题. 文献[103]基于适当的随机 L-K 泛函，研究了一类不确定非线性切换随机时滞系统的自适应模糊输出反馈跟踪控制问题.

1.3　无源性和耗散性理论概述

1.3.1　无源性、耗散性理论的发展历程

耗散性概念广泛存在于力学、物理学以及应用数学等领域. 1972 年，Willems 通过对实际系统的研究总结，提出耗散理论[104, 105]. 其本质含义是存在一个非负储能函数，使得系统能量的累积总不大于能量的供给. 这一性质通过存储函数和供给率来描述，并建立了存储函数和供给率之间的关系. 对于给定的能量供给率，若存在一个依赖于系统状态的非负储能函数，使得耗散不等式成立，则称该系统是耗散的. 由于 Lyapunov 理论中的候选 L-K 泛函同储能函数一样也是非负的，这一共性将耗散性和 Lyapunov 稳定性联系起来. 文献[106]、[107]已经证明，在某些标准假设下，若系统耗散，则系统内部稳定. 无源性作为耗散性的一个特例，将输入输出的乘积作为能量的供给率，保证了系统在有界输入条件下能量是衰减的. 无源性来源于电路理论，应用在电阻、电容、电感组成相对阶不超过 1 的电路的研究中. 最早由 Lurie A I 和 Popov V M 引入控制理论，经过多位学者的丰富才形成了现有的无源性概念[108]. 文献[109]发展了用输入输出算子理论来描述系统耗散性的方法. 1973 年，Popov 通过研究超稳定性和绝对稳定性，揭示了无源系统的反馈性质，同时为后来基于无源性理论研究系统镇定问题奠定了基础[110]. 1974 年，Moylan 将研究无源性理论的基于输入输出和基于状态空间的两种方法结合在一起，得到了反馈镇定的结果[111]. 1976 年，Hill 等[112]将 Willems 的成果拓展到仿射非线性系统中，指出一个零状态可观测系统的存储函数是正定的，则一个零状态可观测无源系统是稳定的. 文献[113]、[114]分别完整地解决了非线性连续系统和离散连续系统实现反馈无源化的充要条件，这两项杰出的工作成为非线性系统无源性研究的里程碑.

耗散性和无源性理论从能量的角度出发，以输入输出的方式描述了控制系统分析和设计的框架. 这种思想不仅可以简化系统的分析和设计，而且对控制系统的诸多方面都有重要的作用. 首先，耗散性和无源性理论为 Lyapunov 函数的构造提供了新的方法. 在现代控制理论中，经常要用到 Lyapunov 函数，但迄今为止还没有具体的关于 Lyapunov 函数构造的方法，而无源系统的存储函数在一定条件下便自然成为 Lyapunov 函数. 这也为利用无源性理论来解决系统控制问题提供了良好的基础. 其次，应用耗散性或无源性理论可研究并解决受控系统的诸多问题，

如系统镇定、调节、鲁棒控制、最优控制及 H_∞ 控制等. 耗散性具有多种性质, 若供给率根据实际情况或实际需求选择不同的形式, 则得到一些特殊的耗散性. 若供给率选择某些特殊的形式, 则得到无源性或 L_2 增益等特殊的耗散性. 无源性理论的重要性主要体现在以下两方面. 首先, 由无源性引导的存储函数可以作为一个良好的备选 Lyapunov 函数, 从而为接下来系统的研究提供帮助. 其次, 两个无源系统经过反馈互联后仍然满足无源性, 这是重要的无源性定理, 对研究反馈互联系统的性质有着重要的意义[115, 116].

在耗散性、无源性基本概念和基础理论发展的同时, 人们针对线性系统、非线性系统、连续系统、离散系统, 对耗散理论进行了广泛深入的研究[112, 117-121]. 其中, 文献[119]、[120]利用线性矩阵不等式处理确定系统和具有耗散不确定性的耗散控制问题, 并给出了较简洁和保守性小的控制器设计方法. 近年来, 随着非线性系统几何理论的发展, 将无源性理论与非线性系统几何理论结合起来的综合方法受到越来越多学者的关注, 这对讨论非线性系统的镇定问题、鲁棒控制、自适应控制等问题都起到促进作用. 此外, 无源性理论可以很好地利用系统的结构特点, 因此它在一些实际系统, 如机器人系统[122, 123]、电力系统[124]、化工过程[125]等的研究中也有着广泛的应用.

1.3.2 切换系统的无源性、耗散性研究现状

针对切换系统, 无源性和耗散性理论同样有非常重要的意义. 但是切换系统的特殊结构和切换造成的切换特性, 使得这一问题的研究具有相当的难度. 目前, 已出现一些相关研究成果. 文献[126]针对切换系统提出无源概念, 在可检测条件下, 系统无源保持系统内部稳定. 相比含有不稳定子系统的研究结果, 文献[127]讨论了一类子系统不是全部无源的非线性切换系统的镇定问题, 新条件不需要平均驻留时间和无源子系统运行总时间充分大. 在此基础上, 文献[128]研究了一类子系统不是全部无源的不确定非线性切换系统的 H_∞ 控制问题. 文献[129]利用多存储函数提出了有限时间无源性的概念, 并设计了使非线性切换系统具有增长无源性的切换规则. 文献[130]中, 耗散性被引入线性切换随机系统的滑模控制, 相比稳定性调高了滑模控制系统的瞬态性能. 文献[131]基于耗散性实现一类线性切换时滞系统的分析与综合, 得到时滞相关的稳定性条件. 借助耗散性对非线性系统研究的简化性和有效性, 基于多供给率描述的耗散性, 文献[132]研究了一类非线性切换时滞系统的反馈控制. 文献[133]将无源性和耗散性引入网络系统的分析, 考虑未激活子系统对系统的影响, 从能量角度讨论了一类网络化切换系统的控制问题. 文献[134]提到了形式更为广泛的无源性, 代表能量以任意形式在不同的子系统中交换. 文献[135]研究了一类随机时滞马尔可夫切换系统的有限时间无源性和无源化问题.

1.3.3 切换随机时滞系统的无源性、耗散性研究现状

近年来，切换随机时滞系统的无源性理论与耗散性理论研究逐渐开始引起学者的关注. 文献[136]使用多 Lyapunov 方法，设计了鲁棒可靠无源控制器和状态依赖的切换规则，给出了确保一类带有执行器失效的切换随机时滞系统的均方稳定性. 文献[137]结合驻留时间方法和松弛矩阵方法，讨论了一类带有不确定性的切换随机时滞系统的鲁棒均方稳定性、无源性和无源化问题. 文献[138]讨论了一类随机时滞系统具有二次供给率的耗散性，并以此为工具给出了该随机时滞系统稳定的充分条件，进一步将所得结果推广至控制器切换的情形.

然而，作为控制系统分析与综合的有力工具，切换随机时滞系统的无源性和耗散性理论的相关结果尚不多见，还有待学者的进一步研究与完善. 尤其是，以无源性和耗散性理论为工具，讨论切换随机时滞系统的输出调节问题.

1.4 输出调节问题概述

1.4.1 输出调节问题的基本原理

输出调节问题是控制理论的一个经典问题，其目的是在系统受到非期望扰动下，如何设计反馈控制器，在确保闭环系统稳定的前提下，使输出渐近跟踪一类预先设定的轨道集. 众所周知，线性系统的输出调节问题等价于求解一个调节器方程. Byrnes 等[139]在 1990 年提出了中心流形定理，给出了非线性系统输出调节问题的可解性归结于求解一组偏微分方程. 在此，简要陈述文献[139]中对非线性输出调节问题所做的基础性工作.

考虑非线性系统：

$$\begin{cases} \dot{x} = f(x) + g(x)u + p(x)v \\ e = h(x) + q(v) \end{cases} \tag{1.5}$$

式中，状态 $x \in \Re^n$；控制输入 $u \in \Re^m$；调节误差 $e \in \Re^q$；向量场 $f(x)$、$g(x)$、$p(x)$、$h(x)$ 和 $q(v)$ 是平滑的，且 $f(0)=0$，$g(0)=0$，$h(0)=0$ 和 $q(0)=0$；$v \in \Re^r$ 为外部系统输入，由以下中性稳定的自治外部系统生成：

$$\dot{v} = s(v) \tag{1.6}$$

解决非线性系统(1.5)和(1.6)输出调节问题就是设计一个动态补偿器使得对应的闭环系统内部渐近稳定且满足 $\lim_{t\to\infty} e(t) = 0$.

假设上述非线性系统(1.5)和(1.6)在平衡点 $(x, v) = (0, 0)$ 的线性近似系统为

$$\begin{cases} \dot{x} = Ax + Bu + Pv \\ \dot{v} = Sv \\ e = Cx + Qv \end{cases}$$

式中，$A = \left[\dfrac{\partial f}{\partial x}\right]_{x=0}$；$B = g(0)$；$P = p(0)$；$S = \left[\dfrac{\partial s}{\partial v}\right]_{v=0}$；$C = \left[\dfrac{\partial h}{\partial x}\right]_{x=0}$；$Q = \left[\dfrac{\partial q}{\partial v}\right]_{v=0}$.

线性系统的输出调节问题理论中常用的三个基本假设如下.

假设 1.1 外部系统是中性稳定的，如果平衡点 $v = 0$ 是 Lyapunov 意义下稳定的，且存在平衡点的一个开邻域，邻域里所有点都是泊松意义下稳定的.

假设 1.2 矩阵对 (A,B) 是可镇定的，即存在 H，使得 $A + BH$ 是渐近稳定的.

假设 1.3 $\left\{\begin{bmatrix} A & P \\ 0 & S \end{bmatrix}, [C\ Q]\right\}$ 是可检测的，即存在矩阵 G_1 和 G_2 使得

$$\begin{bmatrix} A & P \\ 0 & S \end{bmatrix} - \begin{bmatrix} G_1 \\ G_2 \end{bmatrix} [C \quad Q]$$

是渐近稳定的.

在上述三个基本假设下，非线性系统(1.5)和(1.6)的输出调节问题可解的充要条件如下.

定理 1.1[139] 存在充分光滑的映射 $\pi(v)$ 和 $c(v)$，满足 $\pi(0) = 0$，$c(0) = 0$，其中两者都定义在 $v = 0$ 的一个邻域 $V_0 \subseteq \Re^m$ 内，使得对于所有的 $v \in V_0$ 满足

$$\begin{cases} \dfrac{\partial \pi(v)}{\partial v} s(v) = f(\pi(v)) + g(\pi(v))c(v) + p(\pi(v))v \\ 0 = h(\pi(v)) + q(v) \end{cases}$$

同时，设计一个动态补偿器来抵消外部干扰输入对系统输出的影响.

Byrnes 等[140]归纳、总结并推广了早期关于非线性系统的输出调节问题的结果，并给出了一个非线性系统鲁棒输出调节问题局部可解的充要条件. 文献[140]引入“系统浸入”的概念，并给出了外部系统浸入一个有限维的可观测线性系统的充分条件.

考虑具有输出

$$\dot{x} = f(x), \quad y = h(x)$$

和

$$\dot{\bar{x}} = \bar{f}(\bar{x}), \quad y = \bar{h}(\bar{x})$$

的一对定义在两个不同状态空间的光滑自治系统 X 和 $\bar{X}$，二者具有同样的输出空间 $Y \subseteq \Re^m$，假设 $f(0) = 0$，$h(0) = 0$ 和 $\bar{f}(0) = 0$，$\bar{h}(0) = 0$. 为了方便，这两个系统分别表示为 $\{X, f, h\}$ 和 $\{\bar{X}, \bar{f}, \bar{h}\}$.

定义 1.1[141] 如果存在一个 C^k 映射 $\tau: X \to \bar{X}$，其中 $k \geqslant 1$，满足 $\tau(0) = 0$ 和 $h(x) = h(z)$，即 $\bar{h}(\tau(x)) \neq \bar{h}(\tau(z))$，使得对所有 $x \in X$ 有

$$\frac{\partial\tau}{\partial x}f(x)=\overline{f}(\tau(x))$$

$$h(x)=\overline{h}(\tau(x))$$

那么称系统 $\{X, f, h\}$ 浸入了 $\{\overline{X}, \overline{f}, \overline{h}\}$ 系统.

下面介绍与浸入概念相关的两个结论.

定理 1.2[141]　假设存在整数 $p_1,p_2,\cdots,p_m$，使得在 $x=0$ 有

$$\dim\left(\sum_{i=1}^{m}\operatorname{span}\{\mathrm{d}h_i,\mathrm{d}\mathcal{L}_f h_i,\cdots,\mathrm{d}\mathcal{L}_f^{p_i-1}h_i\}\right)=p_1+p_2+\cdots+p_m$$

且对所有 $1\leqslant i\leqslant p$ 有

$$\mathrm{d}\mathcal{L}_f^{p_i}h_i\in\left(\sum_{i=1}^{m}\operatorname{span}\{\mathrm{d}h_i,\mathrm{d}\mathcal{L}_f h_i,\cdots,\mathrm{d}\mathcal{L}_f^{p_i-1}h_i\}\right)$$

那么存在原点的一个邻域 $X^0\subseteq\Re^n$，使得 $\{X^0, f, h\}$ 浸入一个 $p_1+p_2+\cdots+p_m$ 维的系统 $\{\overline{X},\overline{f},\overline{h}\}$，该系统在 $\overline{x}=0$ 的线性近似是可观测的.

定理 1.3[141]　下列陈述是等价的:

(1) $\{X, f, h\}$ 浸入一个有限维和可观测的线性系统;

(2) $\{X, f, h\}$ 的这个可观测空间 $\Re$ 是有限维的;

(3) 存在一个整数 q 和一组实数 $a_0,a_1,\cdots,a_{q-1}$，使得

$$\mathcal{L}_f^q h(v)=a_0h(v)+a_1\mathcal{L}_f h(v)+\cdots+a_{q-1}\mathcal{L}_f^{q-1}h(v)$$

1.4.2　输出调节问题的发展历程

输出调节问题的研究始于 20 世纪 70 年代. Francis 等[142]考虑了在外部输入为常数时，基于线性内模控制器，研究了一类非线性系统输出调节问题. 同年，Davison[143]考虑了当外部输入满足一个微分方程时，线性时不变系统的鲁棒输出调节问题. 20 世纪 90 年代，Huang 等[144]利用增益调度方法指出输出调节问题的可解性等价于非线性调节方程的可解性. 20 世纪 90 年代初，非线性系统理论的蓬勃发展推动了非线性系统输出调节问题的研究. 1990 年，Byrnes 等[139]考虑了具有时变外信号的非线性系统输出调节问题，利用中心流形定理和零动态算法，把非线性输出调节问题可解性归结为求解一组受限的偏微分方程. 该方程被称为调节器方程，可以看作线性调节器方程的非线性推广，其解可以提供一个用于消除稳态误差的前馈控制信息. 至此，非线性输出调节问题得到了学者的广泛关注. 它的发展过程大致可分为以下几个方面.

(1) 由非鲁棒调节到鲁棒调节[145, 146];

(2) 由局部到半全局，由半全局到全局[146, 147];

(3) 由确定内模到自适应内模[148-151]；

(4) 由线性内模到非线性内模[152]；

(5) 由单一系统到各式各样的系统[153]；

(6) 运用输出调节问题理论解决现实世界的实际控制问题，如蔡氏电路的渐近跟踪[154]、航天器姿态控制、表面安装电机的速度控制、超混沌 Lorenz 系统的鲁棒调节等.

1.4.3 输出调节问题的研究现状

20 世纪 70 年代，在 Francis 等[142, 155]、Davision[143]等学者的共同努力下，线性系统的输出调节问题得到了完美的解决. 在解决线性系统的输出调节问题过程中，提出了两个重要的概念. 一个是系统的调节器方程，另一个是内模原理. 调节器方程的可解性决定了输出调节问题的可解性. 在线性系统中，调节器方程由一组 Sylvester 矩阵方程定义，它的解提供了零化系统稳态跟踪误差的前馈信息. 内模原理是把产生外部作用信号的动力学模型植入控制器来构成高精度反馈控制系统的一种设计原理. 内模原理指出：任何一个能良好抵消外部扰动或跟踪参考输入信号的反馈控制系统，其反馈回路必须包含一个与外部输入信号相同的动力学模型，这个内部模型称为内模. 调节器方程和内模原理不仅为解决线性系统输出调节问题提供了理论依据，也为非线性系统输出调节问题提供了参考.

在线性输出调节问题得到了完美解决的同时，非线性系统输出调节问题也得到了一定的发展，这一时期的研究长期局限于参考输入和外部信号是常量的特殊情况. 文献[142]考虑了在外部信号为常数时，一族弱的非线性系统的输出调节问题. 在此基础上，文献[156]进一步研究了在常量外部信号下，一般非线性系统的输出调节问题. 文献[144]也给出了当外部信号是常量时，利用增益调度方法解决输出调节问题，其可解性等价于非线性代数方程的可解性. 直到 20 世纪 90 年代初，非线性系统理论的蓬勃发展推动了非线性输出调节问题的研究. 文献[139]引入中心流形定理首先提出了求解非线性系统输出调节问题的充要条件是一组受限的偏微分方程存在解，但其中所设计的动态调节器不具有结构稳定性，尽管加入一个线性内模的调节器来解决也远远不够. 基于以上研究，文献[157]发现，如果非线性调节器方程的解是一个关于外部系统信号的多项式函数，可以利用 K 重内模设计一个具有结构稳定性的调节器来解决不确定非线性系统输出调节问题. 基于 Byrnes 等的思想，Isidori[145]解决了一类具有线性外部系统的非线性级联系统的半全局输出调节问题. 进一步地，结合 Serrani 等[148]提出的自适应内模思想，解决了一类非线性输出反馈系统的全局输出调节问题. 相比于文献[140]设计的线性内模，自适应内模没有用到关于外部系统的任何信息，对跟踪一类完全未知的正弦函数提供了帮助. 文献[148]利用自适应内模研究了一类具有未知外部系统的非线性级联系统的半全局输出调节问题. 文献[158]通过最小化一些预定的代价来实现渐近跟踪和干扰抑制，研究连续时间线性系统的自适应最优输出调节问题.

另外，很多学者研究了具有不确定性的线性系统鲁棒输出调节问题. 文献[140]引入了系统浸入的概念，通过给出外部系统浸入一个有限维的可观测线性系统的充分条件，求解一个非线性系统鲁棒输出调节局部可解问题. 文献[147]和[159]给出了一个对于全局输出调节问题一般性的框架，证明在一定条件下，一个给定的非线性系统的鲁棒输出调节问题可以转化成一个增广系统的鲁棒镇定问题，并引入了“稳态发生器”的概念，给出了一个新的内模形式，解决了一系列长期未能解决的问题，在很大程度上促进了系统全局鲁棒输出调节问题的研究. 2005 年，文献[160]基于耗散理论和自适应技术为求解多类系统的鲁棒输出调节问题提供了有效的工具. 文献[161]利用自适应设计方法和反馈占优设计方法解决了非线性输出反馈系统的鲁棒输出调节问题. 到目前为止，鲁棒控制方法是解决非线性输出调节问题的主要方法，但是鲁棒控制方法因为自身的局限性而不能单独处理. 针对这一情况，在控制方向未知的情况下，文献[162]给出了同时含有静态和动态不确定性的级联系统的输出调节问题的可解性条件，文献[163]结合鲁棒镇定技术和 Nussbaum 增益技术解决了级联系统的输出调节问题. 文献[164]提出一类非线性内模处理在输出反馈形式下非线性系统全局鲁棒输出调节问题. 文献[165]提出一种新颖的参数化非线性内模，通过引入一类新型 Luenberger 观测器，研究一类带有不确定外部系统的非线性系统鲁棒输出调节问题. 基于以上提出的非线性内模，文献[166]利用误差输出反馈研究了具有不确定外部系统的非线性输出反馈系统的全局鲁棒输出调节问题. 文献[167]研究了离散延迟线性系统通过输出反馈实现全局鲁棒输出调节问题，提出了与线性连续系统全局鲁棒输出调节问题相似的并行条件.

1.4.4 切换系统输出调节问题的研究现状

切换系统连续动态和离散动态的相互作用使得切换系统的输出调节问题变得更加困难，但同时使问题变得更有意义. 现有的研究结果中，切换系统输出调节问题的成果并不多见.

对于线性切换系统，文献[168]在假设凸组合系统的输出调节问题可解的情况下，解决了切换系统的输出调节问题. 但是通常情况下，很难找到这种凸组合系统. 文献[169]利用共同 Lyapunov 函数的方法给出在任意切换信号下切换系统输出调节问题可解的充分条件. 众所周知，共同 Lyapunov 函数可能不存在或者很难找到. 为了进一步降低保守性，文献[170]利用多 Lyapunov 函数的方法研究了离散切换系统的输出调节问题. 文献[171]、[172]研究了离散切换系统的最优输出调节问题. 以上结果都是切换系统在非切换外部系统干扰下进行的研究，文献[173]提出了一类具有切换外部系统的线性系统的输出调节问题，但所考虑的被控系统是非切换系统. 文献[174]利用平均驻留时间的方法研究一类非线性切换系统输出调节问题. 文献[175]利用该方法研究线性切换系统输出调节问题，考虑了非共同坐标变换，突破原有文献中子系统有共同解的限制，降低了保守性. 然而，当系统状态不能完全获知时，文献[176]通过设计基于可测输出跟踪误差的反馈控制器和切换规则，研究离散切换系统的输出调节问题. 内模原理仍是处理输出调节问题最有效的方法之一，特别是针对非线性系统. 文献[177]、[178]将非切换系统的内模进行推广，构造了一个合适的切换内模，分别解决了在线性外部系统和非线性外部系统干扰下非线性切换系统的鲁棒输出调节问题. 增长无源性理论在处理系统输出跟踪和输出调节问题方面是一个很有效的工具. 近年来，在文献[179]提出的非线性系统增长无源性概念的基础上，文献[180]、[181]分别利用多存储函数和多供给率给出了非线性切换系统的增长无源性定义，并且基于各自给定的增长无源性定义研究了非线性切换系统的输出跟踪问题. 其中，文献[180]要求相邻的存储函数在切换时刻是连接的. 文献[181]中给出的是一种更一般的增长无源性定义，它允许存储函数在切换时刻增加. 文献[154]提出了线性切换离散时间系统的增长无源性定义，利用给出的定义给出切换内模型控制器，并构造控制系统和切换内模之间的反馈互联解决了线性离散切换系统的输出调节问题. 文献[182]、[183]基于文献[181]中给出的非线性切换系统的增长无源性定义研究了级联非线性切换系统的输出调节问题.

然而，由于在系统模型或切换信号中考虑了时滞、随机干扰等因素，切换随机时滞系统的输出调节问题的动态行为变得更为复杂，目前相关研究成果未见报道.

1.5 小 结

1. 存在的问题

输出调节问题历经几十年的研究，取得了一系列重要的理论研究成果[142-153]，并在很多工程实际中得到了很好的应用. 尽管如此，仍然有许多理论与应用问题亟待解决. 首先，非切换系统的输出调节问题已经得到了学者的广泛关注，并取得了一些重要的研究成果. 然而切换系统输出调节问题由于其自身系统结构的复杂，给问题的研究增加了困难. 一般的切换系统输出调节问题已经取得了一些有意义的结果[168-183]. 然而，由于实际系统中往往存在时滞和随机干扰. 大多数系统的动态不仅依赖于当前的系统状态，还需要考虑过去的系统状态. 同时随机扰动也会产生巨大的误差，这些因素都会导致系统性能变差甚至系统不稳定. 所以，切换随机时滞系统能够客观、恰当地描述实际系统的动态行为. 而研究其输出调节问题变得更加困难，同时更加有意义. 其次，耗散性及其特例无源性是联系系统输入输出的重要性能，二者通过建立存储函数与 Lyapunov 稳定性之间的关系，从能量的角度提出了对控制系统进行分析和综合的理论框架. 这为 Lyapunov 函数的构造提出了新的方法，也为应用耗散性或者无源性理论解决切换系统输出调节问题提供了强有力的工具. 但切换随机时滞系统中连续动态和离散事件的相互作用、时滞和随机干扰因素对其基于耗散性和无源性的输出调节提出新的问题和挑战. 最后，时滞不仅可以存在于系统状态中，也有可能出现在控制器的切换信号中. 控制器和子系统切换信号的不匹配将会导致异步现象的发生，可能会使控制系统不稳定. 因此，研究切换随机时滞系统的异步输出调节问题也具有重要的意义.

2. 本书主要工作及内容概述

本书建立了切换随机时滞系统的耗散性理论，并在同步和异步切换情况下，以耗散性及其特例无源性理论为工具，研究切换随机时滞系统的输出调节问题，完善和发展了现有的切换系统的输出调节问题理论与方法.

本书的基本安排如下.

第 1 章，对当前切换随机时滞系统的输出调节问题的发展状况进行了分析、归纳和总结，说明了本书研究的主要内容.

第 2 章，介绍了本书涉及的相关定义和若干引理.

第 3 章，主要针对一类具有时变时滞和外部扰动输入变量的切换随机系统，探究在满足平均驻留时间条件的切换策略下，系统的耗散输出调节问题. 构造候选 L-K 泛函，分别在全息反馈环境和误差反馈环境下，使用随机严格耗散性以线性矩阵不等式的形式给出系统输出误差收敛于零的充分条件，保证了系统内部的稳定性，与此同时给出相应调节器的设计方案.

第 4 章，设计误差依赖的切换规则，研究一类切换随机时滞系统基于耗散性的输出调节问题. 在假设并不是所有子系统的输出调节问题都可解的前提下，设计一个误差反馈控制器，通过构造多供给率的多 L-K 泛函得到问题可解的充分条件. 同时给出了当耗散性退化为无源性的结果. 最后两个数值例子验证了所提出方法的可行性和有效性.

第 5 章，考虑未激活子系统对切换系统能量的影响，建立一类切换随机时滞系统在确保交叉供给率满足一定条件的切换信号下耗散输出调节问题可解的充分条件. 由于切换系统的各个子系统状态信息共享，切换系统的能量变化与每个子系统都相关，甚至是未激活的子系统. 首先，构造分段 L-K 泛函，利用多供给率和交叉供给率描述未激活子系统的能量变化，设计满足一定供给率条件的切换信号，给出切换系统输出调节问题可解的充分条件. 同时，给出相应的全息反馈调节器和误差反馈调节器的设计方案. 其次，将随机耗散性退化为随机无源性，给出相关推论. 最后，用仿真例子验证主要结果的可行性与有效性.

第 6 章，利用输出增长无源性理论讨论切换时滞系统的输出调节问题. 首先，证明输出增长无源的切换时滞系统是渐近稳定的，并且证明了输出增长无源的切换时滞系统进行反馈互联后仍然是输出增长无源的. 其次，构造了切换时滞内模，通过多 Lyapunov 函数方法和 Wirtinger 积分不等式研究了切换时滞内模输出增长无源的充分条件. 最后，构造切换时滞内模型控制器，将控制器与切换时滞系统组成反馈互联系统，则输出调节系统问题得到解决，其中控制器与切换时滞系统不同步切换，在设计上增大了自由度.

第 7 章，研究一类具有时变时滞的切换随机系统基于无源性和广义无源性的异步输出调节问题. 首先，设计满足平均驻留时间条件的异步切换规则，建立随机 L-K 泛函，使用 Jensen 积分不等式处理随机微分中的积分项，利用中心流形定理设计时滞状态反馈控制器和时滞误差反馈控制器，给出闭环系统基于无源性的异步输出调节问题可解的充分条件. 其次，基于形式更为广泛的无源性，采用改进的自由权矩阵方法并且选择新的随机 L-K 泛函来降低保守性. 设计时滞全息反馈控制器和误差反馈控制，结合外部系统来消除外部扰动的影响，采用 Itô 公式来处理随机问题，结合平均驻留时间方法、自由权矩阵和 Jensen 积分不等式，在异步切换下得到基于广义无源性的输出调节问题可解的充分条件. 最后，仿真例子验证所给方法的有效性.

第 8 章，基于平均驻留时间方法研究一类切换随机时滞系统的无源控制异步输出调节问题. 假定所考虑系统的状态和控制器的切换信号中都因存在时变时滞而导致候选控制器的切换信号和子系统的切换信号之间存在异步切换，并利用合并信号技术，对候选调节器与调节器切换信号中的子系统之间的异步切换进行处理. 通过构建 L-K 泛函和设计相应的控制器，分别给出状态可测和不可测的两种情况下问题可解的充分条件. 然后设计基于时滞上限的切换规则. 最后，用两个数值例子来验证所提出方法的有效性和可行性.

第 9 章，讨论一类具有耗散性的切换随机时滞系统的异步输出调节问题. 采用合并信号技术解决了由时滞引起的子系统和候选调节器之间的异步切换问题. 首先，考虑基于部分异步调节器的输出调节问题，提出与二次供给率相关的非全局 L-K 泛函. 在全息反馈和误差反馈的两类调节器下，给出系统基于耗散性的异步输出调节问题的时滞相关的充分条件. 同时，这些线性条件揭示了时滞上界和平均驻留时间之间的关系. 其次，基于完全异步调节器的输出调节问题，在 L-K 泛函中加入误差相关的积分项，以更好地利用时滞信息. 为了同时满足平均驻留时间条件和耗散条件，引入辅助矩阵以获得更高的自由度，并利用线性化技术导出了可解性条件. 最后，仿真例子验证了所提出方法的有效性与可行性.

第 10 章，利用切换技术，研究网络化飞行控制系统的事件触发输出调节问题. 提出一个在周期采样和连续事件触发机制之间切换的交替式事件触发机制. 该机制不仅传输触发信息还有模态信息给控制器. 同时考虑由控制器模态和系统模态更新时间不匹配造成的异步切换. 基于模态依赖平均驻留时间条件和交替式事件触发机制，设计了由异步切换引起的切换信号. 通过构造在输入时滞方法框架下的多 Lyapunov 函数和设计一个误差反馈控制器，根据线性矩阵不等式，提出网络化飞行控制系统的事件触发异步输出调节问题. 最后，仿真结果验证了所提方法的有效性.

2 预备知识

本章主要给出本书中用到的常用定义、常用引理，以及本书中使用的一些符号.

2.1 相关定义

定义 2.1[45] 切换系统在$\sigma(t)$下的平衡点$x^*=0$是指数稳定的，如果切换系统的解满足$\|\bar{x}(t)\|\leqslant k\|\bar{x}(t_0)\|_\theta \mathrm{e}^{-\lambda(t-t_0)}$，$\forall t\geqslant t_0$，其中常数$k\geqslant 1$，$\lambda>0$，$\|\cdot\|$表示欧几里得范数，$\|\bar{x}(t)\|_\theta=\sup\limits_{-h\leqslant\theta\leqslant 0}\{\|\bar{x}(t+\theta)\|,\|\dot{\bar{x}}(t+\theta)\|\}$.

定义 2.2[184] 对于给定的切换规则$\sigma(t)$，当$u(t)=0$且$v(t)=0$时，若存在常数$\varepsilon>0$与$\alpha>0$使得切换系统的解满足$\mathcal{E}\{\|x(t)\|^2\}\leqslant\varepsilon\mathrm{e}^{-\alpha(t-t_0)}\|x(t_0)\|_c^2$，则切换系统在平衡点$x^*=0$处是均方指数稳定的，其中$\|x(t_0)\|_c=\max\limits_{-d\leqslant\theta\leqslant 0}\{\|x(t+\theta)\|,\|\dot{x}(t+\theta)\|\}$，$t\geqslant t_0$.

定义 2.3[185] 对于任意的$t_2>t_1\geqslant 0$，令$N_\sigma(t_1,t_2)$定义为(t_1,t_2)上$\sigma(t)$的切换次数，若$N_0\geqslant 0$，当$\tau_a>0$时有$N_\sigma(t_1,t_2)\leqslant N_0+(t_2-t_1)/\tau_a$成立，那么$\tau_a$称为平均驻留时间，$N_0$称为抖振界. 定义这类带有平均驻留时间$\tau_a$和抖振界$N_0$的切换信号为$S_{\text{ave}}[\tau_a,N_0]$.

定义 2.4[46] 对于一个切换信号$\sigma(t)$和任意的$t_2>t_1\geqslant 0$，令$N_{\sigma p}(t_1,t_2)$定义为第p个子系统被激活在(t_1,t_2)上切换的次数，$T_p(t_1,t_2)$表示第p个子系统被激活在(t_1,t_2)上总共运行的时间，$p\in\varXi$. 若存在$N_{0p}\geqslant 0$，当$\tau_{ap}>0$时有$N_{\sigma p}(t_1,t_2)\leqslant N_{0p}+T_p(t_1,t_2)/\tau_{ap}$成立，那么$\tau_{ap}$称为模态依赖平均驻留时间，$N_{0p}$称为模态依赖抖振界.

定义 2.5[179] 存储函数$V(x_1,x_2)$称为是正则的，如果对任意序列(x_{1k},x_{2k})，$k=1,2,\cdots$，当$k\to\infty$时，使得x_{2k}是有界的，$\|x_{1k}\|\to\infty$且$V(x_{1k},x_{2k})\to\infty$成立.

定义 2.6[186] 考虑零输入的系统$H:\dot{x}=f(x,0)$，$y=h(x,0)$. 令Z为包含在$\{x\in\Re^n\mid y=h(x,0)=0\}$中的最大正不变集合，如果$x=0$在$Z$中是渐近稳定的，则这个系统$H$是零状态可检测(zero state detectable，ZSD)的.

定义 2.7[187] 考虑随机系统$\mathrm{d}x=g(x,t)\mathrm{d}t+h(x,t)\mathrm{d}w$. 对任意给定$V(x,t)\in C^2$，定义 Itô 积分算子$\mathcal{L}$如下：

$$\mathcal{L}V=\frac{\partial V}{\partial t}+\frac{\partial V}{\partial x}g(x,t)+\frac{1}{2}\mathrm{tr}\left\{h^{\mathrm{T}}\frac{\partial^2 V}{\partial x^2}h\right\}$$

2.2 若干引理

引理 2.1[137]　对于任意常数矩阵 $W\in\Re^{n\times n}$，$W=W^{\mathrm{T}}>0$，标量 $0<d(t)<d$ 和向量函数 $y(\cdot):[-d(t),0]\to\Re^n$，使得下面的 Jensen 积分不等式可以更好地定义：

$$-d(t)\int_{t-d(t)}^{t}y^{\mathrm{T}}(s)Wy(s)\mathrm{d}s\leqslant-\int_{t-d(t)}^{t}y^{\mathrm{T}}(s)\mathrm{d}sW\int_{t-d(t)}^{t}y(s)\mathrm{d}s$$

引理 2.2[188]　令 $x:[a,b]\to\Re^n$ 是可微函数，则对任意矩阵 $R>0$ 有下列不等式成立：

$$-\int_{t-h}^{t}\dot{x}(s)^{\mathrm{T}}R\dot{x}(s)\mathrm{d}s\leqslant\frac{1}{h}\varpi^{\mathrm{T}}\begin{bmatrix}-4R & -2R & 6R\\ * & -4R & 6R\\ * & * & -12R\end{bmatrix}\varpi$$

式中，$\varpi^{\mathrm{T}}=\begin{bmatrix}x^{\mathrm{T}}(t) & x^{\mathrm{T}}(t-h) & \frac{1}{h}\int_{t-h}^{t}x^{\mathrm{T}}(s)\mathrm{d}s\end{bmatrix}$.

引理 2.3[189]　对于向量 x，矩阵 $\Xi<0$ 和矩阵 B，如下四个条件相互等价：

(1) $x^{\mathrm{T}}\Xi x<0$，$\forall Bx=0$，$x\neq0$；

(2) $(B^{\perp})^{\mathrm{T}}\Xi B^{\perp}<0$；

(3) 存在标量 μ，使得 $\Xi-\mu B^{\mathrm{T}}B<0$；

(4) 存在矩阵 X，使得 $\Xi+XB+B^{\mathrm{T}}X^{\mathrm{T}}<0$.

引理 2.4[190]　若 $x(\cdot):[0,+\infty)\to\Re$ 一致连续且 $\lim\limits_{t\to\infty}\int_0^t x(\tau)\mathrm{d}\tau$ 存在且有界，那么 $\lim\limits_{t\to\infty}x(t)=0$.

引理 2.5[191]　对于给定的对称矩阵 $S=\begin{bmatrix}S_{11} & S_{12}\\ * & S_{22}\end{bmatrix}$，其中 $S_{11}\in\Re^{r\times r}$，$S_{12}\in\Re^{r\times(n-r)}$，$S_{22}\in\Re^{(n-r)\times(n-r)}$，以下三个条件是等价的：

(1) $S<0$；

(2) $S_{11}<0,S_{22}-S_{12}^{\mathrm{T}}S_{11}^{-1}S_{12}<0$；

(3) $S_{22}<0,S_{11}-S_{12}S_{22}^{-1}S_{12}^{\mathrm{T}}<0$.

引理 2.6[192]　假设外部系统矩阵 S 所有特征值具有非负实部. 当 $v(t)=0$ 时，系统在全息反馈控制器下构成的闭环系统是指数稳定的，且 $\mathrm{d}w(t)=0$. 若该闭环系统有局部吸引的中心流形 $x(t+\theta)=\Pi(v(t),\theta),\theta\in[-d,0]$，则当 $(x(\theta),v(0))\in U^0$，$t\geqslant0$ 时，存在 $M>0$，$\varepsilon>0$ 使得

$$\| x(t+\theta)-\Pi(v(t),\theta)\| \leqslant M\mathrm{e}^{-\varepsilon t}\| x(\theta)-\Pi(v(0),\theta)\|$$

式中，$\Pi(\cdot)$ 是适当维数的可微矩阵函数；U^0 是 $(0,0)$ 的一个邻域.

引理 2.7[192] 假设外部系统矩阵 S 所有特征值具有非负实部. 当 $v(t)=0$ 时，系统在误差反馈控制器下构成的闭环系统是指数稳定的，且 $\mathrm{d}w(t)=0$. 若该闭环系统有局部吸引的中心流形 $x(t+\theta)=\Pi(v(t),\theta)$，$\xi(t+\theta)=\Lambda(r(t),\theta)$，$\theta\in[-d,0]$，则当 $(x(\theta),\xi(\theta),v(0))\in \underline{U}^0$，$t\geqslant 0$ 时，存在 $M>0$，$\varepsilon>0$ 使得

$$\begin{aligned}&\| x(t+\theta)-\Pi(v(t),\theta)\| + \|\xi(t+\theta)-\Lambda(v(t),\theta)\| \\ &\leqslant M\mathrm{e}^{-\varepsilon t}(\| x(\theta)-\Pi(v(0),\theta)\| + \|\xi(\theta)-\Lambda(v(0),\theta)\|)\end{aligned}$$

式中，$\Pi(\cdot)$ 和 $\Lambda(\cdot)$ 是适当维数的可微矩阵函数；$\underline{U}^0$ 是 $(0,0,0)$ 的一个邻域.

引理 2.8[193] 给定 $\sigma_1(t)\in S_{\text{ave}}[\tau_a,N_0]$ 和 $\sigma_2(t)=\sigma_1(t-d_s(t))(0\leqslant d_s(t)\leqslant d_s)$，那么一定有 $\sigma_2(t)\in S_{\text{ave}}[\tau_a,N_0+(d_s/\tau_a)]$，$\sigma'(t)\in S_{\text{ave}}[\bar{\tau}_a,\bar{N}_0]$ 成立，其中 $\bar{N}_0=2N_0+(d_s/\tau_a)$，$\sigma'(t)=\sigma_1(t)\oplus\sigma_2(t)$，$\bar{\tau}_a=\tau_a/2$，用符号 $\oplus$ 表示合并行为，表明切换信号 $\sigma_1(t)$ 的切换次数与切换信号 $\sigma_2(t)$ 的切换次数的和.

引理 2.9[193] 给定 $\sigma_1(t)\in S_{\text{ave}}[\tau_a,N_0]$，$\sigma_2(t)=\sigma_1(t-d_s(t))$. 假设对任意时间 t，满足 $0\leqslant d_s(t)\leqslant d_s$，$d_s<t_{k+1}-t_k$，$k\in\mathbb{N}$. 在时间段内 (t_0,t)，令 $m_{(t_0,t)}$ 为 $\sigma_1(t)=\sigma_2(t)$ 的时间段，且 $\bar{m}_{(t_0,t)}=t-t_0-m_{(t_0,t)}$. 如果存在任意的正整数 λ_m、$\lambda_{\bar{m}}$，并且 $\lambda\in[0,\lambda_m]$，使得 $d_s(\lambda_m+\lambda_{\bar{m}})\leqslant(\lambda_m-\lambda)\tau_a$ 成立，那么 $\forall t\geqslant t_0$，有 $-\lambda_m m(t_0,t)+\lambda_{\bar{m}}\bar{m}(t_0,t)\leqslant c_t-\lambda(t-t_0)$ 成立，其中 $c_t=(\lambda_m+\lambda_{\bar{m}})(N_0+1)d_s$.

引理 2.10[194] 存在任意适当维数矩阵 X 和 Y，下列不等式成立：

$$X^{\mathrm{T}}Y+Y^{\mathrm{T}}X\leqslant X^{\mathrm{T}}X+Y^{\mathrm{T}}Y$$

2.3 符号说明

用 $\Re$、$\Re^+$、$\Re^n$、$\Re^{n\times m}$ 分别表示实数集、非负实数集、n 维欧几里得空间、$n\times m$ 实矩阵集合；$\|\cdot\|$ 表示欧几里得范数；令 C_τ 为定义在区间 $[-\tau,0]$ 上的 $\Re^n$ 值连续函数的巴拿赫空间；$\|\cdot\|_{C_\tau}$ 是由 $\|\psi\|=\sup\limits_{-\tau\leqslant s\leqslant 0}\|\psi(s)\|$ 定义的 C_τ 的范数，$\sup\{\cdot\}$ 表示一个函数的上确界，$\|\psi\|\in C_\tau$；$P>0$（或 $P\geqslant 0$）表示 P 为正定矩阵（或半正定矩阵）；$\lambda_{\max}(\cdot)$ 和 $\lambda_{\min}(\cdot)$ 表示对称矩阵的最大和最小特征值；0、I、$\mathrm{tr}\{\}$ 和 $\mathrm{diag}\{\}$ 分别表示零矩阵、单位矩阵、矩阵的迹和对角矩阵；上角标 T 和 -1 表示矩阵的转置和矩阵的逆；$(\Omega,\mathcal{F},\mathcal{P})$ 为一个完备的概率空间，其中 Ω 是样本空间，$\mathcal{F}$ 是事件空间，$\mathcal{P}$ 是定义在 $\mathcal{F}$ 上的概率测度；$\{\mathcal{F}_t\}_{t\geqslant 0}$ 是右连续的，$\mathcal{F}_0$ 包含所有 $\mathcal{P}$ 空集；$\mathcal{E}\{\cdot\}$ 表示数学期望算子；$\mathcal{L}v(\cdot)$ 定义为 Itô 微分算子；$*$ 为矩阵的对称部分.

3 时间依赖切换策略下切换随机时滞系统的耗散输出调节问题

3.1 引　　言

工程实际对系统模型的高精度需求推动了随机系统的研究. 一些考虑随机因素的系统虽然不能用确定性模型进行描述,但是在 Itô 积分理论下却可以将模型化为Itô 型随机系统,如考虑白噪声的物理过程[31]、泊松白噪声动力系统[31, 32]等. 随机系统以及切换随机系统的理论研究已经取得了丰富的成果，并应用于水质监测[98]、传感器故障检测[195]、飞行控制[196]等实际问题. 时滞是客观存在的自然现象，在高精度需求下不能因为时滞会导致系统性能变差甚至是不稳定而将其忽略. 近年来，耗散性理论和无源性理论在机器人系统、机电系统、电力系统、内燃机工程、化工过程等实际系统的研究中发挥了重要作用，甚至是不可或缺的有力工具. 已有文章将耗散性理论引入切换系统进行性能分析与控制综合，如滑模控制[107]、时滞反馈控制[132]、网络控制[133]等. 目前切换随机时滞系统的耗散控制研究成果还不多见.

另外，输出调节问题是控制理论中的热点问题. 线性系统的输出调节问题[142, 143]在 20 世纪 70 年代中期已经得到很好的解决. 由于结构复杂，非线性系统的输出调节问题[139-141]自提出起一直是控制理论中亟待解决的问题. 现有的丰富成果中已经涉及时滞系统[192, 197]、切换系统[174-180]甚至广义系统，但是却很少涉及切换随机时滞系统，公开报道中也未见到切换随机时滞系统的耗散输出调节问题.

本章主要针对一类具有时变时滞和外部扰动输入变量的切换随机系统，探究在满足平均驻留时间条件的切换策略下,系统的耗散输出调节问题. 构造候选 L-K 泛函，分别在全息反馈环境和误差反馈环境下，使用随机严格耗散性以线性矩阵不等式的形式给出系统输出误差收敛于零的充分条件,保证了系统内部的稳定性,与此同时给出相应调节器的设计方案.

3.2 问 题 描 述

考虑切换随机时滞系统：

$$\begin{cases} \mathrm{d}x(t)=(A_\sigma x(t)+\tilde{A}_\sigma x_d(t)+B_\sigma v(t)+M_\sigma u(t))\mathrm{d}t+f_\sigma(t,x(t),x_d(t))\mathrm{d}\omega(t) \\ z(t)=C_\sigma x(t)+\tilde{C}_\sigma x_d(t)+D_\sigma v(t) \\ e(t)=E_\sigma x(t)+\tilde{E}_\sigma x_d(t)+F_\sigma v(t) \\ x(\theta)=\psi(\theta), \quad \theta\in[-\tau,0] \end{cases} \tag{3.1}$$

式中，$x(t)\in\Re^n$，$z(t)\in\Re^p$，$e(t)\in\Re^q$，$u(t)\in\Re^m$，$\psi(\theta)$ 依次为系统状态、被控输出、输出误差、控制输入、连续可微的向量初值函数；$x_d(t)$ 表示时滞状态 $x(t-d(t))$，一阶可导的 $\dot{d}(t)\leqslant h$ 时变时滞 $d(t)$ 满足 $0<d(t)\leqslant\tau$；切换信号 $\sigma:[0,\infty)\to \Xi=\{1,2,\cdots,l\}$ 是分段常值函数，$\sigma=i(\in\Xi)$ 意味着第 i 个子系统被激活，l 表示子系统的个数；$f_\sigma:\Re_+\times\Re^n\times\Re^n\to\Re^{n\times m}$ 是一个非线性函数；ω 为具有标准域流 $\{\mathcal{F}_t\}_{t\geqslant0}$ 的完备概率空间 $(\Omega,\mathcal{F},\mathcal{P})$ 上的 m 维布朗运动，其中 Ω 是样本空间，$\mathcal{F}$ 是事件空间，$\mathcal{P}$ 是定义在 $\mathcal{F}$ 上的概率测度，$\{\mathcal{F}_t\}_{t\geqslant0}$ 是右连续的，$\mathcal{F}_0$ 包含所有 $\mathcal{P}$ 空集；假定 ω 满足 $\mathcal{E}\{\mathrm{d}\omega(t)\}=0$ 和 $\mathcal{E}\{\mathrm{d}\omega(t)^2\}=\mathrm{d}t$；初始条件 $\psi(\theta)\in\mathcal{L}_{\mathcal{F}_0}^{2,\tau}$，对于 $\|\psi\|\in C_\tau$，$\mathcal{L}_{\mathcal{F}_t}^{2,\tau}$ 表示所有在 $\mathcal{F}_t$ 上可测的随机变量 $\psi=\{\psi(\theta):-\tau\leqslant\theta\leqslant0\}$ 满足 $\mathcal{E}\{\|\psi\|_{C_\tau}^2\}<\infty$ 的集合，其中 C_τ 表示定义在区间 $[-\tau,0]$ 上 $\Re^n$ 的巴拿赫空间连续函数；$\|\cdot\|_{C_\tau}$ 表示由 $\|\psi\|=\sup\limits_{-\tau\leqslant s\leqslant0}\|\psi(s)\|$ 定义的 C_τ 范数；外部信号 $v(t)\in\Re^r$ 满足外部系统：

$$\mathrm{d}v(t)=Sv(t)\mathrm{d}t \tag{3.2}$$

其中，假定矩阵 S 的所有特征值具有非负实部. 此外，A_σ、$\tilde{A}_\sigma$、B_σ、M_σ、C_σ、$\tilde{C}_\sigma$、D_σ、E_σ、$\tilde{E}_\sigma$、F_σ、J_σ、$\tilde{J}_\sigma$ 和 S 是已知的适当维数的常数阵.

为了后续的证明，给出如下假设.

假设 3.1 对于任意有限时间 $T>t_0$，存在 $K=K_T$，使得在时间间隔 $[t_0,T]$ 上，系统(3.1)切换次数不超过 K 次，独立于原点附近的初始状态.

假设 3.2[198] 存在适当维数的常数矩阵 J_i 和 $\tilde{J}_i$，使得

$$\mathrm{tr}\{f_i^{\mathrm{T}}(t,x(t),x(t-d(t)))f_i(t,x(t)),x(t-d(t))\}\leqslant\|J_ix(t)\|^2+\|\tilde{J}_ix(t-d(t))\|^2 \tag{3.3}$$

假设 3.3 $\{A_i+\tilde{A}_i,M_i\}$ 是可镇定的.

假设 3.4 $\left\{\begin{bmatrix} A_i+\tilde{A}_i & B_i \\ 0 & S\end{bmatrix},\begin{bmatrix} E_i+\tilde{E}_i & F_i\end{bmatrix}\right\}$ 是可观测的.

假设 3.1 用来排除任意快速切换的情况. 假设 3.3 和假设 3.4 意味着存在调节器增益 K_i 使得在可控输入 $u=K_ix$ 下，当 $v=0$ 时系统(3.1)的第 i 个子系统是均方指数稳定的，而且第 i 个子系统可以用它的输出进行估计. 由于状态可估计，当 $v=0$ 时相应的闭环系统是均方指数稳定的.

基于上述假设，本章考虑两种调节器，其中系统状态分别是可测的和不可测的.

当系统状态是可测的，构造下列全息反馈调节器：

$$u(t) = K_\sigma x(t) + L_\sigma v(t) \tag{3.4}$$

式中，K_i 和 L_i 是待设计的调节器增益. 此时闭环系统为

$$\begin{cases} \mathrm{d}x(t) = ((A_\sigma + M_\sigma K_\sigma)x(t) + \tilde{A}_\sigma x_d(t) + (M_\sigma L_\sigma + B_\sigma)v(t))\mathrm{d}t \\ \qquad + f_\sigma(t, x(t), x_d(t))\mathrm{d}\omega(t) \\ z(t) = C_\sigma x(t) + \tilde{C}_\sigma x_d(t) + D_\sigma v(t) \\ e(t) = E_\sigma x(t) + \tilde{E}_\sigma x_d(t) + F_\sigma v(t) \\ x(\theta) = \psi(\theta), \quad \theta \in [-\tau, 0] \end{cases} \tag{3.5}$$

另一种情况时，考虑如下误差反馈调节器：

$$\begin{cases} \mathrm{d}\xi(t) = (G_\sigma \xi(t) + H_\sigma e(t))\mathrm{d}t \\ u(t) = R_\sigma \xi(t) \end{cases} \tag{3.6}$$

式中，G_σ 和 R_σ 是适当维数的常数阵；$\xi(t) \in \Re^r$ 是内部状态；H_σ 是调节器增益，与式(3.4)中 K_σ 类似. 此时闭环系统为

$$\begin{cases} \mathrm{d}x(t) = (A_\sigma x(t) + \tilde{A}_\sigma x_d(t) + M_\sigma R_\sigma \xi(t) + B_\sigma v(t))\mathrm{d}t + f_\sigma(t, x(t), x_d(t))\mathrm{d}\omega(t) \\ \mathrm{d}\xi(t) = (G_\sigma \xi(t) + H_\sigma F_\sigma v(t) + H_\sigma(E_\sigma x(t) + \tilde{E}_\sigma x_d(t)))\mathrm{d}t \\ z(t) = C_\sigma x(t) + \tilde{C}_\sigma x_d(t) + D_\sigma v(t) \\ e(t) = E_\sigma x(t) + \tilde{E}_\sigma x_d(t) + F_\sigma v(t) \\ x(\theta) = \psi(\theta), \quad \theta \in [-\tau, 0] \end{cases} \tag{3.7}$$

本章中，切换随机时滞系统(3.1)的耗散输出调节问题可描述如下.

(1) 当 $v(t) = 0$ 时，设计适当的全息反馈调节器或误差反馈调节器，使得相应的闭环系统是均方指数稳定的.

(2) 当 $v(t) \neq 0$ 时，设计适当的全息反馈调节器或误差反馈调节器，相应的闭环系统是 (Q,U,T)-α- 随机严格耗散的，相应的供给率为 Θ，在零初始条件下满足

$$\mathcal{E}\left\{\int_0^\infty \Theta(s)\mathrm{d}s\right\} \geqslant 0 \tag{3.8}$$

式中，$\Theta(s) = v^{\mathrm{T}}(s)Qv(s) + 2v^{\mathrm{T}}(s)Uz(s) + z^{\mathrm{T}}(s)Tz(s) - \alpha v^{\mathrm{T}}(s)v(s)$，其中，$Q^{\mathrm{T}} = Q$，$T^{\mathrm{T}} = T$，$\alpha > 0$，且闭环系统的解满足

$$\lim_{t \to \infty} \mathcal{E}\{\| e(t) \|\} = 0 \tag{3.9}$$

3.3　全息反馈输出调节问题

本节利用耗散性理论解决系统(3.1)的全息反馈输出调节问题.

假设 3.5 对 $\forall i\in\Xi$，存在矩阵 Π 和 Γ_i 满足下列调节器方程：

$$\Pi S = A_i\Pi + \tilde{A}_i\tilde{\Pi} + M_i\Gamma_i + B_i$$
$$0 = E_i\Pi + \tilde{E}_i\tilde{\Pi} + F_i,\quad \tilde{\Pi} = \Pi e^{-S\tau}$$

这个假设是以下证明的基础，为每个子系统构造了共同坐标变换，以免在切换点处出现状态跳跃.

定理 3.1 若假设 3.1～假设 3.3 和假设 3.5 成立，并且对给定常量 $\lambda>0$，$\mu\geqslant 1$ 和矩阵 Π，Γ_i，存在常量 $\varepsilon_i>0$，$\alpha>0$，矩阵 $P_i>0$，$Q_i>0$，$Z_i>0$，$Q^{\mathrm{T}}=Q$，$T^*>0$，$T\leqslant 0$ 和适当维数的矩阵 U、X_i、Y_i、K_i，其中 $i,j\in\Xi$，使得

$$\varphi_i<0 \tag{3.10}$$

$$P_i\leqslant\mu P_j,\quad Q_i\leqslant\mu Q_j,\quad Z_i\leqslant\mu Z_j \tag{3.11}$$

$$P_i\leqslant\varepsilon_i I \tag{3.12}$$

$$\begin{bmatrix} Q & U\\ * & T^*\end{bmatrix}>0 \tag{3.13}$$

则存在全息反馈调节器(3.4)和满足平均驻留时间

$$\tau_a>\tau_a^*=\frac{2\ln\mu}{\lambda} \tag{3.14}$$

的任意切换策略使得系统(3.1)基于 (Q,U,T)-α- 随机严格耗散性的输出调节控制问题可解. 其中调节器增益可被设计为 K_i 和 L_i，则有

$$L_i=\Gamma_i-K_i\Pi,\quad \varphi_i=\{\varphi_{lk}^i\},\quad l,k\in\{1,2,\cdots,5\}$$
$$\varphi_{11}^i=\lambda P_i+P_i(A_i+M_iK_i)+(A_i+M_iK_i)^{\mathrm{T}}P_i+Q_i-\tau^{-1}e^{-\lambda\tau}Z_i+\varepsilon_iJ_i^{\mathrm{T}}J_i$$
$$\varphi_{12}^i=P_i\tilde{A}_i+\tau^{-1}e^{-\lambda\tau}Z_i,\quad \varphi_{13}^i=\varepsilon_iJ_i^{\mathrm{T}}J_i\Pi,\quad \varphi_{14}^i=C_i^{\mathrm{T}}X_i,\quad \varphi_{15}^i=(A_i+M_iK_i)^{\mathrm{T}}Y_i$$
$$\varphi_{22}^i=\varepsilon_i\tilde{J}_i^{\mathrm{T}}\tilde{J}_i-(1-h)e^{-\lambda\tau}Q_i-\tau^{-1}e^{-\lambda\tau}Z_i,\quad \varphi_{23}^i=\varepsilon_i\tilde{J}_i^{\mathrm{T}}\tilde{J}_i\tilde{\Pi},\quad \varphi_{24}^i=\tilde{C}_i^{\mathrm{T}}X_i$$
$$\varphi_{25}^i=\tilde{A}_i^{\mathrm{T}}Y_i,\quad \varphi_{33}^i=\varepsilon_i\Pi^{\mathrm{T}}J_i^{\mathrm{T}}J_i\Pi+\varepsilon_i\tilde{\Pi}^{\mathrm{T}}\tilde{J}_i^{\mathrm{T}}\tilde{J}_i\tilde{\Pi}-Q+2\alpha I,\quad \varphi_{34}^i=\tilde{D}_i^{\mathrm{T}}X_i-U$$
$$\varphi_{44}^i=T^*-X_i^{\mathrm{T}}-X_i-2T,\quad \varphi_{55}^i=\tau Z_i-Y_i^{\mathrm{T}}-Y_i$$

其余项均为适当维数的零矩阵.

证明 为了简化表达式，令 $\bar{x}(t)=x(t)-\Pi v(t)$，$\bar{x}(t-d(t))=x_d(t)-\tilde{\Pi}v(t)$. 根据假设 3.5，闭环系统(3.5)可被重写为

$$\begin{cases} d\bar{x}(t)=g_{1\sigma}(t)dt+\bar{f}_\sigma(t)d\omega(t)\\ z(t)=g_{2\sigma}(t)\\ e(t)=E_\sigma\bar{x}(t)+\tilde{E}_\sigma\bar{x}_d(t)\\ x(\theta)=\psi(\theta),\quad \theta\in[-\tau,0]\end{cases}$$

式中，

$$\bar{f}_\sigma(t)=f_\sigma(t,\bar{x}(t)+\Pi v(t),\bar{x}_d(t)+\tilde{\Pi}v(t))$$

$$g_{1\sigma}(t) = (A_\sigma + M_\sigma K_\sigma)\overline{x}(t) + \tilde{A}_\sigma \overline{x}_d(t)$$
$$g_{2\sigma}(t) = C_\sigma \overline{x}(t) + \tilde{C}_\sigma \overline{x}_d(t) + \tilde{D}_\sigma v(t)$$

其中，

$$\tilde{D}_\sigma = D_\sigma + C_\sigma \Pi + \tilde{C}_\sigma \tilde{\Pi}$$

构造如下形式的 L-K 泛函：

$$V_\sigma(\overline{x}(t)) = \overline{x}^{\mathrm{T}}(t)P_\sigma \overline{x}(t) + \int_{t-d(t)}^{t} \overline{x}^{\mathrm{T}}(s)\mathrm{e}^{\lambda(s-t)}Q_\sigma \overline{x}(s)\mathrm{d}s + \int_{-\tau}^{0}\int_{t+\theta}^{t} y^{\mathrm{T}}(s)\mathrm{e}^{\lambda(s-t)}Z_\sigma y(s)\mathrm{d}s\mathrm{d}\theta \tag{3.15}$$

式中，$y(s)\mathrm{d}s = \mathrm{d}\overline{x}(s)$. 由 Itô 公式可以得到

$$\mathrm{d}V_i(\overline{x}(t)) + \lambda V_i(\overline{x}(t))\mathrm{d}t = (\mathcal{L}V_i(\overline{x}(t)) + \lambda V_i(\overline{x}(t)))\mathrm{d}t + 2\overline{x}^{\mathrm{T}}(t)P_i \overline{f}_i(t)\mathrm{d}\omega(t) \tag{3.16}$$

式中，

$$\begin{aligned}\mathcal{L}V_i(\overline{x}(t)) + \lambda V_i(\overline{x}(t)) \leqslant\ & 2\overline{x}^{\mathrm{T}}(t)P_i((A_i + M_iK_i)\overline{x}(t) + \tilde{A}_i\overline{x}_d(t)) \\ & + \mathrm{tr}\{\overline{f}_i^{\mathrm{T}}(t)P_i\overline{f}_i(t)\} + \overline{x}^{\mathrm{T}}(t)(\lambda P_i + Q_i)\overline{x}(t) \\ & + \tau y^{\mathrm{T}}(t)Z_i y(t) - (1-h)\mathrm{e}^{-\lambda\tau}\overline{x}_d^{\mathrm{T}}(t)Q_i\overline{x}_d(t) \\ & - \mathrm{e}^{-\lambda\tau}\int_{t-d(t)}^{t} y^{\mathrm{T}}(s)Z_i y(s)\mathrm{d}s \end{aligned} \tag{3.17}$$

结合假设 3.2 和式(3.12)，可得

$$\begin{aligned}\mathrm{tr}\{\overline{f}_i^{\mathrm{T}}(t)P_i\overline{f}_i(t)\} \leqslant\ & \varepsilon_i((\overline{x}(t) + \Pi v(t))^{\mathrm{T}} J_i^{\mathrm{T}} J_i(\overline{x}(t) + \Pi v(t)) \\ & + (\overline{x}_d(t) + \tilde{\Pi} v(t))^{\mathrm{T}} \tilde{J}_i^{\mathrm{T}} \tilde{J}_i(\overline{x}_d(t) + \tilde{\Pi} v(t))) \end{aligned} \tag{3.18}$$

根据引理 2.1，下列不等式成立：

$$\begin{aligned} -\int_{t-d(t)}^{t} y^{\mathrm{T}}(s)Z_i y(s)\mathrm{d}s & \leqslant -d(t)^{-1}\int_{t-d(t)}^{t} y^{\mathrm{T}}(s)\mathrm{d}sZ_i\int_{t-d(t)}^{t} y(s)\mathrm{d}s \\ & \leqslant \tau^{-1}\zeta^{\mathrm{T}}(t)\begin{bmatrix} -Z_i & Z_i \\ Z_i & -Z_i \end{bmatrix}\zeta(t) \end{aligned} \tag{3.19}$$

式中，$\zeta^{\mathrm{T}}(t) = [\overline{x}^{\mathrm{T}}(t) \quad \overline{x}_d^{\mathrm{T}}(t)]$.

对适当维数的任意矩阵 X_i 和 Y_i，下列等式恒成立：

$$2(X_i z(t))^{\mathrm{T}}(g_{2i}(t) - z(t))\mathrm{d}t = 0 \tag{3.20}$$

$$2(Y_i y(t))^{\mathrm{T}}((g_{1i}(t) - y(t))\mathrm{d}t + \overline{f}_i(t)\mathrm{d}\omega(t)) = 0 \tag{3.21}$$

同时考虑式(3.16)～式(3.21)和式(3.10)，不难得到

$$\mathcal{L}\hat{V}_i(\overline{x}(t)) + \lambda V_i(\overline{x}(t)) - \Gamma(t) \leqslant \eta^{\mathrm{T}}(t)\Psi_i\eta(t) < 0$$

式中，

$$\mathcal{L}\hat{V}_i(\overline{x}(t)) = 2((X_i z(t))^{\mathrm{T}}(g_{2i}(t) - z(t)) + (Y_i y(t))^{\mathrm{T}}(g_{1i}(t) - y(t))) + \mathcal{L}V_i(\overline{x}(t))$$
$$\Gamma(t) = \Theta(s) + z^{\mathrm{T}}(s)(T - T^*)z(s) - \alpha v^{\mathrm{T}}(s)v(s)$$

$$\eta^{\mathrm{T}}(t)=[\bar{x}^{\mathrm{T}}(t)\quad \bar{x}_d^{\mathrm{T}}(t)\quad v^{\mathrm{T}}(t)\quad z^{\mathrm{T}}(t)\quad y^{\mathrm{T}}(t)]$$

所以

$$\mathcal{L}\hat{V}_i(\bar{x}(t))+\lambda V_i(\bar{x}(t))<\Gamma(t)$$

将上述不等式代入式(3.16)，得到

$$\mathrm{d}V_i(\bar{x}(t))+\lambda V_i(\bar{x}(t))\mathrm{d}t<\Gamma(t)\mathrm{d}t+2(\bar{x}^{\mathrm{T}}(t)P_i+y^{\mathrm{T}}(t)Y_i^{\mathrm{T}})\bar{f}_i(t)\mathrm{d}\omega(t)$$

将上式两端从 t_k 到 t 进行积分，其中 $t\in[t_k,t_{k+1})$，对结果再取期望可得

$$\mathcal{E}\{V_i(\bar{x}(t))\}\leqslant \mathrm{e}^{-\lambda(t-t_k)}\mathcal{E}\{V_i(\bar{x}(t_k))\}+\mathcal{E}\left\{\int_{t_k}^{t}\mathrm{e}^{-\lambda(t-s)}\Gamma(s)\mathrm{d}s\right\} \tag{3.22}$$

结合式(3.11)和式(3.15)，可知

$$\mathcal{E}\{V_{\sigma(t_k)}(\bar{x}(t_k))\}\leqslant \mu\mathcal{E}\{V_{\sigma(t_k^-)}(\bar{x}(t_k^-))\} \tag{3.23}$$

联合式(3.22)、式(3.23)和 $k=N_\sigma(t_0,t)\leqslant(t-t_0)/\tau_a$，可以推出

$$\mathcal{E}\{V_\sigma(\bar{x}(t))\}\leqslant \mathrm{e}^{-\lambda t+N_\sigma(0,t)\ln\mu}V_{\sigma(0)}(\bar{x}(0))+\mathcal{E}\left\{\int_0^t \mathrm{e}^{-\lambda(t-s)+N_\sigma(s,t)\ln\mu}\Gamma(s)\mathrm{d}s\right\} \tag{3.24}$$

在零初始条件下，由式(3.24)容易得到

$$0\leqslant\mathcal{E}\left\{\int_0^t \mathrm{e}^{-\lambda(t-s)+N_\sigma(s,t)\ln\mu}\Gamma(s)\mathrm{d}s\right\}$$

另外，$\Gamma(s)=T_1^*-T_2^*$，其中

$$T_1^*=\begin{bmatrix}v(s)\\ z(s)\end{bmatrix}^{\mathrm{T}}\begin{bmatrix}Q & U\\ U & T^*\end{bmatrix}\begin{bmatrix}v(s)\\ z(s)\end{bmatrix}\geqslant 0,\quad T_2^*=2\begin{bmatrix}v(s)\\ z(s)\end{bmatrix}^{\mathrm{T}}\begin{bmatrix}\alpha & 0\\ 0 & T^*-T\end{bmatrix}\begin{bmatrix}v(s)\\ z(s)\end{bmatrix}\geqslant 0$$

因此

$$\mathcal{E}\left\{\int_0^t \mathrm{e}^{-\lambda(t-s)+N_\sigma(s,t)\ln\mu}T_2^*\mathrm{d}s\right\}\leqslant\mathcal{E}\left\{\int_0^t \mathrm{e}^{-\lambda(t-s)+N_\sigma(s,t)\ln\mu}T_1^*\mathrm{d}s\right\}$$

由 $N_\sigma(s,t)\leqslant(t-s)/\tau_a$ 和 $\tau_a>\tau_a^*=2\ln\mu/\lambda$，可知 $0\leqslant N_\sigma(s,t)\ln\mu\leqslant\lambda(t-s)/2$. 从而有

$$\mathcal{E}\left\{\int_0^t \mathrm{e}^{-\lambda(t-s)}T_2^*\mathrm{d}s\right\}\leqslant\mathcal{E}\left\{\int_0^t \mathrm{e}^{\frac{-\lambda(t-s)}{2}}T_1^*\mathrm{d}s\right\} \tag{3.25}$$

对式(3.25)两端从 $t=0$ 到 ∞ 进行积分，然后取期望可得

$$\mathcal{E}\left\{\int_0^\infty T_2^*\mathrm{d}s\right\}\leqslant 2\mathcal{E}\left\{\int_0^\infty T_1^*\mathrm{d}s\right\}$$

上述不等式满足式(3.8).

接下来，考虑系统(3.5)在 $v(t)=0$ 下均方指数稳定性. 此时，由前面分析易得

$$\mathcal{L}V_i(\bar{x}(t))+\lambda V_i(\bar{x}(t))\leqslant z^{\mathrm{T}}(t)Tz(t)\leqslant 0 \tag{3.26}$$

将式(3.26)代入式(3.16)，可以得到

$$\mathrm{d}V_i(\bar{x}(t))+\lambda V_i(\bar{x}(t))\mathrm{d}t<2(\bar{x}^{\mathrm{T}}(t)P_i+y^{\mathrm{T}}(t)Y_i)\bar{f}_i(t)\mathrm{d}\omega(t)$$

类似于式(3.22)和式(3.23)的过程，可以得到

$$\mathcal{E}\{V_{\sigma}(\overline{x}(t))\} \leqslant \mathrm{e}^{-\left(\lambda-\frac{\ln\mu}{\tau_a}\right)(t-t_0)} V_{\sigma(t_0)}(\overline{x}(t_0)) \tag{3.27}$$

此外，由式(3.15)可知

$$a\mathcal{E}\{\|\overline{x}(t)\|^2\} \leqslant \mathcal{E}\{V_{\sigma}(\overline{x}(t))\}, \quad V_{\sigma(t_0)}(\overline{x}(t_0)) \leqslant b\|\overline{x}(t_0)\|_c^2 \tag{3.28}$$

式中，$a=\min\limits_{i\in\varXi}\{\overline{\lambda}_{\min}(P_i)\}$；$b=\max\limits_{i\in\varXi}\{\overline{\lambda}_{\max}(P_i)\}+\tau\max\limits_{i\in\varXi}\{\overline{\lambda}_{\max}(Q_i)\}+\dfrac{\tau^2}{2}\max\limits_{i\in\varXi}\{\overline{\lambda}_{\max}(Z_i)\}$；$\|\overline{x}(t_0)\|_{C_\tau}=\max\limits_{-\tau\leqslant\theta\leqslant 0}\{\|\overline{x}(t_0+\theta)\|, y(t_0+\theta)\|\}$.

结合式(3.27)和式(3.28)，可得

$$\mathcal{E}\{\|\overline{x}(t)\|^2\} \leqslant \frac{b}{a}\mathrm{e}^{-\lambda^*(t-t_0)}\|\overline{x}(t_0)\|_{C_\tau}^2, \quad \lambda^*=\lambda-\frac{\ln\mu}{\tau_a^*}$$

对上述不等式两端取极限，可得

$$\lim_{t\to\infty}\sup\frac{1}{t}\ln\mathcal{E}\{\|\overline{x}(t)\|^2\} \leqslant \lim_{t\to\infty}\sup\frac{1}{t}\left(\ln\left(\frac{b}{a}\right)\lambda^*(t-t_0)+\ln(\|\overline{x}(t_0)\|_{C_\tau}^2)\right)=-\lambda^*$$

此时，可知当 $v(t)=0$ 时，闭环系统(3.5)是均方指数稳定的. 当 $v(t)\neq 0$ 时，由引理 2.6 可知，存在 $M>0$ 和 $\varepsilon>0$，使得

$$\mathcal{E}\{\|x_d(t)-\tilde{\Pi}v(t)\|\} \leqslant M\mathrm{e}^{-\varepsilon t}\mathcal{E}\{\|x(\theta)-\tilde{\Pi}v(0)\|\}$$

所以有

$$\lim_{t\to\infty}\mathcal{E}\{\|\overline{x}_d(t)\|\}=\lim_{t\to\infty}\mathcal{E}\{\|x_d(t)-\tilde{\Pi}v(t)\|\}=0$$

即

$$\lim_{t\to\infty}\mathcal{E}\{\|e(t)\|\} \leqslant \lim_{t\to\infty}\mathcal{E}\{\|E_{\sigma}\|\|\overline{x}(t)\|+\|\tilde{E}_{\sigma}\|\|\overline{x}_d(t)\|\}=0$$

证毕.

注 3.1 对于带有外部扰动的输入系统而言，外部扰动会引起内部和外部系统之间的能量交换. 然而，目前输出调节问题大都忽略了外部输入的影响. 本节随机严格耗散用来分析外部输入对系统能量的改变. 在平均驻留时间方法下，供给率通常假定为半正定去实现目标性质. 为降低结果的保守性，通过定理 3.1 中引入的一个辅助矩阵 T^* 来减少半正定的约束.

注 3.2 将 $\varphi_i<0$ 左右两边同时乘以 I_i^{T} 和 I_i，其中 $I_i=\mathrm{diag}\{\overline{P}_i,\overline{P}_i,I,\overline{X},\overline{Y}_i\}$. 结合 Schur 补定理和不等式 $-Z_i^{-1}<\overline{P}_iZ_i\overline{P}_i-2\overline{P}_i$，由式(3.10)～式(3.13)可以得到

$$\begin{bmatrix} \bar{\varphi}_{11}^i & \bar{\varphi}_{12}^i & \bar{\varphi}_{13}^i & \bar{P}_i C_i^{\mathrm{T}} & \bar{\varphi}_{15}^i & \bar{P}_i J_i^{\mathrm{T}} & 0 \\ * & \bar{\varphi}_{22}^i & \bar{\varphi}_{23}^i & \bar{P}_i \tilde{C}_i^{\mathrm{T}} & \bar{P}_i \tilde{A}_i^{\mathrm{T}} & \bar{P}_i J_i^{\mathrm{T}} & 0 \\ * & * & \bar{\varphi}_{33}^i & \tilde{D}_i^{\mathrm{T}} - \bar{U} & 0 & 0 & 0 \\ * & * & * & \bar{\varphi}_{44}^i & 0 & 0 & 0 \\ * & * & * & * & \bar{\varphi}_{55}^i & 0 & 0 \\ * & * & * & * & * & -\bar{\varepsilon}_i I & -\tau Z_i^{-1} \\ * & * & * & * & * & * & \bar{\varphi}_{77}^i \end{bmatrix} < 0$$

$$\bar{P}_i \leqslant \mu \bar{P}_j, \quad \bar{Q}_i \leqslant \mu \bar{Q}_j, \quad \bar{Z}_i \leqslant \mu \bar{Z}_j$$

$$\bar{\varepsilon}_i I \leqslant \bar{P}_i$$

$$\begin{bmatrix} \bar{Q} & \bar{U} \\ * & \bar{T}^* \end{bmatrix} > 0$$

式中，

$$\bar{\varphi}_{11}^i = \lambda \bar{P}_i + A_i \bar{P}_i + M_i \bar{K}_i + \bar{P}_i A_i^{\mathrm{T}} + \bar{K}_i^{\mathrm{T}} M_i^{\mathrm{T}} + \bar{Q}_i - \tau^{-1} \mathrm{e}^{-\lambda\tau} \bar{Z}_i$$

$$\bar{\varphi}_{12}^i = \tilde{A}_i \bar{P}_i + \tau^{-1} \mathrm{e}^{-\lambda\tau} \bar{Z}_i, \quad \bar{\varphi}_{13}^i = \varepsilon_i \bar{P}_i J_i^{\mathrm{T}} J_i \varPi, \quad \bar{\varphi}_{15}^i = \bar{P}_i A_i^{\mathrm{T}} + \bar{K}_i^{\mathrm{T}} M_i^{\mathrm{T}}$$

$$\bar{\varphi}_{22}^i = -(1-h) \mathrm{e}^{-\lambda\tau} \bar{Q}_i - \tau^{-1} \mathrm{e}^{-\lambda\tau} \bar{Z}_i, \quad \bar{\varphi}_{23}^i = \varepsilon_i P_i^{-1} \tilde{J}_i^{\mathrm{T}} \tilde{J}_i \tilde{\varPi}$$

$$\bar{\varphi}_{33}^i = \varepsilon_i \varPi^{\mathrm{T}} J_i^{\mathrm{T}} J_i \varPi + \varepsilon_i \tilde{\varPi}^{\mathrm{T}} \tilde{J}_i^{\mathrm{T}} \tilde{J}_i \tilde{\varPi}, \quad \bar{\varphi}_{44}^i = \bar{T}^* - \bar{X} - \bar{X}^{\mathrm{T}} - 2\bar{T}$$

$$\bar{\varphi}_{55}^i = -\bar{Y}_i^{\mathrm{T}} - \bar{Y}_i, \quad \bar{\varepsilon}_i = \varepsilon_i^{-1}, \quad \bar{P}_i = P_i^{-1}, \quad \bar{Q}_i = \bar{P}_i^{\mathrm{T}} Q_i \bar{P}_i$$

$\bar{Z}_i = \bar{P}_i^{\mathrm{T}} Z_i \bar{P}_i$， $\bar{X} = X^{-1}$， $\bar{Y}_i = Y_i^{-1}$， $\bar{T} = \bar{X}^{\mathrm{T}} T \bar{X}$， $\bar{T}^* = \bar{X}^{\mathrm{T}} T^* \bar{X}$， $\bar{U} = U\bar{X}$， $\bar{K}_i = K_i \bar{P}_i$
借助 MATLAB 的线性矩阵不等式（linear matrix inequality，LMI）工具箱可以直接求得 $\bar{K}_i$，进而求出 $K_i = \bar{K}_i \bar{P}_i^{-1}$ 和 $L_i = \varGamma_i - K_i \varPi$.

注 3.3　只要 β_i 的取值足够大，直接令 $\bar{Y}_i = \beta_i \bar{P}_i$ 同样可以对定理 3.1 中的约束不等式进行线性化. 但是该方法会导致 $\bar{Y}_i$ 的取值依赖于 $\bar{P}_i$ 而非自由权矩阵. 为此在注 3.2 中，利用不等式 $(Z_i^{-1} - P_i)^{\mathrm{T}} Z_i (Z_i^{-1} - \bar{P}_i) > 0$ 的等价形式 $-Z_i^{-1} < \bar{P}_i Z_i \bar{P}_i - 2P_i$ 来解除 $\bar{Y}_i$ 对 $\bar{P}_i$ 的依赖.

3.4　误差反馈输出调节问题

本节基于系统状态和外部扰动输入不可完全获知的环境，利用随机严格耗散性理论解决系统的误差输出调节问题.

假设 3.6　存在矩阵 $\varPi$ 、 $\varLambda$ 、 R_i 和矩阵 G_i 满足下面调节器方程:

$$\begin{cases} \Pi S = A_i\Pi + \tilde{A}_i\tilde{\Pi} + M_iR_i\Lambda + B_i \\ \Lambda S = G_i\Lambda \\ 0 = E_i\Pi + \tilde{E}_i\tilde{\Pi} + F_i, \quad \tilde{\Pi} = \Pi \mathrm{e}^{-S\tau}, \quad i \in \Xi \end{cases} \tag{3.29}$$

假设 3.6 与假设 3.5 有相同的作用.

定理 3.2　若假设 3.1、假设 3.2、假设 3.4 和假设 3.6 成立，并且对给定常量 $\lambda > 0$ 和 $\mu \geqslant 1$，矩阵 Π、Λ、R_i 和 G_i，存在常量 $\underline{\varepsilon}_i > 0$ 和 $\alpha > 0$，矩阵 $\underline{P}_i > 0$，$\underline{Q}_i > 0$，$\underline{Z}_i > 0$，$Q^{\mathrm{T}} = Q$，$T^* > 0$，$T \leqslant 0$ 和适当维数矩阵 U、$\underline{H}_i$、$\underline{X}_i$、$\underline{Y}_i$，其中 $i,j \in \Xi$，使得

$$\underline{\varphi}_i = \{\underline{\varphi}_{lk}^i\} < 0, \quad l,k \in \{1,2,\cdots,6\}$$

$$\underline{P}_i \leqslant \mu \underline{P}_j, \quad \underline{Q}_i \leqslant \underline{Q}_j, \quad \underline{Z}_i \leqslant \mu \underline{Z}_j$$

$$\underline{P}_i \leqslant \underline{\varepsilon}_i I$$

$$\begin{bmatrix} Q & U \\ * & T^* \end{bmatrix} > 0$$

则存在误差反馈调节器(3.6)和满足式(3.14)的任意切换信号使系统(3.1)基于(Q,U,T)-α-随机严格耗散性的输出调节控制问题可解. 其中，调节增益被设计为 H_i，

$$\underline{\varphi}_{11}^i = \lambda P_i^1 + P_i^1A_i + A_i^{\mathrm{T}}P_i^1 + \underline{Q}_i - \tau^{-1}\mathrm{e}^{-\lambda\tau}\underline{Z}_i + \underline{\varepsilon}_iJ_i^{\mathrm{T}}J_i, \quad \underline{\varphi}_{12}^i = P_i^1M_iR_i + E_i^{\mathrm{T}}H_i^{\mathrm{T}}(P_i^2)^{\mathrm{T}}$$

$$\underline{\varphi}_{13}^i = P_i^1\tilde{A}_i + \tau^{-1}\mathrm{e}^{-\lambda\tau}\underline{Z}_i, \quad \underline{\varphi}_{14}^i = \underline{\varepsilon}_iJ_i^{\mathrm{T}}J_i\Pi, \quad \underline{\varphi}_{15}^i = C_i^{\mathrm{T}}\underline{X}_i, \quad \underline{\varphi}_{16}^i = A_i^{\mathrm{T}}\underline{Y}_i$$

$$\underline{\varphi}_{22}^i = \lambda P_i^2 + P_i^2G_i + G_i^{\mathrm{T}}P_i^2, \quad \underline{\varphi}_{23}^i = \tilde{E}_i^{\mathrm{T}}H_i^{\mathrm{T}}(P_i^2)^{\mathrm{T}}$$

$$\underline{\varphi}_{33}^i = \underline{\varepsilon}_i\tilde{J}_i^{\mathrm{T}}\tilde{J}_i - (1-h)\mathrm{e}^{-\lambda\tau}\underline{Q}_i - \tau^{-1}\mathrm{e}^{-\lambda\tau}\underline{Z}_i, \quad \underline{\varphi}_{34}^i = \underline{\varepsilon}_i\tilde{J}_i^{\mathrm{T}}\tilde{J}_i\tilde{\Pi}, \quad \underline{\varphi}_{35}^i = \tilde{C}_i^{\mathrm{T}}\underline{X}_i$$

$$\underline{\varphi}_{36}^i = \tilde{A}_i^{\mathrm{T}}\underline{Y}_i, \quad \underline{\varphi}_{44}^i = \underline{\varepsilon}_i\Pi^{\mathrm{T}}J_i^{\mathrm{T}}J_i\Pi + \underline{\varepsilon}_i\tilde{\Pi}^{\mathrm{T}}J_i^{\mathrm{T}}J_i\tilde{\Pi} - Q + 2\alpha I, \quad \underline{\varphi}_{45}^i = \tilde{D}_i^{\mathrm{T}}\underline{X}_i - U$$

$$\underline{\varphi}_{55}^i = T^* - \underline{X}_i^{\mathrm{T}} - \underline{X}_i - 2T, \quad \underline{\varphi}_{66}^i = \tau\underline{Z}_i - \underline{Y}_i^{\mathrm{T}} - \underline{Y}_i$$

证明　令 $\chi^{\mathrm{T}}(t) = [\overline{x}^{\mathrm{T}}(t) \quad \overline{\xi}^{\mathrm{T}}(t)]$，$\chi_d^{\mathrm{T}}(t) = [\overline{x}_d^{\mathrm{T}}(t) \quad \overline{\xi}_d^{\mathrm{T}}(t)]$，$\overline{\xi}(t) = \xi(t) - \Lambda v(t)$，$\overline{\xi}_d(t) = \xi(t-d(t)) - \tilde{\Lambda}v(t)$，$\tilde{\Lambda} = \Lambda\mathrm{e}^{-S\tau}$. 结合式(3.2)和式(3.29)，显然得出

$$\begin{cases} \mathrm{d}\chi(t) = (\underline{A}_\sigma\chi(t) + \tilde{\underline{A}}_\sigma\chi_d(t))\mathrm{d}t + \underline{f}_\sigma(t)\mathrm{d}\omega(t) \\ z(t) = C_\sigma\overline{x}(t) + \tilde{C}_\sigma\overline{x}_d(t) + \underline{D}_\sigma v(t) \\ e(t) = E_\sigma x(t) + \tilde{E}_\sigma x_d(t) \\ x(\theta) = \psi(\theta), \quad \theta \in [-\tau, 0] \end{cases}$$

式中，

$$\underline{f}_\sigma^{\mathrm{T}}(t) = [f_\sigma^{\mathrm{T}}(t, \overline{x}(t) + \Pi v(t), \overline{x}_d(t) + \tilde{\Pi}v(t)) \quad 0], \quad \underline{D}_\sigma = D_\sigma + C_\sigma\Pi + \tilde{C}_\sigma\tilde{\Pi}$$

$$\underline{A}_\sigma = \begin{bmatrix} A_\sigma & M_\sigma R_\sigma \\ H_\sigma E_\sigma & G_\sigma \end{bmatrix}, \quad \underline{\tilde{A}}_\sigma = \begin{bmatrix} \tilde{A}_\sigma & 0 \\ H_\sigma \tilde{E}_\sigma & 0 \end{bmatrix}$$

选择如下形式的 L-K 泛函形式：

$$V_\sigma(\chi(t)) = \chi^{\mathrm{T}}(t)\underline{P}_\sigma\chi(t) + \int_{t-d(t)}^{t} \bar{x}^{\mathrm{T}}(s)\mathrm{e}^{\lambda_\sigma(s-t)}\underline{Q}_\sigma \bar{x}(s)\mathrm{d}s + \int_{-\tau}^{0}\int_{t+\theta}^{t} y^{\mathrm{T}}(s)\mathrm{e}^{\lambda_\sigma(s-t)}\underline{Z}_\sigma y(s)\mathrm{d}s\mathrm{d}\theta$$

式中，$\underline{P}_\sigma = \mathrm{diag}\{P_\sigma^1, P_\sigma^2\}$.

类似于定理 3.1 的证明，易得式(3.8)成立. 当 $v = 0$ 时有 $\limsup\limits_{t\to\infty}\frac{1}{t}\ln\mathcal{E}\{\|\chi(t)\|^2\} = -\lambda^*$，即闭环系统(3.7)是均方指数稳定的. 当 $v \neq 0$ 时，由引理 2.7 可以得到 $\mathcal{E}\{\|x_d(t) - \tilde{\Pi}v(t)\| + \|\xi_d(t) - \tilde{\Lambda}v(t)\|\} \leqslant \underline{M}\mathrm{e}^{-\underline{\varepsilon}t}\mathcal{E}\{\|x(\theta) - \Pi v(0)\| + \|\xi(0) - \Lambda v(0)\|\}$，其中，$\underline{M} > 0$，$\underline{\varepsilon} > 0$. 因此 $\lim\limits_{t\to\infty}\mathcal{E}\{\|\bar{x}_d(t)\|\} = \lim\limits_{t\to\infty}\mathcal{E}\{\|x_d(t) - \tilde{\Pi}v(t)\|\} = 0$. 那么 $\lim\limits_{t\to\infty}\mathcal{E}\{\|e(t)\|\} \leqslant \lim\limits_{t\to\infty}\mathcal{E}\{\|E_\sigma\|\|\bar{x}(t)\|\} + \lim\limits_{t\to\infty}\mathcal{E}\{\|\tilde{E}_\sigma\|\|\bar{x}_d(t)\|\} = 0$.

3.5 仿 真 算 例

本节利用两个数值仿真算例分别验证结合了全息反馈调节器(3.4)的定理 3.1 和结合了误差反馈调节器(3.6)的定理 3.2 的可行性与有效性.

例 3.1 考虑 $\Xi = \{1,2\}$ 的系统(3.1)在随机严格耗散性下的全息反馈输出调节问题，其中 $d(t) = 0.3\sin(t)$，$\tau = h = 0.3$，$\omega(t) = 0.1\mathrm{e}^{-0.1t}\sin(0.1\pi t)$，其他参数为

$$A_1 = \begin{bmatrix} 0.1 & 0.2 \\ 0.5 & 0.8 \end{bmatrix}, \quad A_2 = \begin{bmatrix} -1.9 & 0 \\ 0 & -1.4 \end{bmatrix}, \quad \tilde{A}_1 = \begin{bmatrix} 0.4 & 0 \\ -2.5 & 0.3 \end{bmatrix}, \quad \tilde{A}_2 = \begin{bmatrix} -0.2 & 0 \\ 0 & -0.2 \end{bmatrix}$$

$$B_1 = \begin{bmatrix} 1 & 0 \\ 0 & 1 \end{bmatrix}, \quad B_2 = \begin{bmatrix} -1.1 & 0 \\ 0 & -1.1 \end{bmatrix}, \quad M_1 = \begin{bmatrix} 1.3 & 0 \\ 0 & 1.3 \end{bmatrix}, \quad M_2 = \begin{bmatrix} 1.2 & 0 \\ 0 & 1.2 \end{bmatrix}$$

$$C_1 = \begin{bmatrix} -0.5 & 0 \\ 0 & -0.5 \end{bmatrix}, \quad C_2 = \begin{bmatrix} 1.9 & 0 \\ 0 & 1.9 \end{bmatrix}, \quad \tilde{C}_1 = \begin{bmatrix} 0.5 & 0 \\ 0 & 0.5 \end{bmatrix}, \quad \tilde{C}_2 = \begin{bmatrix} -1.9 & 0 \\ 0 & -1.9 \end{bmatrix}$$

$$D_1 = \begin{bmatrix} 0.3 & 0 \\ 0 & 0.3 \end{bmatrix}, \quad D_2 = \begin{bmatrix} 0.1 & 0 \\ 0 & 0.1 \end{bmatrix}, \quad S = \begin{bmatrix} 0 & 0.1 \\ -0.1 & 0 \end{bmatrix}$$

$$E_i = \begin{bmatrix} 0.1 & 0 \\ 0 & 0.1 \end{bmatrix}, \quad \tilde{E}_i = \begin{bmatrix} -0.9 & 0 \\ 0 & -0.9 \end{bmatrix}, \quad F_i = \begin{bmatrix} 0.7996 & -0.027 \\ 0.027 & 0.7996 \end{bmatrix}$$

$$f_i = \frac{\sqrt{2}}{2}\sin(t)(J_i x(t) + \tilde{J}_i x(t-d(t))), \quad i \in \Xi, \quad J_1 = 0.2I, \quad \tilde{J}_1 = J_2 = 0.3I, \quad \tilde{J}_2 = 0.5I$$

在假设 3.5 下由上述参数得到矩阵:

$$\Pi = \begin{bmatrix} 1 & 0 \\ 0 & 1 \end{bmatrix}, \quad \Gamma_1 = \begin{bmatrix} -1.1537 & -0.0677 \\ 1.4538 & -1.673 \end{bmatrix}, \quad \Gamma_2 = \begin{bmatrix} 2.6666 & 0.0783 \\ -0.0783 & 2.2499 \end{bmatrix}$$

给定常量 $\lambda = 0.6$ 和 $\mu = 1.05$，使用 MATLAB 的 LMI 工具箱求解定理 3.1 中的线性矩阵不等式组，得到全息反馈调节器增益

$$K_1 = \begin{bmatrix} -0.6842 & 0.3401 \\ -0.9083 & -1.1364 \end{bmatrix}, \quad L_1 = \begin{bmatrix} 0.7400 & -1.2772 \\ 1.3549 & 0.6693 \end{bmatrix}$$

$$K_2 = \begin{bmatrix} 0.5904 & 0.0112 \\ 0.0095 & 0.2027 \end{bmatrix}, \quad L_2 = \begin{bmatrix} 2.4768 & 0.0628 \\ -0.0701 & 2.4078 \end{bmatrix}$$

和随机严格耗散参数 $\alpha = 0.9366$，以及

$$Q = \begin{bmatrix} 6.2654 & -0.0004 \\ -0.0004 & 6.2695 \end{bmatrix}, \quad U = \begin{bmatrix} 0.0112 & 0.0044 \\ -0.0035 & 0.0059 \end{bmatrix}, \quad T = \begin{bmatrix} -0.0319 & -0.0002 \\ -0.0002 & -0.0297 \end{bmatrix}$$

图 3.1 是随机扰动. 由式(3.14)求得最小平均驻留时间 $\tau_a^* = 0.1626$. 选择平均驻留时间 $\tau_a = 1.667$ 的切换信号，如图 3.2 所示. 当初始条件 $\bar{x}(\theta) = [-5\ \ 5]^{\mathrm{T}}$，$v(0) = [0\ \ 1]^{\mathrm{T}}$ 时，闭环系统在切换信号图 3.2 下的状态和输出误差分别如图 3.3 和图 3.4 所示. 图 3.3 和图 3.4 中收敛于零的曲线表明，系统(3.1)在增益为 K_1、L_1、K_2、L_2 的全息反馈调节器控制下实现了扰动信号的抑制和参考信号的渐近跟踪.

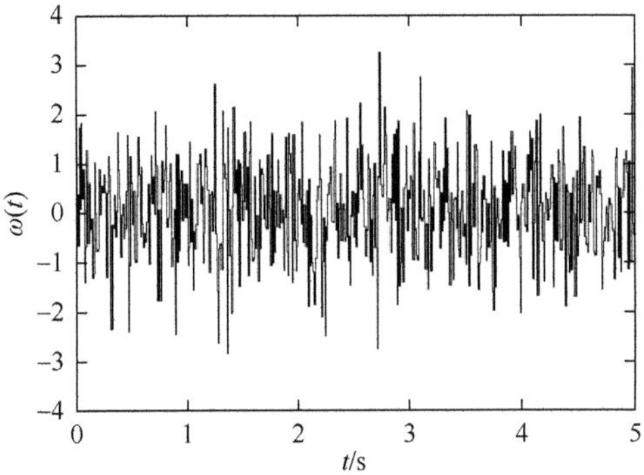

图 3.1　随机扰动（一）

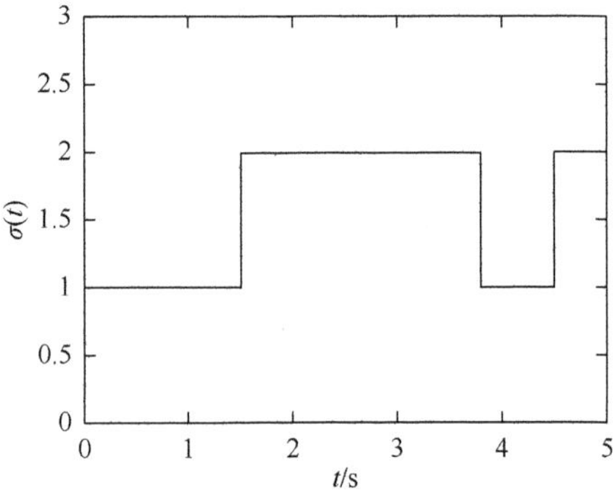

图 3.2　切换信号（一）

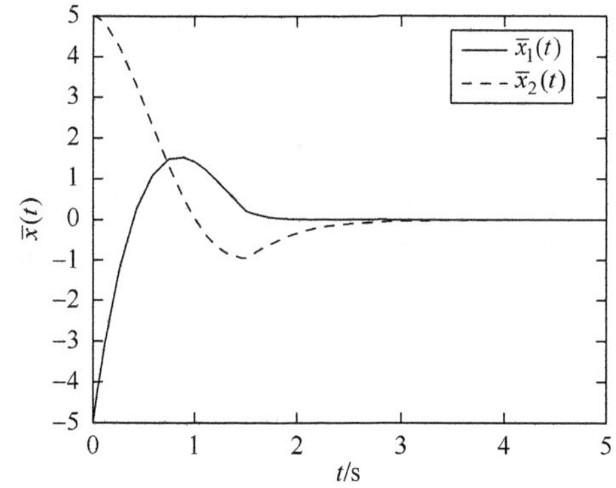

图 3.3 闭环系统的状态响应（一）

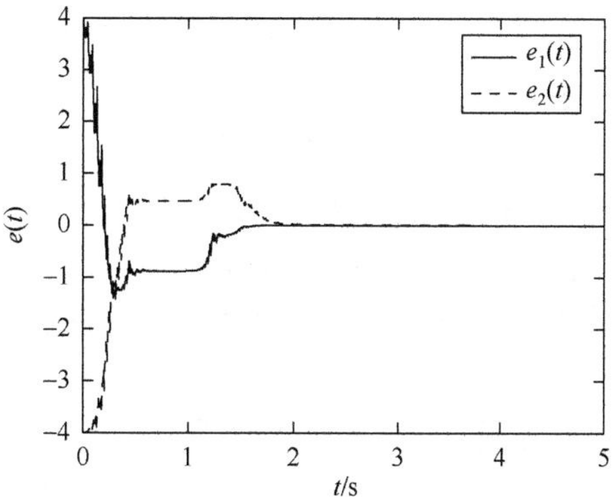

图 3.4 切换系统的输出误差（一）

例 3.2 考虑 $\Xi=\{1,2\}$ 的系统(3.1)具有随机严格耗散性的误差反馈输出调节问题，其中 $d(t)=0.5\sin(t)$，$\tau=h=0.5$，其他参数为

$$A_1=\begin{bmatrix}-5.5 & -2\\ -2.4 & -1.9\end{bmatrix},\quad \tilde{A}_1=\begin{bmatrix}0.4 & 0.1\\ 0 & -0.4\end{bmatrix},\quad B_1=\begin{bmatrix}5.11 & 1.78\\ 2.48 & 2.3\end{bmatrix},\quad M_1=\begin{bmatrix}-0.1 & 0.1\\ 0 & -0.1\end{bmatrix}$$

$$C_1=\begin{bmatrix}0.1 & 0\\ 0 & 0.1\end{bmatrix},\quad \tilde{C}_1=\begin{bmatrix}0.1 & 0.1\\ 0 & 0.1\end{bmatrix},\quad D_1=\begin{bmatrix}0.7 & 0\\ 0 & 0.5\end{bmatrix},\quad A_2=\begin{bmatrix}-3.4 & -0.1\\ 0 & -4.9\end{bmatrix}$$

$$\tilde{A}_2=\begin{bmatrix}-0.1 & 0.1\\ 0 & 0.1\end{bmatrix},\quad B_2=\begin{bmatrix}3.5 & -0.09\\ 0.1 & 4.8\end{bmatrix},\quad M_2=\begin{bmatrix}-0.5 & 0\\ 0 & -0.6\end{bmatrix},\quad C_2=\begin{bmatrix}0.4 & 0.4\\ 0 & 0.3\end{bmatrix}$$

$$\tilde{C}_2=\begin{bmatrix}-0.6 & 0\\ 0 & -0.6\end{bmatrix},\quad D_2=\begin{bmatrix}0.2 & 0.1\\ 0 & 0.5\end{bmatrix},\quad S=\begin{bmatrix}0 & -0.1\\ 0.1 & 0\end{bmatrix},\quad E_i=\begin{bmatrix}0.4 & 0.2\\ 0 & 0.5\end{bmatrix}$$

$$\tilde{E}_i=\begin{bmatrix}0.6 & 0.1\\ 0 & 0.6\end{bmatrix},\quad F_i=\begin{bmatrix}-0.99 & -0.33\\ 0.03 & -1.1\end{bmatrix},\quad f_i(t,x(t),x_d(t))=\sin(t)(J_ix(t)+\tilde{J}_ix_d(t))$$

$$i\in\Xi,\quad J_1=0.1I,\quad \tilde{J}_1=0.2I,\quad J_2=0.3I,\quad \tilde{J}_2=0.5I$$

给出如下满足假设 3.6 的矩阵：

$$\Pi=I,\quad R_1=\begin{bmatrix}-0.7 & 0\\ 0.1 & -0.7\end{bmatrix},\quad G_1=\begin{bmatrix}-2 & 0\\ 0 & -2\end{bmatrix}$$

$$\Sigma=0,\quad R_2=\begin{bmatrix}-0.4 & 0\\ 0.1 & -0.4\end{bmatrix},\quad G_2=\begin{bmatrix}-1 & 0\\ 0 & -1\end{bmatrix}$$

令 $\lambda=0.7$，$\mu=1.009$，得到最小平均驻留时间 $\tau_a^*=0.0256$，随机严格耗散性参数 $\alpha=0.3775$，本例中的系统增益为

$$H_1=\begin{bmatrix}-0.0013 & -0.0002\\ 0.0056 & -0.0054\end{bmatrix},\quad H_2=\begin{bmatrix}-0.0025 & -0.0009\\ -0.0011 & 0\end{bmatrix}$$

的误差反馈调节器构成的闭环系统在 (Q,U,T)-α- 随机严格耗散性下的输出调节问题可解.

图 3.5 是随机扰动. 图 3.6 是一个平均驻留时间 $\tau_a = 0.3330 > 0.0256$ 的切换信号. 在初始条件 $\chi(\theta) = [2 \quad 10 \quad 5 \quad -4]^{\mathrm{T}}$，$v(0) = [1 \quad 0]^{\mathrm{T}}$ 下根据图 3.6 的切换信号得到图 3.7 所示的状态响应和图 3.8 所示的输出误差. 图 3.7 和图 3.8 中收敛于零的曲线表明结合了误差反馈调节器(3.6)的定理 3.2 是有效的.

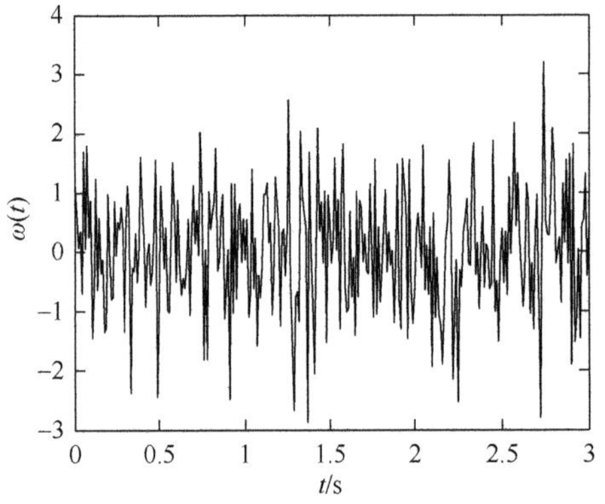

图 3.5　随机扰动（二）

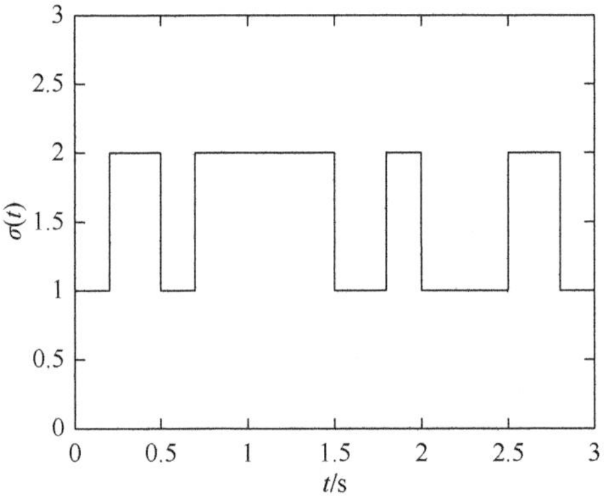

图 3.6　切换信号（二）

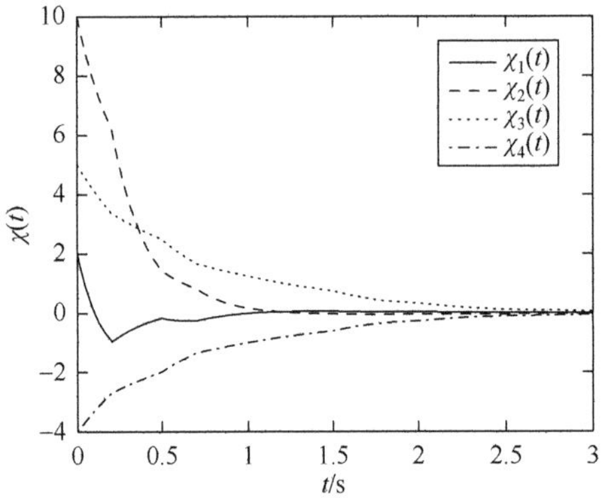

图 3.7　闭环系统的状态响应（二）

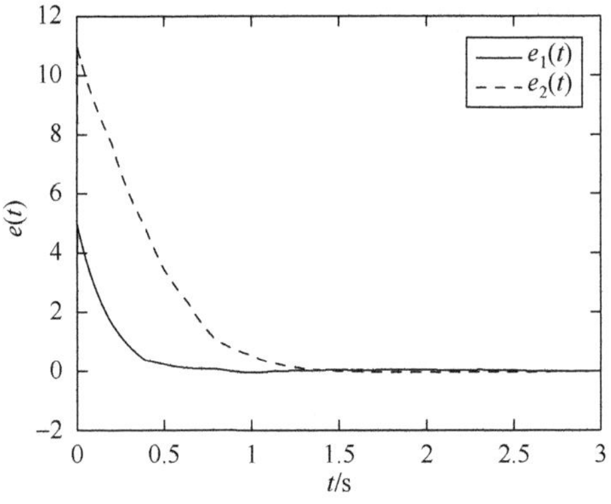

图 3.8　切换系统的输出误差（二）

3.6　小　　结

考虑满足平均驻留时间的切换策略，本章探究了一类受外部扰动输入影响的切换随机时滞系统在随机严格耗散性下的输出调节问题. 其中用耗散性分析外部扰动输入对系统的影响，相比于稳定性降低了结论的保守性. 首先，分别在全息反馈调节器和误差反馈调节器下，构造含有一重积分和二重积分的分段 L-K 泛函. 然后，综合使用自由权矩阵方法、Jensen 积分不等式和中心流形理论，得到闭环系统在时滞依赖的切换策略下随机严格耗散并且输出误差收敛于零的充分条件. (Q,U,T)-α- 随机严格耗散性中，$T<0$ 的条件保证了扰动为零时系统渐近均方稳定. 与此同时，可线性化的充分条件还给出了相应的调节器增益. 此外，当随机严格耗散性取成特殊形式即随机严格无源性时，充分条件仍然成立. 最后的两个仿真例子分别验证了全息反馈调节器和误差反馈调节器的可行性与有效性.

4 误差依赖切换策略下切换随机时滞系统的耗散输出调节问题

4.1 引　　言

第 3 章基于平均驻留时间方法考虑了一类切换随机系统的严格耗散输出调节问题，系统受时变时滞和外部输入变量的影响. 虽然相比于稳定性，用耗散性理论分析外部扰动输入对系统的影响在一定程度上降低了结论的保守性，但是在平均驻留时间方法下的耗散性是用共同供给率描述的，每个子系统满足相同供给率的限制对于切换系统而言仍然比较严格. 此外，第 3 章的充分条件中对系统有一个隐含要求：每个子系统在随机严格耗散性下的输出调节问题都是可解的. 因而，在问题求解过程中突破这一要求可显著降低保守性.

针对切换系统，耗散性所使用的供给率在多 Lyapunov 函数方法下被描述为多供给率，比在平均驻留时间方法下描述为共同供给率具有较低的保守性. 同时由于多 Lyapunov 函数方法适用范围更为广泛，无须要求每个子系统的问题都是可解的，使切换信号的设计更加灵活. 文献[170]基于状态信息构造多 Lyapunov 函数，分别给出了在全息反馈控制器和误差反馈控制器作用下切换系统输出调节问题可解的充分条件，其中在状态不可测的情况下，基于可测输出误差信息反馈控制器下的输出调节问题，但是没有利用误差信息设计切换规则. 文献[176]利用可测输出跟踪误差信息设计误差反馈控制器和 Lyapunov 函数，提出了一类线性离散切换系统的输出调节问题. 然而，在每个子系统不可解的情况下，同时考虑在时滞和随机因素影响下，切换系统基于耗散性的输出调节问题的研究成果还比较少见.

本章设计误差依赖的切换规则，研究一类切换随机时滞系统基于耗散性的输出调节问题. 在假设并不是所有子系统的输出调节问题都可解的前提下，设计一个误差反馈控制器，通过构造多供给率的多 L-K 泛函得到问题可解的充分条件. 同时给出了当耗散性退化为无源性的结果. 最后，两个数值例子验证了所提出方法的可行性和有效性.

4.2 问 题 描 述

考虑切换随机时滞系统(3.1)和外部系统(3.2)，且假设 3.1～假设 3.4 成立.

在正式讨论前提出以下定义.

定义 4.1 当 $u(t)=0$ 时，如果存在 $Q_i^{\mathrm{T}}=Q_i, T_i^{\mathrm{T}}=T_i, U_i$ 和满足 $\varsigma_i(0)=0$ 的实函数 $\varsigma_i(\cdot)$ 使得

$$\mathcal{E}\left\{\int_{t_0}^{t} v^{\mathrm{T}}(s)Q_i v(s)+2v^{\mathrm{T}}(s)U_i z(s)+z^{\mathrm{T}}(s)T_i z(s)\mathrm{d}s\right\}+\varsigma_i(x(t_0))\geqslant 0 \tag{4.1}$$

则切换随机时滞系统(3.1)在 $\sigma(t)$ 下是 (Q_i,U_i,T_i) -耗散的，其中 $\forall 0\leqslant t_0\leqslant t, i\in\varXi$.

对于非切换线性系统，该假设是一个标准假设，即当 $v(t)=0$ 时，存在控制器使得相应闭环系统达到稳定. 对于切换系统，假设保证了存在控制器使得每个子系统都是稳定的. 那么切换系统在所设计的适当控制器和切换规则下可能实现稳定. 此外，在这个假设下，能从系统(3.1)的输出信息中估计状态. 因此，设计如下无须考虑系统状态和外部输入的控制器：

$$\begin{cases}\mathrm{d}\xi(t)=(G_{\sigma(t)}\xi(t)+H_{\sigma(t)}e(t))\mathrm{d}t\\ u(t)=R_{\sigma(t)}\xi(t)\end{cases} \tag{4.2}$$

式中，$\xi(t)\in\Re^r$ 是内部状态；$G_{\sigma(t)}$ 和 $R_{\sigma(t)}$ 是适当维数的常数矩阵；$H_{\sigma(t)}$ 是待设计的控制增益. 从而闭环系统有如下形式：

$$\begin{cases}\mathrm{d}x(t)=(A_{\sigma(t)}x(t)+\tilde{A}_{\sigma(t)}x_d(t)+B_{\sigma(t)}v(t)+M_{\sigma(t)}R_{\sigma(t)}\xi(t))\mathrm{d}t\\ \qquad +f_{\sigma(t)}(t,x(t),x_d(t))\mathrm{d}\omega(t)\\ \mathrm{d}\xi(t)=(G_{\sigma(t)}\xi(t)+H_{\sigma(t)}E_{\sigma(t)}x(t)+H_{\sigma(t)}\tilde{E}_{\sigma(t)}x_d(t)+H_{\sigma(t)}F_{\sigma(t)}v(t))\mathrm{d}t\\ z(t)=C_{\sigma(t)}x(t)+\tilde{C}_{\sigma(t)}x_d(t)+D_{\sigma(t)}v(t)\\ e(t)=E_{\sigma(t)}x(t)+\tilde{E}_{\sigma(t)}x_d(t)+F_{\sigma(t)}v(t)\\ x(\theta)=\psi(\theta),\quad \theta\in[-\tau,0]\end{cases} \tag{4.3}$$

定义 4.2 如果存在误差反馈控制器(4.2)和适当的切换信号 $\sigma(t)$，使得：

(1) 当 $v(t)=0$ 时，闭环系统(4.3)是均方指数稳定的；

(2) 当 $v(t)\neq 0$ 时，式(4.1)成立，同时闭环系统(4.3)的解满足

$$\lim_{t\to\infty}\mathcal{E}\{\|e(t)\|\}=0 \tag{4.4}$$

则系统(3.1)基于 (Q_i,U_i,T_i) -耗散性的误差反馈输出调节问题是可解的.

4.3 主要结果

本节基于耗散性理论设计误差反馈调节器，提出切换随机时滞系统(3.1)的误差反馈输出调节问题可解的充分条件.

假设 4.1 如果存在 $\varPi$、$\varLambda$、R_i 和 G_i 满足下面的调节器方程：

$$\varPi S=A_i\varPi+\tilde{A}_i\tilde{\varPi}+M_iR_i\varLambda+B_i \tag{4.5}$$

$$0 = E_i\Pi + \tilde{E}_i\tilde{\Pi} + F_i, \quad \tilde{\Pi} = \Pi \mathrm{e}^{-S\tau} \tag{4.6}$$

$$\Lambda S = G_i\Lambda, \quad i \in \Xi \tag{4.7}$$

注 4.1　基于文献[197]，有

$$\mathrm{rank}\begin{bmatrix} A_i + \tilde{A}_i\mathrm{e}^{-s\tau} - sI & M_i \\ E_i + \tilde{E}_i\mathrm{e}^{-s\tau} & 0 \end{bmatrix} = n + q, \quad \forall i \in \Xi \tag{4.8}$$

是式(4.5)可解的必要条件，其中所有的$s \in \rho(S)$，$\rho(S)$是S的谱. 式(4.6)成立当且仅当存在Π_i、Γ_i使得

$$\Pi_i S = A_i\Pi_i + \tilde{A}_i\tilde{\Pi}_i + M_i\Gamma_i + B_i, \quad \Gamma_i = R_i\Lambda$$

$$0 = E_i\Pi_i + \tilde{E}_i\tilde{\Pi}_i + F_i, \quad \tilde{\Pi}_i = \Pi_i\mathrm{e}^{-S\tau}, \quad \forall i \in \Xi$$

那么需要找到一个共同的Π满足式(4.6). 这等价于求解$AXB + CXD = E$，其中$X = \Pi$，$A = [E_1^{\mathrm{T}} + \tilde{E}_1^{\mathrm{T}}, E_2^{\mathrm{T}} + \tilde{E}_2^{\mathrm{T}}, \cdots, E_l^{\mathrm{T}} + \tilde{E}_l^{\mathrm{T}}]^{\mathrm{T}}$，$B = -I$，$C = [\tilde{E}_1^{\mathrm{T}}, \tilde{E}_2^{\mathrm{T}}, \cdots, \tilde{E}_l^{\mathrm{T}}]^{\mathrm{T}}$，$D = I - \mathrm{e}^{-S\tau}$，$E = [F_1^{\mathrm{T}}, F_2^{\mathrm{T}}, \cdots, F_l^{\mathrm{T}}]^{\mathrm{T}}$. 对于方程$AXB + CXD = E$，已经有许多文献提供了求解算法，如文献[199].

定理 4.1　在假设 3.1～假设 3.3 和假设 4.1 下，给定常量$\beta_{ij} \geqslant 0$，如果存在常量$\varepsilon > 0$，矩阵$P = \mathrm{diag}\{\bar{P}, \underline{P}\} > 0$，$W_i = \mathrm{diag}\{\bar{W}_i, \underline{W}_i\} > 0$，$Q > 0$，$Z_i > 0$，$\tau_i \geqslant 0$和适当维数的矩阵$H_i$、$X_{1i}$、$X_{2i}$、$X_{3i}$、$Y_i$、$U_i$、$Q_i^{\mathrm{T}} = Q_i$，其中$i, j \in \Xi, i \neq j$，使得下面不等式成立：

$$\varphi_i = \begin{bmatrix} \varphi_{11}^i & \varphi_{12}^i & \varphi_{13}^i & E_i^{\mathrm{T}}X_{2i} & 0 & \varepsilon J_i^{\mathrm{T}}J_i\Pi & C_i^{\mathrm{T}}X_{1i} & A_i^{\mathrm{T}}Y_i \\ * & \varphi_{22}^i & \underline{P}H_i\tilde{E}_i & 0 & 0 & 0 & 0 & R_i^{\mathrm{T}}M_i^{\mathrm{T}}Y_i \\ * & * & \varphi_{33}^i & \tilde{E}_i^{\mathrm{T}}X_{2i} & 0 & \varphi_{36}^i & \varphi_{37}^i & \tilde{A}_i^{\mathrm{T}}Y_i \\ * & * & * & \varphi_{44}^i & 0 & 0 & 0 & 0 \\ * & * & * & * & \varphi_{55}^i & 0 & 0 & 0 \\ * & * & * & * & * & \varphi_{66}^i & \varphi_{67}^i & 0 \\ * & * & * & * & * & * & \varphi_{77}^i & 0 \\ * & * & * & * & * & * & * & \varphi_{88}^i \end{bmatrix} < 0 \tag{4.9}$$

$$\bar{P} \leqslant \varepsilon I \tag{4.10}$$

那么系统(3.1)基于(Q_i, U_i, T_i)-耗散性的误差反馈输出调节问题在切换信号

$$\sigma(t) = \arg\min_{i \in \Xi}\{e^{\mathrm{T}}(t)Z_i e(t)\} \tag{4.11}$$

下是可解的，其中

$$\varphi_{11}^i = \bar{W}_i + \bar{P}A_i + A_i^{\mathrm{T}}\bar{P} + \varepsilon J_i^{\mathrm{T}}J_i - Q, \quad \varphi_{12}^i = \bar{P}M_iR_i + E_i^{\mathrm{T}}H_i^{\mathrm{T}}\underline{P}^{\mathrm{T}}$$

$$\varphi_{13}^{i}=\bar{P}\tilde{A}_i+C_i^{\mathrm{T}}X_{3i}+Q,\quad \varphi_{22}^{i}=\underline{P}G_i+G_i^{\mathrm{T}}\underline{P},\quad \varphi_{33}^{i}=\underline{W}_i+\varepsilon\tilde{J}_i^{\mathrm{T}}\tilde{J}_i-Q+\tilde{C}_i^{\mathrm{T}}X_{3i}+X_{3i}^{\mathrm{T}}\tilde{C}_i$$

$$\varphi_{36}^{i}=\varepsilon\tilde{J}_i^{\mathrm{T}}\tilde{J}_i\tilde{\Pi}_i+X_{3i}^{\mathrm{T}}\tilde{D}_i,\quad \varphi_{37}^{i}=\tilde{C}_i^{\mathrm{T}}X_{1i}-X_{3i}^{\mathrm{T}},\quad \varphi_{44}^{i}=Z_i+\sum_{j=1}^{l}\beta_{ji}(Z_j-Z_i)-X_{2i}-X_{2i}^{\mathrm{T}}$$

$$\varphi_{55}^{i}=(h-1)Z_i,\quad \varphi_{66}^{i}=\varepsilon\Pi^{\mathrm{T}}J_i^{\mathrm{T}}J_i\Pi+\varepsilon\tilde{\Pi}^{\mathrm{T}}\tilde{J}_i^{\mathrm{T}}\tilde{J}_i\tilde{\Pi}-Q_i,\quad \varphi_{67}^{i}=\tilde{D}_i^{\mathrm{T}}X_{1i}-U_i$$

$$\varphi_{77}^{i}=-X_{1i}^{\mathrm{T}}-X_{1i}-\Gamma_i,\quad \varphi_{88}^{i}=\tau^2Q-Y_i^{\mathrm{T}}-Y_i$$

证明 令 $\chi^{\mathrm{T}}(t)=[\bar{x}^{\mathrm{T}}(t)\quad \bar{\xi}^{\mathrm{T}}(t)]$，$\chi_d^{\mathrm{T}}(t)=[\bar{x}_d^{\mathrm{T}}(t)\quad \bar{\xi}_d^{\mathrm{T}}(t)]$，其中 $\bar{x}(t)=x(t)-\Pi v(t)$，$\bar{\xi}(t)=\xi(t)-\Lambda v(t)$，$\bar{x}_d(t)=x_d(t)-\tilde{\Pi}v(t)$，$\bar{\tilde{\xi}}(t)=\tilde{\xi}(t)-\tilde{\Lambda}v(t)$，$\tilde{\Lambda}=\Lambda\mathrm{e}^{-S\tau}$，在假设 3.2 下，闭环系统(4.3)可以重新写成

$$\begin{cases}\mathrm{d}\chi(t)=(\underline{A}_{\sigma(t)}\chi(t)+\underline{\tilde{A}}_{\sigma(t)}\chi_d(t))\mathrm{d}t+\underline{f}_{\sigma(t)}(t)\mathrm{d}\omega(t)\\ z(t)=C_{\sigma(t)}\bar{x}(t)+\tilde{C}_{\sigma(t)}\bar{x}_d(t)+\tilde{D}_{\sigma(t)}v(t)\\ e(t)=E_{\sigma(t)}\bar{x}(t)+\tilde{E}_{\sigma(t)}\bar{x}_d(t)\\ x(\theta)=\psi(\theta),\quad \theta\in[-\tau,0]\end{cases}\tag{4.12}$$

式中，

$$\tilde{D}_{\sigma(t)}=D_{\sigma(t)}+C_{\sigma(t)}\Pi+\tilde{C}_{\sigma(t)}\tilde{\Pi},\quad \underline{f}_{\sigma(t)}(t)=[f_{\sigma(t)}^{\mathrm{T}}(t,\bar{x}(t)+\Pi v(t),\bar{x}_d(t)+\tilde{\Pi}v(t))\quad 0]^{\mathrm{T}}$$

$$\underline{A}_{\sigma(t)}=\begin{bmatrix}A_{\sigma(t)} & M_{\sigma(t)}R_{\sigma(t)}\\ H_{\sigma(t)}E_{\sigma(t)} & G_{\sigma(t)}\end{bmatrix},\quad \underline{\tilde{A}}_{\sigma(t)}=\begin{bmatrix}\tilde{A}_{\sigma(t)} & 0\\ H_{\sigma(t)}\tilde{E}_{\sigma(t)} & 0\end{bmatrix}$$

构造如下形式的多 L-K 泛函：

$$V_{\sigma(t)}(\chi(t))=\chi^{\mathrm{T}}(t)P\chi(t)+\int_{t-d(t)}^{t}\mathrm{e}^{\mathrm{T}}(s)Z_ie(s)\mathrm{d}s+\int_{-\tau}^{0}\int_{t+\theta}^{t}\bar{y}^{\mathrm{T}}(s)Q\bar{y}(s)\mathrm{d}s\mathrm{d}\theta\tag{4.13}$$

式中，$\bar{y}(s)\mathrm{d}s=\mathrm{d}\bar{x}(s)$.

由 Itô 公式可得

$$\mathrm{d}V_i(\chi(t))=\mathcal{L}V_i(\chi(t))\mathrm{d}t+2\chi^{\mathrm{T}}(t)P\underline{f}_i(t)\mathrm{d}\omega(t)\tag{4.14}$$

式中，

$$\begin{aligned}\mathcal{L}V_i(\chi(t))\leqslant{}&2\chi^{\mathrm{T}}(t)P(\underline{A}_i\chi(t)+\underline{\tilde{A}}_i\chi_d(t))+\mathrm{tr}\{\underline{f}_i^{\mathrm{T}}(t)P\underline{f}_i(t)\}+e^{\mathrm{T}}(t)Z_ie(t)\\&-(1-h)e_d^{\mathrm{T}}(t)Z_ie_d(t)+\tau^2\bar{y}^{\mathrm{T}}(t)Q\bar{y}(t)-\tau\int_{t-d(t)}^{t}\bar{y}^{\mathrm{T}}(s)Q\bar{y}(s)\mathrm{d}s\end{aligned}$$

并且 $e_d(t)=e(t-d(t))$.

结合式(4.3)和式(4.10)得到

$$\begin{aligned}\mathrm{tr}\{\underline{f}_i^{\mathrm{T}}(t)P\underline{f}_i(t)\}\leqslant{}&\varepsilon((\bar{x}(t)+\Pi v(t))^{\mathrm{T}}J_i^{\mathrm{T}}J_i(\bar{x}(t)+\Pi v(t))\\&+(\bar{x}_d(t)+\tilde{\Pi}v(t))^{\mathrm{T}}\tilde{J}_i^{\mathrm{T}}\tilde{J}_i(\bar{x}_d(t)+\tilde{\Pi}v(t)))\end{aligned}\tag{4.15}$$

根据引理 2.1 可得

$$-\tau\int_{t-d(t)}^{t} y^{\mathrm T}(s)Qy(s)\mathrm{d}s \leqslant -d(t)\int_{t-d(t)}^{t} y^{\mathrm T}(s)Qy(s)\mathrm{d}s \leqslant \varsigma^{\mathrm T}(t)\begin{bmatrix} -Q & Q \\ Q & -Q \end{bmatrix}\varsigma(t) \quad (4.16)$$

式中，$\varsigma^{\mathrm T}(t)=[\bar{x}^{\mathrm T}(t)\quad \bar{x}_d^{\mathrm T}(t)]$.

此外，对于适当维数的矩阵 X_{1i}、X_{2i}、X_{3i} 和 Y_i 总满足下面等式：

$$\begin{cases} 2(z^{\mathrm T}(t)X_{1i}^{\mathrm T}+z^{\mathrm T}(t)X_{3i}^{\mathrm T})(g_i^1(t)-z(t))=0 \\ 2e^{\mathrm T}(t)X_{2i}^{\mathrm T}(g_i^2(t)-e(t))=0 \\ 2y^{\mathrm T}(t)Y_i^{\mathrm T}((g_i^3(t)-\bar{y}(t))\mathrm{d}t+\underline{f}_i(t)\mathrm{d}\omega(t))=0 \end{cases} \quad (4.17)$$

式中，

$$g_i^1(t)=C_i\bar{x}(t)+\tilde{C}_i\bar{x}_d(t)+\tilde{D}_i v(t),\quad g_i^2(t)=E_i\bar{x}(t)+\tilde{E}_i\bar{x}_d(t)$$
$$g_i^3(t)=A_i\bar{x}(t)+\tilde{A}_i\bar{x}_d(t)+M_iR_i\bar{\xi}(t)$$

结合式(4.11)～式(4.15)，得到

$$\begin{aligned} &\mathcal{L}V_i(\chi(t))-s_i(v,z)+\chi^{\mathrm T}(t)W_i\chi(t) \\ &\leqslant \mathcal{L}V_i(\chi(t))-s_i(v,z)+\chi^{\mathrm T}(t)W_i\chi(t)+\sum_{j=1}^{l}\beta_{ji}e^{\mathrm T}(t)(Z_j-Z_i)e(t) \\ &\quad +2(z^{\mathrm T}(t)X_{1i}^{\mathrm T}+z^{\mathrm T}(t)X_{3i}^{\mathrm T})(g_i^1(t)-z(t))+2e^{\mathrm T}(t)X_{2i}^{\mathrm T}(g_i^2(t)-e(t)) \\ &\quad +2\bar{y}^{\mathrm T}(t)Y_i^{\mathrm T}(g_i^3(t)-\bar{y}(t)) \\ &=\eta^{\mathrm T}(t)\varphi_i\eta(t) \end{aligned} \quad (4.18)$$

式中，

$$\eta^{\mathrm T}(t)=[\bar{x}^{\mathrm T}(t)\ \ \bar{\xi}^{\mathrm T}(t)\ \ \bar{x}_d^{\mathrm T}(t)\ \ e^{\mathrm T}(t)\ \ e_d^{\mathrm T}(t)\ \ v^{\mathrm T}(t)\ \ z^{\mathrm T}(t)\ \ \bar{y}^{\mathrm T}(t)]$$
$$s_i(v,z)=v^{\mathrm T}Q_iv+2v^{\mathrm T}U_iz+z^{\mathrm T}T_iz$$

结合式(4.1)和 $W_i>0$，得到 $\mathcal{L}V_i(\chi(t))<s_i(v,z)$，将该不等式代入式(4.14)得出

$$\mathrm{d}V_i(\chi(t))<s_i(v,z)\mathrm{d}t+2(\chi^{\mathrm T}(t)P\underline{f}_i(t)+\bar{y}^{\mathrm T}(t)Y_i^{\mathrm T}\underline{f}_i(t))\mathrm{d}\omega(t) \quad (4.19)$$

对式(4.18)从 t_0 到 t 进行积分，然后取期望得

$$\mathcal{E}\{V_i(\chi(t))-V_i(\chi(t_0))\}<\mathcal{E}\left\{\int_{t_0}^{t}s_i(v(\varsigma),z(\varsigma))\mathrm{d}\varsigma\right\},\quad \forall 0\leqslant t_0\leqslant t, i\in\Xi$$

因此，$0<\mathcal{E}\left\{\int_{t_0}^{t}s_i(v(\varsigma),z(\varsigma))\mathrm{d}\varsigma\right\}+V_i(\chi(t_0)),\forall 0\leqslant t_0\leqslant t,i\in\Xi$，即式(4.1)成立.

下面考虑当 $v(t)\equiv 0$ 时，系统(3.1)的均方指数稳定性. 易得

$$\mathcal{L}V_i(\chi(t))+\chi^{\mathrm T}(t)W_i\chi(t)<z^{\mathrm T}(t)T_iz(t)\leqslant 0$$

从而有

$$\mathcal{L}V_i(\chi(t))<-\kappa\|\chi(t)\|^2 \quad (4.20)$$

式中，$\kappa = \min_{i \in \Xi}\{\lambda_{\min}(W_i)\}$. 显然可得

$$a \| \chi(t) \|^2 \leqslant V_i(\chi(t)) \leqslant b \| \chi(t) \|^2 \tag{4.21}$$

式中，$a = \lambda_{\min}(P)$；$b = \lambda_{\max}(P) + \tau \max_{i \in \Xi}\{\lambda_{\max}(Z_i)\} + \tau^2 \lambda_{\max}(Q)/2$. 考虑式(4.14)、式(4.20)和式(4.21)，得到

$$\mathcal{E}\left\{\frac{\mathrm{d}V_i(\chi(t))}{V_i(\chi(t))}\right\} \leqslant -\frac{\kappa}{b}\mathrm{d}t$$

对上式从 t_0 到 t 进行积分并结合式(4.21)得到

$$\mathcal{E}\{\| \chi(t) \|^2\} \leqslant \frac{b}{a} \| \chi(t_0) \|_\gamma^2 \, \mathrm{e}^{-\frac{\kappa}{b}(t-t_0)}$$

即当 $v(t) = 0$ 时，系统(4.3)是均方指数稳定的.

当 $v(t) \neq 0$ 时，可得

$$\mathcal{E}\{\| x_d(t) - \tilde{\Pi} v(t) \| + \| \xi_d(t) - \tilde{\Lambda} v(t) \|\} \leqslant \underline{M} \mathrm{e}^{-\alpha t} \mathcal{E}\{\| x(\theta) - \Pi v(0) \| + \| \xi(\theta) - \Lambda v(0) \|\}$$

式中，$\underline{M} > 0$，$\underline{\alpha} > 0$. 因此 $\lim_{t \to \infty} \mathcal{E}\{\| x_d(t) - \tilde{\Pi} v(t) \|\} = 0$. 等价于 $\lim_{t \to \infty} \mathcal{E}\{\| e(t) \|\} = 0$.

注 4.2 对于 $\varphi_i < 0$，使用 Schur 补引理可得如下不等式：

$$\begin{bmatrix}
\phi_{11}^i & \underline{\phi}_{12}^i & \phi_{13}^i & E_i^{\mathrm{T}} X_{2i} & 0 & \varepsilon J_i^{\mathrm{T}} J_i & C_i^{\mathrm{T}} X_{1i} & A_i^{\mathrm{T}} Y_i & 0 & \cdots & 0 \\
* & \phi_{22}^i & \phi_{23}^i & \underline{H}_i \tilde{E}_i & 0 & 0 & 0 & 0 & R_i^{\mathrm{T}} M_i^{\mathrm{T}} Y_i & \cdots & 0 \\
* & * & \phi_{33}^i & \tilde{E}_i^{\mathrm{T}} X_{2i} & 0 & \phi_{36}^i & \phi_{37}^i & \tilde{A}_i^{\mathrm{T}} Y & 0 & \cdots & 0 \\
* & * & * & \underline{\phi}_{44}^i & 0 & 0 & 0 & 0 & 0 & \cdots & 0 \\
* & * & * & * & \phi_{55}^i & 0 & 0 & 0 & \beta_{1i} Z_l & \cdots & \beta_{li} Z_l \\
* & * & * & * & * & \phi_{66}^i & \phi_{67}^i & 0 & 0 & \cdots & 0 \\
* & * & * & * & * & * & \phi_{77}^i & 0 & 0 & \cdots & 0 \\
* & * & * & * & * & * & * & \phi_{88}^i & 0 & \cdots & 0 \\
0 & 0 & 0 & 0 & 0 & 0 & 0 & 0 & \beta_{1i} Z_1 & \cdots & 0 \\
\vdots & \vdots & \vdots & \vdots & \vdots & \vdots & \vdots & \vdots & \vdots & & \vdots \\
0 & 0 & 0 & 0 & 0 & 0 & 0 & 0 & 0 & \cdots & \beta_{li} Z_l
\end{bmatrix} < 0$$

式中，$\underline{\phi}_{12}^i = \bar{P} M_i R_i + E_i^{\mathrm{T}} \underline{H}_i^{\mathrm{T}}$，$\underline{\phi}_{44}^i = Z_i - \sum_{j=1; j \neq i}^{l} \beta_{ji} Z_i - X_{2i} - X_{2i}^{\mathrm{T}}$，根据 MATLAB 的 LMI 工具箱求出 $\underline{H}_i$，进而得到 $H_i = \underline{P}^{-1} \underline{H}_i$.

注 4.3 当系统的状态和外部输入不可测且每个子系统的输出调解问题不可解时，文献[176]针对一类离散切换系统提出了依赖输出误差的切换规则. 当结果扩展到连续情况时，由于微分方程和差分方程的不同结构需要一种新的 L-K 泛函. 因此，L-K 泛函(4.13)是根据具有时滞信息的可测的输出跟踪误差来构造的，这将文献[137]中 $0<d(t)\leqslant\tau$ 要求放宽到 $0\leqslant d(t)\leqslant\tau$.

注 4.4 当 $U_i=I$，$Q_i=\delta_i I$，$T_i=\gamma_i I$ 时，如果 $\delta_i\geqslant 0$，$\gamma_i\geqslant 0$，那么 (Q_i,U_i,T_i)-耗散性退化为 (δ_i,γ_i)-无源性；如果 $\delta_i>0(\gamma_i>0)$，那么 (Q_i,U_i,T_i)-耗散性退化为严格输入(输出)无源性. 因此，如下推论是定理 4.1 的特殊情况.

推论 4.1 若假设 3.1 和假设 3.3 成立，并且对给定常量 $\beta_{ij}\geqslant 0$，存在常量 $\varepsilon>0$，$\delta_i\geqslant 0$，$\gamma_i\geqslant 0$，矩阵 $P=\text{diag}\{\bar{P},\underline{P}\}>0$，$W_i=\text{diag}\{\bar{W}_i,\underline{W}_i\}>0$，$Q>0$，$Z_i>0$ 和适当维数的矩阵 H_i、X_{1i}、X_{2i}、X_{3i}、Y_i，其中 $i,j\in\Xi$，$i\neq j$，使得

$$\begin{bmatrix} \varphi_{11}^i & \varphi_{12}^i & \varphi_{13}^i & E_i^{\mathrm{T}}X_{2i} & 0 & \varepsilon J_i^{\mathrm{T}}J_i\Pi & C_i^{\mathrm{T}}X_{1i} & A_i^{\mathrm{T}}Y_i \\ * & \varphi_{22}^i & \underline{P}H_i\tilde{E}_i & 0 & 0 & 0 & 0 & R_i^{\mathrm{T}}M_i^{\mathrm{T}}Y_i \\ * & * & \varphi_{33}^i & \tilde{E}_i^{\mathrm{T}}X_{2i} & 0 & \varphi_{36}^i & \varphi_{37}^i & \tilde{A}_i^{\mathrm{T}}Y_i \\ * & * & * & \varphi_{44}^i & 0 & 0 & 0 & 0 \\ * & * & * & * & \varphi_{55}^i & 0 & 0 & 0 \\ * & * & * & * & * & \underline{\varphi}_{66}^i & \underline{\varphi}_{67}^i & 0 \\ * & * & * & * & * & * & \underline{\varphi}_{77}^i & 0 \\ * & * & * & * & * & * & * & \varphi_{88}^i \end{bmatrix}<0 \tag{4.22}$$

$$\bar{P}\leqslant\varepsilon I \tag{4.23}$$

在切换规则(4.11)下，系统(3.1)基于 (δ_i,γ_i)-无源性的误差反馈输出调节问题是可解的，其中，$\underline{\varphi}_{66}^i=\varepsilon\Pi^{\mathrm{T}}J_i^{\mathrm{T}}J_i\Pi+\varepsilon\tilde{\Pi}^{\mathrm{T}}\tilde{J}_i^{\mathrm{T}}\tilde{J}_i\tilde{\Pi}-\delta_i I$，$\underline{\varphi}_{67}^i=\tilde{D}_i^{\mathrm{T}}X_{1i}-I$，$\underline{\varphi}_{77}^i=-X_{1i}^{\mathrm{T}}-X_{1i}-\gamma_i I$.

4.4 仿真算例

本节给出一个数值例子来实现基于 (Q_i,U_i,T_i)-耗散性和 (δ_i,γ_i)-无源性的输出调节问题. 考虑下面切换系统：

$$\begin{cases} \mathrm{d}x(t)=(A_ix(t)+\tilde{A}_ix_d(t)+B_iv(t)+M_iu(t))\mathrm{d}t \\ \qquad\quad +\sin(t)(J_ix(t)+\tilde{J}_ix_d(t))\mathrm{d}\omega(t) \\ z(t)=C_ix(t)+\tilde{C}_ix_d(t)+D_iv(t) \\ e(t)=E_ix(t)+\tilde{E}_ix_d(t)+F_iv(t) \\ x(\theta)=\psi(\theta),\quad \theta\in[-\tau,0],\quad i\in\{1,2\} \end{cases} \tag{4.24}$$

式中，$J_1=0.1I$；$\tilde{J}_1=0.2I$；$J_2=0.3I$；$\tilde{J}_2=0.5I$；$\tau=h=0.4$；其他参数为

$$A_1=\begin{bmatrix}-3.4 & -2\\ -2.4 & -1.9\end{bmatrix},\quad \tilde{A}_1=\begin{bmatrix}0.4 & 0.1\\ 0 & 0.4\end{bmatrix},\quad B_1=\begin{bmatrix}3.01 & 1.76\\ 2.54 & 1.50\end{bmatrix},\quad M_1=\begin{bmatrix}-0.1 & 0.1\\ -0.1 & -0.1\end{bmatrix}$$

$$C_1=\begin{bmatrix}0.1 & 0.2\\ 0 & 0.1\end{bmatrix},\quad \tilde{C}_1=\begin{bmatrix}0.1 & 0.1\\ 0 & 0.1\end{bmatrix},\quad D_1=\begin{bmatrix}0.7 & 0\\ 0.1 & 0.5\end{bmatrix},\quad A_2=\begin{bmatrix}0.1 & 0.3\\ 0.5 & -3.6\end{bmatrix}$$

$$\tilde{A}_2=\begin{bmatrix}0.5 & 1.5\\ -0.7 & 0.4\end{bmatrix},\quad B_2=\begin{bmatrix}-0.16 & -3.44\\ 0.33 & 3.26\end{bmatrix},\quad M_2=\begin{bmatrix}1 & 0.2\\ 0.2 & -1.7\end{bmatrix}$$

$$C_2=\begin{bmatrix}-0.6 & -0.9\\ 0.8 & -1.4\end{bmatrix},\quad \tilde{C}_2=\begin{bmatrix}0.5 & -1.6\\ 0.2 & 0.8\end{bmatrix},\quad E_1=E_2=\begin{bmatrix}0.4 & 0.2\\ 0 & 0.5\end{bmatrix}$$

$$\tilde{E}_1=\tilde{E}_2=\begin{bmatrix}0.6 & 0.1\\ 0 & 0.6\end{bmatrix},\quad F_1=F_2=\begin{bmatrix}-1 & -0.32\\ 0.02 & -1.1\end{bmatrix}$$

生成外部输入信号的外部系统描述为

$$\mathrm{d}v(t)=\begin{bmatrix}0 & -0.1\\ 0.1 & 0\end{bmatrix}v(t)\mathrm{d}t$$

4.4.1 (Q_i,U_i,T_i)-耗散性

存在下列满足假设 4.1 的矩阵：

$$\Sigma=\begin{bmatrix}0 & 0\\ 0 & 0\end{bmatrix},\quad \Pi=\begin{bmatrix}1 & 0\\ 0 & 1\end{bmatrix},\quad R_1=\begin{bmatrix}-0.7 & 0\\ 0.1 & -0.7\end{bmatrix}$$

$$R_2=\begin{bmatrix}-0.9 & -1\\ -1 & -0.5\end{bmatrix},\quad G_1=\begin{bmatrix}-4 & 0\\ 0 & -4\end{bmatrix},\quad G_2=\begin{bmatrix}-8 & 0\\ 0 & -8\end{bmatrix}$$

通过选择参数$\beta_{12}=2.7,\beta_{21}=1.4,\varepsilon=0.2835$，利用 LMI 工具箱，结合定理 4.1 中的条件(4.9)和条件(4.10)，可获得

$$Q_1=\begin{bmatrix}1.2954 & -0.3244\\ -0.3244 & 1.1367\end{bmatrix},\quad U_1=\begin{bmatrix}0.5935 & -1.3179\\ 1.5777 & -0.491\end{bmatrix}$$

$$T_1=\begin{bmatrix}-0.4012 & 0.0535\\ 0.0535 & -0.3352\end{bmatrix},\quad Q_2=\begin{bmatrix}2.6237 & -0.5961\\ -0.5961 & 1.5882\end{bmatrix}$$

$$U_2 = \begin{bmatrix} -0.1242 & 0.1382 \\ -0.2219 & -0.0821 \end{bmatrix}, \quad T_2 = \begin{bmatrix} -0.0840 & -0.0242 \\ -0.0242 & -0.0707 \end{bmatrix}$$

$$H_2 = \begin{bmatrix} 0.4644 & 1.2734 \\ 0.9651 & 1.6214 \end{bmatrix}, \quad H_1 = \begin{bmatrix} 0.0576 & -0.0962 \\ 0.1129 & -0.1363 \end{bmatrix}$$

初始条件设置为$\chi(\theta)=[3 \quad -5 \quad 3 \quad -5]^{\mathrm{T}}$和$v(0)=[1 \ \ 0]^{\mathrm{T}}$，在图 4.1(a)描述的随机干扰和图 4.1(b)中满足式(4.11)的切换信号下，相应闭环系统的状态响应和输出误差如图 4.2 所示. 当图 4.3 和图 4.4 中的 2 个子系统的输出调节问题均不可解时，通过设计恰当的切换规则可确保切换系统(4.24)的输出调节问题可解，如图 4.2 所示.

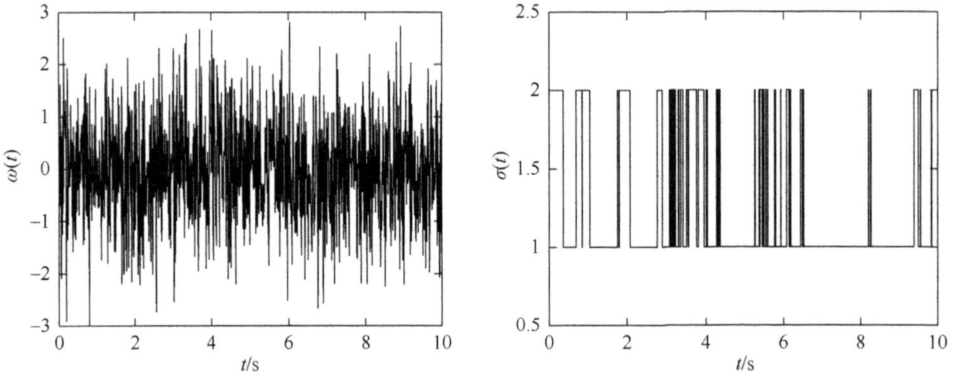

(a) 随机扰动1　　(b) 切换信号1

图 4.1　随机扰动 1 与切换信号 1

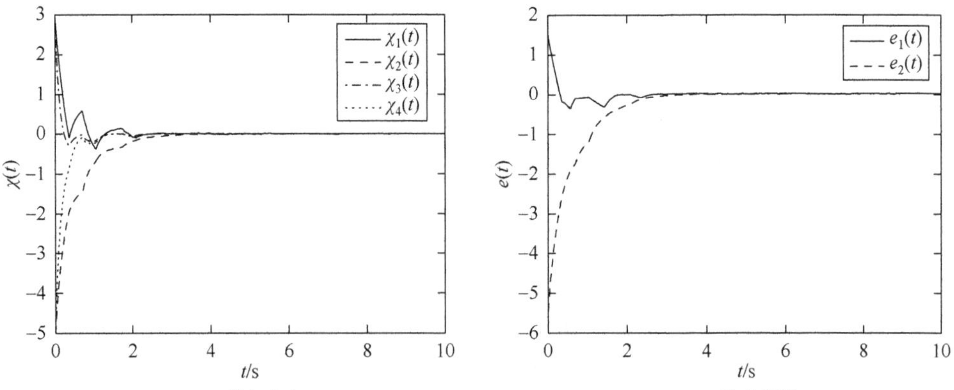

(a) 状态响应　　(b) 输出误差

图 4.2　切换系统的状态响应和输出误差（一）

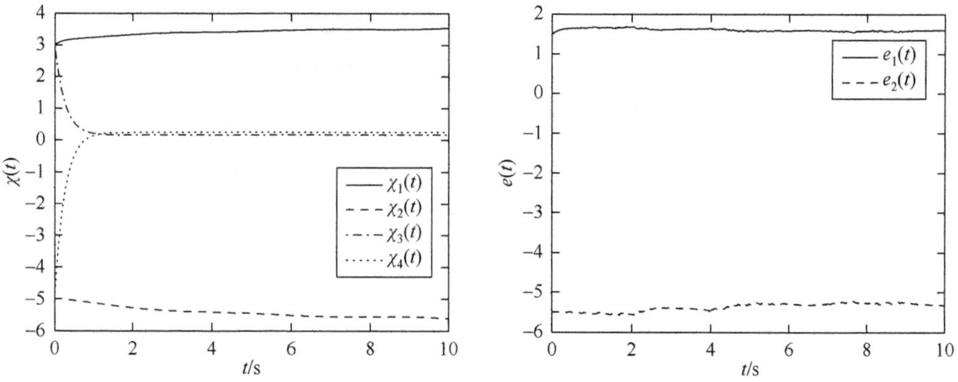

(a) 状态响应　　(b) 输出误差

图 4.3　子系统 1 的状态响应和输出误差

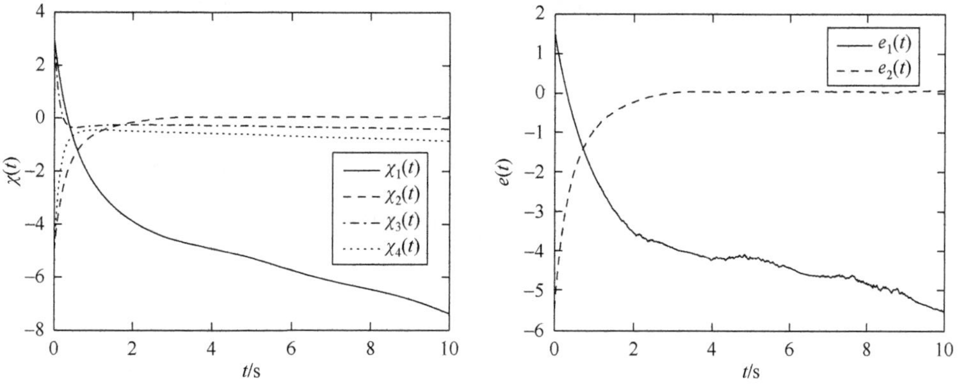

(a) 状态响应　　(b) 输出误差

图 4.4　子系统 2 的状态响应和输出误差

4.4.2　(δ_i,γ_i)-无源性

针对这个例子选择调节器方程的参数矩阵如下：

$$\varSigma=\begin{bmatrix}0 & 0\\ 0 & 0\end{bmatrix},\quad \varPi=\begin{bmatrix}1 & 0\\ 0 & 1\end{bmatrix},\quad R_1=\begin{bmatrix}-0.7 & 0\\ 0.1 & -0.7\end{bmatrix}$$

$$R_2=\begin{bmatrix}-0.9 & -1\\ -1 & -0.5\end{bmatrix},\quad G_1=\begin{bmatrix}-4 & 0\\ 0 & -4\end{bmatrix},\quad G_2=\begin{bmatrix}-5 & 0\\ 0 & -5\end{bmatrix}$$

其他参数为 $\beta_{12}=2.4, \beta_{21}=1.7$，初始条件 $\chi(\theta)=[3\quad -2\quad 3\quad -2]^{\mathrm{T}}$ 和 $v(0)=[1\quad 0]^{\mathrm{T}}$. 无源参数为 $\delta_1=19.1528, \gamma_1=7.9942, \delta_2=45.4739, \gamma_2=9.7556$, 相应的切换信号和

随机扰动如图 4.5 所示. 根据推论 4.1，利用 LMI 工具箱，图 4.6 展示了在误差反馈控制器和仅依赖于可测输出跟踪误差且满足式(4.11)的切换信号下，切换系统(4.24)基于 (δ_i, γ_i)-无源性的输出调节问题可解，其中控制器增益如下：

$$H_1 = \begin{bmatrix} 0.0144 & -0.0291 \\ 0.0247 & -0.0279 \end{bmatrix}, \quad H_2 = \begin{bmatrix} 0.0527 & 0.1349 \\ 0.2752 & 0.4109 \end{bmatrix}$$

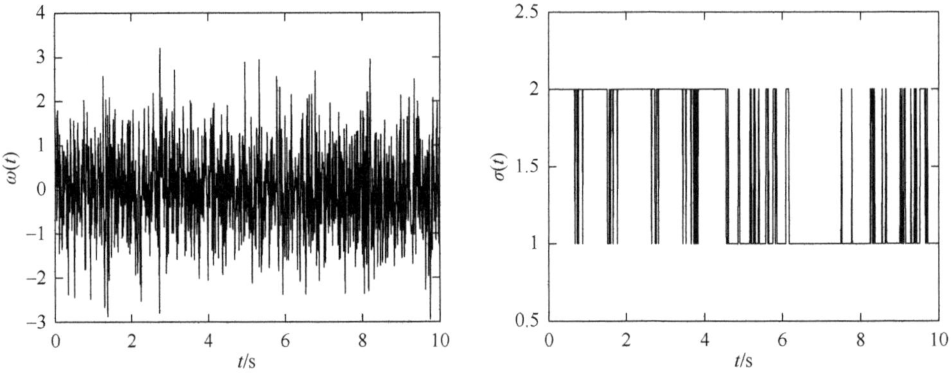

(a) 随机扰动2　　(b) 切换信号2

图 4.5　随机扰动 2 和切换信号 2

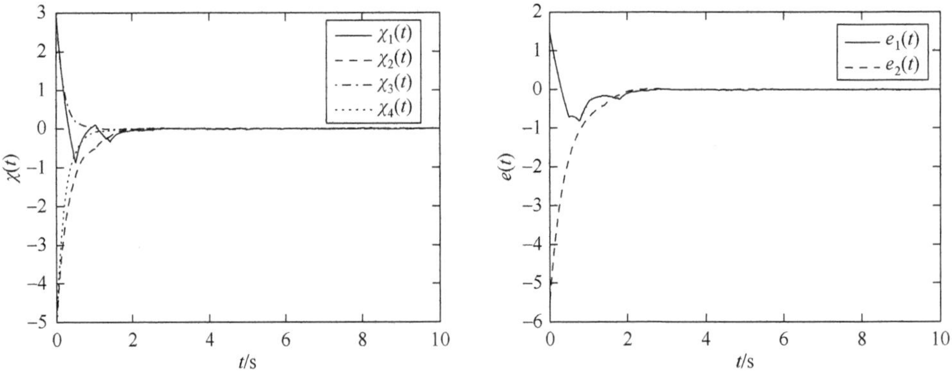

(a) 状态响应　　(b) 输出误差

图 4.6　切换系统的状态响应和输出误差（二）

4.5　小　　结

本章研究了一类切换随机时滞系统基于耗散性的输出调节问题. 本章基于多 Lyapunov 函数的方法，给出了误差依赖的切换规则和误差反馈控制器设计方案. 首先，所得充要条件可处理所有子系统的输出调节问题均不可解的情况. 其次，所构造的误差相关的 L-K 泛函考虑了多个供给率的形式而不是共同的供给率，从而降低了保守性. 此外，当耗散性退化成无源性时，推导的条件仍然有效. 最后两个数值例子证明了所提方法的有效性.

5 带有交叉供给率的切换随机时滞系统的输出调节问题

5.1 引 言

第 3 章和第 4 章研究了切换随机时滞系统在耗散性下输出调节问题可解的充分条件，同时设计了相应的调节器增益和允许的切换策略，即切换系统在调节器控制下按相应的切换策略进行切换时，系统随机耗散的同时实现渐近追踪参考信号和渐近抑制扰动信号. 然而在实际问题中，有些系统需要按照给定的切换策略进行切换，此时第 3 章和第 4 章的方法可能会失效. 另外，由于切换系统的各个子系统状态信息共享，未激活子系统的状态也会影响切换系统的能量函数. 因而，在讨论切换系统耗散性时，考虑交叉供给率[106]是非常有必要的. 文献[133]提出充分条件保证了两个耗散的切换系统的反馈互联的稳定性，采用交叉供给率消除控制器和切换信号之间的反馈互联，从能量的角度讨论了一类网络化切换系统的控制问题.

本章考虑未激活子系统对切换系统能量的影响，建立一类切换随机时滞系统在确保交叉供给率满足一定条件的切换信号下耗散输出调节问题可解的充分条件. 由于切换系统的各个子系统状态信息共享，切换系统的能量变化与每个子系统都相关，甚至是未激活的子系统. 首先，构造分段 L-K 泛函，利用多供给率和交叉供给率描述未激活子系统的能量变化，设计满足一定供给率条件的切换信号，给出切换系统输出调节问题可解的充分条件. 同时，给出相应的全息反馈调节器和误差反馈调节器的设计方案. 其次，将随机耗散性退化为随机无源性，给出相关推论. 最后，用仿真例子验证主要结果的可行性与有效性.

5.2 问 题 描 述

考虑切换随机时滞系统(3.1)和外部系统(3.2)，且满足假设 3.1～假设 3.4.

定义 5.1 当 $u=0$ 时，在切换序列 Σ 下，若存在正定的储能函数 $V_i(x)$，供给率函数 $\Gamma_{ii}(v,z)$ 和交叉供给率函数 $\Gamma_{ij}(x,v,z,t)$，使得

(1) $\mathcal{E}\{V_i(x(t))-V_i(x(s))\}\leqslant\mathcal{E}\left\{\int_s^t\Gamma_{ii}(v(\tau),z(\tau))\mathrm{d}\tau\right\},\quad t_k\leqslant s\leqslant t\leqslant t_{k+1};k=0,1,\cdots$

(2) $\mathcal{E}\{V_j(x(t))-V_j(x(s))\}\leqslant\mathcal{E}\left\{\int_s^t \Gamma_{ij}(x(\tau),v(\tau),z(\tau),\tau)\mathrm{d}\tau\right\},\quad t_k\leqslant s\leqslant t\leqslant t_{k+1}$;

$k=0,1,\cdots$

(3) 对任意的 $i,j\in\Xi$， $i\neq j$， $v(t)$ 和 $\varphi_{ij}(t)\in L_1^+[0,\infty)$，使得

$$\Gamma_{ii}(v(\tau),z(\tau))\leqslant 0$$

$$\Gamma_{ij}(x(t),v(\tau),z(\tau),t)-\varphi_{ij}(t)\leqslant 0$$

则称系统(3.1)在切换序列 $\Sigma=\{x(t_0):(l_0,t_0),\cdots,(l_i,t_i)\cdots|\,l_i\in\Xi\}$ 下是随机耗散的，其中原点是系统(3.1)的所有子系统的平衡点， $\varphi_{ij}(t)$ 可以依赖于 $v(t)$ 和切换序列 Σ.

基于随机耗散性理论，本章分别通过设计全息反馈调节器和误差反馈调节器，解决系统(3.1)在满足一定供给率条件的切换策略下的输出调节问题.

首先，考虑全息状态反馈控制器：

$$u(t)=K_{\sigma(t)}x(t)+L_{\sigma(t)}v(t) \tag{5.1}$$

结合系统状态(3.1)和外部系统(3.2)可将增广的闭环系统记为

$$\begin{cases}\mathrm{d}x(t)=((A_{\sigma(t)}+M_{\sigma(t)}K_{\sigma(t)})x(t)+\tilde{A}_{\sigma(t)}x_d(t)+(M_{\sigma(t)}L_{\sigma(t)}+B_{\sigma(t)})v(t))\mathrm{d}t\\ \qquad\quad +f_{\sigma(t)}(t,x(t),x_d(t))\mathrm{d}\omega(t)\\ z(t)=C_{\sigma(t)}x(t)+\tilde{C}_{\sigma(t)}x_d(t)+D_{\sigma(t)}v(t)\\ e(t)=E_{\sigma(t)}x(t)+\tilde{E}_{\sigma(t)}x_d(t)+F_{\sigma(t)}v(t)\\ \mathrm{d}v(t)=Sv(t)\mathrm{d}t\\ x(\theta)=\psi(\theta),\quad \theta\in[-\tau,0]\end{cases} \tag{5.2}$$

根据闭环系统(5.2)，提出如下全息反馈输出调节问题的定义.

定义 5.2 若存在全息状态调节器(5.1)和切换规则 $\sigma(t)$ 使得：

(1) 当扰动 $v(t)=0$ 时，闭环系统(5.2)在平衡点处是均方指数稳定的；

(2) 当扰动 $v(t)\neq 0$ 时，闭环系统(5.2)中的解满足

$$\lim_{t\to\infty}\mathcal{E}\{\|e(t)\|\}=0 \tag{5.3}$$

则系统(3.1)的全息反馈输出调节问题是可解的.

其次，当系统状态不可测时，考虑如下误差反馈调节器：

$$\begin{cases}\mathrm{d}\zeta(t)=(G_{\sigma(t)}\zeta(t)+H_{\sigma(t)}e(t))\mathrm{d}t\\ u(t)=R_{\sigma(t)}\zeta(t)\end{cases} \tag{5.4}$$

式中， $\zeta(t)\in\Re^r$ 是内部状态. 结合系统状态(3.1)和外部系统(3.2)，可得到如下增广的闭环系统：

$$\begin{cases}\mathrm{d}x(t)=(A_{\sigma(t)}x(t)+\tilde{A}_{\sigma(t)}x_d(t)+B_{\sigma(t)}v(t)+M_{\sigma(t)}R_{\sigma(t)}\zeta(t))\mathrm{d}t\\ \qquad +f_{\sigma(t)}(t,x(t),x_d(t))\mathrm{d}\omega(t)\\ \mathrm{d}\zeta(t)=(G_{\sigma(t)}\zeta(t)+H_{\sigma(t)}E_{\sigma(t)}x(t)+H_{\sigma(t)}\tilde{E}_{\sigma(t)}x_d(t)+H_{\sigma(t)}F_{\sigma(t)}v(t))\mathrm{d}t\\ z(t)=C_{\sigma(t)}x(t)+\tilde{C}_{\sigma(t)}x_d(t)+D_{\sigma(t)}v(t)\\ e(t)=E_{\sigma(t)}x(t)+\tilde{E}_{\sigma(t)}x_d(t)+F_{\sigma(t)}v(t)\\ \mathrm{d}v(t)=Sv(t)\mathrm{d}t\\ x(\theta)=\psi(\theta),\quad \theta\in[-\tau,0]\end{cases}\tag{5.5}$$

依据闭环系统(5.5)，给出如下误差反馈输出调节问题的定义.

定义 5.3　若存在误差反馈调节器(5.4)和切换规则 $\sigma(t)$ 使得：

(1) 当扰动 $v(t)=0$ 时，闭环系统(5.5)在平衡点处是均方指数稳定的；

(2) 当扰动 $v(t)\neq 0$ 时，闭环系统(5.5)中的解满足式(5.3).

则系统(3.1)的误差反馈输出调节问题是可解的.

5.3　全息反馈输出调节问题

本节将讨论在全息状态反馈调节器(5.1)下系统(3.1)基于耗散性的输出调节问题. 下面的假设用以保证问题是可解的.

假设 5.1　存在矩阵 $\varPi$ 和 $\varGamma_i$ 满足如下调节器方程：

$$\begin{cases}\varPi S=A_i\varPi+\tilde{A}_i\tilde{\varPi}+M_i\varGamma_i+B_i\\ 0=E_i\varPi_i+\tilde{E}_i\tilde{\varPi}+F_i,\quad \tilde{\varPi}=\varPi\mathrm{e}^{-S\tau},\quad i\in\varXi\end{cases}\tag{5.6}$$

定理 5.1　考虑满足假设 3.1～假设 3.3 和假设 5.1 的系统(5.2)，对给定的常量 $a_{ij}>0, a_{ii}=b_{ij}=1$ 和 $b_{ii}=0$，如果存在矩阵 $P_i>0$，$S_i>0$，$W_i>0$，$F_{ii}>0$，$F_{ij}>0$，$Q_{ij}>0$，$T_i\leqslant 0$，适当维数的矩阵 K_i、Q_i、U_i、X、$Y_{\kappa i}$、Z 和参数 $\varepsilon_i>0$，其中 $i,j\in\varXi$，$i\neq j$，$\kappa\in\{i,j\}$，使得下列不等式成立：

$$\varPsi_{\kappa i}=\begin{bmatrix}\varPhi_{11}^{\kappa i} & \varPhi_{12}^{\kappa i} & \varPhi_{13}^{\kappa i} & C_i^{\mathrm{T}}Z & (A_i+M_iK_i)^{\mathrm{T}}Y_{\kappa i}\\ * & \varPhi_{22}^{\kappa i} & \varPhi_{23}^{\kappa i} & \tilde{C}_i^{\mathrm{T}}Z & \tilde{A}_i^{\mathrm{T}}Y_{\kappa i}\\ * & * & \varPhi_{33}^{\kappa i} & \tilde{D}_i^{\mathrm{T}}Z-X-a_{\kappa i}U_i & 0\\ * & * & * & -Z-Z^{\mathrm{T}}-a_{\kappa i}T_i & 0\\ * & * & * & * & \tau W_i-Y_{\kappa i}-Y_{\kappa i}^{\mathrm{T}}\end{bmatrix}<0\tag{5.7}$$

$$\begin{bmatrix}Q_i & U_i\\ * & T_i\end{bmatrix}<0\tag{5.8}$$

$$P_i\leqslant\varepsilon_i I\tag{5.9}$$

那么在任意依赖时间的切换规则 $\sigma(t)$ 下，系统(3.1)基于耗散性的输出调节问题是可解的，且全息状态反馈调节器增益为

$$L_i = \Gamma_i - K_i \Pi \tag{5.10}$$

式(5.7)中，

$$\Phi_{11}^{\kappa i} = P_i(A_i + M_i K_i) + (A_i + M_i K_i)^{\mathrm{T}} P_i + S_i - \tau^{-1} W_i + \varepsilon_i J_i^{\mathrm{T}} J_i + F_{\kappa i}$$

$$\Phi_{12}^{\kappa i} = P_i \tilde{A}_i + \tau^{-1} W_i, \quad \Phi_{13}^{\kappa i} = \varepsilon_i J_i^{\mathrm{T}} J_i \Pi + C_i^{\mathrm{T}} X$$

$$\Phi_{22}^{\kappa i} = \varepsilon_i \tilde{J}_i^{\mathrm{T}} \tilde{J}_i - (1-h) S_i - \tau^{-1} W_i, \quad \Phi_{23}^{\kappa i} = \varepsilon_i \tilde{J}_i^{\mathrm{T}} \tilde{J}_i \Pi + \tilde{C}_i^{\mathrm{T}} X$$

$$\Phi_{33}^{\kappa i} = \varepsilon_i \Pi^{\mathrm{T}} J_i^{\mathrm{T}} J_i \Pi + \varepsilon_i \tilde{\Pi}^{\mathrm{T}} \tilde{J}_i^{\mathrm{T}} \tilde{J}_i \tilde{\Pi} - a_{\kappa i} Q_i - b_{\kappa i} Q_{\kappa i} + \tilde{D}_i^{\mathrm{T}} X + X^{\mathrm{T}} \tilde{D}_i$$

证明 令 $\bar{x}(t) = x(t) - \Pi v(t)$，$\bar{x}_d(t) = x_d(t) - \tilde{\Pi} v(t)$. 依据式(5.6)，闭环系统(5.2)可以重写为

$$\begin{cases} \mathrm{d}\bar{x}(t) = ((A_{\sigma(t)} + M_{\sigma(t)} K_{\sigma(t)})\bar{x}(t) + \tilde{A}_{\sigma(t)} \bar{x}_d(t))\mathrm{d}t + \bar{f}_{\sigma(t)} \mathrm{d}\omega(t) \\ z(t) = C_{\sigma(t)} \bar{x}(t) + \tilde{C}_{\sigma(t)} \bar{x}_d(t) + \tilde{D}_{\sigma(t)} v(t) \\ e(t) = E_{\sigma(t)} \bar{x}(t) + \tilde{E}_{\sigma(t)} \bar{x}_d(t) \\ \mathrm{d}v(t) = Sv(t)\mathrm{d}t \\ x(\theta) = \psi(\theta), \quad \theta \in [-\tau, 0] \end{cases} \tag{5.11}$$

式中，$\tilde{D}_\sigma = D_\sigma + C_\sigma \Pi + \tilde{C}_\sigma \tilde{\Pi}$；$\bar{f}_\sigma = f_\sigma(t, \bar{x}(t) + \Pi v(t), \bar{x}_d(t) + \tilde{\Pi} v(t))$.

构造候选 L-K 泛函形式如下：

$$V_{\sigma(t)}(\bar{x}(t)) = \bar{x}^{\mathrm{T}}(t) P_{\sigma(t)} \bar{x}(t) + \int_{t-d(t)}^{t} \bar{x}(s) S_{\sigma(t)} \bar{x}(s)\mathrm{d}s + \int_{-\tau}^{0}\int_{t+\theta}^{t} y^{\mathrm{T}}(s) W_{\sigma(t)} y(s)\mathrm{d}s\mathrm{d}\theta \tag{5.12}$$

式中，$y(s)\mathrm{d}s = \mathrm{d}\bar{x}(s)$. 对适当维数的任意矩阵 X、$Y_{\kappa i}$ 和 Z，如下等式一定成立：

$$\begin{cases} 2(Xv(t) + Zz(t))^{\mathrm{T}}(C_i \bar{x}(t) + \tilde{C}_i \bar{x}(t) + \tilde{D}_i v(t) - z(t)) = 0 \\ 2y^{\mathrm{T}}(t) Y_{\kappa i}^{\mathrm{T}}(((A_i + M_i K_i)\bar{x}(t) + \tilde{\bar{A}}_i \bar{x}_d(t) - y(t))\mathrm{d}t + \bar{f}_i \mathrm{d}\omega(t)) = 0 \end{cases} \tag{5.13}$$

根据 Itô 公式，得到

$$\begin{aligned} \mathrm{d}V_i(\bar{x}(t)) &= \mathcal{L}V_i(\bar{x}(t))\mathrm{d}t + 2\bar{x}^{\mathrm{T}}(t) P_i \bar{f}_i \mathrm{d}\omega(t) \\ &= \mathcal{L}\bar{V}_i(\bar{x}(t))\mathrm{d}t + 2(\bar{x}^{\mathrm{T}}(t) P_i \bar{f}_i + y^{\mathrm{T}}(t) Y_{i\kappa}^{\mathrm{T}} \bar{f}_i)\mathrm{d}\omega(t) \end{aligned} \tag{5.14}$$

式中，

$$\mathcal{L}\bar{V}_i(\bar{x}(t)) = \mathcal{L}V_i(\bar{x}(t)) + 2y^{\mathrm{T}}(t) Y_{\kappa i}^{\mathrm{T}}((A_i + M_i K_i)\bar{x}(t) + \bar{A}_i \bar{x}_d(t) - y(t))$$

$$\begin{aligned} \mathcal{L}V_i(\bar{x}(t)) \leqslant{} & 2\bar{x}^{\mathrm{T}}(t) P_i((A_i + M_i K_i)\bar{x}(t) + \tilde{A}_i \bar{x}_d(t)) + \mathrm{tr}\{\bar{f}_i^{\mathrm{T}} P_i \bar{f}_i\} + \bar{x}^{\mathrm{T}}(t) S_i \bar{x}(t) \\ & - (1-\tau)\bar{x}_d^{T}(t) S_i \bar{x}_d(t) + y^{\mathrm{T}}(t) W_i y(t) - \int_{t-d(t)}^{t} y^{\mathrm{T}}(s) W_i y(s)\mathrm{d}s \end{aligned} \tag{5.15}$$

由假设 3.2 和式(5.9)可得

$$\begin{aligned}\operatorname{tr}\{\bar{f}_i^{\mathrm{T}}P_i\bar{f}_i\} \leqslant \varepsilon_i((\bar{x}(t)+\Pi v(t))^{\mathrm{T}}J_i^{\mathrm{T}}J_i(\bar{x}(t)+\Pi v(t)) \\ +(\bar{x}_d(t)+\tilde{\Pi}v(t))^{\mathrm{T}}\tilde{J}_i^{\mathrm{T}}\tilde{J}_i(\bar{x}_d(t)+\tilde{\Pi}v(t)))\end{aligned} \tag{5.16}$$

结合引理 2.1 和式(5.15)、式(5.16)，容易得到

$$\mathcal{L}\bar{V}_i(\bar{x}(t))+\bar{x}^{\mathrm{T}}(t)F_{\kappa i}(t)\bar{x}(t)-\Gamma_{\kappa i}(t)\leqslant \eta^{\mathrm{T}}(t)\Psi_{\kappa i}\eta(t) \tag{5.17}$$

式中，

$$\eta^{\mathrm{T}}(t)=[\bar{x}^{\mathrm{T}}(t)\quad \bar{x}_d^{\mathrm{T}}(t)\quad v^{\mathrm{T}}(t)\quad z^{\mathrm{T}}(t)\quad y^{\mathrm{T}}(t)]$$

$$\Gamma_{\kappa i}(t)=a_{\kappa i}(v^{\mathrm{T}}(t)Q_iv(t)+2v^{\mathrm{T}}(t)U_iz(t)+z^{\mathrm{T}}(t)T_iz(t))+b_{\kappa i}v^{\mathrm{T}}(t)Q_{\kappa i}v(t)$$

同时考虑式(5.7)和 $F_{\kappa i}>0$，有 $\mathcal{L}\bar{V}_i(\bar{x}(t))<\mathcal{L}\bar{V}_i(\bar{x}(t))+\bar{x}^{\mathrm{T}}(t)F_{\kappa i}(t)\bar{x}(t)\leqslant\Gamma_{\kappa i}(t)$. 将不等式 $\mathcal{L}V_i(\bar{x}(t))\leqslant\Gamma_{\kappa i}(t)$ 代入式(5.14)可以得到

$$\mathrm{d}V_i(\bar{x}(t))<\Gamma_{\kappa i}(t)\mathrm{d}t+2(\bar{x}(t)P_i\bar{f}_i+y^{\mathrm{T}}(t)Y_i^{\mathrm{T}}\bar{f}_i)\mathrm{d}\omega(t)$$

对上面不等式的两端同时从 t_0 到 t 进行积分并且取期望可得

$$\mathcal{E}\{V_i(\bar{x}(t))-V_i(\bar{x}(t_0))\}<\mathcal{E}\left\{\int_{t_0}^{t}\Gamma_{\kappa i}(\zeta)\mathrm{d}\zeta\right\},\quad \forall 0\leqslant t_0\leqslant t; i\in\Xi$$

因此 $0<\mathcal{E}\left\{\int_{t_0}^{t}\Gamma_{\kappa i}(\zeta)d\zeta\right\}+V_i(\bar{x}(t_0)),\forall 0\leqslant t_0\leqslant t, i\in\Xi$，即定义5.1中的(1)和(2)成立.

另外，已知条件(5.8)和 $Q_{ij}>0$ 表示 $\Gamma_{ii}<0,\Gamma_{ij}<q_{ij}v^{\mathrm{T}}(t)v(t)$，这里 $q_{ij}=\lambda_{\max}(Q_{ij})$，即定义 5.1 中的(3)成立.

下面考虑系统(5.2)在 $v(t)=0$ 时的均方指数稳定性. 不难得到

$$\mathcal{L}V_i(\bar{x}(t))+\bar{x}^{\mathrm{T}}(t)F_{\kappa i}\bar{x}(t)\leqslant a_{\kappa i}z^{\mathrm{T}}(t)T_iz(t)\leqslant 0$$

即

$$\mathcal{L}V_i(\bar{x}(t))\leqslant -k\|\bar{x}(t)\|^2 \tag{5.18}$$

式中，$k=\min_{i\in\Xi}\{\lambda_{\min}(F_{\kappa i})\}$. 显然有

$$a\|\bar{x}(t)\|^2\leqslant V_i(\bar{x}(t))\leqslant b\|\bar{x}(t)\|^2 \tag{5.19}$$

式中，$a=\min_{i\in\Xi}\{\lambda_{\max}(P_i)\}$；$b=\max_{i\in\Xi}\{\lambda_{\max}(P_i)\}+\tau\max_{i\in\Xi}\{\lambda_{\max}(S_i)\}+h^2/2\max_{i\in\Xi}\{\lambda_{\max}(W_i)\}$. 此外，根据式(5.14)和式(5.18)，可以得到 $\mathcal{E}\{\mathrm{d}V_i(\bar{x}(t))\}=\mathcal{E}\{\mathcal{L}V_i(\bar{x}(t))\}\mathrm{d}t\leqslant -k\|\bar{x}(t)\|^2\,\mathrm{d}t$.

结合式(5.19)，进而得出 $\mathcal{E}\left\{\dfrac{\mathrm{d}V_i(\bar{x}(t))}{V_i(\bar{x}(t))}\right\}\leqslant-\dfrac{k}{b}\mathrm{d}t$，将上面不等式的两端同时在 $t\in[t,t_0)$ 上求积分，可以得到

$$\mathcal{E}\left\{\int_{t_0}^{t}\frac{\mathrm{d}V_i(\bar{x}(t))}{V_i(\bar{x}(t))}\right\}\leqslant-\frac{k}{b}\int_{t_0}^{t}\mathrm{d}t \tag{5.20}$$

进一步有

$$\mathcal{E}\left\{\ln\frac{V_i(\overline{x}(t))}{V_i(\overline{x}(t_0))}\right\}\leqslant -\frac{k}{b}(t-t_0) \tag{5.21}$$

进而

$$\mathcal{E}\left\{\frac{V_i(\overline{x}(t))}{V_i(\overline{x}(t_0))}\right\}\leqslant \mathrm{e}^{-\frac{k}{b}(t-t_0)} \tag{5.22}$$

再次利用式(5.19)，不难得到

$$\mathcal{E}\{\|\overline{x}(t)\|^2\}\leqslant \frac{b}{a}\|\overline{x}(t_0)\|_{C_\tau}^2 \mathrm{e}^{-\frac{k}{b}(t-t_0)}$$

即系统(5.2)当 $v(t)=0$ 时是均方指数稳定的. 当 $v(t)\neq 0$ 时，由引理 2.6 得到

$$\mathcal{E}\{\|x_d(t)-\tilde{\Pi}v(t)\|\}\leqslant M\mathrm{e}^{-\alpha t}\mathcal{E}\{\|x(\theta)-\tilde{\Pi}v(0)\|\}$$

式中，$M>0$，$\alpha>0$. 从而有 $\lim\limits_{t\to\infty}\mathcal{E}\{\|x_d(t)-\tilde{\Pi}v(t)\|\}=0$，即 $\lim\limits_{t\to\infty}\mathcal{E}\{\|e(t)\|\}=0$. 证毕.

注 5.1 将 $\Psi_{\kappa i}<0$ 左右两边同乘 I_i^{T} 和 I_i，其中 $I_i=\mathrm{diag}\{\overline{P}_i,\overline{P}_i,\overline{X},\overline{Z},\overline{Y}_{\kappa i},\overline{P}_i\}$. 结合 Schur 补引理与由 $(W_i^{-1}-\overline{P}_i)^{\mathrm{T}}W_i(W_i^{-1}-\overline{P}_i)>0$ 得到的 $-W_i^{-1}<-2\overline{P}_i+\overline{P}_iW_i\overline{P}_i$，再由式(5.7)～式(5.9)得到线性矩阵不等式:

$$\begin{bmatrix}
\overline{\Phi}_{11}^{\kappa i} & \overline{\Phi}_{12}^{\kappa i} & \overline{P}_iC_i^{\mathrm{T}} & \overline{P}_iC_i^{\mathrm{T}} & \overline{P}_i(A_i+M_iK_i)^{\mathrm{T}} & 0 & \overline{P}_iJ_i^{\mathrm{T}} & 0\\
* & \overline{\Phi}_{22}^{\kappa i} & \overline{P}_i\tilde{C}_i^{\mathrm{T}} & \overline{P}_i\tilde{C}_i^{\mathrm{T}} & \overline{P}_i\tilde{A}_i^{\mathrm{T}} & 0 & 0 & \overline{P}_i\tilde{J}_i^{\mathrm{T}}\\
* & * & \overline{\Phi}_{33}^{\kappa i} & \overline{\Phi}_{34}^{\kappa i} & 0 & 0 & \Pi^{\mathrm{T}}J_i^{\mathrm{T}} & \tilde{\Pi}^{\mathrm{T}}\tilde{J}_i^{\mathrm{T}}\\
* & * & * & \overline{\Phi}_{44}^{\kappa i} & 0 & 0 & 0 & 0\\
* & * & * & * & -\overline{Y}_{\kappa i}-\overline{Y}_{\kappa i}^{\mathrm{T}} & \overline{Y}_{\kappa i} & 0 & 0\\
* & * & * & * & * & \overline{\Phi}_{66}^{\kappa i} & 0 & 0\\
* & * & * & * & * & * & -\overline{\varepsilon}_iI & 0\\
* & * & * & * & * & * & * & -\overline{\varepsilon}_iI
\end{bmatrix}<0$$

$$\begin{bmatrix}\overline{Q}_i & \overline{U}_i\\ * & \overline{T}_i\end{bmatrix}<0$$

$$\overline{\varepsilon}_iI\leqslant \overline{P}_i$$

式中，

$$\overline{\Phi}_{11}^{\kappa i}=A_i\overline{P}_i+M_i\overline{K}_i+\overline{P}_iA_i^{\mathrm{T}}+\overline{K}_i^{\mathrm{T}}M_i^{\mathrm{T}}+\overline{S}_i-\tau^{-1}\overline{W}_i+\overline{F}_{\kappa i},\quad \overline{\Phi}_{12}^{\kappa i}=\tilde{A}_i\overline{P}_i+d^{-1}\overline{W}_i$$

$$\overline{\Phi}_{22}^{\kappa i}=-(1-h)\overline{S}_i-d^{-1}\overline{W}_i,\quad \overline{\Phi}_{33}^{\kappa i}=-a_{\kappa i}\overline{Q}_{ii}-b_{\kappa i}\overline{Q}_{\kappa i}+\overline{X}^{\mathrm{T}}\tilde{D}_i^{\mathrm{T}}+\tilde{D}_i\overline{X}$$

$$\overline{\Phi}_{34}^{\kappa i}=\overline{X}\tilde{D}_i^{\mathrm{T}}-\overline{Z}-a_{\kappa i}\overline{U}_i,\quad \overline{\Phi}_{44}^{\kappa i}=-\overline{Z}-\overline{Z}^{\mathrm{T}}-a_{\kappa i}\overline{T}_i,\quad \overline{\Phi}_{66}^{\kappa i}=-\tau^{-1}(2\overline{P}_i+\overline{W}_i)$$

$$\overline{\varepsilon}_i=\varepsilon_i^{-1},\quad \overline{P}_i=P_i^{-1},\quad \overline{Q}_i=\overline{X}^{\mathrm{T}}Q_i\overline{X},\quad \overline{T}_i=\overline{Z}^{\mathrm{T}}T_i\overline{Z}^{\mathrm{T}},\quad \overline{U}_i=\overline{X}^{\mathrm{T}}U_i\overline{Z},\quad K_i\overline{P}_i=\overline{K}_i$$

其中，$\bar{S}_i=\bar{P}_iS_i\bar{P}_i$，$\bar{W}_i=\bar{P}_iW_i\bar{P}_i$，$\bar{F}_{\kappa i}=\bar{P}_iF_{\kappa i}\bar{P}_i$，$\bar{X}=X^{-1}$，$\bar{Z}=Z^{-1}$，$\bar{Y}_{\kappa i}=Y_{\kappa i}^{-1}$，$\bar{Q}_{\kappa i}=\bar{X}^{\mathrm{T}}Q_{\kappa i}\bar{X}$.

利用 MATLAB 的 LMI 工具箱求解$\bar{K}_i$，进一步得到调节器增益$K_i=\bar{K}_i\bar{P}_i^{-1}$，$L_i=\Gamma_i-K_i\Pi$.

注 5.2　假设 5.1 表明调节器方程组具有共同的坐标变换，尽管在这种情况下具有一些保守性，但在公开发表的论文中，基于耗散性的输出调节问题的文献并不多见. 此外，系统状态和外部输入变量对于本节设计的全息反馈调节器来说是必不可少的. 5.4 节将针对系统状态不可测的情况设计误差反馈调节器解决切换系统(3.1)的输出调节问题.

5.4　误差反馈输出调节问题

本节基于随机耗散性，探讨系统(3.1)在误差反馈调节器(5.4)控制下的输出调节问题. 下面的假设对于问题的可解性是必要的.

假设 5.2　存在矩阵Π、Λ、R_i和G_i满足下列调节器方程：

$$\begin{cases}\Pi S=A_i\Pi+\tilde{A}_i\tilde{\Pi}+M_iR_i\Lambda+B_i\\ \Lambda S=G_i\Lambda\\ 0=E_i\Pi+\tilde{E}_i\tilde{\Pi}+F_i,\quad \tilde{\Pi}=\Pi\mathrm{e}^{-S\tau},\quad i\in\Xi\end{cases}\tag{5.23}$$

令

$$\chi^{\mathrm{T}}(t)=[\bar{x}^{\mathrm{T}}(t)\quad \bar{\zeta}^{\mathrm{T}}(t)],\quad \bar{x}(t)=x(t)-\Pi v(t),\quad \bar{\zeta}(t)=\zeta(t)-\Lambda v(t)$$
$$\chi_d^{\mathrm{T}}(t)=[\bar{x}_d^{\mathrm{T}}(t)\quad 0],\quad \bar{x}_d^{\mathrm{T}}(t)=x_d(t)-\tilde{\Pi}v(t)$$

根据式(5.23)和式(5.5)，得到

$$\begin{cases}\mathrm{d}\chi(t)=(\underline{A}_{\sigma(t)}\chi(t)+\underline{\tilde{A}}_{\sigma(t)}\chi_d(t))\mathrm{d}t+\underline{f}_{\sigma(t)}\mathrm{d}\omega(t)\\ z(t)=C_{\sigma(t)}\bar{x}(t)+\tilde{C}_{\sigma(t)}\bar{x}_d(t)+\underline{D}_{\sigma(t)}v(t)\\ e(t)=E_{\sigma(t)}\bar{x}(t)+\tilde{E}_{\sigma(t)}\bar{x}_d(t)\\ \mathrm{d}v(t)=Sv(t)\mathrm{d}t\\ x(\theta)=\psi(\theta),\quad \theta\in[-\tau,0]\end{cases}$$

式中，

$$\underline{D}_{\sigma(t)}=D_{\sigma(t)}+C_{\sigma(t)}\Pi+\tilde{C}_{\sigma(t)}\tilde{\Pi},\quad \underline{f}_{\sigma(t)}^{\mathrm{T}}=[\bar{f}_{\sigma(t)}^{\mathrm{T}}\quad 0]$$

$$\underline{A}_{\sigma(t)}=\begin{bmatrix}A_{\sigma(t)} & M_{\sigma(t)}R_{\sigma(t)}\\ H_{\sigma(t)}E_{\sigma(t)} & G_{\sigma(t)}\end{bmatrix},\quad \underline{\tilde{A}}_{\sigma(t)}=\begin{bmatrix}\tilde{A}_{\sigma(t)} & 0\\ H_{\sigma(t)}\tilde{E}_{\sigma(t)} & 0\end{bmatrix}$$

构造候选 L-K 泛函如下：

$$V_{\sigma(t)}(\chi(t))=\chi^{\mathrm{T}}(t)\underline{P}_{\sigma(t)}\chi(t)+\int_{t-d(t)}^{t}\overline{x}^{\mathrm{T}}(s)\underline{S}_{\sigma(t)}\overline{x}(s)\mathrm{d}s+\int_{-\tau}^{0}\int_{t+\theta}^{t}\varphi^{\mathrm{T}}(s)\underline{W}_{\sigma(t)}\varphi(s)\mathrm{d}s\mathrm{d}\theta$$

式中，$\varphi(s)\mathrm{d}s=\mathrm{d}\overline{x}(s)$；$\underline{P}_{\sigma(t)}=\mathrm{diag}\{\hat{P}_{\sigma(t)},\breve{P}_{\sigma(t)}\}$.

定理 5.2 考虑满足假设 3.1、假设 3.2、假设 3.4 和假设 5.2 的系统(5.5)，给定常数 $a_{ij}>0$，$a_{ii}=b_{ij}=1$ 和 $b_{ii}=0$. 若存在矩阵 $\underline{P}_i>0$，$\underline{S}_i>0$，$\underline{W}_i>0$，$F_{ii}>0$，$F_{ij}>0$，$Q_{ij}>0$，$T_i\leqslant 0$ 以及适当维数矩阵 H_i、Q_i、U_i、$X_{\kappa i}$、$\underline{X}_{\kappa i}$、$\underline{Y}_{\kappa i}$、$Z_{\kappa i}$ 和参数 $\varepsilon_i>0$，其中 $i,j\in\varXi$，$i\neq j$，$\kappa\in\{i,j\}$，使得下面矩阵不等式成立：

$$\underline{\varPhi}_{\kappa i}=(\underline{\varPhi}_{lk}^{\kappa i})_{6\times 6}<0,\quad l,k\in\{1,2,\cdots,6\}$$

$$\begin{bmatrix} Q_i & U_i \\ * & T_i \end{bmatrix}<0$$

$$\hat{P}_i\leqslant \underline{\varepsilon_i}I$$

则在任意依赖时间的切换规则 $\sigma(t)$ 下，系统(3.1)基于耗散性的误差反馈输出调节问题是可解的，且误差反馈输出调节增益描述为

$$H_i=\breve{P}_i^{-1}\underline{H}_i$$

式中，

$$\underline{\varPhi}_{11}^{\kappa i}=\hat{P}_iA_i+A_i^{\mathrm{T}}\hat{P}_i+\underline{S}_i-\tau^{-1}\underline{W}_i+\underline{\varepsilon}_iJ_i^{\mathrm{T}}J_i+F_{\kappa i},\quad \underline{\varPhi}_{12}^{\kappa i}=\hat{P}_iM_iR_i+E_i^{\mathrm{T}}\underline{H}_i^{\mathrm{T}}+A_i^{\mathrm{T}}X_{\kappa i}$$

$$\underline{\varPhi}_{13}^{\kappa i}=\tau^{-1}\underline{W}_i+\hat{P}_i\tilde{A}_i,\quad \underline{\varPhi}_{14}^{\kappa i}=\underline{\varepsilon}_iJ_i^{\mathrm{T}}J_i\varPi+C_i^{\mathrm{T}}\underline{X}_{\kappa i},\quad \underline{\varPhi}_{15}^{\kappa i}=C_i^{\mathrm{T}}Z_{\kappa i},\quad \underline{\varPhi}_{16}^{\kappa i}=A_i^{\mathrm{T}}\underline{Y}_{\kappa i}$$

$$\underline{\varPhi}_{22}^{\kappa i}=\breve{P}_iG_i+G_i^{\mathrm{T}}\breve{P}_i+X_{\kappa i}^{\mathrm{T}}M_iR_i+R_i^{\mathrm{T}}M_i^{\mathrm{T}}X_{\kappa i},\quad \underline{\varPhi}_{23}^{\kappa i}=\underline{H}_i\tilde{E}_i+X_{\kappa i}^{\mathrm{T}}\tilde{A}_i$$

$$\underline{\varPhi}_{26}^{\kappa i}=R_i^{\mathrm{T}}M_i^{\mathrm{T}}\underline{Y}_{\kappa i}-X_{\kappa i}^{\mathrm{T}},\quad \underline{\varPhi}_{33}^{\kappa i}=(h-1)\underline{S}_i-\tau^{-1}\underline{W}_i+\underline{\varepsilon}_i\tilde{J}_i^{\mathrm{T}}\tilde{J}_i$$

$$\underline{\varPhi}_{34}^{\mathrm{T}}=\underline{\varepsilon}_i\tilde{J}_i^{\mathrm{T}}\tilde{J}_i\tilde{\varPi}+\tilde{C}_i^{\mathrm{T}}\underline{X}_{\kappa i},\quad \underline{\varPhi}_{35}^{\kappa i}=\tilde{C}_i^{\mathrm{T}}Z_{\kappa i},\quad \underline{\varPhi}_{36}^{\kappa i}=\tilde{A}_i^{\mathrm{T}}\underline{Y}_{\kappa i}$$

$$\underline{\varPhi}_{44}^{\kappa i}=\underline{\varepsilon}_i\varPi^{\mathrm{T}}J_i^{\mathrm{T}}J_i\varPi+\underline{\varepsilon}_i\tilde{\varPi}^{\mathrm{T}}\tilde{J}_i^{\mathrm{T}}\tilde{J}_i\tilde{\varPi}-a_{\kappa i}Q_{ii}-b_{\kappa i}Q_{\kappa i}+\tilde{D}_i^{\mathrm{T}}\underline{X}_{\kappa i}+\underline{X}_{\kappa i}^{\mathrm{T}}\tilde{D}_i$$

$$\underline{\varPhi}_{45}^{\kappa i}=\tilde{D}_i^{\mathrm{T}}Z_{\kappa i}-a_{\kappa i}U_i-\underline{X}_{\kappa i}^{\mathrm{T}},\quad \underline{\varPhi}_{55}^{\kappa i}=-Z_{\kappa i}^{\mathrm{T}}-Z_{\kappa i}-a_{\kappa i}T_i,\quad \underline{\varPhi}_{66}^{\kappa i}=\tau\underline{W}_i-\underline{Y}_{\kappa i}^{\mathrm{T}}-\underline{Y}_{\kappa i}$$

证明 引入自由权矩阵可得

$$2(X_{\kappa i}\overline{\zeta}(t)+\underline{Y}_{\kappa i}y(t))^{\mathrm{T}}((A_i\overline{x}(t)+\tilde{A}_i\overline{x}_d(t)+M_iR_i\overline{\zeta}(t)-y(t))\mathrm{d}t+\overline{f}_i\mathrm{d}\omega(t))=0$$

$$2(\underline{X}_{\kappa i}v(t)+Z_{\kappa i}z(t))^{\mathrm{T}}(C_i\overline{x}(t)+\tilde{C}_i\overline{x}_d(t)+\tilde{D}_iv(t)-z(t))=0$$

类似于定理 5.1 的证明，可知闭环系统(5.5)在 $v(t)=0$ 时是均方指数稳定的. 当 $v(t)\neq 0$

时，由引理 2.7 得到 $\mathcal{E}\{\|x_d(t)-\tilde{\Pi}v(t)\|\}\leqslant \underline{M}\mathrm{e}^{-\underline{\alpha}t}\mathcal{E}\{\|x(\theta)-\Pi v(0)\|\}$，$\underline{M}>0,\underline{\alpha}>0$. 从而得到 $\lim\limits_{t\to\infty}\mathcal{E}\{\|x_d(t)-\tilde{\Pi}v(t)\|\}=0$，即 $\lim\limits_{t\to\infty}\mathcal{E}\{\|e(t)\|\}=0$. 证毕.

注 5.3 考虑到切换系统的复杂性，引入多存储函数和多供给率可以减少共同存储函数和共同供给率的限制. 另外，每个子系统共享切换系统的状态变量，这也就意味着无论子系统被激活还是未被激活都会影响切换系统的能量变化. 因此，本章也考虑了用交叉供给率描述的未激活子系统产生的能量变化.

5.5 无源输出调节问题

注 5.4 当定理 5.1 和定理 5.2 中的 $U_i=I$，$Q_i=\delta_i I$，$T_i=-\gamma_i I$，$Q_{ij}=\delta_{ij}I$ 时，随机耗散性退化为随机无源性. 作为特殊情况，由定理 5.1 和定理 5.2 易得如下推论.

推论 5.1 考虑满足假设 3.1～假设 3.3 和假设 5.1 的系统(5.2)，对给定常量 $a_{ij}>0$，$a_{ii}=b_{ij}=1$ 和 $b_{ii}=0$，若存在参数 $\varepsilon_i>0$，$\delta_{ij}>0$，$\gamma_i\geqslant 0$，矩阵 $P_i>0$，$S_i>0$，$W_i>0$，$F_{ii}>0$，$F_{ij}>0$ 和适当维数的矩阵 K_i、X、$Y_{\kappa i}$、Z，其中 $i,j\in\Xi$，$i\neq j$，$\kappa\in\{i,j\}$，使得下面不等式成立：

$$\begin{bmatrix} \Phi_{11}^{\kappa i} & \Phi_{12}^{\kappa i} & \varepsilon_i J_i^{\mathrm{T}}J_i\Pi+C_i^{\mathrm{T}}X & C_i^{\mathrm{T}}Z & (A_i+M_iK_i)^{\mathrm{T}}Y_{\kappa i} \\ * & \Phi_{22}^{\kappa i} & \varepsilon_i\tilde{J}_i^{\mathrm{T}}\tilde{J}_i\tilde{\Pi}+\tilde{C}_i^{\mathrm{T}}X & \tilde{C}_i^{\mathrm{T}}Z & \tilde{A}_i^{\mathrm{T}}Y_{\kappa i} \\ * & * & \tilde{\Phi}_{33}^{\kappa i} & \tilde{D}_i^{\mathrm{T}}Z-X-a_{\kappa i}I & 0 \\ * & * & * & -Z-Z^{\mathrm{T}}+a_{\kappa i}\gamma_i & 0 \\ * & * & * & * & \tau W_i-Y_{\kappa i}-Y_{\kappa i}^{\mathrm{T}} \end{bmatrix}<0$$

$$\begin{bmatrix} \delta_i I & I \\ * & -\gamma_i I \end{bmatrix}<0$$

$$P_i\leqslant\varepsilon_i I$$

则在依赖于时间的任意切换规则 $\sigma(t)$ 下，系统(3.1)基于无源性的输出调节问题可解，且全息状态反馈调节器增益为 $L_i=\Gamma_i-K_i\Pi$，式中，

$$\tilde{\Phi}_{33}^{\kappa i}=\varepsilon_i\Pi^{\mathrm{T}}J_i^{\mathrm{T}}J_i\Pi+\varepsilon_i\tilde{\Pi}^{\mathrm{T}}\tilde{J}_i^{\mathrm{T}}\tilde{J}_i\tilde{\Pi}-a_{\kappa i}\delta_i I-b_{\kappa i}\delta_{ij}I+\tilde{D}_i^{\mathrm{T}}X+X^{\mathrm{T}}\tilde{D}_i$$

推论 5.2 考虑满足假设 3.1、假设 3.2、假设 3.4 和假设 5.2 的系统(5.5)，对给定标量 $a_{ij}>0$，$a_{ii}=b_{ij}=1$ 和 $b_{ii}=0$，若存在参数 $\underline{\varepsilon}_i>0$，$\delta_{ij}>0$，$\gamma_i\geqslant 0$，矩阵 $\underline{P}_i>0$，$\underline{S}_i>0$，$\underline{W}_i>0$，$F_{ii}>0$，$F_{ij}>0$ 和适当维数的矩阵 H_i、$X_{\kappa i}$、$\underline{X}_{\kappa i}$、$\underline{Y}_{\kappa i}$、$Z_{\kappa i}$，其中 $i,j\in\Xi$，$i\neq j$，$\kappa\in\{i,j\}$，使得下面不等式成立：

$$\underline{\tilde{\Phi}}_{\kappa i}<0$$

$$\begin{bmatrix} \delta_i I & I \\ * & -\gamma_i I \end{bmatrix} < 0$$

$$\hat{P}_i \leqslant \underline{\varepsilon}_i I$$

则在依赖于时间的任意切换规则 $\sigma(t)$ 下，系统(3.1)的无源输出调节问题是可解的，且误差反馈调节器增益为 $H_i = \breve{P}_i^{-1}\underline{H}_i$，其中 $\underline{\tilde{\Phi}}_{\kappa i} = (\underline{\tilde{\Phi}}_{lk}^{\kappa i})_{6\times 6}$，$l,k \in \{1,2,\cdots,6\}$，$\underline{\tilde{\Phi}}_{lk}^{\kappa i} = \underline{\Phi}_{lk}^{\kappa i}$，除了

$$\underline{\tilde{\Phi}}_{44}^{\kappa i} = \Pi^{\mathrm{T}} J_i^{\mathrm{T}} J_i \Pi + \underline{\varepsilon}_i \tilde{\Pi}^{\mathrm{T}} \tilde{J}_i^{\mathrm{T}} \tilde{J}_i \tilde{\Pi} - a_{\kappa i}\delta_i I - b_{\kappa i}\delta_{\kappa i} I + \tilde{D}_i^{\mathrm{T}} \underline{X}_{\kappa i} + X_{\kappa i}^{\mathrm{T}} \tilde{D}_i$$

$$\underline{\tilde{\Phi}}_{45}^{\kappa i} = \tilde{D}_i^{\mathrm{T}} Z_{\kappa i} - a_{\kappa i} I - \underline{X}_{\kappa i}^{\mathrm{T}}, \quad \underline{\tilde{\Phi}}_{55}^{\kappa i} = -Z_{\kappa i}^{\mathrm{T}} - Z_{\kappa i} + a_{\kappa i}\gamma_i$$

5.6 仿真算例

本节给出两个数值例子检验主要定理的有效性.

例 5.1 考虑在全息反馈调节器(5.1)下，由两个子系统构成的系统(3.1)，其中 $d(t) = 0.3|\sin(t)|$, $\tau = h = 0.3$.

子系统 1 描述为

$$A_1 = \begin{bmatrix} -2.08 & 1.14 \\ -0.71 & 0.11 \end{bmatrix}, \quad \tilde{A}_1 = \begin{bmatrix} -0.86 & 0.89 \\ -1.3 & 3.11 \end{bmatrix}, \quad B_1 = \begin{bmatrix} -1.39 & 0.43 \\ -0.64 & -1.23 \end{bmatrix}$$

$$M_1 = \begin{bmatrix} 0.95 & 1.67 \\ -1.03 & -0.92 \end{bmatrix}, \quad C_1 = \begin{bmatrix} 1.06 & -0.85 \\ -1.25 & -1.64 \end{bmatrix}, \quad \tilde{C}_1 = \begin{bmatrix} 0.3 & 0.19 \\ 0.73 & -0.3 \end{bmatrix}$$

$$D_1 = \begin{bmatrix} 0.58 & 0.72 \\ 0.59 & 0.54 \end{bmatrix}, \quad E_1 = \begin{bmatrix} 1.78 & 0.84 \\ -1.16 & -1.06 \end{bmatrix}$$

$$\tilde{E}_1 = \begin{bmatrix} -1.52 & -0.2 \\ 0.43 & -0.17 \end{bmatrix}, \quad F_1 = \begin{bmatrix} -0.25 & -0.75 \\ 0.74 & 1.26 \end{bmatrix}$$

$$f_1 = \frac{\sqrt{2}}{2}\sin(t)(J_1 x(t) + \tilde{J}_1 x_d(t)), \quad J_1 = 0.2I, \quad \tilde{J}_1 = 0.3I$$

子系统 2 描述为

$$A_2 = \begin{bmatrix} -2.91 & 0 \\ 2.85 & -0.52 \end{bmatrix}, \quad \tilde{A}_2 = \begin{bmatrix} -1.76 & -1.83 \\ 0.73 & -1.71 \end{bmatrix}, \quad B_2 = \begin{bmatrix} 0.09 & 1.27 \\ -1.61 & 1.27 \end{bmatrix}$$

$$M_2 = \begin{bmatrix} 0.89 & 0.64 \\ -1.4 & 0.07 \end{bmatrix}, \quad C_2 = \begin{bmatrix} 1.89 & 1.2 \\ 0.6 & -0.18 \end{bmatrix}, \quad \tilde{C}_2 = \begin{bmatrix} -0.27 & -1.67 \\ 1.3 & -1.47 \end{bmatrix}$$

$$D_2 = \begin{bmatrix} -1.31 & 1.33 \\ -0.44 & 1.21 \end{bmatrix}, \quad E_2 = E_1, \quad \tilde{E}_2 = \tilde{E}_1, \quad F_2 = F_1$$

$$f_2 = \frac{\sqrt{2}}{2}\sin(t)(J_2 x(t) + \tilde{J}_2 x_d(t)), \quad J_2 = 0.3I, \quad \tilde{J}_2 = 0.5I$$

外部系统(5.2)描述为

$$S = \begin{bmatrix} 0 & 0.1 \\ -0.1 & 0 \end{bmatrix}$$

其特征值为0.1i 和 −0.1i，其中 i 是虚数单位.

基于上述参数，假设 5.1 提供了如下矩阵：

$$\Pi = \begin{bmatrix} 1 & 0 \\ 0 & 1 \end{bmatrix}, \quad \Gamma_1 = \begin{bmatrix} -9.24 & 6.72 \\ 7.81 & -5.27 \end{bmatrix}, \quad \Gamma_2 = \begin{bmatrix} 1.64 & -0.63 \\ 5.06 & 1.71 \end{bmatrix}$$

本例目的是设计满足定义 5.2 中的条件(2)的全息状态反馈调节器，使系统(3.1)满足均方指数稳定性. 因此，给定参数 $a_{12} = a_{21} = 0.2$ 和 $\varepsilon_1 = 0.0821$，$\varepsilon_2 = 0.0554$，由定理 5.1 和注 5.2 得到一个可行解.

$$P_1 = \begin{bmatrix} 0.0361 & -0.0005 \\ -0.0005 & 0.079 \end{bmatrix}, \quad P_2 = \begin{bmatrix} 0.0506 & 0.0014 \\ 0.0014 & 0.0542 \end{bmatrix}$$

$$S_1 = \begin{bmatrix} 0.0632 & -0.1734 \\ -0.1734 & 0.5981 \end{bmatrix}, \quad S_2 = \begin{bmatrix} 0.0356 & -0.109 \\ -0.109 & 0.483 \end{bmatrix}$$

$$W_1 = \begin{bmatrix} 0.0286 & 0.0121 \\ 0.0121 & 0.0272 \end{bmatrix}, \quad W_2 = \begin{bmatrix} 0.0624 & 0.0112 \\ 0.0112 & 0.074 \end{bmatrix}$$

$$F_{11} = \begin{bmatrix} 0.0288 & -0.0423 \\ -0.0423 & 0.1031 \end{bmatrix}, \quad F_{21} = \begin{bmatrix} 0.0605 & -0.0595 \\ -0.0595 & 0.1466 \end{bmatrix}$$

$$F_{12} = \begin{bmatrix} 0.0597 & -0.013 \\ -0.013 & 0.0279 \end{bmatrix}, \quad F_{22} = \begin{bmatrix} 0.0053 & -0.003 \\ -0.003 & 0.0177 \end{bmatrix}$$

$$Q_1 = \begin{bmatrix} -0.0366 & -0.008 \\ -0.008 & -0.0053 \end{bmatrix}, \quad Q_2 = \begin{bmatrix} -0.0094 & -0.0019 \\ -0.0019 & -0.005 \end{bmatrix}$$

$$Q_{21} = \begin{bmatrix} 0.03 & 0.0121 \\ 0.0121 & 0.0165 \end{bmatrix}, \quad Q_{12} = \begin{bmatrix} 0.0337 & 0.0109 \\ 0.0109 & 0.0159 \end{bmatrix}$$

$$U_1 = \begin{bmatrix} -0.0241 & 0.0221 \\ -0.0121 & -0.0004 \end{bmatrix}, \quad U_2 = \begin{bmatrix} -0.0161 & 0.001 \\ 0.0079 & -0.0111 \end{bmatrix}$$

$$T_1 = \begin{bmatrix} -0.0392 & 0.0013 \\ -0.0013 & -0.0236 \end{bmatrix}, \quad T_2 = \begin{bmatrix} -0.0358 & 0.0137 \\ 0.0137 & -0.0275 \end{bmatrix}$$

$$X=\begin{bmatrix}-0.0182 & -0.015\\ -0.012 & 0.0075\end{bmatrix},\quad Y=\begin{bmatrix}0.0439 & -0.0014\\ -0.0142 & 0.0334\end{bmatrix}$$

$$Z_{11}=\begin{bmatrix}0.0642 & -0.016\\ -0.0216 & 0.2831\end{bmatrix},\quad Z_{21}=\begin{bmatrix}0.0595 & -0.0352\\ -0.0288 & 0.1743\end{bmatrix}$$

$$Z_{12}=\begin{bmatrix}0.1042 & -0.0072\\ -0.0143 & 0.1147\end{bmatrix},\quad Z_{22}=\begin{bmatrix}0.1195 & -0.0199\\ -0.0173 & 0.1016\end{bmatrix}$$

此外，由式(5.10)描述的调节器增益为

$$K_1=\begin{bmatrix}-4.1457 & 10.4919\\ 1.006 & -3.6396\end{bmatrix},\quad K_2=\begin{bmatrix}2.3324 & 2.8196\\ -1.0425 & 0.426\end{bmatrix}$$

$$L_1=\begin{bmatrix}-5.3843 & -3.8919\\ 6.934 & -1.5404\end{bmatrix},\quad L_2=\begin{bmatrix}-0.6424 & -3.4296\\ 5.9425 & 1.3740\end{bmatrix}$$

选取图 5.1～图 5.3 所示的切换规则$\sigma_1(t)$、$\sigma_2(t)$和$\sigma_3(t)$，图 5.4 为随机扰动，初始条件$x(\theta)=[-5\quad 5]^{\mathrm{T}}$，$v(0)=[0\quad 1]^{\mathrm{T}}$，相应的闭环系统的状态轨迹和系统的输出误差反馈趋势分别如图 5.5～图 5.10 所示. 收敛于零的图像表明具有本例中参数的闭环系统在依赖于时间的任意切换规则下的随机耗散输出调节问题可解.

注 5.5　为了表明例 5.1 中的切换系统的全息反馈输出调节问题可以在任意时间切换规则下可解，选择三种切换来表示两个子系统之间切换的三种可能性. 图 5.1 表明子系统 1 的激活时间大于子系统 2 的激活时间，但是图 5.5 表明了相反的情况. 显然图 5.2 表明了子系统 1 和子系统 2 有相等的激活时间.

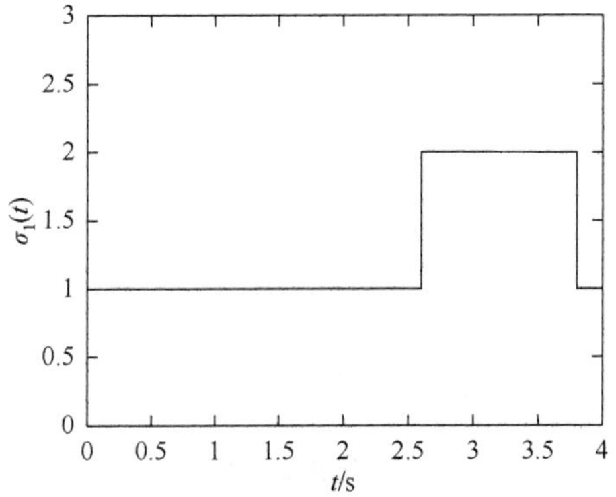

图 5.1　切换规则$\sigma_1(t)$

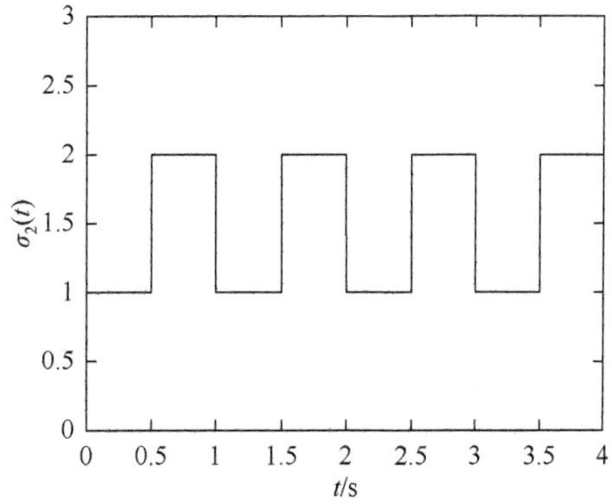

图 5.2　切换规则$\sigma_2(t)$

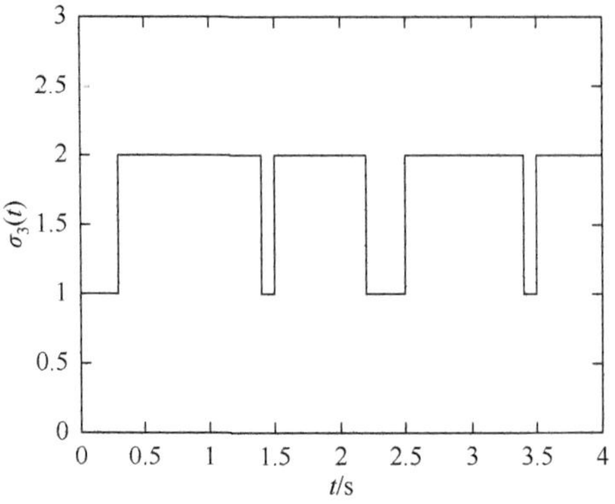

图 5.3　切换规则 $\sigma_3(t)$

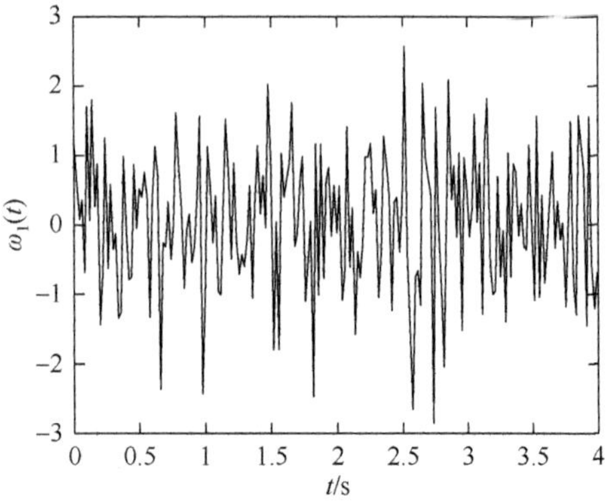

图 5.4　随机扰动 $\omega_1(t)$

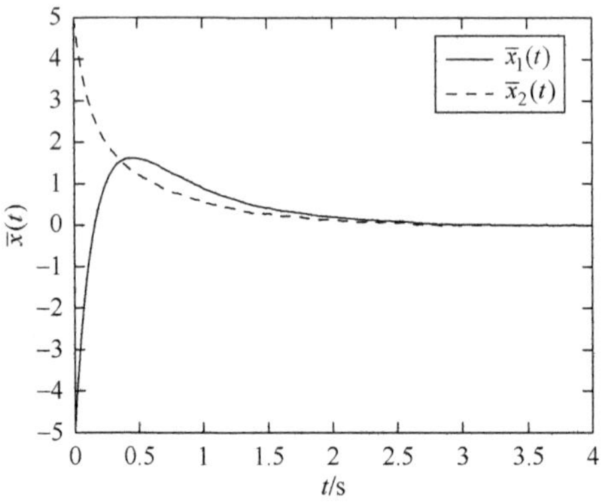

图 5.5　闭环系统在切换规则 $\sigma_1(t)$ 下的状态响应 $\bar{x}(t)$

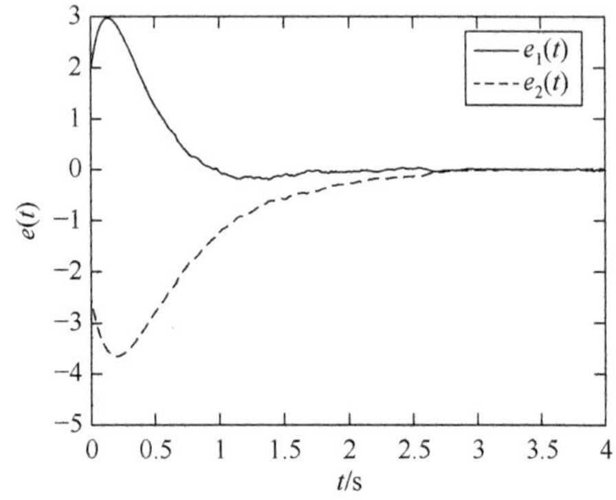

图 5.6　闭环系统在切换规则 $\sigma_1(t)$ 下的输出误差 $e(t)$

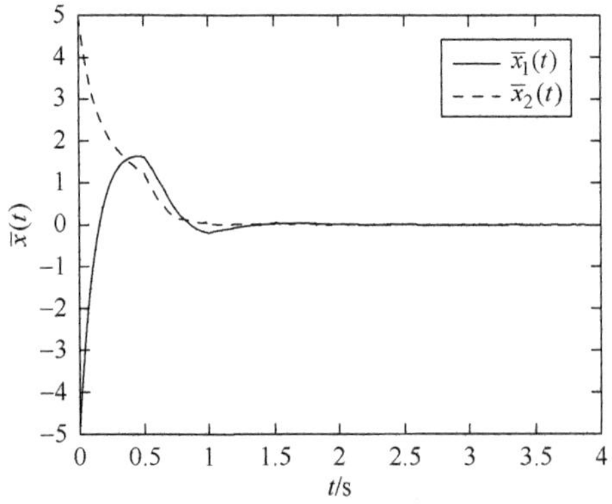

图 5.7　闭环系统在切换规则 $\sigma_2(t)$ 下的状态响应 $\bar{x}(t)$

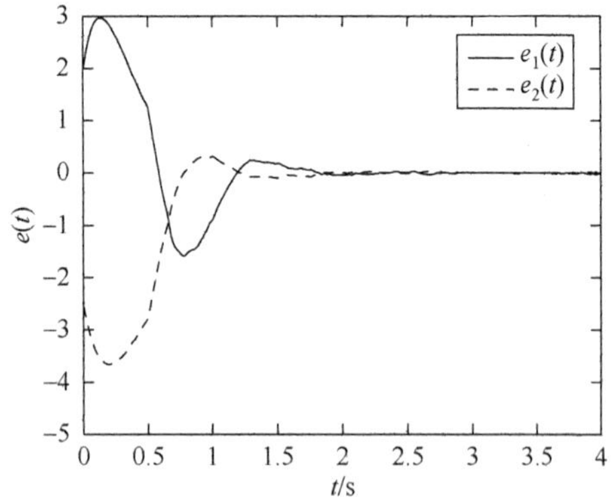

图 5.8　闭环系统在切换规则 $\sigma_2(t)$ 下的输出误差 $e(t)$

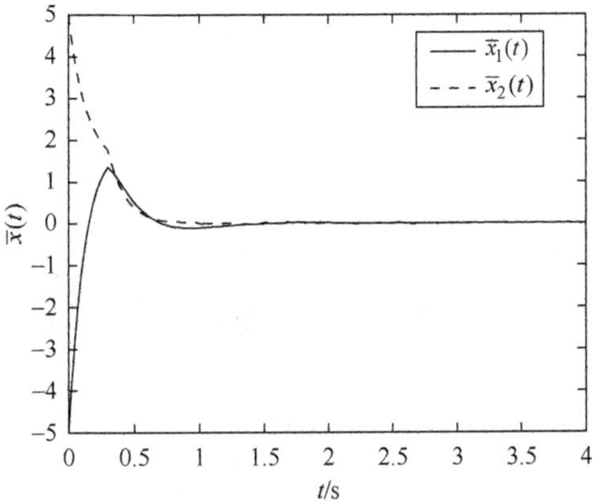

图 5.9 闭环系统在切换规则 $\sigma_3(t)$ 下的状态响应 $\bar{x}(t)$

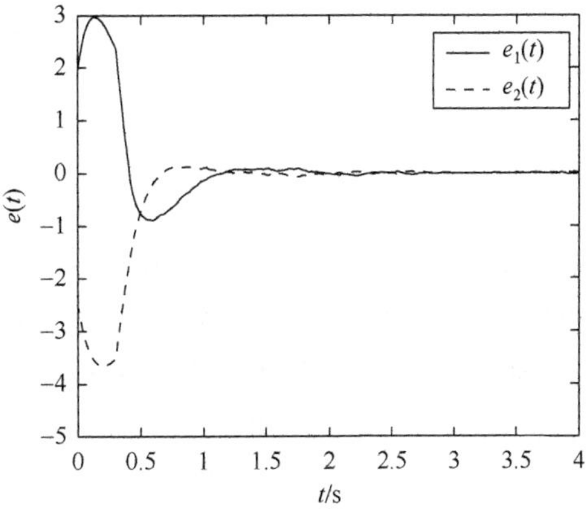

图 5.10 闭环系统在切换规则 $\sigma_3(t)$ 下的输出误差 $e(t)$

例 5.2 考虑系统(3.1)在误差反馈调节器(5.4)下的随机耗散输出调节问题是可解的，其中 $d(t)=0.5|\sin(t)|$，$\tau=h=0.5$.

子系统 1 被描述为

$$A_1=\begin{bmatrix}-3 & -1.8\\ -0.6 & -0.4\end{bmatrix},\quad \tilde{A}_1=\begin{bmatrix}-0.6 & 1.7\\ 1.7 & 0.4\end{bmatrix},\quad B_1=\begin{bmatrix}3.63 & 0.01\\ -0.99 & -0.03\end{bmatrix},\quad M_1=\begin{bmatrix}-1.6 & -0.9\\ -0.5 & -0.9\end{bmatrix}$$

$$C_1=\begin{bmatrix}-1.1 & 1.6\\ -2 & -0.2\end{bmatrix},\quad \tilde{C}_1=\begin{bmatrix}0.3 & 2\\ -0.7 & 1.9\end{bmatrix},\quad D_1=\begin{bmatrix}1.9 & 0.9\\ 0.7 & -0.7\end{bmatrix}$$

$$E_1=\begin{bmatrix}1.2 & 1\\ -0.4 & -0.8\end{bmatrix},\quad \tilde{E}_1=\begin{bmatrix}0.6 & -1.2\\ 1.5 & -0.1\end{bmatrix},\quad F_1=\begin{bmatrix}-1.82 & 0.19\\ -1.1 & 0.87\end{bmatrix}$$

$$f_1=\sin(t)(J_1x(t)+\tilde{J}_1x_d(t)),\quad J_1=0.1I,\quad \tilde{J}_1=0.2I$$

子系统 2 描述为

$$A_2=\begin{bmatrix}-2.1 & -2.6\\ -2.5 & -3.7\end{bmatrix},\quad \tilde{A}_2=\begin{bmatrix}-1 & -0.7\\ -0.4 & -0.2\end{bmatrix},\quad B_2=\begin{bmatrix}3.09 & 3.22\\ 3 & 3.91\end{bmatrix},\quad M_2=\begin{bmatrix}-1.08 & 1.9\\ -0.8 & 1.7\end{bmatrix}$$

$$C_2=\begin{bmatrix}-0.5 & 0.3\\ 0.5 & 1.3\end{bmatrix},\quad \tilde{C}_2=\begin{bmatrix}1.8 & 1.6\\ -1.7 & 0.2\end{bmatrix},\quad D_2=\begin{bmatrix}-1.2 & 0.8\\ -1.1 & 0.4\end{bmatrix}$$

$$E_2=E_1,\quad \tilde{E}_2=\tilde{E}_1,\quad F_2=F_1,\quad f_2=\sin(t)(J_2x(t)+\tilde{J}_2x_d(t)),\quad J_2=0.3I,\quad \tilde{J}_2=0.5I$$

在初始条件 $v(0)=[1\quad 0]^{\mathrm{T}}$ 下外部系统(3.2)描述为

$$S=\begin{bmatrix}0 & -0.1\\ 0.1 & 0\end{bmatrix}$$

在假设 5.2 下，针对上述参数得到矩阵：

$$R_1=\begin{bmatrix}-1.7 & -1.2\\ -1.1 & 0.5\end{bmatrix},\quad R_1=\begin{bmatrix}-1.3 & -1.4\\ -1.6 & 0.7\end{bmatrix},\quad G_1=\begin{bmatrix}-3 & 0\\ 0 & -2\end{bmatrix}$$

$$G_1=\begin{bmatrix}-2 & 0\\ 0 & -5\end{bmatrix},\quad \Pi=I,\quad \Sigma=0$$

取定$a_{12}=a_{21}=0.2$，初始状态$\chi(\theta)=\begin{bmatrix}-2 & 0 & 4 & -3\end{bmatrix}^{\mathrm{T}}$和图 5.11 所示的切换信号$\sigma_4(t)$. 类似例 5.1，可由 MATLAB 的 LMI 工具箱得到一个可行解. 此外$\varepsilon_1=0.4332$，$\varepsilon_2=0.6735$，得到误差反馈控制器增益为

$$H_1=\begin{bmatrix}0.0383 & 0.0545\\ 0.1232 & 0.106\end{bmatrix},\quad H_2=\begin{bmatrix}0.1275 & -0.0721\\ -0.0549 & 0.167\end{bmatrix}$$

图 5.12 是相应的随机扰动，在得到的误差反馈调节器下，闭环系统的状态轨迹和系统的输出误差趋势分别如图 5.13 和图 5.14 所示. 收敛于零的图像证明了该方法的有效性.

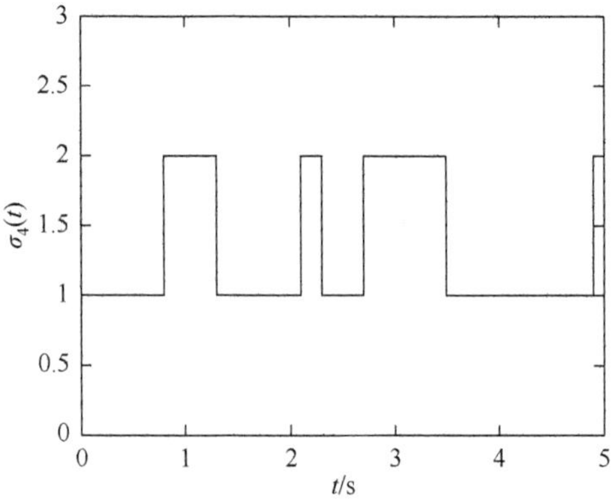

图 5.11　切换规则 $\sigma_4(t)$

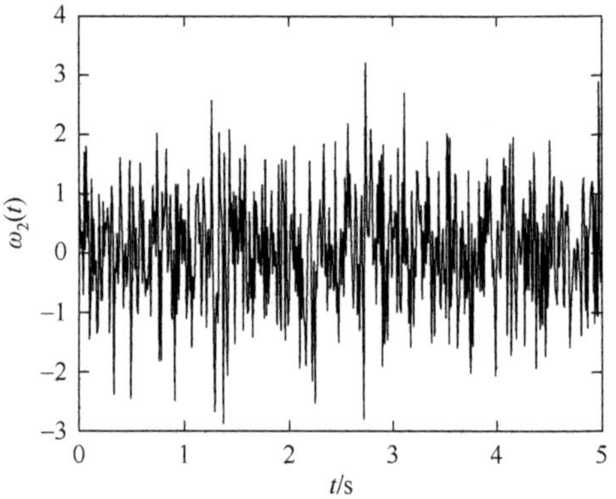

图 5.12　随机扰动 $\omega_2(t)$

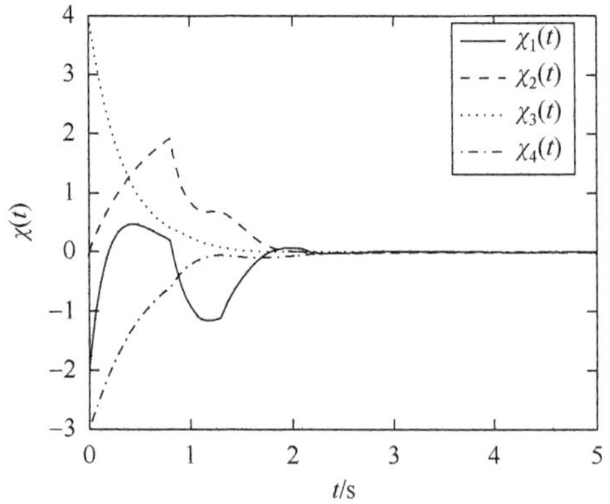

图 5.13　闭环系统在切换规则 $\sigma_4(t)$ 下的状态响应 $\chi(t)$

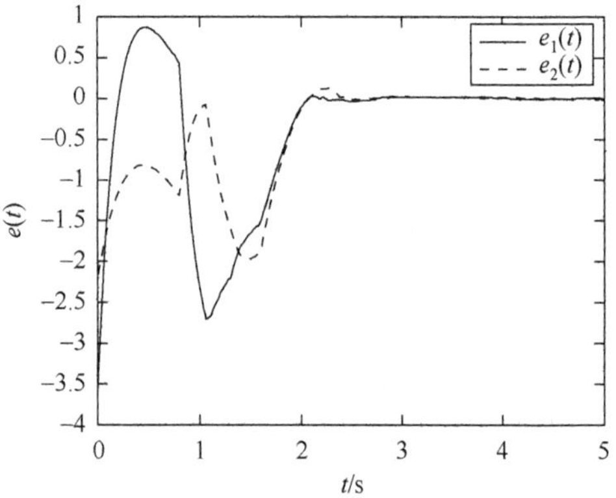

图 5.14　闭环系统在切换规则 $\sigma_4(t)$ 下的输出误差 $e(t)$

5.7 小　　结

基于平均驻留时间方法，本章从能量的角度研究了一类具有时变时滞和外部干扰的切换随机系统的输出调节问题. 选择耗散性分析外部扰动输入对系统的影响，相对稳定性更加合理. 各子系统的状态都依赖于切换系统的状态，因此未激活子系统仍会影响切换系统的能量变换. 为了满足任意依赖于时间的切换规则，可解性条件必须保持. 被激活子系统与未被激活子系统之间的总的能量交换是有限的. 首先，在全息情况和误差情况下构建分段 L-K 泛函，然后通过统一的自由权矩阵方法、Jensen 积分不等式和中心流形定理，得到输出调节问题二次供给率可解的充分条件. 同时，上面的线性化条件提出了调节器和切换信号的设计方案. 当随机耗散性退化为随机无源性时，这些条件仍是有效的. 最后，两个仿真算例验证了所得结果的有效性和可行性.

6 切换时滞系统基于输出增长无源性的输出调节问题

6.1 引　　言

前面基于无源性和耗散性理论研究了切换时滞随机系统的输出调节问题. 本章基于后面章节将要提出的切换系统增长无源性讨论切换时滞系统的输出调节问题.

增长无源性是通过增长供给率联系系统的任意两个输入差与对应的输出差的一个输入-输出性质[179]. 该性质最初是从算子的角度提出来的[200, 201]. 增长无源性概念是传统无源性概念的推广. 文献[180]首先将增长无源性概念引入切换系统，利用弱存储函数和多供给率给出一般非线性切换系统的增长无源性概念. 然而该概念要求相邻的存储函数在切换时刻是连接的. 因此，一种新的增长无源性概念被提出[181]，它允许存储函数在切换时刻增加. 文献[154]提出了线性离散切换系统的增长无源性. 文献[154]和[181]分别利用各自提出的增长无源性理论处理了非线性连续切换系统和线性离散系统的输出调节问题. 可见，利用增长无源性对切换系统的研究已经取得了一些进展[182, 183]. 然而，时滞作为客观存在的自然现象，在实际问题上往往是不可忽视的. 因此，我们期望增长无源性对于切换时滞系统的研究仍然是有效的工具.

本章利用输出增长无源性讨论切换时滞系统的输出调节问题. 首先，证明输出增长无源的切换时滞系统是渐近稳定的. 并且证明了输出增长无源的切换时滞系统进行反馈互联后仍然是输出增长无源的. 其次，构造了切换时滞内模，通过多 Lyapunov 函数方法和 Wirtinger 积分不等式研究了切换时滞内模输出增长无源的充分条件. 最后，构造切换时滞内模型控制器，将控制器与切换时滞系统组成反馈互联系统，则输出调节问题得到解决，其中控制器与切换时滞系统不同步切换，在设计上增大了自由度.

6.2 问 题 描 述

考虑如下形式的一类切换时滞系统:

$$
\begin{cases}
\dot{x}(t)=A_{\sigma(t)}x(t)+\tilde{A}_{\sigma(t)}x(t-d(t))+B_{\sigma(t)}u(t)+D_{\sigma(t)}\omega(t) & (6.1)\\
y(t)=C_{\sigma(t)}x(t)+\tilde{C}_{\sigma(t)}x(t-d(t))+F_{\sigma(t)}u(t)+E_{\sigma(t)}\omega(t) & (6.2)\\
e(t)=\Lambda_{\sigma(t)}x(t)+\tilde{\Lambda}_{\sigma(t)}x(t-d(t))+\Delta_{\sigma(t)}u(t)+\Omega_{\sigma(t)}\omega(t) & (6.3)\\
x(\theta)=\psi(\theta),\quad \theta\in[-\tau,0] & (6.4)
\end{cases}
$$

式中，$x(t)\in\Re^n$ 为状态；$y(t)\in\Re^p$ 为输出；$e(t)\in\Re^q$ 为输出跟踪误差；$u(t)\in\Re^m$ 为输入；时变时滞 $d(t)$ 满足 $0\leqslant d(t)\leqslant\tau$，$\dot{d}(t)\leqslant h$，其中 τ 和 h 为常数；$\psi(\theta)$ 为 $[-\tau,0]$ 上的一个向量值初始函数；$\omega(t)\in\Re^r$ 为外部扰动输入，外部系统为

$$\dot{\omega}(t)=S\omega(t) \tag{6.5}$$

$A_{\sigma(t)}$、$\tilde{A}_{\sigma(t)}$、$B_{\sigma(t)}$、$D_{\sigma(t)}$、$C_{\sigma(t)}$、$\tilde{C}_{\sigma(t)}$、$F_{\sigma(t)}$、$E_{\sigma(t)}$、$\Lambda_{\sigma(t)}$、$\tilde{\Lambda}_{\sigma(t)}$、$\Delta_{\sigma(t)}$、$\Omega_{\sigma(t)}$ 为适当维数的常数矩阵；切换信号 $\sigma(t):[0,\infty)\to\Xi=\{1,2,\cdots,l\}$ 和 $\hat{\sigma}(t):[0,\infty)\to\hat{\Xi}=\{1,2,\cdots,\hat{l}\}$ 为分段常值函数. 为了探究具有外部系统(6.5)的系统(6.1)、(6.3)、(6.4)的输出调节问题，给出如下假设.

假设 6.1[154] 矩阵 S 的所有特征值具有非负实部.

假设 6.2 存在矩阵 Π、$\tilde{\Pi}$、Σ、$\tilde{\Sigma}$、$\Theta_{\hat{i}}$、$\tilde{\Theta}_{\hat{i}}$、$\Phi_{\hat{i}}$、$\tilde{\Phi}_{\hat{i}}$ 满足下列矩阵方程：

$$
\begin{cases}
\Pi S=A_i\Pi+\tilde{A}_i\tilde{\Pi}+D_i+B_i\Theta_{\hat{i}}\Sigma+B_i\tilde{\Theta}_{\hat{i}}\tilde{\Sigma}\\
0=\Lambda_i\Pi+\tilde{\Lambda}_i\tilde{\Pi}+\Omega_i+\Delta_i\Theta_{\hat{i}}\Sigma+\Delta_i\tilde{\Theta}_{\hat{i}}\tilde{\Sigma}\\
\Sigma S=\Phi_{\hat{i}}\Sigma+\tilde{\Phi}_{\hat{i}}\tilde{\Sigma}
\end{cases}
\tag{6.6}
$$

式中，$\tilde{\Pi}=\Pi\mathrm{e}^{-S\tau}$；$\tilde{\Sigma}=\Sigma\mathrm{e}^{-S\tau}$；$i\in\Xi$；$\hat{i}\in\hat{\Xi}$.

下面给出切换时滞系统(6.1)、(6.2)、(6.4)是增长无源的定义.

定义 6.1 在给定的切换信号 $\sigma(t)$ 下，$\omega(t)=0$ 的切换时滞系统(6.1)、(6.2)、(6.4)是增长无源的，如果存在正定光滑函数 $V_\sigma(x_1(t),x_2(t)):\Re^{2n}\to\Re^+$ 以及标量 $\gamma_1\geqslant0$，$\gamma_2\geqslant0$，使得任意两个输入 $u_{\sigma1}(t)$ 和 $u_{\sigma2}(t)$ 及其系统对应这两个输入的任意两个解 $x_1(t)$、$x_2(t)$ 和输出 $y_1(t)$、$y_2(t)$ 满足下列不等式：

$$
\begin{aligned}
\dot{V}(t)&=\dot{V}_\sigma(x_1(t),x_2(t))\\
&\leqslant 2(y_1(t)-y_2(t))^{\mathrm{T}}(u_{\sigma1}(t)-u_{\sigma2}(t))+\gamma_1(y_1(t)-y_2(t))^{\mathrm{T}}(y_1(t)-y_2(t))\\
&\quad+\gamma_2(u_{\sigma1}(t)-u_{\sigma2}(t))^{\mathrm{T}}(u_{\sigma1}(t)-u_{\sigma2}(t))
\end{aligned}
$$

式中，$V_\sigma(x_1(t),x_2(t))$ 称为系统(6.1)～(6.4)的存储函数. 特别地，当 $\gamma_1=0$ 时，切换时滞系统(6.1)、(6.2)、(6.4)是输入增长无源的；当 $\gamma_2=0$ 时，切换时滞系统(6.1)、(6.2)、(6.4)是输出增长无源的.

为了研究输出调节问题，我们考虑具有外部系统(6.5)的切换时滞系统(6.1)、(6.3)、(6.4)，首先，选取如下控制器：

$$u_{\sigma}(t)=-K_{\sigma}e(t) \tag{6.7}$$

其次，在控制器(6.7)的作用下，外部系统为式(6.5)的系统(6.1)、(6.3)、(6.4)的闭环系统为

$$\begin{cases}\dot{x}(t)=A_{\sigma(t)}x(t)+\tilde{A}_{\sigma(t)}x(t-d(t))-B_{\sigma(t)}K_{\sigma(t)}e(t)+D_{\sigma(t)}\omega(t)\\ e(t)=\Lambda_{\sigma(t)}x(t)+\tilde{\Lambda}_{\sigma(t)}x(t-d(t))-\Delta_{\sigma(t)}K_{\sigma(t)}e(t)+\Omega_{\sigma(t)}\omega(t)\end{cases} \tag{6.8}$$

最后，给出如下定义.

定义 6.2[154]　如果存在控制器 u_{σ} 和一个切换规则 σ 满足如下条件：

(1) 当 $\omega(t)=0$ 时，闭环系统(6.8)是渐近稳定的；

(2) 输出跟踪误差 $e(t)$ 满足 $\lim\limits_{t\to\infty}e(t)=0$.

那么，外部系统为式(6.5)的系统(6.1)、(6.3)、(6.4)的输出调节问题是可解的.

6.3　切换时滞系统的增长无源性

下面给出系统(6.1)、(6.2)、(6.4)具有增长无源性的充分条件.

定理 6.1　如果存在正定矩阵 P_i、Q、R 和适当维数的矩阵 M_{i1}、M_{i2}、M_{i4}、M_{i6}、N_{i6}、N_{i7}，以及标量 $\alpha_{ij}\geqslant 0$，$\gamma_1\geqslant 0$，$\gamma_2\geqslant 0$ 满足

$$\begin{bmatrix}\phi_{i11} & \phi_{i12} & -\frac{2}{\tau}R & \phi_{i14} & \frac{6}{\tau}R & \phi_{i16} & \phi_{i17}\\ * & \phi_{i22} & 0 & \phi_{i24} & 0 & \phi_{i26} & \phi_{i27}\\ * & * & -\frac{4}{\tau}R & 0 & \frac{6}{\tau}R & 0 & 0\\ * & * & * & \phi_{i44} & 0 & \phi_{i46} & 0\\ * & * & * & * & -\frac{12}{\tau}R & 0 & 0\\ * & * & * & * & * & \phi_{i66}-\gamma_2 I & \phi_{i67}\\ * & * & * & * & * & * & \phi_{i77}-\gamma_1 I\end{bmatrix}\leqslant 0 \tag{6.9}$$

那么系统(6.1)、(6.2)、(6.4)在切换规则

$$\sigma(x_1(t),x_2(t))=\arg\min_{i\in\Xi}\{(x_1(t)-x_2(t))^{\mathrm{T}}P_i(x_1(t)-x_2(t))\} \tag{6.10}$$

下是增长无源的，式(6.9)中，

$$\phi_{i11}=A_i^{\mathrm{T}}P_i+P_iA_i+Q+M_{i1}A_i+A_i^{\mathrm{T}}M_{i1}^{\mathrm{T}}-\frac{4}{\tau}R+\sum_{j=1}^{m}\alpha_{ij}(P_j-P_i)$$

$$\phi_{i12}=P_i\tilde{A}_i+M_{i1}\tilde{A}_i+A_i^{\mathrm{T}}M_{i2}^{\mathrm{T}},\quad \phi_{i14}=-M_{i1}+A_i^{\mathrm{T}}M_{i4}^{\mathrm{T}}$$

$$\phi_{i16}=P_iB_i+M_{i1}B_i+A_i^{\mathrm{T}}M_{i6}^{\mathrm{T}}+C_i^{\mathrm{T}}N_{i6}^{\mathrm{T}},\quad \phi_{i17}=C_i^{\mathrm{T}}N_{i7}^{\mathrm{T}},\quad \phi_{i27}=\tilde{C}_i^{\mathrm{T}}N_{i7}^{\mathrm{T}}$$

$$\phi_{i24}=-M_{i2}+\tilde{A}_i^{\mathrm{T}}M_{i4}^{\mathrm{T}},\quad \phi_{i22}=-(1-h)Q+M_{i2}\tilde{A}_i+\tilde{A}_i^{\mathrm{T}}M_{i2}^{\mathrm{T}}$$

$$\phi_{i26}=M_{i2}B_i+\tilde{A}_i^{\mathrm{T}}M_{i6}^{\mathrm{T}}+\tilde{C}_i^{\mathrm{T}}N_{i6}^{\mathrm{T}},\quad \phi_{i46}=M_{i4}B_i-M_{i6}^{\mathrm{T}},\quad \phi_{i44}=\tau R-M_{i4}-M_{i4}^{\mathrm{T}}$$

$$\phi_{i67}=F_i^{\mathrm{T}}N_{i7}^{\mathrm{T}}-N_{i6}-I,\quad \phi_{i77}=-N_{i7}-N_{i7}^{\mathrm{T}},\quad \phi_{i66}=M_{i6}B_i+N_{i6}F_i+B_i^{\mathrm{T}}M_{i6}^{\mathrm{T}}+F_i^{\mathrm{T}}N_{i6}^{\mathrm{T}}$$

证明 构造如下存储函数：

$$\begin{aligned}V_\sigma(x_1(t),x_2(t))&=(x_1(t)-x_2(t))^{\mathrm{T}}P_\sigma(x_1(t)-x_2(t))\\&\quad+\int_{t-d(t)}^{t}(x_1(s)-x_2(s))^{\mathrm{T}}Q(x_1(s)-x_2(s))\mathrm{d}s\\&\quad+\int_{-\tau}^{0}\int_{t+\theta}^{t}(\dot{x}_1(s)-\dot{x}_2(s))^{\mathrm{T}}R(\dot{x}_1(s)-\dot{x}_2(s))\mathrm{d}s\mathrm{d}\theta\end{aligned}\tag{6.11}$$

当$t\in[t_k,t_{k+1})$时，存储函数沿着系统(6.1)、(6.2)、(6.4)的导数满足

$$\begin{aligned}&\dot{V}_\sigma(x_1(t),x_2(t))\\&=(x_1(t)-x_2(t))^{\mathrm{T}}(A_\sigma^{\mathrm{T}}P_\sigma+P_\sigma A_\sigma)(x_1(t)-x_2(t))\\&\quad+2(x_1(t-d(t))-x_2(t-d(t))^{\mathrm{T}}\tilde{A}_\sigma^{\mathrm{T}}P_\sigma(x_1(t)-x_2(t))\\&\quad+2(u_1(t)-u_2(t))^{\mathrm{T}}B_\sigma^{\mathrm{T}}P_\sigma(x_1(t)-x_2(t))+(x_1(t)-x_2(t))^{\mathrm{T}}Q(x_1(t)-x_2(t))\\&\quad-(1-\dot{d}(t))(x_1(t-d(t))-x_2(t-d(t)))^{\mathrm{T}}Q(x_1(t-d(t))-x_2(t-d(t)))\\&\quad+\tau(\dot{x}_1(t)-\dot{x}_2(t))^{\mathrm{T}}R(\dot{x}_1(t)-\dot{x}_2(t))-\int_{t-\tau}^{t}(\dot{x}_1(s)-\dot{x}_2(s))^{\mathrm{T}}R(\dot{x}_1(s)-\dot{x}_2(s))\mathrm{d}s\end{aligned}\tag{6.12}$$

由引理 2.2 可知

$$-\int_{t-\tau}^{t}(\dot{x}_1(s)-\dot{x}_2(s))^{\mathrm{T}}R(\dot{x}_1(s)-\dot{x}_2(s))\mathrm{d}s\leqslant\frac{1}{\tau}\varpi^{\mathrm{T}}\begin{bmatrix}-4R&-2R&6R\\ *&-4R&6R\\ *&*&-12R\end{bmatrix}\varpi\tag{6.13}$$

式中，$\varpi^{\mathrm{T}}=\begin{bmatrix}x_1^{\mathrm{T}}(t)-x_2^{\mathrm{T}}(t) & x_1^{\mathrm{T}}(t-\tau)-x_2^{\mathrm{T}}(t-\tau) & \frac{1}{\tau}\int_{t-\tau}^{t}(x_1^{\mathrm{T}}(s)-x_2^{\mathrm{T}}(s))\mathrm{d}s\end{bmatrix}$. 利用式(6.13)可得

$$\begin{aligned}&\dot{V}_\sigma(x_1(t),x_2(t))+\sum_{j=1}^{l}\alpha_{\sigma j}(x_1(t)-x_2(t))^{\mathrm{T}}(P_j-P_\sigma)(x_1(t)-x_2(t))\\&-2(y_1(t)-y_2(t))^{\mathrm{T}}(u_{\sigma1}(t)-u_{\sigma2}(t))-\gamma_1(y_1(t)-y_2(t))^{\mathrm{T}}(y_1(t)-y_2(t))\\&-\gamma_2(u_{\sigma1}(t)-u_{\sigma2}(t))^{\mathrm{T}}(u_{\sigma1}(t)-u_{\sigma2}(t))\\&\leqslant\xi^{\mathrm{T}}\Theta_\sigma\xi\end{aligned}$$

式中，

$$\begin{aligned}\xi^{\mathrm{T}}=[&x_1^{\mathrm{T}}(t)-x_2^{\mathrm{T}}(t)\quad x_1^{\mathrm{T}}(t-d(t))-x_2^{\mathrm{T}}(t-d(t))\quad x_1^{\mathrm{T}}(t-\tau)-x_2^{\mathrm{T}}(t-\tau)\quad \dot{x}_1^{\mathrm{T}}(t)-\dot{x}_2^{\mathrm{T}}(t)\\&\frac{1}{\tau}\int_{t-\tau}^{t}(x_1^{\mathrm{T}}(s)-x_2^{\mathrm{T}}(s))\mathrm{d}s\quad u_1^{\mathrm{T}}(t)-u_2^{\mathrm{T}}(t)\quad y_1^{\mathrm{T}}(t)-y_2^{\mathrm{T}}(t)]\end{aligned}$$

$$\Theta_\sigma=\begin{bmatrix} \begin{matrix}A_\sigma^{\mathrm T}P_\sigma+P_\sigma A_\sigma+Q-\frac{4}{\tau}R\\+\sum_{j=1}^{l}\alpha_{\sigma j}(P_j-P_\sigma)\end{matrix} & P_\sigma\tilde{A}_\sigma & -\frac{2}{\tau}R & 0 & \frac{6}{\tau}R & P_\sigma B_\sigma & 0\\ * & -(1-\dot{d}(t))Q & 0 & 0 & 0 & 0 & 0\\ * & * & -\frac{4}{\tau}R & 0 & \frac{6}{\tau}R & 0 & 0\\ * & * & * & \tau R & 0 & 0 & 0\\ * & * & * & * & -\frac{12}{\tau}R & 0 & 0\\ * & * & * & * & * & -\gamma_2 I & -I\\ * & * & * & * & * & * & -\gamma_1 I \end{bmatrix}$$

一方面，选取 $H_\sigma=\begin{bmatrix}A_\sigma & \tilde{A}_\sigma & 0 & -I & 0 & B_\sigma & 0\\ C_\sigma & \tilde{C}_\sigma & 0 & 0 & 0 & F_\sigma & -I\end{bmatrix}$，从而 $H_\sigma\xi=0$. 另一方面，选取 $X_\sigma^{\mathrm T}=\begin{bmatrix}M_{\sigma1}^{\mathrm T} & M_{\sigma2}^{\mathrm T} & 0 & M_{\sigma4}^{\mathrm T} & 0 & M_{\sigma6}^{\mathrm T} & 0\\ 0 & 0 & 0 & 0 & 0 & N_{\sigma6}^{\mathrm T} & N_{\sigma7}^{\mathrm T}\end{bmatrix}$，则式(6.9)等价于

$$\xi^{\mathrm T}(\Theta_\sigma+X_\sigma H_\sigma+H_\sigma^{\mathrm T}X_\sigma^{\mathrm T})\xi<0$$

从而，对于 $\xi\neq0$，由引理 2.3 可知

$$\xi^{\mathrm T}\Theta_\sigma\xi<0$$

故对于任意 $t\in[t_k,t_{k+1})$，系统(6.1)、(6.2)、(6.4)是增长无源的. 在任意的切换点 t_k 处由切换规则(6.10)可知

$$(x_1(t_k)-x_2(t_k))^{\mathrm T}P_{\sigma(t_k)}(x_1(t_k)-x_2(t_k))\leqslant\lim_{t\to t_k^-}(x_1(t)-x_2(t))^{\mathrm T}P_{\sigma(t)}(x_1(t)-x_2(t))$$

即 $V_{\sigma(t_k)}(x_1(t_k),x_2(t_k))\leqslant\lim_{t\to t_k^-}V_{\sigma(t)}(x_1(t),x_2(t))$. 综上可得，系统(6.1)、(6.2)、(6.4)是增长无源的.

注 6.1 在处理时滞项时，Wirtinger 积分不等式作为 Jensen 积分不等式的扩展式具有更小保守性. 因为与之相比，Wirtinger 积分不等式既要受系统状态 $x(t)$ 和系统延迟 $x(t-h)$ 控制，同时与状态对延迟的积分 $\int_t^{t-h}x(s)\mathrm{d}s$ 有关. 所以它在处理存储函数导数时更加精确、保守性更小. 在不同形式中，本章选用了文献[73]中证明的保守性较小的形式.

推论 6.1 如果存在正定矩阵 P_i、Q、R 和适当维数的矩阵 M_{i1}、M_{i2}、M_{i4}、M_{i6}、N_{i6}、N_{i7}，以及标量 $\alpha_{ij}\geqslant0$，$\gamma_1=0$，$\gamma_2\geqslant0$ 满足

$$\begin{bmatrix} \phi_{i11} & \phi_{i12} & -\dfrac{2}{\tau}R & \phi_{i14} & \dfrac{6}{\tau}R & \phi_{i16} & \phi_{i17} \\ * & \phi_{i22} & 0 & \phi_{i24} & 0 & \phi_{i26} & \phi_{i27} \\ * & * & -\dfrac{4}{\tau}R & 0 & \dfrac{6}{\tau}R & 0 & 0 \\ * & * & * & \phi_{i44} & 0 & \phi_{i46} & 0 \\ * & * & * & * & -\dfrac{12}{\tau}R & 0 & 0 \\ * & * & * & * & * & \phi_{i66}-\gamma_2 I & \phi_{i67} \\ * & * & * & * & * & * & \phi_{i77} \end{bmatrix} \leqslant 0 \tag{6.14}$$

则系统(6.1)、(6.2)、(6.4)在切换规则(6.10)下是输入增长无源的.

推论 6.2 如果存在正定矩阵 P_i、Q、R 和适当维数的矩阵 M_{i1}、M_{i2}、M_{i4}、M_{i6}、N_{i6}、N_{i7}，以及标量 $\alpha_{ij}\geqslant 0$，$\gamma_1\geqslant 0$，$\gamma_2=0$ 满足

$$\begin{bmatrix} \phi_{i11} & \phi_{i12} & -\dfrac{2}{\tau}R & \phi_{i14} & \dfrac{6}{\tau}R & \phi_{i16} & \phi_{i17} \\ * & \phi_{i22} & 0 & \phi_{i24} & 0 & \phi_{i26} & \phi_{i27} \\ * & * & -\dfrac{4}{\tau}R & 0 & \dfrac{6}{\tau}R & 0 & 0 \\ * & * & * & \phi_{i44} & 0 & \phi_{i46} & 0 \\ * & * & * & * & -\dfrac{12}{\tau}R & 0 & 0 \\ * & * & * & * & * & \phi_{i66} & \phi_{i67} \\ * & * & * & * & * & * & \phi_{i77}-\gamma_1 I \end{bmatrix} \leqslant 0 \tag{6.15}$$

则系统(6.1)、(6.2)、(6.4)在切换规则(6.10)下是输出增长无源的.

6.4 基于输出增长无源性的稳定性

本节根据推论 6.2，给出当 $\omega(t)=0$ 时，切换时滞系统(6.1)、(6.3)、(6.4)输出增长无源的充分条件.

引理 6.1 如果存在正定矩阵 $\tilde{P}_i$、$\tilde{Q}$、$\tilde{R}$ 和适当维数的矩阵 $\tilde{M}_{i1}$、$\tilde{M}_{i2}$、$\tilde{M}_{i4}$、$\tilde{M}_{i6}$、$\tilde{N}_{i6}$、$\tilde{N}_{i7}$，以及标量 $\tilde{\alpha}_{ij}\geqslant 0$，$\gamma\geqslant 0$ 满足

$$\begin{bmatrix} \tilde{\phi}_{i11} & \tilde{\phi}_{i12} & -\frac{2}{\tau}\tilde{R} & \tilde{\phi}_{i14} & \frac{6}{\tau}\tilde{R} & \tilde{\phi}_{i16} & \tilde{\phi}_{i17} \\ * & \tilde{\phi}_{i22} & 0 & \tilde{\phi}_{i24} & 0 & \tilde{\phi}_{i26} & \tilde{\phi}_{i27} \\ * & * & -\frac{4}{\tau}\tilde{R} & 0 & \frac{6}{\tau}\tilde{R} & 0 & 0 \\ * & * & * & \tilde{\phi}_{i44} & 0 & \tilde{\phi}_{i46} & 0 \\ * & * & * & * & -\frac{12}{\tau}\tilde{R} & 0 & 0 \\ * & * & * & * & * & \tilde{\phi}_{i66}-I & \tilde{\phi}_{i67} \\ * & * & * & * & * & * & \tilde{\phi}_{i77}-\gamma I \end{bmatrix} \leqslant 0 \tag{6.16}$$

那么系统(6.1)、(6.3)、(6.4)在切换规则

$$\sigma(x_1(t),x_2(t)) = \arg\min_{i\in\varXi}\{(x_1(t)-x_2(t))^{\mathrm{T}}\tilde{P}_i(x_1(t)-x_2(t))\} \tag{6.17}$$

下是增长无源的，式(6.16)中，

$$\tilde{\phi}_{i11} = A_i^{\mathrm{T}}\tilde{P}_i + \tilde{P}_iA_i + \tilde{Q} + \tilde{M}_{i1}A_i + A_i^{\mathrm{T}}\tilde{M}_{i1}^{\mathrm{T}} - \frac{4}{\tau}\tilde{R} + \sum_{j=1}^{l}\tilde{\alpha}_{ij}(\tilde{P}_j - \tilde{P}_i)$$

$$\tilde{\phi}_{i12} = \tilde{P}_i\tilde{A}_i + \tilde{M}_{i1}\tilde{A}_i + A_i^{\mathrm{T}}\tilde{M}_{i2}^{\mathrm{T}},\quad \tilde{\phi}_{i14} = -\tilde{M}_{i1} + A_i^{\mathrm{T}}\tilde{M}_{i4}^{\mathrm{T}}$$

$$\tilde{\phi}_{i16} = \tilde{P}_i\mathrm{B}_i + \tilde{M}_{i1}B_i + A_i^{\mathrm{T}}\tilde{M}_{i6}^{\mathrm{T}} + \varLambda_i^{\mathrm{T}}\tilde{N}_{i6}^{\mathrm{T}},\quad \tilde{\phi}_{i17} = \varLambda_i^{\mathrm{T}}\tilde{N}_{i7}^{\mathrm{T}},\quad \tilde{\phi}_{i27} = \tilde{\varLambda}_i^{\mathrm{T}}\tilde{N}_{i7}^{\mathrm{T}}$$

$$\tilde{\phi}_{i24} = -\tilde{M}_{i2} + \tilde{A}_i^{\mathrm{T}}\tilde{M}_{i4}^{\mathrm{T}},\quad \tilde{\phi}_{i22} = -(1-h)\tilde{Q} + \tilde{M}_{i2}\tilde{A}_i + \tilde{A}_i^{\mathrm{T}}\tilde{M}_{i2}^{\mathrm{T}}$$

$$\tilde{\phi}_{i26} = \tilde{M}_{i2}B_i + \tilde{A}_i^{\mathrm{T}}\tilde{M}_{i6}^{\mathrm{T}} + \tilde{\varLambda}_i^{\mathrm{T}}\tilde{N}_{i6}^{\mathrm{T}},\quad \tilde{\phi}_{i46} = \tilde{M}_{i4}B_i - \tilde{M}_{i6}^{\mathrm{T}},\quad \tilde{\phi}_{i44} = \tau\tilde{R} - \tilde{M}_{i4} - \tilde{M}_{i4}^{\mathrm{T}}$$

$$\tilde{\phi}_{i67} = \varDelta_i^{\mathrm{T}}\tilde{N}_{i7}^{\mathrm{T}} - \tilde{N}_{i6} - I,\quad \tilde{\phi}_{i77} = -\tilde{N}_{i7} - \tilde{N}_{i7}^{\mathrm{T}},\quad \tilde{\phi}_{i66} = \tilde{M}_{i6}B_i + \tilde{N}_{i6}\varDelta_i + B_i^{\mathrm{T}}\tilde{M}_{i6}^{\mathrm{T}} + \varDelta_i^{\mathrm{T}}\tilde{N}_{i6}^{\mathrm{T}}$$

系统的渐近稳定性与输出调节问题息息相关，为了研究切换时滞系统的输出调节问题，本节将证明输出增长无源的切换时滞系统的稳定性.

定理 6.2　当 $\omega(t)=0$ 时，若系统(6.1)、(6.3)、(6.4)在给定切换信号 $\sigma(t)=\arg\min_{i\in\varXi}\{V_i(x_1(t),x_2(t))\}$ 下对输入 $u_\sigma(t)$ 和输出 $y(t)$ 满足输出增长无源，且具有存储函数 $V_i(x_1,x_2)$，系统(6.1)～(6.4)是零状态可检测的，当 $\overline{u}_\sigma(t)=0$ 时，系统(6.1)～(6.4)具有有界解 $\overline{x}(t)$ 和零输出 $\overline{e}(t)=0$. 那么对任意 $K_i > \frac{\gamma}{2}I$，系统(6.1)、(6.3)、(6.4)在控制器(6.7)作用下是渐近稳定的.

证明　定义闭环系统(6.8)的存储函数：

$$\begin{aligned} V_\sigma(x_1(t),x_2(t)) &= (x_1(t)-x_2(t))^{\mathrm{T}}\tilde{P}_\sigma(x_1(t)-x_2(t)) \\ &\quad + \int_{t-d(t)}^{t}(x_1(s)-x_2(s))^{\mathrm{T}}\tilde{Q}(x_1(s)-x_2(s))\mathrm{d}s \\ &\quad + \int_{-\tau}^{0}\int_{t+\theta}^{t}(\dot{x}_1(s)-\dot{x}_2(s))^{\mathrm{T}}\tilde{R}(\dot{x}_1(s)-\dot{x}_2(s))\mathrm{d}s\mathrm{d}\theta \end{aligned} \tag{6.18}$$

由于 $\overline{x}(t)$ 是系统的一个有界解，且具有输出 $\overline{e}(t)=0$，同时对应输入为 $\overline{u}_{\sigma}(t)=-K_{\sigma}\overline{e}(t)=0$. 由于在给定切换规则 $\sigma(t)$ 的作用下，系统(6.8)是输出增长无源的. 因此，令 $u_{1\sigma}(t)=u_{\sigma}(t)$，$u_{2\sigma}(t)=0$，$x_1(t)=x(t)$，$x_2(t)=\overline{x}(t)$，$e_1(t)=e(t)$，$e_2(t)=\overline{e}(t)=0$. 则有

$$\begin{aligned}\dot{V}_{\sigma}(x(t),\overline{x}(t)) &\leqslant 2(e_1(t)-e_2(t))^{\mathrm{T}}(u_1(t)-u_2(t))+\gamma(e_1(t)-e_2(t))^{\mathrm{T}}(e_1(t)-e_2(t))\\ &=-2e^{\mathrm{T}}(t)K_{\sigma}e(t)+\gamma e^{\mathrm{T}}(t)e(t)\\ &=e^{\mathrm{T}}(t)(-2K_{\sigma}+\gamma I)e(t)\end{aligned}\tag{6.19}$$

令 $\lambda=\min\limits_{i\in\varXi}\{\lambda_{\min}(K_i)\}$ 且 $\gamma<2\lambda$，由于 $K_i>\dfrac{\gamma}{2}I$，则有

$$\dot{V}_{\sigma}(x(t),\overline{x}(t))\leqslant(-2\lambda+\gamma)e^{\mathrm{T}}(t)e(t)<0\tag{6.20}$$

对任意 $T>0$，当 $t_j\leqslant T\leqslant t_{j+1}$，$t_0=0$ 时，对式(6.20)两侧同时积分，可得

$$\begin{aligned}&\int_0^{\mathrm{T}}(\dot{V}_{\sigma}(x(t),\overline{x}(t))+(2\lambda-\gamma)e^{\mathrm{T}}(t)e(t))\mathrm{d}t\\ &=(V_{i_0}(t_1)-V_{i_0}(t_0))+(V_{i_1}(t_2)-V_{i_1}(t_1))+\cdots+(V_{i_j}(T)-V_{i_j}(t_j))\\ &\quad+\int_0^{\mathrm{T}}(2\lambda-\gamma)e^{\mathrm{T}}(t)e(t)\mathrm{d}t\\ &\leqslant 0\end{aligned}\tag{6.21}$$

由切换规则(6.17)可知，$V_{\sigma(t_k)}(x(t_k),\overline{x}(t_k))\leqslant\lim\limits_{t\to t_k^-}V_{\sigma(t)}(x(t),\overline{x}(t))$，即 $V_{i_{k-1}}(t_k)\geqslant V_{i_k}(t_k)$. 于是有

$$\int_0^{\mathrm{T}}(\dot{V}(x(t),\overline{x}(t))+(2\lambda-\gamma)e^{\mathrm{T}}(t)e(t))\mathrm{d}t=(V_{i_j}(T)-V_{i_0}(t_0))+\int_0^{\mathrm{T}}(2\lambda-\gamma)e^{\mathrm{T}}(t)e(t)\mathrm{d}t\leqslant 0$$

即对任意 $T>0$，有

$$V(T)-V(t_0)\leqslant-\int_0^{\mathrm{T}}(2\lambda-\gamma)e^{\mathrm{T}}(t)e(t)\mathrm{d}t<0\tag{6.22}$$

因此

$$V(x(t),\overline{x}(t))\leqslant V(\tilde{x}(t_0),\overline{x}(t_0)),\quad \forall t>0$$

当 $T\to\infty$ 时，根据式(6.22)，可得

$$\int_0^{\infty}(2\lambda-\gamma)e^{\mathrm{T}}(t)e(t)\mathrm{d}t\leqslant V(x(t_0),\overline{x}(t_0))<\infty$$

当 $t\to\infty$ 时，可得 $(2\lambda-\gamma)e^{\mathrm{T}}(t)e(t)\to 0$. 此外，由于 $2\lambda-\gamma>0$，于是，当 $t\to\infty$ 时，有 $e(t)\to 0$. 由于系统(6.1)、(6.3)、(6.4)是零状态可检测的以及 $\dot{V}(T)\leqslant-(2\lambda-\gamma)e^{\mathrm{T}}(t)e(t)<0$，易知当 $\omega(t)=0$ 时，系统(6.1)、(6.3)、(6.4)在 $u_i(t)=-K_ie(t)$ 下是渐近稳定的.

6.5 反馈互联下的输出增长无源性

前面已经证明了在给定的控制器作用下，输出增长无源的切换时滞系统是渐近稳定的. 现在，我们想要证明输出增长无源的系统经过图 6.1 所示的反馈互联之后仍是输出增长无源的. 为此，考虑切换时滞系统 G_1 和 G_2.

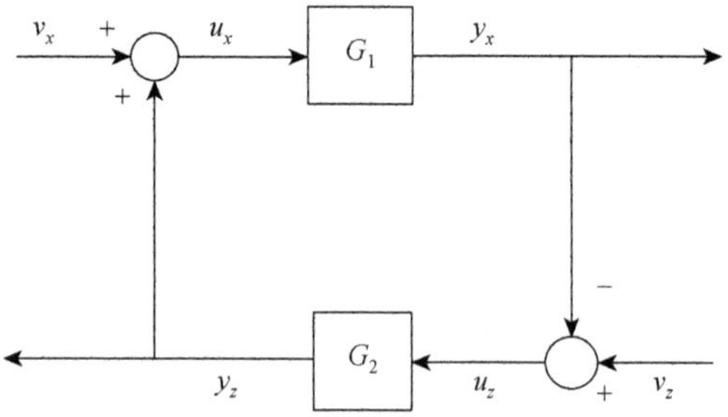

图 6.1 反馈互联

$$G_1:\begin{cases}\dot{x}(t)=A''_{\sigma_1(t)}x(t)+\tilde{A}''_{\sigma_1(t)}x(t-d(t))+\tilde{B}''_{\sigma_1(t)}u_x(t)\\ y_x(t)=C''_{\sigma_1(t)}x(t)+\tilde{C}''_{\sigma_1(t)}x(t-d(t))+F''_{\sigma_1(t)}u_x(t)\end{cases}\tag{6.23}$$

式中， $x(t)\in\Re^{n_1}$ ； 切换规则为 $\sigma_1(t)$.

$$G_2:\begin{cases}\dot{z}(t)=A'_{\sigma_2(t)}z(t)+\bar{A}'_{\sigma_2(t)}z(t-d(t))+B'_{\sigma_2(t)}u_z(t)\\ y_z(t)=C'_{\sigma_2(t)}z(t)+\bar{C}'_{\sigma_2(t)}z(t-d(t))+F'_{\sigma_2(t)}u_z(t)\end{cases}\tag{6.24}$$

式中， $z(t)\in\Re^{n_2}$ ； 切换规则为 $\sigma_2(t)$. 图 6.1 中描绘的 G_1 和 G_2 在反馈互联

$$u_x=y_z+v_x,\quad u_z=-y_x+v_z\tag{6.25}$$

下的系统有如下切换规则：

$$(\sigma_1(t),\sigma_2(t)):[0,+\infty)\to\Xi=\{(i,\hat{i})\,|\,i=1,2,\cdots,l;\hat{i}=1,2,\cdots,\hat{l}\}\tag{6.26}$$

定理 6.3 若存在函数 $V_i(x_1(t),x_2(t))$ ， $U_{\hat{i}}(z_1(t),z_2(t))$ 和常数 $\beta_{ij}\geqslant 0$ ， $\beta_{\hat{i}\hat{j}}\geqslant 0$ ， $\gamma_x\geqslant 0$ ， $\gamma_z\geqslant 0$ ， $i,j\in\Xi$ ， $\hat{i},\hat{j}\in\hat{\Xi}$ 满足

$$\begin{aligned}&\dot{V}_i(x_1,x_2)+\sum_{j=1}^{l}\beta_{ij}(V_j(x_1,x_2)-V_i(x_1,x_2))\\&\leqslant 2(y_{x1}-y_{x2})^{\mathrm{T}}(u_{x1}-u_{x2})+\gamma_1(y_{x1}-y_{x2})^{\mathrm{T}}(y_{x1}-y_{x2})\end{aligned}\tag{6.27}$$

和

$$\begin{aligned}&\dot{U}_{\hat{i}}(z_1,z_2)+\sum_{\hat{j}=1}^{\hat{l}}\beta_{\hat{i}\hat{j}}(U_{\hat{j}}(z_1,z_2)-U_{\hat{i}}(z_1,z_2))\\&\leqslant 2(y_{z1}-y_{z2})^{\mathrm{T}}(u_{z1}-u_{z2})+\gamma_2(y_{z1}-y_{z2})^{\mathrm{T}}(y_{z1}-y_{z2})\end{aligned}\tag{6.28}$$

则切换时滞系统(6.23)和(6.24)在相应设计的切换规则下均为输出增长无源系统.切换规则如下：

$$\sigma_1(x_1(t),x_2(t))=\arg\min_{i\in\Xi}\{V_i(x_1(t),x_2(t))\} \tag{6.29}$$

$$\sigma_2(z_1(t),z_2(t))=\arg\min_{\hat{i}\in\hat{\Xi}}\{U_{\hat{i}}(z_1(t),z_2(t))\} \tag{6.30}$$

系统(6.23)和(6.24)通过式(6.25)进行反馈互联，则对应输入为$v=(v_x^{\mathrm{T}},v_z^{\mathrm{T}})^{\mathrm{T}}$，输出为$y=(y_x^{\mathrm{T}},y_z^{\mathrm{T}})^{\mathrm{T}}$的反馈互联系统是输出增长无源的.

证明　根据输出增长无源性定义，并由式(6.27)和式(6.28)以及对应的切换规则(6.29)和(6.30)易知，系统(6.23)和(6.24)都是输出增长无源的. 接下来证明系统(6.23)和(6.24)的反馈互联系统的输出增长无源性. 为此定义如下形式的存储函数：

$$W(x_1,x_2,z_1,z_2)=W_{(\sigma_1(t),\sigma_2(t))}(x_1,x_2,z_1,z_2)=V_{\sigma_1(t)}(x_1,x_2)+U_{\sigma_2(t)}(z_1,z_2) \tag{6.31}$$

$\sigma_1(t)$下的切换点记为$t_1^1,t_2^1,\cdots,t_k^1,\cdots$，即$\{t_k^1\}$，$\sigma_2(t)$下的切换点记为$t_1^2,t_2^2,\cdots,t_k^2,\cdots$，即$\{t_k^2\}$. 令$\{t_k\}=\{t_k^1\}\cup\{t_k^2\}$. 设$t_k$与$t_{k+1}$为任意两个相邻的切换点.

首先，当$t\in[t_k,t_{k+1})$时，G_1的第i个子系统被激活，G_2的第$\hat{i}$个子系统被激活，则

$$\begin{aligned}\dot{W}(x_1,x_2,z_1,z_2)&=\dot{W}_{(i,\hat{i})}(x_1,x_2,z_1,z_2)=\dot{V}_i(x_1,x_2)+\dot{U}_{\hat{i}}(z_1,z_2)\\&\leqslant 2(y_{x1}-y_{x2})^{\mathrm{T}}(u_{x1}-u_{x2})+\gamma_x(y_{x1}-y_{x2})^{\mathrm{T}}(y_{x1}-y_{x2})\\&\quad+2(y_{z1}-y_{z2})^{\mathrm{T}}(u_{z1}-u_{z2})+\gamma_z(y_{z1}-y_{z2})^{\mathrm{T}}(y_{z1}-y_{z2})\\&\quad-\sum_{j=1}^{l}\beta_{ij}(V_j(x_1,x_2)-V_i(x_1,x_2))-\sum_{\hat{j}=1}^{\hat{l}}\beta_{\hat{i}\hat{j}}(U_{\hat{j}}(z_1,z_2)-U_{\hat{i}}(z_1,z_2))\end{aligned} \tag{6.32}$$

由式(6.25)和$\gamma=\gamma_x+\gamma_z$有

$$\begin{aligned}&\dot{W}(x_1,x_2,z_1,z_2)\\&=2(y_{x1}-y_{x2})^{\mathrm{T}}((y_{z1}-y_{z2})+(v_{x1}-v_{x2}))+\gamma_x(y_{x1}-y_{x2})^{\mathrm{T}}(y_{x1}-y_{x2})\\&\quad+2(y_{z1}-y_{z2})^{\mathrm{T}}(-(y_{x1}-y_{x2})+(v_{z1}-v_{z2}))+\gamma_z(y_{z1}-y_{z2})^{\mathrm{T}}(y_{z1}-y_{z2})\\&\quad-\sum_{j=1}^{l}\beta_{ij}(V_j(x_1,x_2)-V_i(x_1,x_2))-\sum_{\hat{j}=1}^{\hat{l}}\beta_{\hat{i}\hat{j}}(U_{\hat{j}}(z_1,z_2)-U_{\hat{i}}(z_1,z_2))\\&\leqslant 2(y_1-y_2)^{\mathrm{T}}(v_1-v_2)+\gamma(y_1-y_2)^{\mathrm{T}}(y_1-y_2)\\&\quad-\sum_{j=1}^{l}\beta_{ij}(V_j(x_1,x_2)-V_i(x_1,x_2))-\sum_{\hat{j}=1}^{\hat{l}}\beta_{\hat{i}\hat{j}}(U_{\hat{j}}(z_1,z_2)-U_{\hat{i}}(z_1,z_2))\\&\leqslant 2(y_1-y_2)^{\mathrm{T}}(v_1-v_2)+\gamma(y_1-y_2)^{\mathrm{T}}(y_1-y_2)\end{aligned} \tag{6.33}$$

因此，在 $t\in[t_k,t_{k+1})$ 上，系统(6.23)和(6.24)的反馈互联系统是输出增长无源的.

其次，分以下三种情况讨论在切换点 t_k 处反馈互联系统的输出增长无源性.

(1) $t_k\in\{t_k^1\}\setminus\{t_k^2\}$，即 t_k 是切换系统(6.23)的切换点.

由切换规则(6.29)可知

$$V_{\sigma_1(t_k)}(x_1(t_k),x_2(t_k))\leqslant\lim_{t\to t_k^-}V_{\sigma_1(t)}(x_1(t),x_2(t)) \tag{6.34}$$

则

$$\begin{aligned}&\dot{W}(x_1(t_k),x_2(t_k),z_1(t_k),z_2(t_k))\\&=\dot{V}_{\sigma_1(t_k)}(x_1(t_k),x_2(t_k))+\dot{U}_{\sigma_2(t_k)}(z_1(t_k),z_2(t_k))\\&\leqslant\lim_{t\to t_k^-}V_{\sigma_1(t)}(x_1(t),x_2(t))+\dot{U}_{\sigma_2(t_k)}(z_1(t_k),z_2(t_k))\\&=\lim_{t\to t_k^-}(\dot{V}_{\sigma_1(t)}(x_1(t),x_2(t))+\dot{U}_{\sigma_2(t_k)}(z_1(t_k),z_2(t_k)))\\&=\lim_{t\to t_k^-}\dot{W}(x_1(t),x_2(t),z_1(t),z_2(t))\end{aligned} \tag{6.35}$$

(2) $t_k\in\{t_k^2\}\setminus\{t_k^1\}$，即 t_k 是切换系统(6.24)的切换点.

由切换规则(6.30)可知

$$U_{\sigma_2(t_k)}(z_1(t_k),z_2(t_k))\leqslant\lim_{t\to t_k^-}U_{\sigma_2(t)}(z_1(t),z_2(t)) \tag{6.36}$$

则

$$\begin{aligned}&\dot{W}(x_1(t_k),x_2(t_k),z_1(t_k),z_2(t_k))\\&=\dot{V}_{\sigma_1(t_k)}(x_1(t_k),x_2(t_k))+\dot{U}_{\sigma_2(t_k)}(z_1(t_k),z_2(t_k))\\&\leqslant\dot{V}_{\sigma_1(t_k)}(x_1(t_k),x_2(t_k))+\lim_{t\to t_k^-}\dot{U}_{\sigma_2(t)}(z_1(t),z_2(t))\\&=\lim_{t\to t_k^-}\dot{W}(x_1(t),x_2(t),z_1(t),z_2(t))\end{aligned} \tag{6.37}$$

(3) $t_k\in\{t_k^1\}\cap\{t_k^2\}$，即 t_k 是切换系统(6.23)和(6.24)共同的切换点.

由式(6.35)和式(6.37)有

$$\begin{aligned}&\dot{W}(x_1(t_k),x_2(t_k),z_1(t_k),z_2(t_k))\\&=\dot{V}_{\sigma_1(t_k)}(x_1(t_k),x_2(t_k))+\dot{U}_{\sigma_2(t_k)}(z_1(t_k),z_2(t_k))\\&\leqslant\lim_{t\to t_k^-}\dot{V}_{\sigma_1(t)}(x_1(t),x_2(t))+\lim_{t\to t_k^-}\dot{U}_{\sigma_2(t)}(z_1(t),z_2(t))\\&=\lim_{t\to t_k^-}\dot{W}(x_1(t),x_2(t),z_1(t),z_2(t))\end{aligned} \tag{6.38}$$

故在切换点 t_k 处有 $\dot{W}(x_1(t_k),x_2(t_k),z_1(t_k),z_2(t_k))\leqslant \lim\limits_{t\to t_k^-}\dot{W}(x_1(t),x_2(t),z_1(t),z_2(t))$.
因此，系统(6.23)和(6.24)的反馈互联系统是输出增长无源的.

6.6 基于输出增长无源性的输出调节问题

本节将解决具有外部系统(6.5)的切换时滞系统(6.1)、(6.3)、(6.4)的输出调节问题. 首先，提出切换时滞系统的切换时滞内模概念，并且给出切换时滞内模具有输出增长无源性的充分条件. 其次，基于定理 6.2，将切换时滞系统和切换时滞内模进行反馈互联，并展示如何运用切换时滞系统的输出增长无源性解决输出调节问题.

6.6.1 切换时滞内模的构造

定义 6.3 对于系统(6.1)、(6.3)和(6.4)，我们构造一个如下形式的切换时滞系统:

$$\begin{cases}\dot{\tau}(t)=\Phi_{\hat{\sigma}(t)}\tau(t)+\tilde{\Phi}_{\hat{\sigma}(t)}\tau(t-d(t))+\Gamma_{\hat{\sigma}(t)}e(t)\\ v(t)=\Theta_{\hat{\sigma}(t)}\tau(t)+\tilde{\Theta}_{\hat{\sigma}(t)}\tau(t-d(t))+\Psi_{\hat{\sigma}(t)}e(t)\end{cases}\tag{6.39}$$

这一切换时滞系统称为系统(6.1)、(6.3)和(6.4)的一个切换时滞内模. 式中，$\tau(t)\in\Re^n$ 为内模状态；$v(t)\in\Re^l$ 为内模输出；$\hat{\sigma}(t):[0,+\infty)\to\hat{\Xi}=\{1,2,\cdots,\hat{l}\}$ 为切换信号；矩阵 $\Phi_{\hat{\sigma}(t)}$、$\tilde{\Phi}_{\hat{\sigma}(t)}$、$\Theta_{\hat{\sigma}(t)}$、$\tilde{\Theta}_{\hat{\sigma}(t)}$ 满足假设 6.2；$\Gamma_{\hat{\sigma}(t)}$、$\Psi_{\hat{\sigma}(t)}$ 为待确定的增益矩阵.

注 6.2 切换时滞内模(6.39)的切换规则与切换时滞系统(6.1)、(6.3)、(6.4)的切换规则是不相同的. 也就是说并不要求内模(6.39)与受控系统是同步切换的. 因此，采用该切换时滞内模型控制器处理该系统的输出调节问题在切换规则的设计上具有更大的自由空间.

6.6.2 切换时滞内模的输出增长无源性

本节将设计切换规则，给出形如式(6.39)的切换时滞内模具有输出增长无源性的充分条件.

定理 6.4 考虑切换时滞内模(6.39)，如果存在正定矩阵 $\bar{P}_{\hat{i}}$、$\bar{Q}$、$\bar{R}$ 和适当维数的矩阵 $\bar{N}_{\hat{i}}$、$Y_{1\hat{i}}$、$Y_{2\hat{i}}$ 以及标量 $\theta_{\hat{i}\hat{j}}\geqslant 0$，$\gamma\geqslant 0$ 满足

$$\begin{bmatrix} \bar{\phi}_{i11} & \bar{\phi}_{i12} & -\frac{2}{\tau}\bar{R} & \bar{\phi}_{i14} & \frac{6}{\tau}\bar{R} & \bar{\phi}_{i16} & \bar{\phi}_{i17} \\ * & \bar{\phi}_{i22} & 0 & \bar{\phi}_{i24} & 0 & \bar{\phi}_{i26} & \bar{\phi}_{i27} \\ * & * & -\frac{4}{\tau}\bar{R} & 0 & \frac{6}{\tau}\bar{R} & 0 & 0 \\ * & * & * & \bar{\phi}_{i44} & 0 & \bar{\phi}_{i46} & 0 \\ * & * & * & * & -\frac{12}{\tau}\bar{R} & 0 & 0 \\ * & * & * & * & * & \bar{\phi}_{i66} & \bar{\phi}_{i67} \\ * & * & * & * & * & * & \bar{\phi}_{i77}-\gamma I \end{bmatrix} \leqslant 0 \tag{6.40}$$

那么系统(6.39)在切换规则

$$\hat{\sigma}(\tau_1(t),\tau_2(t)) = \arg\min_{\hat{i}\in\hat{\Xi}}\{(\tau_1(t)-\tau_2(t))^{\mathrm{T}}\bar{P}_{\hat{i}}(\tau_1(t)-\tau_2(t))\} \tag{6.41}$$

下是输出增长无源的，式中

$$\bar{\phi}_{\hat{i}11} = 2\Phi_{\hat{i}}^{\mathrm{T}}\bar{P}_{\hat{i}} + 2\bar{P}_{\hat{i}}\Phi_{\hat{i}} + \bar{Q} - \frac{4}{\tau}\bar{R} + \sum_{\hat{j}=1}^{\hat{l}}\theta_{\hat{i}\hat{j}}(\bar{P}_{\hat{j}} - \bar{P}_{\hat{i}}),\quad \bar{\phi}_{\hat{i}12} = 2\bar{P}_{\hat{i}}\tilde{\Phi}_{\hat{i}} + \Phi_{\hat{i}}^{\mathrm{T}}\bar{P}_{\hat{i}}$$

$$\bar{\phi}_{\hat{i}14} = -\bar{P}_{\hat{i}} + \Phi_{\hat{i}}^{\mathrm{T}}\bar{P}_{\hat{i}},\quad \bar{\phi}_{\hat{i}16} = 2Y_{1\hat{i}} + \Theta_{\hat{i}}^{\mathrm{T}}\bar{N}_{\hat{i}}^{\mathrm{T}},\quad \bar{\phi}_{\hat{i}17} = \Theta_{\hat{i}}^{\mathrm{T}}\bar{N}_{\hat{i}}^{\mathrm{T}},\quad \bar{\phi}_{\hat{i}24} = -\bar{P}_{\hat{i}} + \Phi_{d\hat{i}}^{\mathrm{T}}\bar{P}_{\hat{i}}$$

$$\bar{\phi}_{\hat{i}22} = -(1-h)\bar{Q} + \bar{P}_{\hat{i}}\tilde{\Phi}_{\hat{i}} + \tilde{\Phi}_{\hat{i}}^{\mathrm{T}}\bar{P}_{\hat{i}},\quad \bar{\phi}_{\hat{i}26} = Y_{1\hat{i}} + \tilde{\Theta}_{\hat{i}}^{\mathrm{T}}\bar{N}_{\hat{i}}^{\mathrm{T}},\quad \bar{\phi}_{\hat{i}27} = \tilde{\Theta}_{\hat{i}}^{\mathrm{T}}\bar{N}_{\hat{i}}^{\mathrm{T}}$$

$$\bar{\phi}_{\hat{i}44} = \tau\bar{R} - 2\bar{P}_{\hat{i}},\quad \bar{\phi}_{\hat{i}46} = Y_{1\hat{i}},\quad \bar{\phi}_{\hat{i}66} = Y_{2\hat{i}} + Y_{2\hat{i}}^{\mathrm{T}},\quad \bar{\phi}_{\hat{i}67} = Y_{2\hat{i}}^{\mathrm{T}} - \bar{N}_{\hat{i}} - I$$

$$\bar{\phi}_{\hat{i}77} = -\bar{N}_{\hat{i}} - \bar{N}_{\hat{i}}^{\mathrm{T}},\quad \Gamma_{\hat{i}} = \bar{P}_{\hat{i}}^{-1}Y_{1\hat{i}},\quad \Psi_{\hat{i}} = \bar{N}_{\hat{i}}^{-1}Y_{2\hat{i}}$$

证明　构造如下存储函数：

$$\begin{aligned} U_{\hat{\sigma}}(\tau_1(t),\tau_2(t)) &= (\tau_1(t)-\tau_2(t))^{\mathrm{T}}\bar{P}_{\hat{\sigma}}(\tau_1(t)-\tau_2(t)) \\ &\quad + \int_{t-d(t)}^{t}(\tau_1(s)-\tau_2(s))^{\mathrm{T}}\bar{Q}(\tau_1(s)-\tau_2(s))\mathrm{d}s \\ &\quad + \int_{-\tau}^{0}\int_{t+\theta}^{t}(\dot{\tau}_1(s)-\dot{\tau}_2(s))^{\mathrm{T}}\bar{R}(\dot{\tau}_1(s)-\dot{\tau}_2(s))\mathrm{d}s\mathrm{d}\theta \end{aligned} \tag{6.42}$$

当 $t\in[t_k,t_{k+1})$ 时，存储函数沿着系统(6.39)的导数满足

$$\begin{aligned} \dot{U}_{\hat{\sigma}}(\tau_1(t),\tau_2(t)) &= (\tau_1(t)-\tau_2(t))^{\mathrm{T}}(\Phi_{\hat{\sigma}}^{\mathrm{T}}\bar{P}_{\hat{\sigma}} + \bar{P}_{\hat{\sigma}}\Phi_{\hat{\sigma}})(\tau_1(t)-\tau_2(t)) \\ &\quad + 2(\tau_1(t-d(t))-\tau_2(t-d(t)))^{\mathrm{T}}\Phi_{d\hat{\sigma}}^{\mathrm{T}}\bar{P}_{\hat{\sigma}}(\tau_1(t)-\tau_2(t)) \\ &\quad + 2(e_1(t)-e_2(t))^{\mathrm{T}}\Gamma_{\hat{\sigma}}^{\mathrm{T}}\bar{P}_{\hat{\sigma}}(\tau_1(t)-\tau_2(t)) \\ &\quad + (\tau_1(t)-\tau_2(t))^{\mathrm{T}}\bar{Q}(\tau_1(t)-\tau_2(t)) \\ &\quad - (1-\dot{d}(t))(\tau_1(t-d(t))-\tau_2(t-d(t))^{\mathrm{T}}\bar{Q}(\tau_1(t-d(t)) \\ &\quad + \tau(\dot{\tau}_1(t)-\dot{\tau}_2(t))^{\mathrm{T}}\bar{R}(\dot{\tau}_1(t)-\dot{\tau}_2(t)) \end{aligned}$$

$$-\int_{t-\tau}^{t}(\dot{\tau}_1(s)-\dot{\tau}_2(s))^{\mathrm{T}}\bar{R}(\dot{\tau}_1(s)-\dot{\tau}_2(s))\mathrm{d}s \tag{6.43}$$

由引理 2.2 可知

$$-\int_{t-\tau}^{t}(\dot{\tau}_1(s)-\dot{\tau}_2(s))^{\mathrm{T}}\bar{R}(\dot{\tau}_1(s)-\dot{\tau}_2(s))\mathrm{d}s \leqslant \frac{1}{\tau}\tilde{\varpi}^{\mathrm{T}}\begin{bmatrix} -4\bar{R} & -2\bar{R} & 6\bar{R} \\ * & -4\bar{R} & 6\bar{R} \\ * & * & -12\bar{R} \end{bmatrix}\tilde{\varpi} \tag{6.44}$$

式中，$\tilde{\varpi}=[\tau_1^{\mathrm{T}}(t)-\tau_2^{\mathrm{T}}(t)\quad \tau_1^{\mathrm{T}}(t-h)-\tau_2^{\mathrm{T}}(t-h)\quad \frac{1}{\tau}\int_{t-\tau}^{t}(\tau_1^{\mathrm{T}}(s)-\tau_2^{\mathrm{T}}(s))\mathrm{d}s]$.

利用式(6.44)可得

$$\begin{aligned}
&\dot{U}_{\hat{\sigma}}(x_1(t),x_2(t))+\sum_{\hat{j}=1}^{\hat{l}}\theta_{\hat{\sigma}\hat{j}}(\tau_1(t)-\tau_2(t))^{\mathrm{T}}(\bar{P}_{\hat{j}}-\bar{P}_{\hat{\sigma}})(\tau_1(t)-\tau_2(t))\\
&-2(v_1(t)-v_2(t))^{\mathrm{T}}(e_1(t)-e_2(t))-\bar{\gamma}(v_1(t)-v_2(t))^{\mathrm{T}}(v_1(t)-v_2(t))\\
\leqslant{}& \bar{\xi}^{\mathrm{T}}\bar{\Theta}_{\hat{\sigma}}\bar{\xi}
\end{aligned}$$

式中，

$$\begin{aligned}
\bar{\xi}^{\mathrm{T}}=[&\tau_1^{\mathrm{T}}(t)-\tau_2^{\mathrm{T}}(t)\quad \tau_1^{\mathrm{T}}(t-d(t))-\tau_2^{\mathrm{T}}(t-d(t))\quad \tau_1^{\mathrm{T}}(t-\tau)-\tau_2^{\mathrm{T}}(t-\tau)\quad \dot{\tau}_1^{\mathrm{T}}(t)-\dot{\tau}_2^{\mathrm{T}}(t)\\
&\frac{1}{\tau}\int_{t-\tau}^{t}(\tau_1^{\mathrm{T}}(s)-\tau_2^{\mathrm{T}}(s))\mathrm{d}s\quad e_1^{\mathrm{T}}(t)-e_2^{\mathrm{T}}(t)\quad v_1^{\mathrm{T}}(t)-v_2^{\mathrm{T}}(t)]
\end{aligned}$$

$$\bar{\Theta}_{\hat{\sigma}}=\begin{bmatrix}
\begin{array}{l}\Phi_{\hat{\sigma}}^{\mathrm{T}}\bar{P}_{\hat{\sigma}}+\bar{P}_{\hat{\sigma}}\Phi_{\hat{\sigma}}+\bar{Q}-\frac{4}{\tau}R\\ +\sum_{\hat{j}=1}^{\hat{l}}\theta_{\hat{\sigma}\hat{j}}(\bar{P}_{\hat{j}}-\bar{P}_{\hat{\sigma}})\end{array} & \bar{P}_{\hat{\sigma}}\Phi_{d\hat{\sigma}} & -\frac{2}{\tau}\bar{R} & 0 & \frac{6}{\tau}\bar{R} & \bar{P}_{\hat{\sigma}}\Gamma_{\hat{\sigma}} & 0\\
* & -(1-\dot{d}(t))\bar{Q} & 0 & 0 & 0 & 0 & 0\\
* & * & -\frac{4}{\tau}\bar{R} & 0 & \frac{6}{\tau}\bar{R} & 0 & 0\\
* & * & * & \tau\bar{R} & 0 & 0 & 0\\
* & * & * & * & -\frac{12}{\tau}\bar{R} & 0 & 0\\
* & * & * & * & * & 0 & -I\\
* & * & * & * & * & * & -\bar{\gamma}I
\end{bmatrix}$$

一方面，选取 $\bar{H}_{\hat{i}}=\begin{bmatrix}\Phi_{\hat{i}} & \tilde{\Phi}_{\hat{i}} & 0 & -I & 0 & \Gamma_{\hat{i}} & 0\\ \Theta_{\hat{i}} & \tilde{\Theta}_{\hat{i}} & 0 & 0 & 0 & \Psi_{\hat{i}} & -I\end{bmatrix}$，从而 $\bar{H}_{\hat{i}}\bar{\xi}=0$. 另一方面，选取 $\bar{X}_{\hat{i}}^{\mathrm{T}}=\begin{bmatrix}\bar{P}_{\hat{i}} & \bar{P}_{\hat{i}} & 0 & \bar{P}_{\hat{i}} & 0 & 0 & 0\\ 0 & 0 & 0 & 0 & 0 & \bar{N}_{\hat{i}}^{\mathrm{T}} & \bar{N}_{\hat{i}}^{\mathrm{T}}\end{bmatrix}$，则式(6.40)等价于

$$\bar{\xi}^{\mathrm{T}}(\bar{\Theta}_{\hat{\sigma}}+\bar{X}_{\hat{\sigma}}\bar{H}_{\hat{\sigma}}+\bar{H}_{\hat{\sigma}}^{\mathrm{T}}\bar{X}_{\hat{\sigma}}^{\mathrm{T}})\bar{\xi}<0$$

从而，对于 $\bar{\xi}\neq 0$，由引理 2.3 可知

$$\bar{\xi}^{\mathrm{T}}\bar{\Theta}_{\hat{\sigma}}\bar{\xi}<0$$

故对于任意 $t\in[t_k,t_{k+1})$，切换时滞内模(6.39)是增长无源的. 在任意的切换点 t_k 处由切换规则(6.41)可知

$$\begin{aligned}&(\tau_1(t_k)-\tau_2(t_k))^{\mathrm{T}}\bar{P}_{\hat{\sigma}(t_k)}(\tau_1(t_k)-\tau_2(t_k))\\ \leqslant&\lim_{t\to t_k^-}(\tau_1(t)-\tau_2(t))^{\mathrm{T}}\bar{P}_{\hat{\sigma}(t)}(\tau_1(t)-\tau_2(t))\end{aligned}\tag{6.45}$$

即 $U_{\hat{\sigma}(t_k)}(\tau_1(t_k),\tau_2(t_k))\leqslant\lim\limits_{t\to t_k^-}U_{\hat{\sigma}(t)}(\tau_1(t),\tau_2(t))$. 综上可得，切换时滞内模(6.39)在切换规则(6.41)下是输出增长无源的.

6.6.3 基于切换时滞内模的输出调节问题

前面证明了切换时滞系统输出增长无源性与渐近稳定性的关系以及输出增长无源性在反馈互联下的不变性. 本节将利用前面的结论研究在切换时滞内模控制器作用下，外部系统为式(6.5)的系统(6.1)、(6.3)、(6.4)的输出调节问题.

定理 6.5 考虑满足假设 6.2 的切换时滞系统(6.1)、(6.3)、(6.4)和切换时滞内模(6.39). 若系统(6.1)、(6.3)、(6.4)在切换规则(6.17)下，对输入 $u(t)$ 和输出 $e(t)$ 是输出增长无源的，切换时滞内模在切换规则(6.41)下是输出增长无源的，而且系统(6.1)、(6.3)、(6.4)和切换时滞内模(6.39)都是零状态可检测的，那么控制器

$$\begin{cases}\dot{\tau}(t)=\Phi_{\hat{\sigma}(t)}\tau(t)+\tilde{\Phi}_{\hat{\sigma}(t)}\tau(t-d(t))+\Gamma_{\hat{\sigma}(t)}(-e(t))\\ u_{\mathrm{IM}}(t)=\Theta_{\hat{\sigma}(t)}\tau(t)+\tilde{\Theta}_{\hat{\sigma}(t)}\tau(t-d(t))+\Psi_{\hat{\sigma}(t)}(-e(t))\end{cases}\tag{6.46}$$

$$u(t)=u_{\mathrm{IM}}(t)-K_{\hat{\sigma}(t)}e(t)\tag{6.47}$$

可解决具有外部系统(6.5)的切换时滞系统(6.1)、(6.3)、(6.4)的输出调节问题，其中 $K_{\hat{\sigma}(t)}>\dfrac{\gamma}{2}I$.

证明 构造如下切换时滞内模：

$$\begin{cases}\dot{\tau}(t)=\Phi_{\hat{\sigma}(t)}\tau(t)+\tilde{\Phi}_{\hat{\sigma}(t)}\tau(t-d(t))+\Gamma_{\hat{\sigma}(t)}\tilde{e}(t)\\ \tilde{v}(t)=\Theta_{\hat{\sigma}(t)}\tau(t)+\tilde{\Theta}_{\hat{\sigma}(t)}\tau(t-d(t))+\Psi_{\hat{\sigma}(t)}\tilde{e}(t)\end{cases}\tag{6.48}$$

与系统(6.1)、(6.3)、(6.4)通过

$$u(t)=\tilde{v}(t)+\tilde{v}_s(t),\quad \tilde{e}(t)=-e(t)+\tilde{v}_{\mathrm{IM}}(t)\tag{6.49}$$

进行反馈互联. 由定理 6.3 可知，切换时滞内模(6.48)关于输入 $\tilde{e}$ 和输出 $\tilde{v}$ 以及存储函数

$$
\begin{aligned}
U_{\hat{\sigma}}(\tau_1(t),\tau_2(t)) &= (\tau_1(t)-\tau_2(t))^{\mathrm{T}}\bar{P}_{\hat{\sigma}}(\tau_1(t)-\tau_2(t)) \\
&\quad + \int_{t-d(t)}^{t}(\tau_1(s)-\tau_2(s))^{\mathrm{T}}\bar{Q}(\tau_1(s)-\tau_2(s))\mathrm{d}s \\
&\quad + \int_{-\tau}^{0}\int_{t+\theta}^{t}(\dot{\tau}_1(s)-\dot{\tau}_2(s))^{\mathrm{T}}\bar{R}(\dot{\tau}_1(s)-\dot{\tau}_2(s))\mathrm{d}s\mathrm{d}\theta
\end{aligned}
$$

在设计的切换规则(6.41)下是输出增长无源的. 而且由推论6.1可知，系统(6.1)、(6.3)、(6.4)关于输入u和输出e以及存储函数

$$
\begin{aligned}
V_{\sigma}(x_1(t),x_2(t)) &= (x_1(t)-x_2(t))^{\mathrm{T}}\tilde{P}_{\sigma}(x_1(t)-x_2(t)) \\
&\quad + \int_{t-d(t)}^{t}(x_1(s)-x_2(s))^{\mathrm{T}}\tilde{Q}(x_1(s)-x_2(s))\mathrm{d}s \\
&\quad + \int_{-\tau}^{0}\int_{t+\theta}^{t}(\dot{x}_1(s)-\dot{x}_2(s))^{\mathrm{T}}\tilde{R}(\dot{x}_1(s)-\dot{x}_2(s))\mathrm{d}s\mathrm{d}\theta
\end{aligned}
$$

在设计的切换规则(6.17)下是输出增长无源的. 因此，由定理 6.2 可知，由系统(6.1)、(6.3)、(6.4)与切换时滞内模(6.48)通过式(6.49)反馈互联得到的输入为$\hat{u}(t)=[\tilde{v}_s^{\mathrm{T}}(t)\quad \tilde{v}_{\mathrm{IM}}^{\mathrm{T}}(t)]^{\mathrm{T}}$和输出为$\hat{e}(t)=[e^{\mathrm{T}}(t)\quad \tilde{v}^{\mathrm{T}}(t)]^{\mathrm{T}}$的反馈互联系统存在存储函数$W=V_i(x_1(t),x_2(t))+U_{\hat{i}}(\tau_1(t),\tau_2(t))$，使得反馈互联系统是输出增长无源的. 最后，应用反馈$\hat{u}_i=-\hat{K}_i\hat{e}$，其中$K_i>\dfrac{\gamma}{2}I$且$\hat{K}_i=\begin{bmatrix}2K_i-\gamma I & 0\\ 0 & 0\end{bmatrix}$. 由定理6.1可知，当$\omega(t)=0$，$t\to\infty$时，$x(t)\to 0$，$\tau(t)\to 0$. 而且当$t\to\infty$时，$\hat{e}^{\mathrm{T}}(t)\hat{K}_i\hat{e}(t)\to 0$，这也意味着当$t\to\infty$时，$e^{\mathrm{T}}(t)(2K_i-\gamma I)e(t)\to 0$. 由于$2K_i-\gamma I>0$，得出，当$t\to\infty$时，$e(t)\to 0$. 综上，具有外部系统(6.5)的切换时滞系统(6.1)、(6.3)、(6.4)输出调节问题可解. 证毕.

6.7 仿真算例

本节将给出一个例子来验证主要结果的有效性. 给定含有两个子系统的切换时滞系统：

$$
\begin{cases}
\dot{x}(t)=A_i x(t)+\tilde{A}_i x(t-d(t))+B_i u(t)+D_i\omega(t)\\
e(t)=\Lambda_i x(t)+\tilde{\Lambda}_i x(t-d(t))+\Delta_i u(t)+\Omega_i\omega(t), \quad i\in\{1,2\}\\
x(\theta)=\psi(\theta), \quad \theta\in[-\tau,0]
\end{cases} \tag{6.50}
$$

式中，子系统 1：

$$
A_1=\begin{bmatrix}-1.6 & -2\\ 2.6 & -1.8\end{bmatrix},\quad \tilde{A}_1=\begin{bmatrix}0.5 & -0.2\\ -0.8 & -0.3\end{bmatrix},\quad B_1=\begin{bmatrix}0.5\\ 1.2\end{bmatrix}
$$

$$
D_1=\begin{bmatrix}10.3553 & 22.5217\\ 21.4338 & 81.2176\end{bmatrix},\quad \Lambda_1=\begin{bmatrix}-1.2 & 0.2\end{bmatrix},\quad \tilde{\Lambda}_1=\begin{bmatrix}2.5 & 2.8\end{bmatrix}
$$

$$\varDelta_1=-1.8,\quad \varOmega_1=[-58.8582\quad -133.2125]$$

子系统 2：

$$A_2=\begin{bmatrix}-2 & -2\\ 2.6 & -1.7\end{bmatrix},\quad \tilde{A}_2=\begin{bmatrix}0.4 & 0.1\\ -0.8 & -0.4\end{bmatrix},\quad B_2=\begin{bmatrix}0.4\\ 1\end{bmatrix},\quad D_2=\begin{bmatrix}8.3355 & 25.3894\\ 22.0475 & 88.8072\end{bmatrix}$$

$$\varLambda_2=[-1.5\quad 0.5],\quad \tilde{\varLambda}_2=[2\quad 2.5],\quad \varDelta_2=-1.7,\quad \varOmega_2=[-59.5233\quad -154.7549]$$

外部系统(6.5)中矩阵

$$S=\begin{bmatrix}-1 & -3\\ -2.5 & 1\end{bmatrix}$$

很容易验证如下的矩阵满足假设 6.2 的条件(6.5)：

$$\varPi=\begin{bmatrix}1 & 0\\ 0 & 1\end{bmatrix},\quad \tilde{\varPi}=\begin{bmatrix}2.2255 & 11.0232\\ 7.3891 & 0.4493\end{bmatrix},\quad \varSigma=\begin{bmatrix}2.8 & -1.2\\ -1.9 & -0.5\end{bmatrix}$$

$$\tilde{\varSigma}=\begin{bmatrix}-2.6354 & 30.3257\\ -7.9231 & -21.1687\end{bmatrix},\quad \varPhi_1=\begin{bmatrix}-1.5 & 1\\ -1.8 & -2\end{bmatrix},\quad \varPhi_2=\begin{bmatrix}-1.8 & 0.8\\ -2 & -2\end{bmatrix}$$

$$\tilde{\varPhi}_1=\begin{bmatrix}-0.7422 & -0.5483\\ -0.2593 & -0.4678\end{bmatrix},\quad \tilde{\varTheta}_2=[-0.5\quad 3],\quad \tilde{\varPhi}_2=\begin{bmatrix}-0.7874 & -0.5913\\ -0.3058 & -0.5231\end{bmatrix}$$

$$\varTheta_1=[-0.5\quad -1],\quad \varTheta_2=[-0.8\quad -1.2],\quad \tilde{\varTheta}_1=[-0.2\quad 2.5]$$

选取参数$\tau=0.8$，$h=0.1$，$\lambda=2$，$\alpha_{12}=1$，$\alpha_{21}=1$，$\theta_{12}=1$，$\theta_{21}=1$，$\gamma=2.7$，$\bar{\gamma}=2.8$，$d(t)=0.1+0.8\sin(t)$，利用 MATLAB 的 LMI 工具箱，通过求解式(6.18)可得

$$\tilde{P}_1=\begin{bmatrix}16.3133 & -0.1278\\ -0.1278 & 5.7572\end{bmatrix},\quad \tilde{P}_2=\begin{bmatrix}16.1003 & 0.8134\\ 0.8134 & 6.1016\end{bmatrix},\quad \tilde{Q}=\begin{bmatrix}22.5666 & 10.9922\\ 10.9922 & 10.0224\end{bmatrix}$$

$$\tilde{R}=\begin{bmatrix}0.8358 & -0.1011\\ -0.1011 & 0.6572\end{bmatrix},\quad \tilde{M}_{11}=\begin{bmatrix}-6.7064 & 0.1261\\ 1.4469 & -2.2228\end{bmatrix}$$

$$\tilde{M}_{21}=\begin{bmatrix}-6.9592 & 0.1414\\ -0.0378 & -1.8857\end{bmatrix},\quad \tilde{M}_{12}=\begin{bmatrix}-0.1306 & -0.8163\\ -1.6999 & -0.1544\end{bmatrix}$$

$$\tilde{M}_{22}=\begin{bmatrix}-0.3347 & -0.3967\\ -1.6559 & -0.7996\end{bmatrix},\quad \tilde{M}_{14}=\begin{bmatrix}2.0389 & 0.7256\\ -1.7510 & 1.0829\end{bmatrix}$$

$$\tilde{M}_{24}=\begin{bmatrix}2.2141 & 0.7635\\ -1.3227 & 1.1959\end{bmatrix},\quad \tilde{M}_{16}=[1.8177\quad -0.5133],\quad \tilde{M}_{26}=[1.5218\quad -0.1894]$$

$$\tilde{N}_{16}=1.3704,\quad \tilde{N}_{26}=1.3230,\quad \tilde{N}_{17}=0.0677,\quad \tilde{N}_{27}=0.1152$$

设$x_1^{\mathrm{T}}=[x_{11}\quad x_{12}]^{\mathrm{T}}$，$x_2^{\mathrm{T}}=[x_{21}\quad x_{22}]^{\mathrm{T}}$，则

$$\begin{aligned}\kappa_x &= (x_1-x_2)^{\mathrm{T}}\tilde{P}_2(x_1-x_2)-(x_1-x_2)^{\mathrm{T}}\tilde{P}_1(x_1-x_2)\\ &=[x_{11}-x_{21}\quad x_{12}-x_{22}]\begin{bmatrix}16.1003 & 0.8134\\ 0.8134 & 6.1016\end{bmatrix}[x_{11}-x_{21}\quad x_{12}-x_{22}]^{\mathrm{T}}\\ &\quad -[x_{11}-x_{21}\quad x_{12}-x_{22}]\begin{bmatrix}16.3133 & -0.1278\\ -0.1278 & 5.7572\end{bmatrix}[x_{11}-x_{21}\quad x_{12}-x_{22}]^{\mathrm{T}}\\ &=-0.213(x_{11}-x_{21})^2+1.8824(x_{11}-x_{21})(x_{12}-x_{22})+0.3444(x_{12}-x_{22})^2\end{aligned}$$

根据式(6.17)可得，切换规则可表示如下：

$$\sigma=\begin{cases}1, & \kappa_x>0\\ 2, & \kappa_x\leqslant 0\end{cases}\tag{6.51}$$

因此，根据推论 6.1，可以得到切换时滞系统(6.50)在切换规则(6.51)下是输出增长无源的.

选取如下切换时滞内模型控制器：

$$\begin{cases}\dot{\tau}(t)=\varPhi_{\hat{i}}\tau(t)+\tilde{\varPhi}_{\hat{i}}\tau(t-d(t))+\varGamma_{\hat{i}}(-e(t))\\ u_{\mathrm{IM}}(t)=\varTheta_{\hat{i}}\tau(t)+\tilde{\varTheta}_{\hat{i}}\tau(t-d(t))+\varPsi_{\hat{i}}(-e(t))\end{cases},\quad \hat{i}\in\{1,2\}\tag{6.52}$$

$$u(t)=u_{\mathrm{IM}}(t)-K_ie(t),\quad i\in\{1,2\}\tag{6.53}$$

那么，用 MATLAB 的 LMI 工具箱，通过求解式(6.40)可得

$$\bar{P}_1=\begin{bmatrix}5.4487 & 1.0821\\ 1.0821 & 4.7069\end{bmatrix},\quad \bar{P}_2=\begin{bmatrix}2.7122 & -0.0026\\ -0.0026 & 1.9954\end{bmatrix},\quad \bar{Q}=\begin{bmatrix}3.8750 & 0.7797\\ 0.7797 & 5.7802\end{bmatrix}$$

$$\bar{R}=\begin{bmatrix}0.6864 & -0.0031\\ -0.0031 & 0.6356\end{bmatrix},\quad Y_{11}=\begin{bmatrix}0.0494\\ -0.0131\end{bmatrix},\quad Y_{12}=\begin{bmatrix}0.0273\\ -0.0071\end{bmatrix}$$

$$Y_{21}=-1.6150,\quad Y_{22}=-1.5840,\quad \bar{N}_1=0.0647,\quad \bar{N}_2=0.0529$$

由于 $\varGamma_{\hat{i}}=\bar{P}_{\hat{i}}^{-1}Y_{1\hat{i}}$，$\varPsi_{\hat{i}}=\bar{N}_{\hat{i}}^{-1}Y_{2\hat{i}}$，可以得到切换时滞内模(6.52)的增益矩阵为

$$\varGamma_1=\begin{bmatrix}0.0101\\ -0.0051\end{bmatrix},\quad \varGamma_2=\begin{bmatrix}0.0101\\ -0.0036\end{bmatrix},\quad \varPsi_1=-24.9529,\quad \varPsi_2=-29.9450$$

设 $\tau_1^{\mathrm{T}}=[\tau_{11}\quad \tau_{12}]^{\mathrm{T}}$，$\tau_2^{\mathrm{T}}=[\tau_{21}\quad \tau_{22}]^{\mathrm{T}}$，则

$$\begin{aligned}\kappa_\tau &= (\tau_1-\tau_2)^{\mathrm{T}}\bar{P}_2(\tau_1-\tau_2)-(\tau_1-\tau_2)^{\mathrm{T}}\bar{P}_1(\tau_1-\tau_2)\\ &=[\tau_{11}-\tau_{21}\quad \tau_{12}-\tau_{22}]\begin{bmatrix}5.4487 & 1.0821\\ 1.0821 & 4.7069\end{bmatrix}[\tau_{11}-\tau_{21}\quad \tau_{12}-\tau_{22}]^{\mathrm{T}}\\ &\quad -[\tau_{11}-\tau_{21}\quad \tau_{12}-\tau_{22}]\begin{bmatrix}2.7122 & -0.0026\\ -0.0026 & 1.9954\end{bmatrix}[\tau_{11}-\tau_{21}\quad \tau_{12}-\tau_{22}]^{\mathrm{T}}\\ &=2.7365(\tau_{11}-\tau_{21})^2+2.1694(\tau_{11}-\tau_{21})(\tau_{12}-\tau_{22})+2.7115(\tau_{12}-\tau_{22})^2\end{aligned}$$

根据式(6.41)可得，切换规则可表示如下：

$$\sigma=\begin{cases}1, & \kappa_\tau > 0\\ 2, & \kappa_\tau \leqslant 0\end{cases} \tag{6.54}$$

因此，根据定理 6.3，可以得到切换时滞内模(6.52)在切换规则(6.54)下是输出增长无源的. 由于 $K_i > \dfrac{\gamma}{2}I$，选取 $K_1 = 1.6$，$K_2 = 1.5$. 令初始条件 $x_1(0) = [-0.4 \quad -0.9]^{\mathrm{T}}$，$x_2(0) = [0 \quad 0]^{\mathrm{T}}$，$\tau_1(0) = [3.4 \quad 1.86]^{\mathrm{T}}$，$\tau_2(0) = [0 \quad 0]^{\mathrm{T}}$ 以及 $\omega(0) = [0.1 \quad -0.1]^{\mathrm{T}}$. 那么，根据定理 6.4 利用输出增长无源性理论和控制器(6.53)，得到切换时滞系统(6.50)的输出调节问题可解. 仿真结果如图 6.2～图 6.4 所示. 图 6.2 和图 6.3 分别表示切换时滞系统和切换时滞内模的状态响应，图 6.4 是切换时滞系统的输出误差.

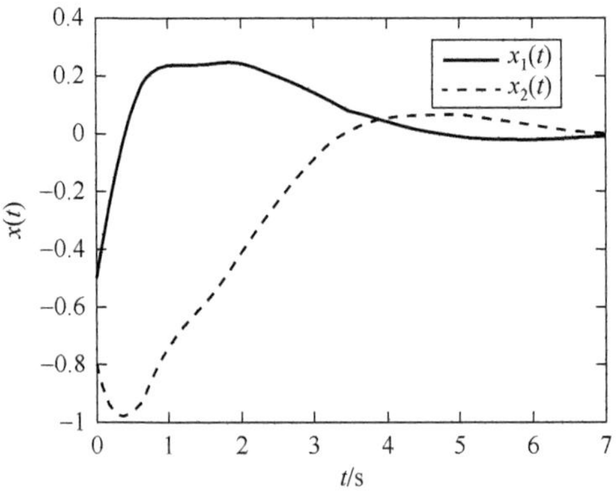

图 6.2　切换时滞系统(6.50)的状态响应

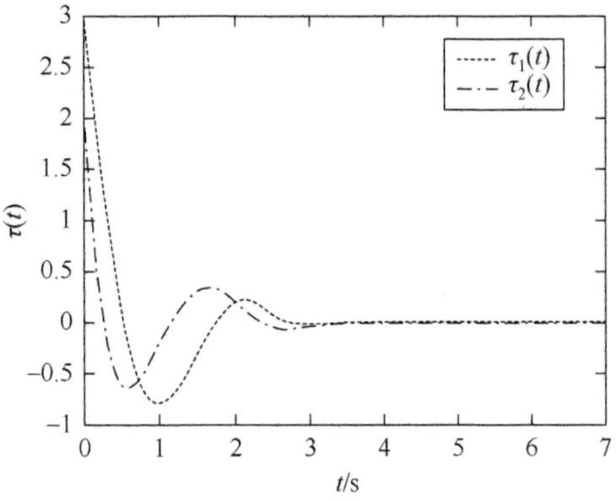

图 6.3　切换时滞内模(6.52)的状态响应

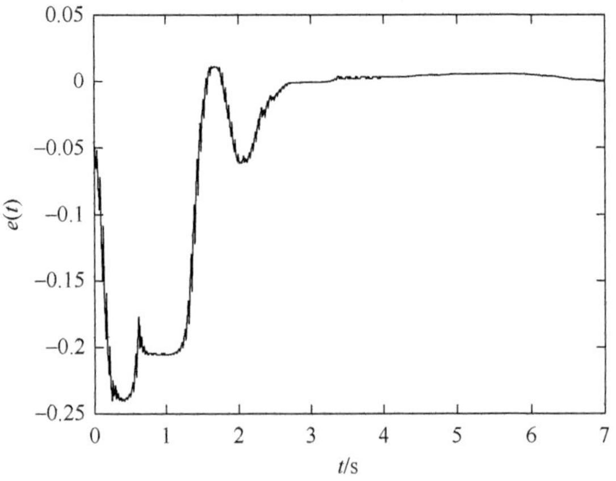

图 6.4　切换时滞系统(6.50)的输出误差

6.8 小　　结

本章通过构造切换时滞内模型控制器，在输出增长无源性的框架下，解决了切换时滞系统的输出调节问题. 为此，本章首先给出了确保切换时滞系统增长无源和输出增长无源的充分条件. 其次，证明了在反馈互联下切换时滞系统的输出增长无源性能够保持不变. 最后，通过构造一个输出无源的切换时滞内模型控制器，分析输出增长无源性与渐近稳定性之间的关系，利用多 Lyapunov 函数方法，解决了具有切换时滞内模型控制器的切换时滞系统的输出调节问题.

7 基于无源性的切换随机时滞系统的异步输出调节问题

7.1 引 言

前面章节在系统模态和控制器模态同步切换的情况下，研究了基于无源性和耗散性理论的切换随机时滞系统的输出调节问题. 本章将在异步切换下考虑基于无源性的切换随机时滞系统的输出调节问题.

时滞现象在许多实际系统中是无法避免的，由于时滞的产生，不仅可能降低系统性能，还有可能破坏系统的稳定性. 除了时滞还应该考虑随机因素，随机扰动也是导致系统不稳定的因素之一. 前面章节考虑了在时滞、随机因素下，切换系统基于耗散性和无源性的输出调节问题. 然而以上的结论都是基于一个共同的假设，即控制器切换与子系统切换是同步的. 这个假设通常不符合实际系统的需求. 例如，切换信号从系统传输到控制器需要一定的时间，当子系统在切换信号下已经切换到下一个模态，而控制器模态还未切换，这就造成了控制器与相应子系统之间模态信息的不匹配，即异步现象[202, 203]. 文献[202]设计了模态依赖镇定控制器，通过构造新的多 Lyapunov 函数，降低了对 Lyapunov 函数的要求，在满足平均驻留时间切换信号下解决了线性切换系统的异步控制问题. 在此基础上，文献[203]设计了动态状态反馈异步控制器，研究了一类线性切换系统的有限时间稳定问题. 控制器的内部状态不仅和当前时刻的状态有关，也和前一时刻的状态有关，因此动态状态反馈控制器也会有时滞现象发生.

本章研究一类具有时变时滞的切换随机系统基于无源性和广义无源性的异步输出调节问题. 首先，设计满足平均驻留时间条件的异步切换规则，建立随机 L-K 泛函，使用 Jensen 积分不等式处理随机微分中的积分项，利用中心流形定理设计时滞状态反馈控制器和时滞误差反馈控制器，给出闭环系统基于无源性的异步输出调节问题可解的充分条件. 然后，基于形式更为广泛的无源性，采用改进的自由权矩阵方法并且选择新的随机 L-K 泛函来降低保守性. 设计时滞全息反馈控制器和误差反馈控制，结合外部系统来消除外部扰动的影响，采用 Itô 公式来处理随机问题，结合平均驻留时间方法、自由权矩阵和 Jensen 积分不等式，在异步切换下得到基于广义无源性的输出调节问题可解的充分条件. 最后，仿真例子验证所给方法的有效性.

7.2 基于无源性的异步输出调节问题

7.2.1 问题描述

考虑切换随机时滞系统(3.1)和外部系统(3.2)，且满足假设 3.1～假设 3.4. 给出如下定义和假设.

假设 7.1 对于$\forall i \in \varXi$，存在矩阵$\varPi$和$\varGamma_i$满足

$$\begin{cases} \varPi S = A_i \varPi + \tilde{A}_i \tilde{\varPi} + M_i \varGamma_i + B_i \\ E_i \varPi + \tilde{E}_i \tilde{\varPi} + F_i = 0, \quad \tilde{\varPi} = \varPi \mathrm{e}^{-S\tau} \end{cases} \tag{7.1}$$

假设 7.2 对于$\forall i \in \varXi$，存在矩阵$\varSigma$、$\varPhi$、H_i、$\tilde{H}_i$、N_i、$\tilde{N}_i$满足

$$\begin{cases} \varSigma S = A_i \varSigma + \tilde{A}_i \tilde{\varSigma} + M_i H_i \varPhi + M_i \tilde{H}_i \tilde{\varPhi} + B_i \\ \varPhi S = N_i \varPhi + \tilde{N}_i \tilde{\varPhi}, \quad E_i \varSigma + \tilde{E}_i \tilde{\varSigma} + F_i = 0 \\ \tilde{\varSigma} = \varSigma \mathrm{e}^{-S\tau}, \quad \tilde{\varPhi} = \varPhi \mathrm{e}^{-S\tau} \end{cases} \tag{7.2}$$

注 7.1 $d(t) = 0$时，调节器方程为

$$\varPi S = A_i \varPi + M_i \varGamma_i + B_i, \quad E_i \varPi + F_i = 0$$

$$\varSigma S = A_i \varSigma + M_i H_i \varPhi + B_i$$

$$\varPhi S = N_i \varPhi, \quad E_i \varSigma + F_i = 0, \quad \forall i \in \varXi$$

定义 7.1 当$u(t) = 0$时，若存在$\alpha_1 \leqslant 0$，$\alpha_2 \leqslant 0$使

$$2\mathcal{E}\left\{\int_0^t v^{\mathrm{T}}(s) z(s) \mathrm{d}s\right\} \geqslant -\gamma \mathcal{E}\left\{\int_0^t v^{\mathrm{T}}(s) z(s) \mathrm{d}s\right\}$$

则系统(3.1)在异步切换规则下是随机无源的.

设计带有滞后效应$d \in [0, d_{\max}]$的异步全息反馈控制器：

$$u(t) = K_{\sigma(t-d)} x(t) + \tilde{K}_{\sigma(t-d)} x_d(t) + L_{\sigma(t)} v(t) \tag{7.3}$$

和异步误差反馈控制器：

$$\begin{cases} u(t) = H_{\sigma(t)} \xi(t) + \tilde{H}_{\sigma(t-d)} \xi_d(t) \\ \mathrm{d}\xi(t) = (N_{\sigma(t)} \xi(t) + \tilde{N}_{\sigma(t-d)} \xi_d(t) + R_{\sigma(t-d)} e(t)) \mathrm{d}t \end{cases} \tag{7.4}$$

分别得到闭环系统：

$$\begin{cases} \mathrm{d}x(t) = ((A_{\sigma(t)} + M_{\sigma(t)}K_{\sigma(t-d)})x(t) + (\tilde{A}_{\sigma(t)} + M_{\sigma(t)}\tilde{K}_{\sigma(t-d)})x_d(t) \\ \qquad + (B_{\sigma(t)} + M_{\sigma(t)}L_{\sigma(t)})v(t))\mathrm{d}t + f_{\sigma(t)}(t, x(t), x_d(t))\mathrm{d}\omega(t) \\ \mathrm{d}v(t) = Sv(t)\mathrm{d}t \\ e(t) = E_{\sigma(t)}x(t) + \tilde{E}_{\sigma(t)}x_d(t) + F_{\sigma(t)}v(t) \\ z(t) = C_{\sigma(t)}x(t) + \tilde{C}_{\sigma(t)}x_d(t) + D_{\sigma(t)}v(t) \end{cases} \tag{7.5}$$

和

$$\begin{cases} \mathrm{d}x(t) = (A_{\sigma(t)}x(t) + M_{\sigma(t)}H_{\sigma(t)}\xi(t) + \tilde{A}_{\sigma(t)}x_d(t) + M_{\sigma(t)}\tilde{H}_{\sigma(t)}\xi_d(t) \\ \qquad + B_{\sigma(t)}v(t))\mathrm{d}t + f_{\sigma(t)}\mathrm{d}\omega(t) \\ \mathrm{d}\xi(t) = (W_{\sigma(t-d)}E_{\sigma(t)}x(t) + N_{\sigma(t)}\xi(t) + W_{\sigma(t-d)}\tilde{E}_{\sigma(t)}x_d(t) \\ \qquad + \tilde{N}_{\sigma(t)}\xi_d(t) + W_{\sigma(t-d)}F_{\sigma(t)}v(t))\mathrm{d}t \\ \mathrm{d}v(t) = Sv(t)\mathrm{d}t \\ e(t) = E_{\sigma(t)}x(t) + \tilde{E}_{\sigma(t)}x_d(t) + F_{\sigma(t)}v(t) \\ z(t) = C_{\sigma(t)}x(t) + \tilde{C}_{\sigma(t)}x_d(t) + D_{\sigma(t)}v(t) \end{cases} \tag{7.6}$$

式（7.3）中，

$$K_{\sigma(t-d)} = \bar{K}_{\sigma(t-d)}P_{\sigma(t)}^{-1}, \quad \tilde{K}_{\sigma(t-d)} = \bar{\tilde{K}}_{\sigma(t-d)}P_{\sigma(t)}^{-1}$$
$$L_{\sigma(t)} = \Gamma_{\sigma(t)} - K_{\sigma(t-\tau)}\Pi - \tilde{K}_{\sigma(t-\tau)}\tilde{\Pi}$$

定义 7.2　对于系统(3.1)，如果存在异步全息反馈控制器(7.3)(或异步误差反馈控制器(7.4))和异步切换规则 $\sigma(t)$ 使得

(1) 当 $v(t)=0$ 时，闭环系统(7.5)(或闭环系统(7.6))是均方指数稳定的；

(2) 当 $v(t)\neq 0$ 时，闭环系统(7.5)(或闭环系统(7.6))的解满足 $\lim\limits_{t\to\infty}\mathcal{E}\{e(t)\}=0$.

则称系统(3.1)在异步全息反馈控制器(7.3)(或异步误差反馈控制器(7.4))下基于无源性的异步输出调节问题是可解的.

7.2.2　主要结果

本节结合平均驻留时间方法和自由权矩阵技术给出时滞依赖的充分条件，使系统(3.1)在全息反馈控制器(7.3)和误差反馈控制器(7.4)在异步切换信号 $\sigma(t)$ 下基于无源性的异步输出调节问题是可解的.

定理 7.1　系统(3.1)满足假设 3.1～假设 3.3 和假设 7.1，对于给定的常数 $\mu\geqslant 1$，$\alpha>0$，$\beta>0$，$\varepsilon_i>0$，$a_i>0$，$\gamma>0$，如果存在矩阵 $P_i>0$，$Q_i>0$，$Z_i>0$ 和适当维数的矩阵 Π、Γ_i、Y_i、$\bar{K}_\varpi$、$\bar{\tilde{K}}_\varpi$ 使得

$$\Theta_{\varpi} = (\theta_{ki}^{\varpi})_{9\times 9} < 0 \tag{7.7}$$

$$I \leqslant \varepsilon_i P_i \tag{7.8}$$

$$P_i \leqslant \mu P_j, \quad Q_i \leqslant \mu Q_j, \quad Z_i \leqslant \mu Z_j \tag{7.9}$$

则系统(3.1)在滞后异步全息反馈控制器(7.3)下基于随机无源性的输出调节问题是可解的，异步切换规则满足

$$\tau_a > \tau_a^* = [(\alpha+\beta)d_{\max} + \ln \mu] / \alpha \tag{7.10}$$

式中，

$$\varpi = \begin{cases} j, & t \in [t_k, t_k + \tau_{\max}) \\ i, & t \in [t_k + \tau_{\max}, t_{k+1}) \end{cases}, \quad \delta_{\varpi} = \begin{cases} \beta, & \varpi = i \\ \alpha, & \varpi = j \end{cases}$$

$$\theta_{11}^{\varpi} = A_i P_i + M_i \bar{K}_{\varpi} + P_i A_i^{\mathrm{T}} + \bar{K}_{\varpi}^{\mathrm{T}} M_i + \delta_{\varpi} P_i + Q_i - \mathrm{e}^{-\alpha\tau}\tau^{-1} Z_i$$

$$\theta_{12}^{\varpi} = \tilde{A}_i P_i + M_i \bar{\tilde{K}}_{\varpi} + \mathrm{e}^{-\alpha\tau}\tau^{-1} Z_i, \quad \theta_{14}^{\varpi} = P_i A_i^{\mathrm{T}} + \bar{K}_{\varpi}^{\mathrm{T}} M_i^{\mathrm{T}}, \quad \theta_{24}^{\varpi} = P_i \tilde{A}_i^{\mathrm{T}} + \bar{\tilde{K}}_{\varpi}^{\mathrm{T}} M_i^{\mathrm{T}}$$

其余 $\theta_{kl}^{i} = \theta_{kl}^{j}$，具体地

$$\theta_{13}^{i} = \varepsilon_i P_i J_i^{\mathrm{T}} J_i \varPi, \quad \theta_{15}^{i} = P_i C_i^{\mathrm{T}}, \quad \theta_{16}^{i} = P_i J_i^{\mathrm{T}}, \quad \theta_{22}^{i} = -(1-h)\mathrm{e}^{-\alpha\tau} Q_i - \mathrm{e}^{-\alpha\tau}\tau^{-1} Z_i$$

$$\theta_{23}^{i} = \varepsilon_i P_i J_i^{\mathrm{T}} J_i \varPi, \quad \theta_{25}^{i} = P_i \tilde{C}_i^{\mathrm{T}}, \quad \theta_{27}^{i} = P_i \tilde{J}_i^{\mathrm{T}}, \quad \theta_{33}^{i} = -\gamma I$$

$$\theta_{35}^{i} = C_i \varPi + \tilde{C}_i \tilde{\varPi} + D_i - Y_i, \quad \theta_{38}^{i} = \varPi^{\mathrm{T}} J_i^{\mathrm{T}}, \quad \theta_{39}^{i} = \varPi^{\mathrm{T}} \tilde{J}_i^{\mathrm{T}}$$

$$\theta_{44}^{i} = -\tau a_i^2 Z_i - 2a_i Z_i, \quad \theta_{55}^{i} = -Y_i - Y_i^{\mathrm{T}}, \quad \theta_{77}^{i} = -\varepsilon_i^{-1} I, \quad \theta_{88}^{i} = -\varepsilon_i^{-1} I, \quad \theta_{99}^{i} = -\varepsilon_i^{-1} I$$

剩余的 $\theta_{kl}^{i} = \theta_{kl}^{j} = 0$；$\forall i,j \in \varXi$；$k,l \in \{1,2,\cdots,9\}$.

证明 令 $\bar{x}(t) = x(t) - \varPi v(t)$，$\bar{x}_d(t) = x_d(t) - \tilde{\varPi} v(t)$，由于控制器的切换滞后于系统的切换，最大时延为 $d_{\max}$，则闭环系统(3.5)重写为

$$\begin{cases} \mathrm{d}\bar{x}(t) = (\bar{A}_{\sigma(t)\varpi}\bar{x}(t) + \bar{\tilde{A}}_{\sigma(t)\varpi}\bar{x}_d(t))\mathrm{d}t + f_{\sigma(t)}(t, \bar{x}(t) + \varPi v(t), \bar{x}_d(t) + \tilde{\varPi} v(t))\mathrm{d}\omega(t) \\ e(t) = E_{\sigma(t)}\bar{x}(t) + \tilde{C}_{\sigma(t)}\bar{x}_{d(t)} \\ z(t) = C_{\sigma(t)}\bar{x}(t) + \tilde{C}_{\sigma(t)}\bar{x}_d(t) + \bar{H}_{\sigma(t)} v(t) \end{cases} \tag{7.11}$$

式中，

$$\bar{A}_{\sigma(t)\varpi} = A_{\sigma(t)} + M_{\sigma(t)} K_{\varpi}, \quad \bar{\tilde{A}}_{\sigma(t)\varpi} = \tilde{A}_{\sigma(t)} + M_{\sigma(t)} \tilde{K}_{\varpi}$$

$$\bar{H}_{\sigma(t)} = C_{\sigma(t)} \varPi + \tilde{C}_{\sigma(t)} \tilde{\varPi} + D_{\sigma(t)}$$

选取 L-K 泛函：

$$
\begin{aligned}
V(\bar{x}(t),\sigma(t)) &= \bar{x}^{\mathrm{T}}(t)\bar{P}_{\sigma(t)}\bar{x}(t) \\
&\quad + \int_{t-d(t)}^{t} \bar{x}^{\mathrm{T}}(s)\mathrm{e}^{\alpha(s-t)}\bar{Q}_{\sigma(t)}\bar{x}(s)\mathrm{d}s \\
&\quad + \int_{-\tau}^{0}\int_{t+\theta}^{t} y^{\mathrm{T}}(s)\mathrm{e}^{\alpha(s-t)}\bar{Z}_{\sigma(t)}y(s)\mathrm{d}s\mathrm{d}\theta
\end{aligned} \tag{7.12}
$$

式中，$y(s)\mathrm{d}s=\mathrm{d}\bar{x}(s)$. 由 Newton-Leibniz 公式得

$$
\begin{cases}
2y^{\mathrm{T}}(t)\bar{T}_{\sigma(t)}^{\mathrm{T}}((\bar{A}_{\sigma(t)\varpi}\bar{x}(t)+\tilde{\bar{A}}_{\sigma(t)\varpi}\bar{x}_d(t)-y(t))\mathrm{d}t \\
+f_{\sigma(t)}(t,\bar{x}(t)+\Pi v(t),\bar{x}_d(t)+\tilde{\Pi}v(t))\mathrm{d}\omega(t))=0 \\
2z^{\mathrm{T}}(t)\bar{Y}_{\sigma(t)}^{\mathrm{T}}(C_{\sigma(t)}\bar{x}(t)+\tilde{C}_{\sigma(t)}\bar{x}_d(t)+\bar{H}_{\sigma(t)}-z(t))=0
\end{cases} \tag{7.13}
$$

根据 Itô 公式，泛函(7.12)沿着系统(7.11)的随机微分满足

$$
\begin{aligned}
&\mathrm{d}V(\bar{x}(t),\sigma(t))+\delta_{\varpi}V(\bar{x}(t),\sigma(t)) \\
&=(\mathcal{L}\hat{V}(\bar{x}(t),\sigma(t))+\delta_{\varpi}V(\bar{x}(t),\sigma(t)))\mathrm{d}t \\
&\quad +2(\bar{x}^{\mathrm{T}}(t)\bar{P}_{\sigma(t)}+y^{\mathrm{T}}(t)\bar{T}_{\sigma(t)}^{\mathrm{T}})f_{\sigma(t)}(t,\bar{x}(t)+\Pi v(t),\bar{x}_d(t)+\tilde{\Pi}v(t))\mathrm{d}\omega(t)
\end{aligned} \tag{7.14}
$$

式中，$\mathcal{L}\hat{V}(\bar{x}(t),\sigma(t))=\mathcal{L}V(\bar{x}(t),\sigma(t))+2y^{\mathrm{T}}(t)\bar{T}_{\sigma(t)}^{\mathrm{T}}[\bar{A}_{\sigma(t)\varpi}\bar{x}(t)+\tilde{\bar{A}}_{\sigma(t)\varpi}\bar{x}_d(t)-y(t)]$.

再根据引理 2.1、假设 3.2 和式(7.8)有

$$
\mathcal{L}\hat{V}(\bar{x}(t),\sigma(t))+\delta_{\varpi}V(\bar{x}(t),\sigma(t))+\Gamma(t)\leqslant \eta^{\mathrm{T}}(t)\Phi_{\varpi}\eta(t) \tag{7.15}
$$

式中，

$$
\eta^{\mathrm{T}}(t)=[\bar{x}^{\mathrm{T}}(t)\quad \bar{x}_d^{\mathrm{T}}(t)\quad v^{\mathrm{T}}(t)\quad y^{\mathrm{T}}(t)\quad z^{\mathrm{T}}(t)],\quad \Gamma(t)=-2v^{\mathrm{T}}(t)z(t)-\gamma v^{\mathrm{T}}(t)v(t)
$$

$$
\Phi_{\varpi}=(\phi_{kl}^{\varpi})_{9\times 9}
$$

其中，

$$
\phi_{11}^{\varpi}=\bar{P}_iA_i+\bar{P}_iM_iK_{\varpi}+A_i^{\mathrm{T}}\bar{P}_i+K_{\varpi}^{\mathrm{T}}M_i^{\mathrm{T}}\bar{P}_i+\bar{Q}_i-\mathrm{e}^{-\alpha\tau}\tau^{-1}\bar{Z}_i
$$

$$
\phi_{12}^{\varpi}=\bar{P}_i(\tilde{A}_i+M_i\tilde{K}_{\varpi})+\mathrm{e}^{-\alpha\tau}\tau^{-1}\bar{Z}_i,\quad \phi_{14}^{\varpi}=A_i^{\mathrm{T}}\bar{T}_i+K_{\varpi}^{\mathrm{T}}M_i^{\mathrm{T}}\bar{T}_i,\quad \phi_{24}^{\varpi}=\tilde{A}_i^{\mathrm{T}}\bar{T}_i+\tilde{K}_{\varpi}^{\mathrm{T}}M_i^{\mathrm{T}}\bar{T}_i
$$

其余 $\phi_{kl}^{i}=\phi_{kl}^{j}$，具体地

$$
\phi_{13}^{i}=\varepsilon_i\bar{P}_iJ_i^{\mathrm{T}}J_i\Pi,\quad \phi_{15}^{i}=C_i^{\mathrm{T}}\bar{Y}_i,\quad \phi_{22}^{i}=-(1-h)\mathrm{e}^{-\alpha\tau}\bar{Q}_i-\mathrm{e}^{-\alpha\tau}\tau^{-1}\bar{Z}_i,\quad \phi_{23}^{i}=\varepsilon_i\bar{P}_iJ_i^{\mathrm{T}}J_i\tilde{\Pi}
$$

$$
\phi_{25}^{i}=\tilde{C}_i^{\mathrm{T}}\bar{Y}_i,\quad \phi_{27}^{i}=\tilde{J}_i^{\mathrm{T}},\quad \phi_{33}^{i}=-\gamma I,\quad \phi_{35}^{i}=C_i\Pi\bar{Y}_i+\tilde{C}_i\Pi\bar{Y}_i+D_i\bar{Y}_i-I,\quad \phi_{38}^{i}=\Pi^{\mathrm{T}}J_i^{\mathrm{T}}
$$

$$
\phi_{39}^{i}=\tilde{\Pi}^{\mathrm{T}}\tilde{J}_i^{\mathrm{T}},\quad \phi_{44}^{i}=-\tau a_i^2\bar{Z}_i-2a_i\bar{Z}_i,\quad \phi_{55}^{i}=-\bar{Y}_i-\bar{Y}_i^{\mathrm{T}},\quad \phi_{66}^{i}=-\varepsilon_i^{-1}I,\quad \phi_{77}^{i}=-\varepsilon_i^{-1}I
$$

$$
\phi_{88}^{i}=-\varepsilon_i^{-1}I,\quad \phi_{99}^{i}=-\varepsilon_i^{-1}I
$$

剩余的 $\phi_{kl}^{i}=\phi_{kl}^{j}=0$.

令 $P_i=\bar{P}_i^{-1}$，$Q_i=\bar{P}_i^{-1}\bar{Q}_i\bar{P}_i$，$Z_i=\bar{P}_i^{-1}\bar{Z}_i\bar{P}_i$，$\bar{K}_i=K_i\bar{P}_i^{-1}$，$\tilde{\bar{K}}_i=\tilde{K}_i\bar{P}_i^{-1}$，$Y_i=\bar{Y}_i^{-1}$，$T_i=\bar{T}_i^{-1}$，$T_i=a_i\bar{P}_i$. 式(7.7)两边同乘 $\mathrm{diag}\{\bar{P}_i,\bar{P}_i,I,\bar{T}_i,\bar{Y}_i,I,I,I,I\}$ 得

$$
\mathcal{L}\hat{V}(\bar{x}(t),\sigma(t))+\delta_{\varpi}V(\bar{x}(t),\sigma(t))+\Gamma(t)\leqslant 0
$$

当 $t\in[t_k,t_{k+1})$ 时对上式两边取积分和期望有

$$\mathcal{E}\{V(\overline{x}(t),\sigma(t))\} \leqslant \mathrm{e}^{-\alpha(t-t_k)}\mathrm{e}^{(\alpha+\beta)d_{\max}}\mathcal{E}\{V(\overline{x}(t_k),\sigma(t_k))\} - \mathcal{E}\left\{\int_{t_k}^{t}\mathrm{e}^{\beta(t-s)}\Gamma(s)\mathrm{d}s\right\} \tag{7.16}$$

接下来，在切换时刻 t_k，由式(7.9)和式(7.12)得到

$$\mathcal{E}\{V(\overline{x}(t_k),\sigma(t_k))\} \leqslant \mu\mathcal{E}\{V(\overline{x}(t_k^-),\sigma(t_k^-))\} \tag{7.17}$$

再结合 $k = N_\sigma(t_0,t) \leqslant (t-t_0)/T_a$ 有

$$\begin{aligned}\mathcal{E}\{V(\overline{x}(t),\sigma(t))\} \leqslant{}& \mathrm{e}^{-\left(\alpha-\frac{(\alpha+\beta)d_{\max}}{T_a}-\frac{\ln\mu}{T_a}\right)(t-t_0)}\mathcal{E}\{V(\overline{x}(t_0),\sigma(t_0))\} \\ &- \mathcal{E}\left\{\int_{t_0}^{t}\mathrm{e}^{\beta(t-s)+N_\sigma(s,t)\ln\mu}\Gamma(s)\mathrm{d}s\right\}\end{aligned} \tag{7.18}$$

令 $t_0 = 0$，故 $-\mathcal{E}\left\{\int_0^t \mathrm{e}^{\beta(t-s)+N_\sigma(s,t)\ln\mu}\Gamma(s)\mathrm{d}s\right\} \geqslant 0$. 从而

$$2\mathcal{E}\left\{\int_0^t v^{\mathrm{T}}(s)z(s)\mathrm{d}s\right\} \geqslant -\gamma\mathcal{E}\left\{\int_0^t v^{\mathrm{T}}(s)v(s)\mathrm{d}s\right\}$$

根据定义 7.1，系统(3.1)在全息反馈控制器(7.3)和异步切换规则(7.10)下是随机无源的.

接下来，当 $v(t)=0$ 时，证明系统(7.5)均方指数稳定. 此时 $\Gamma(t)=0$，则

$$\begin{aligned}&\mathrm{d}V(\overline{x}(t),\sigma(t)) + \delta_{\varpi}V(\overline{x}(t),\sigma(t)) \\ &\leqslant 2(\overline{x}^{\mathrm{T}}(t)\overline{P}_{\sigma(t)} + y^{\mathrm{T}}(t)\overline{T}_{\sigma(t)}^{\mathrm{T}})f_{\sigma(t)}(t,\overline{x}(t)+\Pi v(t),\overline{x}_d(t)+\tilde{\Pi}v(t))\mathrm{d}\omega(t)\end{aligned}$$

类似地，有

$$\mathcal{E}\{V(\overline{x}(t),\sigma(t))\} \leqslant \mathrm{e}^{-\left(\alpha-\frac{(\alpha+\beta)d_{\max}}{T_a}-\frac{\ln\mu}{T_a}\right)(t-t_0)}\mathcal{E}\{V(\overline{x}(t_0),\sigma(t_0))\}$$

由式(7.9)和式(7.12)有

$$a\mathcal{E}\{\|\overline{x}(t)\|^2\} \leqslant \mathcal{E}\{V(\overline{x}(t),\sigma(t))\}$$

$$\mathcal{E}\{V(\overline{x}(t_0),\sigma(t_0))\} \leqslant b\kappa^2(\overline{x}(t_0))$$

式中，$a = \min\limits_{i\in\Xi}\{\lambda_{\min}(P_i)\}$；$b = \max\limits_{i\in\Xi}\{\lambda_{\max}(P_i)\} + \tau\max\limits_{i\in\Xi}\{\lambda_{\max}(Q_i)\} + \tau^2/2\max\limits_{i\in\Xi}\{\lambda_{\max}(Z_i)\}$. 则 $\mathcal{E}\{\|\overline{x}(t)\|\} \leqslant \sqrt{b/a}\,\mathrm{e}^{-1/2(\alpha-(\alpha+\beta)d_{\max}/T_a-(\ln\mu)/T_a)}\kappa(\overline{x}(t_0))$，即系统(7.5)均方指数稳定.

由引理2.6有 $\mathcal{E}\{\|x_d(t)-\tilde{\Pi}v(t)\|\} \leqslant m_1\mathrm{e}^{-c_1 t}\|x(\theta)-\tilde{\Pi}v(0)\|$，其中 $m_1>0$，$c_1>0$，得出 $\lim\limits_{t\to\infty}\mathcal{E}\{\|x_d(t)-\tilde{\Pi}v(t)\|\}=0$，即 $\lim\limits_{t\to\infty}\mathcal{E}\{e(t)\}=0$. 证毕.

接下来，将设计滞后异步误差反馈控制器(7.4)和异步切换规则 $\sigma(t)$，使闭环系统(7.6)基于无源性的异步输出调节问题是可解的.

定理 7.2 系统(3.1)满足假设 3.1、假设 3.2、假设 3.4 和假设 7.2，对于给定的常数 $\mu>1$，$\alpha>0$，$\beta>0$，$\gamma>0$，若存在矩阵 $P_{1i}>0$，$P_{2i}>0$，$Q_{1i}>0$，$Q_{2i}>0$，$Z_{1i}>0$，$Z_{2i}>0$，适当维数的矩阵 Σ、T_{1i}、T_{2i}、$\tilde{Y}_i$、$\tilde{R}_{\varpi}$、$\overline{R}_{\varpi}$ 和常数 $\tilde{\varepsilon}_i>0$ 使得

$$\Xi_{\varpi} = (\vartheta_{kl}^{\varpi})_{8\times 8} < 0 \tag{7.19}$$

$$P_{1i} \leqslant \bar{\varepsilon}_i I, \quad P_{2i} \leqslant \tilde{\varepsilon}_i I \tag{7.20}$$

$$P_{1i} \leqslant \mu P_{1j}, \quad P_{2i} \leqslant \mu P_{2j}, \quad Q_{1i} \leqslant \mu Q_{1j}, \quad Q_{2i} \leqslant \mu Q_{2j}, \quad Z_{1i} \leqslant \mu Z_{2i} \tag{7.21}$$

则系统(3.1)在滞后误差反馈控制器(7.4)和异步切换规则(7.10)下基于无源性的输出调节问题可解，其中

$$R_{\sigma(t-d)} = P_{2\sigma(t)}^{-1}\tilde{R}_{\sigma(t-d)}, \quad \varpi = \begin{cases} j, & t\in[t_k, t_k + d_{\max}) \\ i, & t\in[t_k + d_{\max}, t_{k+1}) \end{cases}, \quad \delta_{\varpi} = \begin{cases} \beta, & \varpi = j \\ \alpha, & \varpi = i \end{cases}$$

$$\vartheta_{11}^{\varpi} = P_{1i}A_i + A_i^{\mathrm{T}}P_{1i} + Q_{1i} + \bar{\varepsilon}_i J_i^{\mathrm{T}} J_i - \mathrm{e}^{-\alpha\tau}\tau^{-1}Z_{1i} + \delta_{\varpi}P_{1i}, \quad \vartheta_{13}^{\varpi} = P_{1i}M_iH_i + E_i^{\mathrm{T}}\tilde{R}_{\varpi}$$

$$\vartheta_{16}^{\varpi} = E_i^{\mathrm{T}}\bar{R}_{\varpi}, \quad \vartheta_{23}^{\varpi} = \tilde{E}_i^{\mathrm{T}}\tilde{R}_{\varpi}, \quad \vartheta_{26}^{\varpi} = \tilde{C}_i^{\mathrm{T}}\bar{R}_{\varpi}$$

$$\vartheta_{33}^{\varpi} = P_{2i}N_i + N_i^{\mathrm{T}}P_{2i} + Q_{2i} + \delta_{\varpi}P_{2i} - \mathrm{e}^{-\alpha\tau}\tau^{-1}Z_{2i}$$

其余 $\vartheta_{kl}^{i} = \vartheta_{kl}^{j}$，具体地

$$\vartheta_{12}^{i} = P_{1i}\tilde{A}_i + \mathrm{e}^{-\alpha\tau}\tau^{-1}Z_{1i}, \quad \vartheta_{14}^{i} = P_{1i}M_i\tilde{H}_i, \quad \vartheta_{15}^{i} = A_i^{\mathrm{T}}T_{1i}, \quad \vartheta_{17}^{i} = \bar{\varepsilon}_i J_i^{\mathrm{T}}J_i\Sigma, \quad \vartheta_{18}^{i} = C_i^{\mathrm{T}}\bar{Y}_i$$

$$\vartheta_{22}^{i} = \bar{\varepsilon}_i J_i^{\mathrm{T}}J_i - (1-h)\mathrm{e}^{-\alpha\tau}Q_{1i} - \mathrm{e}^{-\alpha\tau}\tau^{-1}Z_{1i}, \quad \vartheta_{45}^{i} = \tilde{H}_i^{\mathrm{T}}M_i^{\mathrm{T}}T_{1i}, \quad \vartheta_{46}^{i} = \tilde{N}_i^{\mathrm{T}}T_{2i}$$

$$\vartheta_{55}^{i} = \tau Z_i - T_{1i}^{\mathrm{T}} - T_{1i}, \quad \vartheta_{66}^{i} = \tau Z_{2i} - T_{2i}^{\mathrm{T}} - T_{2i}, \quad \vartheta_{77}^{i} = \bar{\varepsilon}_i\Sigma^{\mathrm{T}}J_i^{\mathrm{T}}J_i\Sigma + \bar{\varepsilon}_i\tilde{\Sigma}^{\mathrm{T}}\tilde{J}_i^{\mathrm{T}}\tilde{J}_i^{\mathrm{T}}\tilde{\Sigma} - \gamma I$$

剩余的 $\vartheta_{kl}^{i} = \vartheta_{kl}^{j} = 0$，$\hat{a} = \min_{i\in\Xi}\{\lambda_{\min}(P_{1i}), \lambda_{\min}(P_{2i})\}$，$\hat{b} = \max_{i\in\Xi}\{\lambda_{\max}(P_{1i}), \lambda_{\max}(P_{2i})\} + \tau\max_{i\in\Xi}\{\lambda_{\max}(Q_{1i}), \lambda_{\max}(Q_{2i})\} + \tau^2/2\max_{i\in\Xi}\{\lambda_{\max}(Z_{1i}), \lambda_{\max}(Z_{2i})\}$.

证明　令 $X^{\mathrm{T}}(t) = [\tilde{x}^{\mathrm{T}}(t) \quad \bar{\xi}^{\mathrm{T}}(t)]$，$\tilde{x}(t) = x(t) - \Sigma v(t)$，$\tilde{x}_d(t) = x_d(t) - \tilde{\Sigma}v(t)$，$\bar{\xi}(t) = \xi(t) - \Phi v(t)$，$\tilde{\xi}_d(t) = \xi_d(t) - \tilde{\Phi}v(t)$，则系统(7.6)重新改写为

$$\begin{cases} \mathrm{d}X(t) = (\bar{A}_{\sigma(t)\varpi}X(t) + \tilde{\bar{A}}_{\sigma(t)\varpi}X_d(t))\mathrm{d}t + \bar{f}_{\sigma(t)}\mathrm{d}\omega(t) \\ \mathrm{d}v(t) = Sv(t)\mathrm{d}t \\ e(t) = \bar{E}_{\sigma(t)}X(t) + \tilde{\bar{E}}_{\sigma(t)}X_d(t) \\ z(t) = \bar{C}_{\sigma(t)}X(t) + \tilde{\bar{C}}_{\sigma(t)}X_d(t) + \bar{F}_{\sigma(t)}v(t) \end{cases} \tag{7.22}$$

式中，

$$\bar{A}_{\sigma(t)\varpi} = \bar{A}_{\varpi}, \quad \tilde{\bar{A}}_{\sigma(t)\varpi} = \tilde{\bar{A}}_{\varpi}, \quad \bar{E}_{\sigma(t)} = [E_{\sigma(t)} \quad 0], \quad \tilde{\bar{E}}_{\sigma(t)} = [\tilde{E}_{\sigma(t)} \quad 0]$$

$$\bar{C}_{\sigma(t)} = [C_{\sigma(t)} \quad 0], \quad \tilde{\bar{C}}_{\sigma(t)} = [\tilde{C}_{\sigma(t)} \quad 0], \quad \bar{F}_{\sigma(t)} = C_{\sigma(t)}\Sigma + \tilde{C}_{\sigma(t)}\tilde{\Sigma} + D_{\sigma(t)}$$

$$\bar{f}_{\sigma(t)} = \begin{bmatrix} f_{\sigma(t)}(t, \tilde{x}(t) + \Sigma v(t), \tilde{x}_d(t) + \tilde{\Sigma}v(t)) \\ 0 \end{bmatrix}$$

其中，

$$\bar{A}_{\varpi} = \begin{bmatrix} A_{\sigma(t)} & M_{\sigma(t)}H_{\sigma(t)} \\ R_{\varpi}\tilde{E}_{\sigma(t)} & \tilde{N}_{\sigma(t)} \end{bmatrix}, \quad \tilde{\bar{A}}_{\varpi} = \begin{bmatrix} \tilde{A}_{\sigma(t)} & M_{\sigma(t)}\tilde{H}_{\sigma(t)} \\ R_{\varpi}\tilde{E}_{\sigma(t)} & \tilde{N}_{\sigma(t)} \end{bmatrix}$$

选取 Lyapunov 泛函为

$$V(X(t),\sigma(t))=X^{\mathrm{T}}(t)\tilde{P}_{\sigma(t)}X(t)+\int_{t-d(t)}^{t}X^{\mathrm{T}}(s)\mathrm{e}^{\alpha(s-t)}\tilde{Q}_{\sigma(t)}X(s)\mathrm{d}s$$
$$+\int_{-\tau}^{0}\int_{t+\theta}^{t}\tilde{y}^{\mathrm{T}}(s)\mathrm{e}^{\alpha(s-t)}\tilde{Z}_{\sigma(t)}\tilde{y}(s)\mathrm{d}s\mathrm{d}\theta \tag{7.23}$$

式中，$\tilde{y}(s)\mathrm{d}s=\mathrm{d}X(s)$；$\tilde{y}^{\mathrm{T}}(s)=[y_1^{\mathrm{T}}(s)\quad y_2^{\mathrm{T}}(s)]$；$\tilde{P}_{\sigma(t)}=\mathrm{diag}\{P_{1\sigma(t)},P_{2\sigma(t)}\}$；$\tilde{Q}_{\sigma(t)}=\mathrm{diag}\{Q_{1\sigma(t)},Q_{2\sigma(t)}\}$；$\tilde{Z}_{\sigma(t)}=\mathrm{diag}\{Z_{1\sigma(t)},Z_{2\sigma(t)}\}$，存在自由权矩阵 $\tilde{T}_{\sigma(t)}=\mathrm{diag}\{T_{1\sigma(t)},T_{2\sigma(t)}\}$ 和 $\tilde{Y}_{\sigma(t)}$ 使得

$$\begin{cases}2\tilde{y}^{\mathrm{T}}(t)\tilde{T}_{\sigma(t)}^{\mathrm{T}}((\overline{A}_{\sigma(t)\varpi}X(t)+\overline{\tilde{A}}_{\sigma(t)\varpi}X_d(t)-\tilde{y}(t))\mathrm{d}t+\overline{f}_{\sigma(t)}\mathrm{d}\omega(t))=0\\ 2z^{\mathrm{T}}(t)\tilde{Y}_{\sigma(t)}^{\mathrm{T}}(C_{\sigma(t)}\tilde{x}(t)+\tilde{C}_{\sigma(t)}\tilde{x}_d(t)+\overline{F}_{\sigma(t)}v(t)-z(t))=0\end{cases} \tag{7.24}$$

则有 $\mathcal{L}\hat{V}(X(t),\sigma(t))+\delta_{\varpi}V(X(t),\sigma(t))+\varGamma(t)\leqslant\tilde{\eta}^{\mathrm{T}}(t)\varPsi_{\varpi}\tilde{\eta}(t)$，式中

$$\tilde{\eta}^{\mathrm{T}}(t)=[\tilde{x}^{\mathrm{T}}(t)\quad \tilde{x}_d{}^{\mathrm{T}}(t)\quad \tilde{\xi}^{\mathrm{T}}(t)\quad \tilde{\xi}_d{}^{\mathrm{T}}(t)\quad y_1^{\mathrm{T}}(t)\quad y_2^{\mathrm{T}}(t)\quad v^{\mathrm{T}}(t)\quad z^{\mathrm{T}}(t)]$$

在式(7.19)中令 $\tilde{R}_{\varpi}=R_{\varpi}^{\mathrm{T}}P_{2i}$，$\overline{R}_{\varpi}=R_{\varpi}^{\mathrm{T}}T_{2i}$，则有

$$\mathcal{L}\hat{V}(X(t),\sigma(t))+\delta_{\varpi}V(X(t),\sigma(t))+\varGamma(t)\leqslant 0$$

其余证明与定理 7.1 类似，证毕.

7.2.3 仿真算例

本节给出两个仿真例子验证该方法的有效性.

例 7.1 考虑含有两个子系统的切换系统(3.1)，式中

$$A_1=\begin{bmatrix}1.3&0\\0&1.3\end{bmatrix},\quad A_2=\begin{bmatrix}-1.6&0\\0&-1.6\end{bmatrix},\quad \tilde{A}_1=\begin{bmatrix}-1&0\\0&-1\end{bmatrix},\quad \tilde{A}_2=\begin{bmatrix}0.9&0\\0&0.9\end{bmatrix}$$

$$M_1=\begin{bmatrix}-0.5&0\\0&-0.5\end{bmatrix},\quad M_2=\begin{bmatrix}0.1&0\\0&0.1\end{bmatrix},\quad E_1=E_2=\begin{bmatrix}-1.9&0\\0&-1.9\end{bmatrix},\quad \tilde{C}_1=\begin{bmatrix}1.2&0\\0&1.2\end{bmatrix}$$

$$\tilde{C}_2=\begin{bmatrix}1.3&0\\0&1.3\end{bmatrix},\quad \tilde{E}_1=\tilde{E}_2=\begin{bmatrix}0.2&0\\0&0.2\end{bmatrix},\quad C_1=\begin{bmatrix}-0.4&0\\0&-0.4\end{bmatrix},\quad C_2=\begin{bmatrix}1.6&0\\0&1.6\end{bmatrix}$$

$$B_1=\begin{bmatrix}1.5&0\\0&1.5\end{bmatrix},\quad B_2=\begin{bmatrix}0.2&0\\0&0.2\end{bmatrix},\quad F_1=F_2=\begin{bmatrix}1.7&-0.1941\\-0.1941&1.7\end{bmatrix},\quad D_1=\begin{bmatrix}1.9&0\\0&1.9\end{bmatrix}$$

$$D_2=\begin{bmatrix}0.9&0\\0&0.9\end{bmatrix},\quad f_1=f_2=\sqrt{2}/2\sin(t)(J_1x(t)+\tilde{J}_2x_d(t)),\quad J_1=\tilde{J}_2=0.3\times I$$

存在以下矩阵满足假设 7.1：

$$\varPi=\begin{bmatrix}1&0\\0&1\end{bmatrix},\quad S=\begin{bmatrix}0&0.1\\-0.1&0\end{bmatrix},\quad \varGamma_1=\begin{bmatrix}1.6&-1.9409\\-2.0609&1.6\end{bmatrix},\quad \varGamma_2=\begin{bmatrix}19&-8.7340\\-9.2741&19\end{bmatrix}$$

令 $\mu = 1.3, \alpha = 0.29, \beta = 0.33, d_{\max} = 0.5, \gamma = 1.85$，求解线性不等式(7.7)～式(7.9)得异步全息反馈控制器增益为

$$K_1 = \begin{bmatrix} 0.7562 & 0.1249 \\ 0.1250 & 0.7559 \end{bmatrix},\quad K_2 = \begin{bmatrix} 0.7572 & 0.1491 \\ 0.1492 & 0.7568 \end{bmatrix},\quad \tilde{K}_1 = \begin{bmatrix} -0.4449 & -0.0757 \\ -0.0757 & 0.4446 \end{bmatrix}$$

$$\tilde{K}_2 = \begin{bmatrix} -0.4416 & -0.0762 \\ -0.0763 & 0.4414 \end{bmatrix},\quad L_1 = \begin{bmatrix} 1.3666 & -1.5584 \\ -1.6520 & 1.3623 \end{bmatrix},\quad L_2 = \begin{bmatrix} 18.7630 & -8.3782 \\ -8.8921 & 18.7587 \end{bmatrix}$$

由定理 7.1 得到 $\tau_a^* = 1.9737$，选取满足式(7.10)的异步切换规则 $\tau_a = 2.5 > \tau_a^*$，相应的闭环系统(7.5)状态稳定，误差趋于 0，如图 7.1～图 7.3 所示. 以上说明所设计的异步全息反馈控制器在满足平均驻留时间条件的异步切换规则下能够使闭环系统基于随机无源性的异步输出调节问题是可解的.

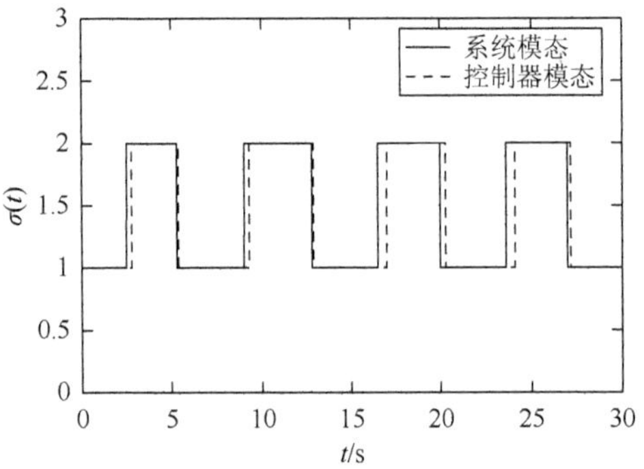

图 7.1　切换规则（一）

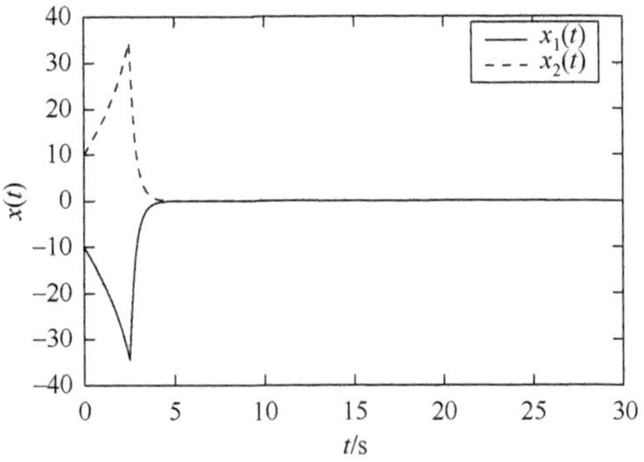

图 7.2　闭环系统(7.5)的状态响应

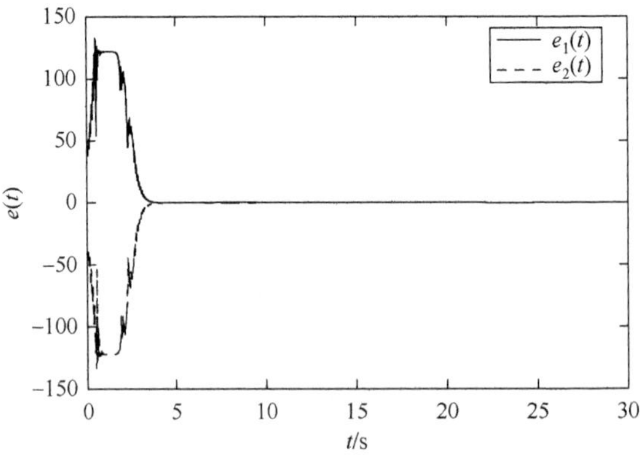

图 7.3　闭环系统(7.5)的输出误差

例 7.2　考虑含有两个子系统的系统(3.1)，其中

$$A_1=\begin{bmatrix}-1.1 & 0\\ 0 & -1.1\end{bmatrix},\quad A_2=\begin{bmatrix}-0.2 & 0\\ 0 & -0.2\end{bmatrix},\quad \tilde{A}_1=\begin{bmatrix}-1.3 & 0\\ 0 & -1.3\end{bmatrix}$$

$$\tilde{A}_2=\begin{bmatrix}-0.9 & 0\\ 0 & -0.9\end{bmatrix},\quad M_1=\begin{bmatrix}0.8 & 0\\ 0 & 0.8\end{bmatrix},\quad M_1=\begin{bmatrix}0.4 & 0\\ 0 & 0.4\end{bmatrix}$$

$$E_1=E_2=\begin{bmatrix}0.1 & 0\\ 0 & 0.1\end{bmatrix},\quad \tilde{E}_1=\tilde{E}_2=\begin{bmatrix}1.5 & 0\\ 0 & 1.5\end{bmatrix},\quad C_1=\begin{bmatrix}1.9 & 0\\ 0 & 1.9\end{bmatrix}$$

$$C_2=\begin{bmatrix}0.5 & 0\\ 0 & 0.5\end{bmatrix},\quad \tilde{C}_1=\begin{bmatrix}-0.4 & 0\\ 0 & -0.4\end{bmatrix},\quad \tilde{C}_2=\begin{bmatrix}-0.3 & 0\\ 0 & -0.3\end{bmatrix}$$

$$F_{11}=\begin{bmatrix}2.4 & 1.2667\\ 1.3366 & 2.4\end{bmatrix},\quad F_{12}=\begin{bmatrix}1.1 & 0.8461\\ 0.9561 & 1.1\end{bmatrix}$$

$$F_{21}=F_{22}=\begin{bmatrix}-1.6 & -1.5769\\ -1.4268 & -1.6\end{bmatrix},\quad F_{31}=\begin{bmatrix}1 & 0\\ 0 & 1\end{bmatrix},\quad F_{32}=\begin{bmatrix}-1 & 0\\ 0 & -1\end{bmatrix}$$

$$f_1=f_2=\frac{\sqrt{2}}{2}\sin(t)(J_1x(t)+\tilde{J}_2x_d(t)),\quad J_1=0.1\times I,\quad \tilde{J}_2=0.2\times I$$

存在以下矩阵满足假设 7.2：

$$\varPi=\begin{bmatrix}1 & 0\\ 0 & 1\end{bmatrix},\quad S=\begin{bmatrix}0 & -0.1\\ 0.1 & 0\end{bmatrix},\quad \varPhi=\begin{bmatrix}0 & 0\\ 0 & 0\end{bmatrix},\quad H_1=\begin{bmatrix}1 & 0\\ 0 & 1\end{bmatrix}$$

$$H_2=\begin{bmatrix}-0.8 & 0\\ 0 & 1\end{bmatrix},\quad \tilde{H}_1=\begin{bmatrix}-0.5 & 0\\ 0 & -0.5\end{bmatrix},\quad \tilde{H}_2=\begin{bmatrix}0.4 & 0\\ 0 & 0.4\end{bmatrix},\quad N_1=\begin{bmatrix}-1.4 & 0\\ 0 & -1.4\end{bmatrix}$$

$$N_2=\begin{bmatrix}-1.5 & 0\\ 0 & -1.5\end{bmatrix},\quad \tilde{N}_1=\begin{bmatrix}-1.8 & 0\\ 0 & -1.8\end{bmatrix},\quad \tilde{N}_2=\begin{bmatrix}0.4 & 0\\ 0 & 0.4\end{bmatrix}$$

令 $\mu=1.565$，$\alpha=0.2$，$\beta=1.2$，$d_{\max}=0.5$，$\gamma=2.7102$，求解式(7.19)～式(7.20)得异步误差反馈控制器增益为

$$R_1=\begin{bmatrix}0.0129 & -0.0013\\ -0.0013 & 0.0129\end{bmatrix},\quad R_2=\begin{bmatrix}0.0781 & -0.0015\\ -0.0014 & 0.0781\end{bmatrix}$$

由定理 7.2 得到 $\tau_a^*=1.5758$，选取满足式(7.10)的异步切换规则 $\tau_a=2>\tau_a^*$，相应的闭环系统(7.6)状态稳定，误差趋于零，如图 7.4～图 7.6 所示. 以上说明所设计的异步误差反馈控制器在满足平均驻留时间条件的异步切换规则下，能够使闭环系统基于随机无源性的异步输出调节问题是可解的.

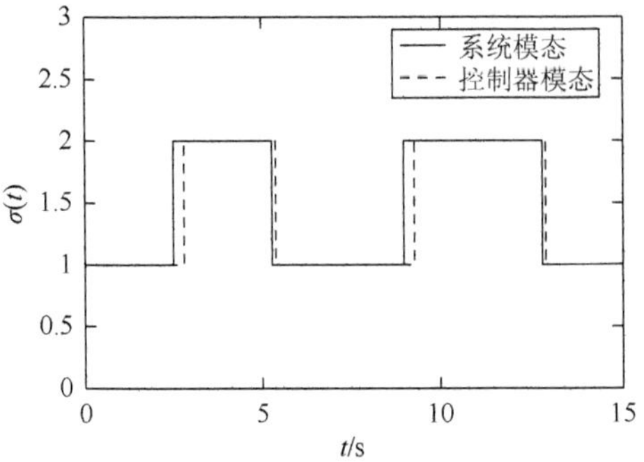

图 7.4　切换规则（二）

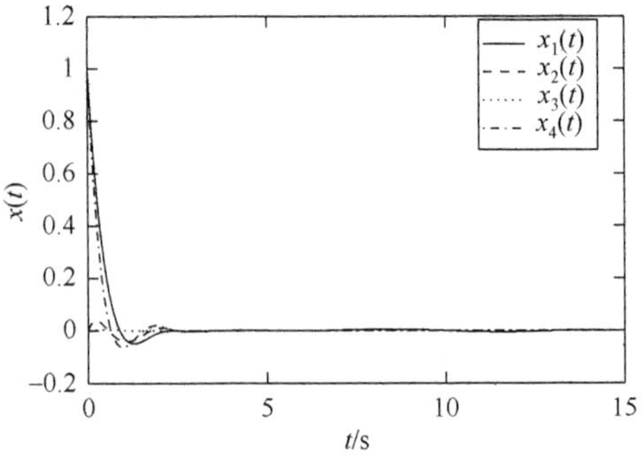

图 7.5　闭环系统(7.6)的状态响应

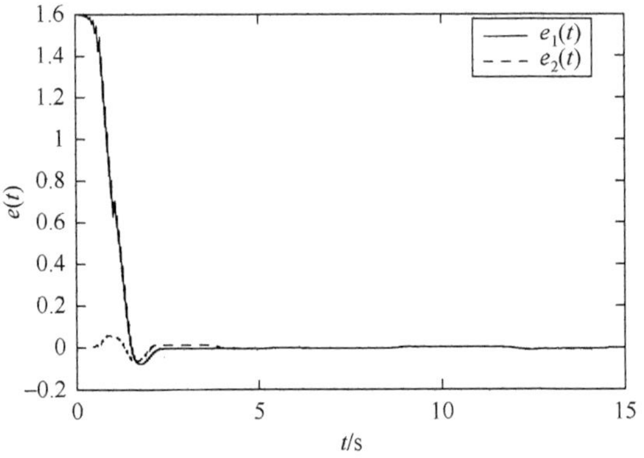

图 7.6　闭环系统(7.6)的输出误差

7.3　基于广义无源性的异步输出调节问题

7.3.1　问题描述

定义 7.3　当 $u(t)=0$ 时，如果存在常数 $\gamma_1>0$，$\gamma_2>0$ 使得

$$2\mathcal{E}\left\{\int_0^t v^{\mathrm{T}}(s)z(s)\mathrm{d}s\right\}\geqslant -\gamma_1\mathcal{E}\left\{\int_0^t v^{\mathrm{T}}(s)v(s)\mathrm{d}s\right\}-\gamma_2\mathcal{E}\left\{\int_0^t z^{\mathrm{T}}(s)z(s)\mathrm{d}s\right\}$$

那么系统(3.1)在异步切换规则 $\sigma(t)$ 下称为广义随机无源.

接下来设计带有滞后 $d\in[0,d_{\max}]$ 的全息反馈控制器和误差反馈控制器，即考虑异步切换. 结合系统(3.1)、外部系统(3.2)和如下的异步全息反馈控制器：

$$u(t)=K_{\sigma(t-d)}x(t)+\tilde{K}_{\sigma(t-d)}x_d(t)+L_{\sigma(t)}v(t) \tag{7.25}$$

或异步误差反馈控制器：

$$\begin{cases} u(t) = H_{\sigma(t)}\xi(t) + \tilde{H}_{\sigma(t)}\xi_d(t) \\ \mathrm{d}\xi(t) = (N_{\sigma(t)}\xi(t) + \tilde{N}_{\sigma(t)}\xi_d(t) + W_{\sigma(t-d)}e(t))\mathrm{d}t \end{cases} \tag{7.26}$$

可分别得到闭环系统：

$$\begin{cases} \mathrm{d}x(t) = ((A_{\sigma(t)} + M_{\sigma(t)}K_{\sigma(t-d)})x(t) + (\tilde{A}_{\sigma(t)} + M_{\sigma(t)}\tilde{K}_{\sigma(t-d)})x_d(t) \\ \qquad + (B_{\sigma(t)} + M_{\sigma(t)}L_{\sigma(t)})v(t))\mathrm{d}t + f_{\sigma(t)}(t, x(t), x(t-d(t))\mathrm{d}\omega(t) \\ \mathrm{d}v(t) = Sv(t)\mathrm{d}t \\ e(t) = E_{\sigma(t)}x(t) + \tilde{E}_{\sigma(t)}x_d(t) + F_{\sigma(t)}v(t) \\ z(t) = C_{\sigma(t)}x(t) + \tilde{C}_{\sigma(t)}x_d(t) + D_{\sigma(t)}v(t) \end{cases} \tag{7.27}$$

和

$$\begin{cases} \mathrm{d}x(t) = (A_{\sigma(t)}x(t) + \tilde{A}_{\sigma(t)}x_d(t) + M_{\sigma(t)}H_{\sigma(t)}\xi(t) + M_{\sigma(t)}\tilde{H}_{\sigma(t)}\xi_d(t) \\ \qquad + B_{\sigma(t)}v(t))\mathrm{d}t + f_{\sigma(t)}(t, x(t), x_d(t))\mathrm{d}\omega(t) \\ \mathrm{d}\xi(t) = (N_{\sigma(t)}\xi(t) + W_{\sigma(t-d)}E_{\sigma(t)}x(t) + \tilde{N}_{\sigma(t)}\xi_d(t) \\ \qquad + W_{\sigma(t-d)}\tilde{C}_{\sigma(t)}x_d(t) + W_{\sigma(t-d)}F_{\sigma(t)}v(t))\mathrm{d}t \\ \mathrm{d}v(t) = Sv(t)\mathrm{d}t \\ e(t) = E_{\sigma(t)}x(t) + \tilde{E}_{\sigma(t)}x_d(t) + F_{\sigma(t)}v(t) \\ z(t) = C_{\sigma(t)}x(t) + \tilde{C}_{\sigma(t)}x_d(t) + D_{\sigma(t)}v(t) \end{cases} \tag{7.28}$$

式中，$\xi_d(t) = \xi(t - d(t))$.

定义 7.4 对于系统(3.1)，如果存在滞后异步全息反馈控制器(7.25)(或异步误差反馈控制器(7.26))，异步切换规则 $\sigma(t)$ 使得

(1) 当 $v(t) = 0$ 时，闭环系统(7.27)(或闭环系统(7.28))是均方指数稳定的；

(2) 当 $v(t) \neq 0$ 时，闭环系统(7.27)(或闭环系统(7.28))的解满足 $\lim\limits_{t\to\infty} e(t) = 0$.

则称系统(3.1)在异步全息反馈控制器(7.25)(或异步误差反馈控制器(7.26))下基于广义随机无源性的异步输出调节问题是可解的.

7.3.2 主要结果

本节在异步切换规则下，设计带有时滞的异步全息反馈控制器和异步误差反馈控制器，给出系统(3.1)基于广义随机无源性的输出调节问题可解的充分条件.

定理 7.3 系统(3.1)满足假设 3.1～假设 3.3 和假设 7.1，对于给定常数 $\mu > 1$，$\alpha > 0$，$\beta > 0$，$\varepsilon_i > 0$，$a_i > 0$，如果存在矩阵 $P_i > 0$，$Q_i > 0$，$R_i > 0$，$Z_{1i} > 0$，$Z_{2i} > 0$，适当维数的 Π、Γ_i、$\bar{K}_\varpi$，以及常数 $\gamma_1 > 0$，$\gamma_2 > 0$，使得

$$I \leqslant \varepsilon_i P_i \tag{7.29}$$

$$P_i \geqslant \mu P_j,\quad Q_i \geqslant \mu Q_j,\quad R_i \geqslant \mu R_j,\quad Z_{1i} \geqslant \mu Z_{1j},\quad \forall i,j \in \Xi \tag{7.30}$$

$$\begin{bmatrix} \theta_{11}^{\varpi} & \theta_{12}^{\varpi} & \theta_{13}^{i} & \theta_{14}^{i} & \theta_{15}^{\varpi} & 0 & \theta_{17}^{i} & 0 & 0 & 0 \\ * & \theta_{22}^{i} & \theta_{23}^{i} & \theta_{24}^{i} & \theta_{25}^{\varpi} & 0 & 0 & \theta_{28}^{i} & 0 & 0 \\ * & * & \theta_{33}^{i} & 0 & 0 & 0 & 0 & 0 & \theta_{39}^{i} & \theta_{310}^{i} \\ * & * & * & -\gamma_1 I & 0 & -I & 0 & 0 & 0 & 0 \\ * & * & * & * & \theta_{55}^{i} & 0 & 0 & 0 & 0 & 0 \\ * & * & * & * & * & -\gamma_2 I & 0 & 0 & 0 & 0 \\ * & * & * & * & * & * & -\varepsilon_i^{-1} I & 0 & 0 & 0 \\ * & * & * & * & * & * & * & -\varepsilon_i^{-1} I & 0 & 0 \\ * & * & * & * & * & * & * & * & -\varepsilon_i^{-1} I & 0 \\ * & * & * & * & * & * & * & * & * & -\varepsilon_i^{-1} I \end{bmatrix} < 0 \tag{7.31}$$

则系统(3.1)在异步全息反馈控制器(7.25)下基于广义随机无源的异步输出调节问题可解，其中控制器：

$$\begin{cases} K_{\sigma(t-d)} = \bar{K}_{\sigma(t-d)} P_{\sigma(t)}^{-1}, \quad \tilde{K}_{\sigma(t-d)} = \tilde{\bar{K}}_{\sigma(t-d)} P_{\sigma(t)}^{-1} \\ L_{\sigma(t)} = \Gamma_{\sigma(t)} - K_{\sigma(t-d)} \Pi - \tilde{K}_{\sigma(t-d)} \tilde{\Pi} \end{cases} \tag{7.32}$$

异步切换规则满足平均驻留时间条件：

$$\tau_a > \tau_a^* = [(\alpha+\beta)]d_{\max} + \ln\mu]/\alpha \tag{7.33}$$

式(7.31)中

$$\varpi = \begin{cases} j, & t \in [t_k, t_k + d_{\max}) \\ i, & t \in [t_k + d_{\max}, t_{k+1}) \end{cases}$$

$$\theta_{11}^{\varpi} = A_i P_i + M_i \bar{K}_i + P_i A_i^{\mathrm{T}} + \bar{K}_{\varpi}^{\mathrm{T}} M_i^{\mathrm{T}} + Q_i + R_i + \delta_{\varpi} P_i - \mathrm{e}^{-\alpha\tau}\tau^{-1} Z_{2i}$$

$$\theta_{12}^{\varpi} = \tilde{A}_i P_i + M_i \tilde{\bar{K}}_{\varpi} + \mathrm{e}^{-\alpha\tau}\tau^{-1} Z_{1i},\quad \theta_{13}^{i} = \mathrm{e}^{-\alpha\tau}\tau^{-1} Z_{2i},\quad \theta_{14}^{i} = \varepsilon_i P_i \tilde{J}_i^{\mathrm{T}} \tilde{J}_i \Pi$$

$$\theta_{15}^{\varpi} = P_i A_i^{\mathrm{T}} + \bar{K}_{\varpi}^{\mathrm{T}} M_i^{\mathrm{T}},\quad \theta_{17}^{i} = P_i J_i^{\mathrm{T}},\quad \theta_{22}^{i} = -(1-h)\mathrm{e}^{-\alpha\tau} Q_i - 2\mathrm{e}^{-\alpha\tau}\tau^{-1} Z_{1i}$$

$$\theta_{23}^{i} = \mathrm{e}^{-\alpha\tau}\tau^{-1} Z_{1i},\quad \theta_{25}^{\varpi} = P_i \tilde{A}_i^{\mathrm{T}} + \tilde{\bar{K}}_{\varpi}^{\mathrm{T}} M_i^{\mathrm{T}},\quad \theta_{28}^{i} = P_i \tilde{J}_i^{\mathrm{T}}$$

$$\theta_{33}^{i} = -\mathrm{e}^{-\alpha\tau} R_i - \mathrm{e}^{-\alpha\tau}\tau^{-1} Z_{1i} - \mathrm{e}^{-\alpha\tau}\tau^{-1} Z_{2i},\quad \theta_{39}^{i} = \Pi^{\mathrm{T}} J_i^{\mathrm{T}},\quad \theta_{310}^{i} = \Pi^{\mathrm{T}} \tilde{J}_i^{\mathrm{T}}$$

$$\theta_{55}^{i} = \tau a_i^2 Z_{1i} + \tau a_i^2 Z_{2i} - 2a P_i,$$

其中，

$$\delta_{\varpi} = \begin{cases} -\beta, & \varpi = j \\ \alpha, & \varpi = i \end{cases}$$

注 7.2　式(7.31)保证系统稳定，式(7.29)和式(7.30)保证系统在子系统间正常切换.

证明　令 $\bar{x}(t) = x(t) - \Pi v(t)$，$\bar{x}_d(t) = x_d(t) - \tilde{\Pi} v(t)$，则闭环系统(7.27)可重写为

$$\begin{cases} \mathrm{d}\overline{x}(t) = ((A_{\sigma(t)} + M_{\sigma(t)}K_{\sigma(t-d)})\overline{x}(t) + (\tilde{A}_{\sigma(t)} + M_{\sigma(t)}\tilde{K}_{\sigma(t-d)})\overline{x}_d(t))\mathrm{d}t \\ \qquad + f_{\sigma(t)}(t, \overline{x}(t) + \Pi v(t), \overline{x}_d(t) + \tilde{\Pi} v(t))\mathrm{d}\omega(t) \\ \mathrm{d}v(t) = Sv(t)\mathrm{d}t \\ e(t) = E_{\sigma(t)}\overline{x}(t) + \tilde{E}_{\sigma(t)}\overline{x}_d(t) \\ z(t) = C_{\sigma(t)}\overline{x}(t) + \tilde{C}_{\sigma(t)}\overline{x}_d(t) + \overline{H}_{\sigma(t)}v(t) \end{cases}$$

式中，$\overline{H}_{\sigma(t)} = C_{\sigma(t)}\Pi + \tilde{C}_{\sigma(t)}\tilde{\Pi} + D_{\sigma(t)}$. 由于控制器的切换滞后于系统的切换，当第 i 个子系统被激活时，控制器仍停留在前一个模态，最大时延为 $d_{\max}$，因此得到

$$\mathrm{d}\overline{x}(t) = (\overline{A}_{\sigma(t)\varpi}\overline{x}(t) + \tilde{\overline{A}}_{\sigma(t)\varpi}\overline{x}_d(t))\mathrm{d}t + f_{\sigma(t)}(t, \overline{x}(t) + \Pi v(t), \overline{x}_d(t) + \tilde{\Pi} v(t))\mathrm{d}\omega(t) \tag{7.34}$$

式中，$\overline{A}_{\sigma(t)\varpi} = A_{\sigma(t)} + M_{\sigma(t)}K_{\varpi}$；$\tilde{\overline{A}}_{\sigma(t)\varpi} = \tilde{A}_{\sigma(t)} + M_{\sigma(t)}\tilde{K}_{\varpi}$.

选取 L-K 泛函：

$$\begin{aligned} V(\overline{x}(t), \sigma(t)) &= \overline{x}^{\mathrm{T}}(t)\overline{P}_{\sigma(t)}\overline{x}(t) + \int_{-\tau}^{0}\int_{t+\theta}^{t} y^{\mathrm{T}}(s)\mathrm{e}^{\alpha(s-t)}(\overline{Z}_{1\sigma(t)} + \overline{Z}_{2\sigma(t)})y(s)\mathrm{d}s\mathrm{d}\theta \\ &\quad + \int_{t-d(t)}^{t} \overline{x}^{\mathrm{T}}(s)\mathrm{e}^{\alpha(s-t)}\overline{Q}_{\sigma(t)}\overline{x}(s)\mathrm{d}s + \int_{t-\tau}^{t} \overline{x}^{\mathrm{T}}(s)\mathrm{e}^{\alpha(s-t)}\overline{R}_{\sigma(t)}\overline{x}(s)\mathrm{d}s \end{aligned} \tag{7.35}$$

由 Newton-Leibniz 公式得到

$$\begin{aligned} &2y^{\mathrm{T}}(t)\overline{T}_{\sigma(t)}^{\mathrm{T}}((\overline{A}_{\sigma(t)\varpi}\overline{x}(t) + \tilde{\overline{A}}_{\sigma(t)\varpi}\overline{x}_d(t) - y(t))\mathrm{d}t \\ &+ f_{\sigma(t)}(t, \overline{x}(t) + \Pi v(t), \overline{x}_d(t) + \tilde{\Pi} v(t)\mathrm{d}\omega(t))) = 0 \end{aligned} \tag{7.36}$$

式中，$y(t)\mathrm{d}t = \mathrm{d}\overline{x}(t)$. 根据 Itô 公式，将 $V(\overline{x}(t), \sigma(t))$ 沿着系统(7.34)的随机微分满足

$$\begin{aligned} &\mathrm{d}V(\overline{x}(t), \sigma(t)) + \delta_{\varpi}V(\overline{x}(t), \sigma(t)) \\ &= (\mathcal{L}\hat{V}(\overline{x}(t), \sigma(t)) + \delta_{\varpi}V(\overline{x}(t), \sigma(t)))\mathrm{d}t + 2(\overline{x}^{\mathrm{T}}(t)\overline{P}_{\sigma(t)} \\ &\quad + y^{\mathrm{T}}(t)\overline{T}_{\sigma(t)}^{\mathrm{T}})f_{\sigma(t)}(t, \overline{x}(t) + \Pi v(t), \overline{x}_d(t) + \tilde{\Pi} v(t))\mathrm{d}\omega(t) \end{aligned} \tag{7.37}$$

式中，$\mathcal{L}\hat{V}(\overline{x}(t), \sigma(t)) = \mathcal{L}V(\overline{x}(t), \sigma(t)) + 2y^{\mathrm{T}}(t)\overline{T}_{\sigma(t)}^{\mathrm{T}}(\overline{A}_{\sigma(t)\varpi}\overline{x}(t) + \tilde{\overline{A}}_{\sigma(t)\varpi}\overline{x}_d(t) - y(t))$. 估计式(7.37)上界时，保留 $-\int_{t-\tau}^{t-d(t)} y^{\mathrm{T}}(s)\mathrm{e}^{\alpha(s-t)}\overline{Z}_{1\sigma(t)}y(s)\mathrm{d}s$ 能使 $d(t)$ 取得更大的上界来减少保守性. 由式(7.35)～式(7.37)有

$$
\begin{aligned}
&\mathcal{L}\hat{V}(\bar{x}(t),\sigma(t))+\delta_{\varpi}V(\bar{x}(t),\sigma(t))\\
\leqslant\ &2\bar{x}^{\mathrm{T}}(t)\bar{P}_{\sigma(t)}(\bar{A}_{\sigma(t)\varpi}\bar{x}(t)+\tilde{\bar{A}}_{\sigma(t)\varpi}\bar{x}_d(t))\\
&+\mathrm{tr}\{f_{\sigma}^{\mathrm{T}}(t,\bar{x}(t)+\Pi v(t),\bar{x}_d(t)\\
&+\tilde{\Pi}v(t))\bar{P}_{\sigma(t)}f_{\sigma(t)}(t,\bar{x}(t)+\Pi v(t),\bar{x}_d(t)+\tilde{\Pi}v(t))\}\\
&+\bar{x}^{\mathrm{T}}(t)(\bar{Q}_{\sigma(t)}+\delta_{\varpi}\bar{P}_{\sigma(t)})\bar{x}(t)-(1-h)\mathrm{e}^{-\alpha\tau}\bar{x}_d^{\mathrm{T}}(t)\bar{P}_{\sigma(t)}\bar{x}_d(t)\\
&\times\tau y^{\mathrm{T}}(t)(\bar{Z}_{1\sigma(t)}+\bar{Z}_{2\sigma(t)})y(t)-\mathrm{e}^{-\alpha\tau}\int_{t-d(t)}^{t}y^{\mathrm{T}}(s)\mathrm{e}^{\alpha(s-t)}\bar{Z}_{1\sigma(t)}y(s)\mathrm{d}s\\
&-\mathrm{e}^{-\alpha\tau}\int_{t-\tau}^{t-d(t)}y^{\mathrm{T}}(s)\mathrm{e}^{\alpha(s-t)}\bar{Z}_{2\sigma(t)}y(s)\mathrm{d}s\\
&+2y^{\mathrm{T}}(t)\bar{T}_{\sigma(t)}^{\mathrm{T}}(\bar{A}_{\sigma(t)\varpi}\bar{x}(t)+\tilde{\bar{A}}_{\sigma(t)\varpi}\bar{x}_d(t)-y(t))
\end{aligned}\tag{7.38}
$$

结合假设 7.1 和式(7.29)，可知存在 $\varepsilon_i>0$ 使得

$$
\begin{aligned}
&\mathrm{tr}\{f_i^{\mathrm{T}}(t,\bar{x}(t)+\Pi v(t),\bar{x}_d(t)+\tilde{\Pi}v(t))\bar{P}_if_i(t,\bar{x}(t)+\Pi v(t),\bar{x}_d(t)+\tilde{\Pi}v(t))\}\\
\leqslant\ &\varepsilon_i((\bar{x}(t)+\Pi v(t))^{\mathrm{T}}J_i^{\mathrm{T}}J_i(\bar{x}(t)+\Pi v(t))\\
&+(\bar{x}_d(t)+\tilde{\Pi}v(t))^{\mathrm{T}}\tilde{J}_i^{\mathrm{T}}\tilde{J}_i(\bar{x}_d(t)+\tilde{\Pi}v(t)))
\end{aligned}\tag{7.39}
$$

由引理 2.1 以及式(7.38)有

$$
\mathcal{L}\hat{V}(\bar{x}(t),\sigma(t))+\delta_{\varpi}V(\bar{x}(t),\sigma(t))+\Gamma(t)\leqslant\eta^{\mathrm{T}}(t)\Theta_{\varpi}\eta(t)
$$

式中，

$$
\eta^{\mathrm{T}}(t)=[\bar{x}^{\mathrm{T}}(t)\quad \bar{x}_d^{\mathrm{T}}(t)\quad \bar{x}^{\mathrm{T}}(t-\tau)\quad v^{\mathrm{T}}(t)\quad y^{\mathrm{T}}(t)\quad z^{\mathrm{T}}(t)]
$$

$$
\Gamma(t)=-2v^{\mathrm{T}}(t)z(t)-\gamma_1v^{\mathrm{T}}(t)v(t)-\gamma_2z^{\mathrm{T}}(t)z(t)
$$

$$
\Theta_{\varpi}=\begin{bmatrix}
\phi_{11}^{\varpi} & \phi_{12}^{\varpi} & \mathrm{e}^{-\alpha\tau}\tau^{-1}\bar{Z}_{2i} & \varepsilon_iJ_i^{\mathrm{T}}J_i\Pi & \phi_{15}^{\varpi} & 0\\
* & \phi_{22}^{i} & \mathrm{e}^{-\alpha\tau}\tau^{-1}\bar{Z}_{1i} & \varepsilon_i\tilde{J}_i^{\mathrm{T}}\tilde{J}_i\Pi & \phi_{25}^{\varpi} & 0\\
* & * & \phi_{33}^{i} & 0 & 0 & 0\\
* & * & * & \phi_{44}^{i} & 0 & -I\\
* & * & * & * & \phi_{55}^{i} & 0\\
* & * & * & * & * & -\gamma_2I
\end{bmatrix}\tag{7.40}
$$

其中，

$$
\begin{aligned}
\phi_{11}^{\varpi}&=\bar{P}_iA_i+\bar{P}_iM_iK_{\varpi}+A_i^{\mathrm{T}}\bar{P}_i+K_{\varpi}^{\mathrm{T}}M_i^{\mathrm{T}}\bar{P}_i+\bar{Q}_i+\bar{R}_i\\
&\quad+\delta_{\varpi}\bar{P}_i-\mathrm{e}^{-\alpha\tau}\tau^{-1}\bar{Z}_{1i}-\mathrm{e}^{-\alpha\tau}\tau^{-1}\bar{Z}_{2i}+\varepsilon_iJ_i^{\mathrm{T}}J_i\\
\phi_{12}^{\varpi}&=\bar{P}_i\tilde{A}_i+\bar{P}_iM_i\tilde{K}_{\varpi}+\mathrm{e}^{-\alpha\tau}\tau^{-1}\bar{Z}_{1i}\\
\phi_{15}^{\varpi}&=A_i^{\mathrm{T}}\bar{T}_i+K_{\varpi}^{\mathrm{T}}M_i^{\mathrm{T}}\bar{T}_i,\quad \phi_{25}^{\varpi}=\tilde{A}_i^{\mathrm{T}}\bar{T}_i+\tilde{K}_{\varpi}^{\mathrm{T}}M_i^{\mathrm{T}}\bar{T}_i\\
\phi_{22}^{i}&=\varepsilon_i\tilde{J}_i^{\mathrm{T}}\tilde{G}_i^{\mathrm{T}}-(1-h)\mathrm{e}^{-\alpha\tau}\bar{Q}_i-2\mathrm{e}^{-\alpha\tau}\tau^{-1}\bar{Z}_{1i}
\end{aligned}
$$

$$\phi_{33}^i = -\mathrm{e}^{-\alpha\tau}\bar{R}_i - \mathrm{e}^{-\alpha\tau}\tau^{-1}\bar{Z}_{1i} - \mathrm{e}^{-\alpha\tau}\tau^{-1}\bar{Z}_{2i}$$
$$\phi_{44}^i = \varepsilon_i \Pi^{\mathrm{T}} J_i^{\mathrm{T}} J_i^{\mathrm{T}} \Pi + \varepsilon_i \tilde{\Pi}^{\mathrm{T}} \tilde{J}_i^{\mathrm{T}} \tilde{J}_i^{\mathrm{T}} \tilde{\Pi} - \gamma_1 I$$
$$\phi_{55}^i = \tau(\bar{Z}_{1i} + \bar{Z}_{2i}) - \bar{T}_i - \bar{T}_i^{\mathrm{T}}$$

在式(7.31)两边同乘 $\mathrm{diag}\{\bar{P}_i, \bar{P}_i, I, I, \bar{T}_i, I, I, I, I, I\}$ 得

$$\mathcal{L}\hat{V}(\bar{x}(t),\sigma(t)) + \delta_{\varpi} V(\bar{x}(t),\sigma(t)) + \Gamma(t) \leqslant 0 \tag{7.41}$$

在 $t \in [t_k, t_{k+1})$ 上对式(7.41)两边同时取积分和期望有

$$\mathcal{E}\{V(\bar{x}(t),\sigma(t))\} \leqslant \mathrm{e}^{-\alpha(t-t_k)}\mathrm{e}^{(\alpha+\beta)d_{\max}}\mathcal{E}\{V(\bar{x}(t_k),\sigma(t_k))\} - \mathcal{E}\left\{\int_{t_k}^{t} \mathrm{e}^{\beta(t-s)}\Gamma(s)\mathrm{d}s\right\} \tag{7.42}$$

接下来在切换时刻 t_k 由式(7.30)和式(7.37)得到

$$\begin{aligned}\mathcal{E}\{V(\bar{x}(t),\sigma(t))\} \leqslant{}& \mathrm{e}^{-\left(\alpha - \frac{(\alpha+\beta)d_{\max}}{T_a}\right)(t-t_0)}\mathcal{E}\{V(\bar{x}(t_0),\sigma(t_0))\} \\ & - \mathcal{E}\left\{\int_{t_0}^{t} \mathrm{e}^{\beta(t-s)+N_\sigma(s,t)\ln\mu}\Gamma(s)\mathrm{d}s\right\}\end{aligned} \tag{7.43}$$

令 $t_0 = 0$，因此 $-\mathcal{E}\left\{\int_0^t \mathrm{e}^{\beta(t-s)+N_\sigma(s,t)\ln\mu}\Gamma(s)\mathrm{d}s\right\} > 0$. 由式(7.31)和式(7.43)得出

$$2\mathcal{E}\left\{\int_0^t v^{\mathrm{T}}(s)z(s)\mathrm{d}s\right\} \geqslant -\gamma_1\mathcal{E}\left\{\int_0^t v^{\mathrm{T}}(s)v(s)\mathrm{d}s\right\} - \gamma_2\mathcal{E}\left\{\int_0^t v^{\mathrm{T}}(s)v(s)\mathrm{d}s\right\}$$

由定义 7.2，系统(3.1)在异步全息反馈控制器(7.25)和异步切换规则(7.33)下是广义无源的.

当 $v(t)=0$ 时，以下将证明系统(7.27)均方指数稳定. 此时 $\Gamma(t)=0$，从而

$$\begin{aligned}&\mathrm{d}V(\bar{x}(t),\sigma(t)) + \delta_{\varpi}V(\bar{x}(t),\sigma(t)) \\ &\leqslant 2(\bar{x}^{\mathrm{T}}(t)\bar{P}_{\sigma(t)} + y^{\mathrm{T}}(t)\bar{T}_{\sigma(t)}^{\mathrm{T}})f_{\sigma(t)}(t,\bar{x}(t)+\Pi v(t),\bar{x}_d(t)+\tilde{\Pi}v(t))\mathrm{d}\omega(t)\end{aligned}$$

类似地，由式(7.41)和式(7.42)可知

$$\mathcal{E}\{V(\bar{x}(t),\sigma(t))\} \leqslant \mathrm{e}^{-\left(\alpha - \frac{(\alpha+\beta)d_{\max}}{T_a} - \frac{\ln\mu}{T_a}\right)(t-t_0)}\mathcal{E}\{V(\bar{x}(t_0),\sigma(t_0))\}$$

由式(7.30)和式(7.35)可得

$$a\mathcal{E}\{\|\bar{x}(t)\|^2\} < \mathcal{E}\{V(\bar{x}(t),\sigma(t))\}, \quad \mathcal{E}\{V(\bar{x}(t_0),\sigma(t_0))\} \leqslant b\kappa^2(\bar{x}(t_0))$$

式中，$a = \min_{i\in\Xi}\{\lambda_{\min}(P_i)\}$，$b = \max_{i\in\Xi}\{\lambda_{\max}(P_i)\} + \tau\max_{i\in\Xi}\{\lambda_{\max}(Q_i)\} + \tau^2\max_{i\in\Xi}\{\lambda_{\max}(Z_{1i}+Z_{2i})\}$.

从而有 $\mathcal{E}\{\|\bar{x}(t)\|\} \leqslant \sqrt{\frac{b}{a}}\mathrm{e}^{-\frac{1}{2}\left(\alpha - \frac{(\alpha+\beta)d_{\max}}{T_a} - \frac{\ln\mu}{T_a}\right)}\kappa(\bar{x}(t_0))$，即系统(7.27)均方指数稳定.

由引理 2.6 有 $\|x(t) - \tilde{\Pi}v(t)\| \leqslant m_1\mathrm{e}^{-c_1 t}\|x(\theta) - \Pi v(0)\|$，其中 $m_1 > 0$，$c_1 > 0$，得出 $\lim_{t\to\infty}\|x(t) - \tilde{\Pi}v(t)\| = 0$，即 $\lim_{t\to\infty} e(t) = 0$. 证毕.

接下来将考虑在带有时滞的异步误差反馈控制器和异步切换规则下，基于广义无源性给出系统(3.1)的误差反馈输出调节问题可解的充分条件.

定理 7.4　系统(3.1)满足假设 3.1、假设 3.2、假设 3.4 和假设 7.2，对于给定的常数 $\mu>1$，$\alpha>0$，$\beta>0$，如果存在矩阵 $P_{1i}>0$，$P_{2i}>0$，$Q_{1i}>0$，$Q_{2i}>0$，$R_{1i}>0$，$R_{2i}>0$，$Z_{11i}>0$，$Z_{12i}>0$，$Z_{21i}>0$，$Z_{22i}>0$，T_{1i}、T_{2i}、K_i、Y_i、Σ 和常数 $\gamma_1>0$，$\gamma_2>0$，$\tilde{\varepsilon}_i>0$ 使得

$$\begin{bmatrix} \varphi_{11}^{\varpi} & \varphi_{12}^{i} & \varphi_{13}^{i} & \varphi_{14}^{\varpi} & \varphi_{15}^{i} & 0 & \varphi_{17}^{i} & \varphi_{18}^{\varpi} & \varphi_{19}^{i} & 0 \\ * & \varphi_{22}^{i} & \varphi_{23}^{i} & \varphi_{24}^{\varpi} & 0 & 0 & \varphi_{27}^{i} & \varphi_{28}^{\varpi} & \varphi_{29}^{i} & 0 \\ * & * & \varphi_{33}^{i} & 0 & 0 & 0 & 0 & 0 & 0 & 0 \\ * & * & * & \varphi_{44}^{\varpi} & \varphi_{45}^{i} & \varphi_{46}^{i} & \varphi_{47}^{i} & \varphi_{48}^{i} & 0 & 0 \\ * & * & * & * & \varphi_{55}^{i} & \varphi_{56}^{i} & \varphi_{57}^{i} & \varphi_{58}^{i} & 0 & 0 \\ * & * & * & * & * & \varphi_{66}^{i} & 0 & 0 & 0 & 0 \\ * & * & * & * & * & * & \varphi_{77}^{i} & 0 & 0 & 0 \\ * & * & * & * & * & * & * & \varphi_{88}^{i} & 0 & 0 \\ * & * & * & * & * & * & * & * & \varphi_{99}^{i} & 0 \\ * & * & * & * & * & * & * & * & * & -\gamma_2 I \end{bmatrix} < 0 \tag{7.44}$$

$$P_{1i} \leqslant \tilde{\varepsilon}_i I, \quad P_{2i} \leqslant \tilde{\varepsilon}_i I \tag{7.45}$$

$$\begin{gathered} P_{1i} \leqslant \mu P_{1j}, \quad P_{2i} \leqslant \mu P_{2j}, \quad Q_{1i} \leqslant \mu Q_{1j}, \quad Q_{2i} \leqslant \mu Q_{2j}, \quad R_{1i} \leqslant \mu R_{1j}, \quad R_{2i} \leqslant \mu R_{2j} \\ Z_{11i} \leqslant \mu Z_{11j}, \quad Z_{12i} \leqslant \mu Z_{12j}, \quad Z_{21i} \leqslant \mu Z_{21j}, \quad Z_{22i} \leqslant \mu Z_{22j}, \quad \forall i,j \in \Xi \end{gathered} \tag{7.46}$$

那么系统(3.1)在异步误差反馈控制器(7.26)下基于广义无源性的异步输出调节问题是可解的，其控制器中 $W_{\varpi}=P_{2i}^{-1}K_{\varpi}^{\mathrm{T}}$，异步切换规则满足平均驻留时间(7.33). 式(7.44)中，

$$\begin{aligned}
&\varphi_{11}^{\varpi}=P_{1i}A_i+A_i^{\mathrm{T}}P_{1i}+Q_{1i}+\delta_{\varpi}P_{1i}-\mathrm{e}^{-\alpha\tau}\tau^{-1}Z_{11i}-\mathrm{e}^{-\alpha\tau}\tau^{-1}Z_{12i}+\tilde{\varepsilon}_iJ_i^{\mathrm{T}}J_i \\
&\varphi_{12}^{i}=P_{1i}\tilde{A}_i+\mathrm{e}^{-\alpha\tau}\tau^{-1}Z_{11i}, \quad \varphi_{13}^{i}=\mathrm{e}^{-\alpha\tau}\tau^{-1}Z_{12i}, \quad \varphi_{14}^{\varpi}=P_{1i}M_iH_i+E_i^{\mathrm{T}}K_{\varpi} \\
&\varphi_{15}^{i}=P_{1i}M_i\tilde{H}_i, \quad \varphi_{17}^{i}=A_i^{\mathrm{T}}T_{1i}, \quad \varphi_{18}^{\varpi}=\tilde{E}_i^{\mathrm{T}}K_{\varpi}, \quad \varphi_{19}^{i}=\tilde{\varepsilon}_iJ_i^{\mathrm{T}}J_i\Pi \\
&\varphi_{22}^{i}=\tilde{\varepsilon}_iJ_i^{\mathrm{T}}J_i-(1-\lambda)\mathrm{e}^{-\alpha\tau}Q_{1i}-2\mathrm{e}^{-\alpha\tau}\tau^{-1}Z_{11i}, \quad \varphi_{23}^{i}=\mathrm{e}^{-\alpha\tau}\tau^{-1}Z_{11i} \\
&\varphi_{24}^{\varpi}=\tilde{E}_i^{\mathrm{T}}K_{\varpi}, \quad \varphi_{27}^{i}=\tilde{A}_i^{\mathrm{T}}T_{1i}, \quad \varphi_{28}^{\varpi}=\tilde{E}_i^{\mathrm{T}}Y_{\varpi}, \quad \varphi_{29}^{i}=\tilde{\varepsilon}_i\tilde{J}_i^{\mathrm{T}}\tilde{J}_i\tilde{\Pi} \\
&\varphi_{33}^{i}=-\mathrm{e}^{-\alpha\tau}R_{1i}-\mathrm{e}^{-\alpha\tau}\tau^{-1}Z_{11i}-\mathrm{e}^{-\alpha\tau}\tau^{-1}Z_{12i}, \quad \varphi_{45}^{i}=P_{2i}\tilde{N}_i+\mathrm{e}^{-\alpha\tau}\tau^{-1}Z_{21i} \\
&\varphi_{44}^{\varpi}=P_{2i}N_i+N_i^{\mathrm{T}}P_{2i}+Q_{2i}+R_{2i}+\delta_{\varpi}P_{2i}-\mathrm{e}^{-\alpha\tau}\tau^{-1}Z_{21i}-\mathrm{e}^{-\alpha\tau}\tau^{-1}Z_{22i} \\
&\varphi_{46}^{i}=\mathrm{e}^{-\alpha\tau}\tau^{-1}Z_{22i}, \quad \varphi_{47}^{i}=H_i^{\mathrm{T}}M_i^{\mathrm{T}}T_{1i}, \quad \varphi_{48}^{i}=N_i^{\mathrm{T}}T_{2i} \\
&\varphi_{55}^{i}=-(1-h)\mathrm{e}^{-\alpha\tau}Q_{2i}-\mathrm{e}^{-\alpha\tau}\tau^{-1}Z_{21i}, \quad \varphi_{56}^{i}=\mathrm{e}^{-\alpha\tau}\tau^{-1}Z_{21i} \\
&\varphi_{57}^{i}=\tilde{H}_i^{\mathrm{T}}M_i^{\mathrm{T}}T_{1i}, \quad \varphi_{58}^{i}=\tilde{N}_i^{\mathrm{T}}T_{2i}, \quad \varphi_{66}^{i}=-\mathrm{e}^{-\alpha\tau}R_{2i}-\mathrm{e}^{-\alpha\tau}\tau^{-1}Z_{21i}-\mathrm{e}^{-\alpha\tau}\tau^{-1}Z_{22i} \\
&\varphi_{77}^{i}=\tau Z_{11i}+\tau Z_{12i}-T_{1i}-T_{1i}^{\mathrm{T}}, \quad \varphi_{88}^{i}=\tau Z_{21i}+\tau Z_{22i}-T_{2i}-T_{2i}^{\mathrm{T}}
\end{aligned}$$

$$\varphi_{99}^{i}=\tilde{\varepsilon}_i\Sigma^{\mathrm{T}}\tilde{J}_i^{\mathrm{T}}\tilde{J}_i\Sigma+\tilde{\varepsilon}_i\tilde{\Sigma}^{\mathrm{T}}\tilde{J}_i^{\mathrm{T}}\tilde{J}_i\tilde{\Sigma}-\gamma_1 I$$

其中，$\varpi=\{i,j\},\delta_i=\alpha;\delta_j=-\beta.$

证明 将 $\tilde{x}(t)=x(t)-\Sigma v(t)$，$\tilde{x}_d(t)=x_d(t)-\tilde{\Sigma}v(t)$，$\tilde{\xi}(t)=\xi(t)-\Phi v(t)$，$\tilde{\xi}_d(t)=\xi_d-\tilde{\Phi}v(t)$，$X^{\mathrm{T}}(t)=[\tilde{x}^{\mathrm{T}}(t)\quad \tilde{\xi}^{\mathrm{T}}(t)]$，代入闭环系统(7.28)，得到

$$\begin{cases}\mathrm{d}X(t)=(\bar{A}_{\sigma(t-d)}X(t)+\bar{\tilde{A}}_{\sigma(t-d)}X_d(t))\mathrm{d}t+\bar{f}_{\sigma(t)}\mathrm{d}\omega(t)\\ \mathrm{d}v(t)=Sv(t)\\ e(t)=\bar{E}_{\sigma(t)}X(t)+\bar{\tilde{E}}_{\sigma(t)}X_d(t)\\ z(t)=\bar{C}_{\sigma(t)}X(t)+\bar{\tilde{C}}_{\sigma(t)}X_d(t)+\bar{F}_{\sigma(t)}v(t)\end{cases}\tag{7.47}$$

式中，

$$\bar{E}_{\sigma(t)}=[E_{\sigma(t)}\quad 0],\quad \bar{\tilde{E}}_{\sigma(t)}=[\tilde{E}_{\sigma(t)}\quad 0],\quad \bar{C}_{\sigma(t)}=[C_{\sigma(t)}\quad 0],\quad \bar{\tilde{C}}_{\sigma(t)}=[\tilde{C}_{\sigma(t)}\quad 0]$$

$$\bar{F}_{\sigma(t)}=C_{\sigma(t)}\Sigma+\tilde{C}_{\sigma(t)}\tilde{\Sigma}+D_{\sigma(t)},\quad \bar{A}_{\sigma(t-d)}=\begin{bmatrix}A_{\sigma(t)} & M_{\sigma(t)}H_{\sigma(t)}\\ W_{\sigma(t-d)}E_{\sigma(t)} & N_{\sigma(t)}\end{bmatrix}$$

$$\bar{\tilde{A}}_{\sigma(t-d)}=\begin{bmatrix}\tilde{A}_{\sigma(t)} & M_{\sigma(t)}\tilde{H}_{\sigma(t)}\\ W_{\sigma(t-d)}E_{\sigma(t)} & \tilde{N}_{\sigma(t)}\end{bmatrix},\quad \bar{f}_{\sigma(t)}=\begin{bmatrix}f_{\sigma(t)}(t,\tilde{x}(t)+\Sigma v(t),\tilde{x}_d(t)+\tilde{\Sigma}v(t))\\ 0\end{bmatrix}$$

考虑到式(7.47)中存在切换时滞，则

$$\mathrm{d}X(t)=(\bar{A}_{\sigma(t)\varpi}X(t)+\bar{\tilde{A}}_{\sigma(t)\varpi}X_d(t))\mathrm{d}t+\bar{f}_{\sigma(t)}\mathrm{d}\omega(t)\tag{7.48}$$

式中，$\bar{A}_{\sigma(t)\varpi}=\bar{A}_{\varpi}$；$\bar{\tilde{A}}_{\sigma(t)\varpi}=\bar{\tilde{A}}_{\varpi}$.

选取 L-K 泛函为

$$\begin{aligned}V(X(t),\sigma(t))=&X^{\mathrm{T}}(t)\tilde{P}_{\sigma(t)}X(t)+\int_{t-d(t)}^{t}X^{\mathrm{T}}(s)\mathrm{e}^{\alpha(s-t)}\tilde{Q}_{\sigma(t)}X(s)\mathrm{d}s+\int_{t-\tau}^{t}X^{\mathrm{T}}(s)\\&\times\mathrm{e}^{\alpha(s-t)}\tilde{R}_{\sigma(t)}X(s)\mathrm{d}s+\int_{-\tau}^{0}\int_{t+\theta}^{t}\tilde{y}^{\mathrm{T}}(s)\mathrm{e}^{\alpha(s-t)}(\tilde{Z}_{1\sigma(t)}+\tilde{Z}_{2\sigma(t)})\tilde{y}(s)\mathrm{d}s\mathrm{d}\theta\end{aligned}\tag{7.49}$$

式中，

$$\tilde{y}(s)\mathrm{d}s=\mathrm{d}X(s),\quad \tilde{P}_{\sigma(t)}=\mathrm{diag}\{P_{1\sigma(t)},P_{2\sigma(t)}\},\quad \tilde{Q}_{\sigma(t)}=\mathrm{diag}\{Q_{1\sigma(t)},Q_{2\sigma(t)}\}$$

$$\tilde{R}_{\sigma(t)}=\mathrm{diag}\{R_{1\sigma(t)},R_{2\sigma(t)}\}$$

$$\tilde{Z}_{1\sigma(t)}=\mathrm{diag}\{Z_{11\sigma(t)},Z_{21\sigma(t)}\},\quad \tilde{Z}_{2\sigma(t)}=\mathrm{diag}\{Z_{12\sigma(t)},Z_{22\sigma(t)}\},\quad \tilde{y}^{\mathrm{T}}(s)=[y_1^{\mathrm{T}}(s)\quad y_2^{\mathrm{T}}(s)]$$

结合自由权矩阵方法得

$$2\tilde{y}^{\mathrm{T}}(t)\tilde{T}_i^{\mathrm{T}}(((\bar{A}_{i\varpi}X(t)+\bar{\tilde{A}}_{i\varpi}X_d(t)-\tilde{y}(t))\mathrm{d}t+\bar{f}_i\mathrm{d}\omega(t)))=0,\quad \tilde{T}_i=\mathrm{diag}\{T_{1i},T_{2i}\}\tag{7.50}$$

类似地，由式(7.37)～式(7.39)和式(7.47)～式(7.50)有

$$\mathcal{L}\hat{V}(X(t),\sigma(t))+\delta_{\varpi}V(X(t),\sigma(t))+\Gamma(t)\leqslant\tilde{\eta}^{\mathrm{T}}(t)\tilde{\Theta}_{\varpi}\tilde{\eta}(t)$$

式中，

$$\begin{aligned}\tilde{\eta}^{\mathrm{T}}(t)=[&\tilde{x}^{\mathrm{T}}(t)\quad \tilde{x}_d^{\mathrm{T}}(t)\quad \tilde{x}^{\mathrm{T}}(t-\tau)\quad \tilde{\xi}^{\mathrm{T}}(t)\quad \tilde{\xi}_d^{\mathrm{T}}(t)\\ &\tilde{\xi}^{\mathrm{T}}(t-\tau)\quad y_1^{\mathrm{T}}(t)\quad y_2^{\mathrm{T}}(t)\quad v^{\mathrm{T}}(t)\quad z^{\mathrm{T}}(t)]\end{aligned}$$

$$\tilde{\Theta}_{\varpi}=\begin{bmatrix}\varphi_{11}^{\varpi} & \varphi_{12}^{i} & \varphi_{13}^{i} & \varphi_{14}^{\varpi} & \varphi_{15}^{i} & 0 & \varphi_{17}^{i} & \varphi_{18}^{\varpi} & \varphi_{19}^{i} & 0\\ * & \varphi_{22}^{i} & \varphi_{23}^{i} & \varphi_{24}^{\varpi} & 0 & 0 & \varphi_{27}^{i} & \varphi_{28}^{\varpi} & \varphi_{29}^{i} & 0\\ * & * & \varphi_{33}^{i} & 0 & 0 & 0 & 0 & 0 & 0 & 0\\ * & * & * & \varphi_{44}^{\varpi} & \varphi_{45}^{i} & \varphi_{46}^{i} & \varphi_{47}^{i} & \varphi_{48}^{i} & 0 & 0\\ * & * & * & * & \varphi_{55}^{i} & \varphi_{56}^{i} & \varphi_{57}^{i} & \varphi_{58}^{i} & 0 & 0\\ * & * & * & * & * & \varphi_{66}^{i} & 0 & 0 & 0 & 0\\ * & * & * & * & * & * & \varphi_{77}^{i} & 0 & 0 & 0\\ * & * & * & * & * & * & * & \varphi_{88}^{i} & 0 & 0\\ * & * & * & * & * & * & * & * & \varphi_{99}^{i} & 0\\ * & * & * & * & * & * & * & * & * & -\gamma_2 I\end{bmatrix}$$

其中，

$$\varphi_{11}^{\varpi}=P_{1i}A_i+A_i^{\mathrm{T}}P_{1i}+Q_{1i}+\delta_{\varpi}P_{1i}-\mathrm{e}^{-\alpha\tau}\tau^{-1}Z_{11i}-\mathrm{e}^{-\alpha\tau}\tau^{-1}Z_{12i}+\tilde{\varepsilon}_iJ_i^{\mathrm{T}}J_i$$

$$\varphi_{12}^{i}=P_{1i}\tilde{A}_i+\mathrm{e}^{-\alpha\tau}\tau^{-1}Z_{11i},\quad \varphi_{13}^{i}=\mathrm{e}^{-\alpha\tau}\tau^{-1}Z_{12i},\quad \varphi_{14}^{\varpi}=P_{1i}M_iH_i+E_i^{\mathrm{T}}W_{\varpi}^{\mathrm{T}}P_{2i}$$

$$\varphi_{15}^{i}=P_{1i}M_i\tilde{H}_i,\quad \varphi_{17}^{i}=A_i^{\mathrm{T}}T_{1i},\quad \varphi_{18}^{\varpi}=\tilde{E}_i^{\mathrm{T}}W_{\varpi}^{\mathrm{T}}P_{2i},\quad \varphi_{19}^{i}=\tilde{\varepsilon}_iJ_i^{\mathrm{T}}J_i\Pi$$

$$\varphi_{22}^{i}=\tilde{\varepsilon}_iJ_i^{\mathrm{T}}J_i-(1-\lambda)\mathrm{e}^{-\alpha\tau}Q_{1i}-2\mathrm{e}^{-\alpha\tau}\tau^{-1}Z_{11i},\quad \varphi_{23}^{i}=\mathrm{e}^{-\alpha\tau}\tau^{-1}Z_{11i}$$

$$\varphi_{24}^{\varpi}=\tilde{E}_i^{\mathrm{T}}W_{\varpi}^{\mathrm{T}}P_{2i},\quad \varphi_{27}^{i}=\tilde{A}_i^{\mathrm{T}}T_{1i},\quad \varphi_{28}^{\varpi}=\tilde{E}_i^{\mathrm{T}}W_{\varpi}^{\mathrm{T}}T_{2i},\quad \varphi_{29}^{i}=\tilde{\varepsilon}_i\tilde{J}_i^{\mathrm{T}}\tilde{J}_i\tilde{\Pi}$$

$$\varphi_{33}^{i}=-\mathrm{e}^{-\alpha\tau}R_{1i}-\mathrm{e}^{-\alpha\tau}\tau^{-1}Z_{11i}-\mathrm{e}^{-\alpha\tau}\tau^{-1}Z_{12i}$$

$$\varphi_{44}^{\varpi}=P_{2i}N_i+N_i^{\mathrm{T}}P_{2i}+Q_{2i}+R_{2i}+\delta_{\varpi}P_{2i}-\mathrm{e}^{-\alpha\tau}\tau^{-1}Z_{21i}-\mathrm{e}^{-\alpha\tau}\tau^{-1}Z_{22i}$$

$$\varphi_{45}^{i}=P_{2i}\tilde{N}_i+\mathrm{e}^{-\alpha\tau}\tau^{-1}Z_{21i},\quad \varphi_{46}^{i}=\mathrm{e}^{-\alpha\tau}\tau^{-1}Z_{22i},\quad \varphi_{47}^{i}=H_i^{\mathrm{T}}M_i^{\mathrm{T}}T_{1i}$$

$$\varphi_{48}^{i}=N_i^{\mathrm{T}}T_{2i},\quad \varphi_{55}^{i}=-(1-h)\mathrm{e}^{-\alpha\tau}Q_{2i}-\mathrm{e}^{-\alpha\tau}\tau^{-1}Z_{21i},\quad \varphi_{56}^{i}=\mathrm{e}^{-\alpha\tau}\tau^{-1}Z_{21i}$$

$$\varphi_{57}^{i}=\tilde{H}_i^{\mathrm{T}}M_i^{\mathrm{T}}T_{1i},\quad \varphi_{58}^{i}=\tilde{N}_i^{\mathrm{T}}T_{2i},\quad \varphi_{66}^{i}=-\mathrm{e}^{-\alpha\tau}R_{2i}-\mathrm{e}^{-\alpha\tau}\tau^{-1}Z_{21i}-\mathrm{e}^{-\alpha\tau}\tau^{-1}Z_{22i}$$

$$\varphi_{77}^{i}=\tau Z_{11i}+\tau Z_{12i}-T_{1i}-T_{1i}^{\mathrm{T}},\quad \varphi_{88}^{i}=\tau Z_{21i}+\tau Z_{22i}-T_{2i}-T_{2i}^{\mathrm{T}}$$

$$\varphi_{99}^{i}=\tilde{\varepsilon}_i\Sigma^{\mathrm{T}}J_i^{\mathrm{T}}J_i\Sigma+\tilde{\varepsilon}_i\tilde{\Sigma}^{\mathrm{T}}\tilde{J}_i^{\mathrm{T}}\tilde{J}_i\tilde{\Sigma}-\gamma_1 I$$

在式(7.44)中，令 $K_i=W_i^{\mathrm{T}}P_{2i}$，$Y_i=W_i^{\mathrm{T}}T_{2i}$，得到

$$\mathcal{L}\hat{V}(X(t),\sigma(t))+V(X(t),\sigma(t))+\Gamma(t)\leqslant 0$$

与定理 7.1 类似有

$$\mathrm{d}V(X(t),\sigma(t))+\delta_{\varpi}V(X(t),\sigma(t))\leqslant-\Gamma(t)\mathrm{d}t+2(X^{\mathrm{T}}(t)\tilde{P}_{\sigma(t)}+\tilde{y}(t)\tilde{T}_{\sigma(t)}^{\mathrm{T}})\bar{f}_{\sigma(t)}\mathrm{d}\omega(t)$$

从而有

$$2\mathcal{E}\left\{\int_0^t v^{\mathrm{T}}(s)z(s)\mathrm{d}s\right\} \geqslant -\gamma_1\mathcal{E}\left\{\int_0^t v^{\mathrm{T}}(s)z(s)\mathrm{d}s\right\} - \gamma_2\mathcal{E}\left\{\int_0^t z^{\mathrm{T}}(s)z(s)\mathrm{d}s\right\}$$

因此系统(3.1)在误差反馈控制器(7.26)和异步切换规则(7.33)下是广义无源的. 与定理 7.1 的证明类似有

$$\mathcal{E}\{\|X(t)\|\} \leqslant \sqrt{\frac{\hat{b}}{\hat{a}}\mathrm{e}^{-\frac{1}{2}\left(\alpha-\frac{(\alpha+\beta)d_{\max}}{T_a}-\frac{\ln\mu}{T_a}\right)}}\kappa(X(t_0))$$

式中，

$$\hat{a} = \min_{i\in\Xi}\{\lambda_{\min}(P_{1i}), \lambda_{\min}(P_{2i})\}$$

$$\hat{b} = \max_{i\in\Xi}\{\lambda_{\max}(P_{1i}), \lambda_{\max}(P_{2i})\} + \tau\max_{i\in\Xi}\{\lambda_{\max}(Q_{1i}), \lambda_{\max}(Q_{2i})\}$$
$$+\tau\max_{i\in\Xi}\{\lambda_{\max}(R_{1i}), \lambda_{\max}(R_{2i})\} + \frac{\tau^2}{2}\max_{i\in\Xi}\{\lambda_{\max}(Z_{11i}+Z_{12i}), \lambda_{\max}(Z_{21i}+Z_{22i})\}$$

即当 $v(t)=0$ 时，闭环系统(7.6)是均方稳定的. 由引理2.7有 $\|x_d(t)-\tilde{\Sigma}v(t)\|+\|\xi_d-\tilde{\Phi}v(t)\| \leqslant m_2\mathrm{e}^{c_2 t}(\|x(\theta)-\Sigma v(0)\|+\|\xi(\theta)-\Phi v(0)\|)$ 成立，其中 $m_2>0$，$c_2>0$，从而推导出 $\lim_{t\to\infty} e(t)=0$. 证毕.

7.3.3 仿真算例

给出两个仿真例子来证明以上方法的有效性.

例 7.3 考虑含有两个子系统的切换系统(3.1)，其中，

$$A_1=\begin{bmatrix}-1.3 & 0\\ 0 & -1.3\end{bmatrix},\quad A_2=\begin{bmatrix}-1.6 & 0\\ 0 & -1.6\end{bmatrix},\quad \tilde{A}_1=\begin{bmatrix}1.5 & 0\\ 0 & 1.5\end{bmatrix}$$

$$\tilde{A}_2=\begin{bmatrix}-1.7 & 0\\ 0 & -1.7\end{bmatrix},\quad M_1=\begin{bmatrix}-0.5 & 0\\ 0 & -0.5\end{bmatrix},\quad M_2=\begin{bmatrix}1.6 & 0\\ 0 & 1.6\end{bmatrix}$$

$$B_1=\begin{bmatrix}0.9 & 0\\ 0 & 0.9\end{bmatrix},\quad B_2=\begin{bmatrix}-0.2 & 0\\ 0 & -0.2\end{bmatrix},\quad E_1=E_2=\begin{bmatrix}-1.8 & 0\\ 0 & -1.8\end{bmatrix}$$

$$C_1=\begin{bmatrix}1.4 & 0\\ 0 & 1.4\end{bmatrix},\quad C_2=\begin{bmatrix}-1.9 & 0\\ 0 & -1.9\end{bmatrix},\quad \tilde{E}_1=\tilde{E}_2=\begin{bmatrix}-1.9 & 0\\ 0 & -1.9\end{bmatrix}$$

$$F_1=F_2=\begin{bmatrix}-3.7 & -1.6498\\ -1.7518 & -3.7\end{bmatrix},\quad \tilde{C}_1=\begin{bmatrix}-1.8 & 0\\ 0 & -1.8\end{bmatrix}$$

$$\tilde{C}_2=\begin{bmatrix}0.1 & 0\\ 0 & 0.1\end{bmatrix},\quad D_1=\begin{bmatrix}-1.2 & 0\\ 0 & -1.2\end{bmatrix},\quad D_2=\begin{bmatrix}1.4 & 0\\ 0 & 1.4\end{bmatrix}$$

$$f_1 = f_2 = \frac{\sqrt{2}}{2}\sin(t)(J_1 x(t) + \tilde{J}_1 x_d(t)), \quad J_1 = \tilde{J}_1 = 0.3 \times I$$

存在以下矩阵满足假设 7.1：

$$\Pi = \begin{bmatrix} 1 & 0 \\ 0 & 1 \end{bmatrix}, \quad S = \begin{bmatrix} 0 & 0.1 \\ -0.1 & 0 \end{bmatrix}$$

$$\Gamma_1 = \begin{bmatrix} 0.2000 & 2.9113 \\ 3.0914 & 0.2000 \end{bmatrix}, \quad \Gamma_2 = \begin{bmatrix} 2.8125 & 1.0311 \\ 1.0949 & 2.8125 \end{bmatrix}$$

令 $\mu = 1.4$，$\alpha = 0.2$，$\beta = 0.4$，$d_{\max} = 0.5$，由定理 7.3 得到 $\tau_a^* = 3.1824$，$\gamma_1 = 1.91$，$\gamma_2 = 1.79$，求解线性矩阵不等式(7.29)～(7.31)可得全息反馈控制器增益为

$$K_1 = \begin{bmatrix} 0.0484 & 0.0112 \\ 0.0112 & 0.0491 \end{bmatrix}, \quad K_2 = \begin{bmatrix} 0.0165 & -0.0136 \\ -0.0136 & 0.0157 \end{bmatrix}$$

$$\tilde{K}_1 = \begin{bmatrix} 0.3200 & 0.0166 \\ 0.0166 & 0.3210 \end{bmatrix}, \quad \tilde{K}_2 = \begin{bmatrix} 0.3127 & 0.0119 \\ 0.0119 & 0.3134 \end{bmatrix}$$

$$L_1 = \begin{bmatrix} -0.1855 & 2.5731 \\ 2.7329 & -0.1861 \end{bmatrix}, \quad L_2 = \begin{bmatrix} 2.4710 & 0.7293 \\ 0.7736 & 2.4718 \end{bmatrix}$$

选取满足(7.33)的异步切换规则 $\tau_a = 2.5 > \tau_a^*$，在该切换规则下，闭环系统(7.27)状态稳定，误差趋于 0，如图 7.7 所示. 以上说明所设计的异步全息反馈控制器在满足平均驻留时间条件的异步切换规则下，能使闭环系统基于广义随机无源性的异步输出调节问题是可解的.

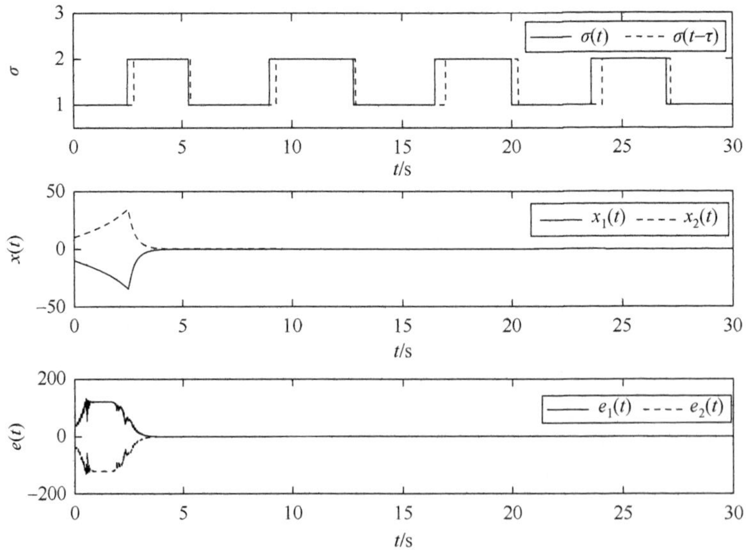

图 7.7　切换信号、闭环系统(7.27)相应的状态响应和输出误差

例 7.4 考虑图 7.8 所示的隧道二极管电路[194]，其中 $C=25\text{mF}$，$L=20\text{mH}$，$R_E=200\Omega$，$R_L=2\text{k}\Omega$. 该电路动态方程可表示本章所研究的切换系统(3.1)，相应矩阵[204, 205]为

$$A_1=\begin{bmatrix}-40.1 & 40\\ 0.025 & -10\end{bmatrix},\quad A_2=\begin{bmatrix}-0.1 & 40\\ 0.025 & -10\end{bmatrix}$$

$$M_1=\begin{bmatrix}0 & 0\\ 0.05 & 0\end{bmatrix},\quad M_2=\begin{bmatrix}0 & 0\\ 0.05 & 0\end{bmatrix}$$

其他矩阵为

$$\tilde{A}_1=\begin{bmatrix}0.8 & 0.3\\ 0.1 & 0.2\end{bmatrix},\quad \tilde{A}_2=\begin{bmatrix}-2 & -0.1\\ 0.3 & -1.7\end{bmatrix},\quad E_1=E_2=\begin{bmatrix}-0.6 & 4\\ 12 & 1.9\end{bmatrix}$$

$$\tilde{E}_1=\tilde{E}_2=\begin{bmatrix}-1.1 & 4\\ 3 & -1.1\end{bmatrix},\quad B_1=\begin{bmatrix}39.0146 & -41.9799\\ -0.2152 & 9.665\end{bmatrix}$$

$$B_2=\begin{bmatrix}2.1951 & -37.8003\\ 1.3921 & 11.295\end{bmatrix},\quad F_1=F_2=\begin{bmatrix}-2.1049 & -6.5152\\ -13.9536 & -4.8496\end{bmatrix}$$

$$C_1=\begin{bmatrix}0.5 & 1\\ 0 & -0.3\end{bmatrix},\quad C_2=\begin{bmatrix}2.9 & 3\\ 2 & 1.9\end{bmatrix},\quad \tilde{C}_1=\begin{bmatrix}1.9 & 0\\ 0 & 1.9\end{bmatrix}$$

$$\tilde{C}_2=\begin{bmatrix}0.1 & 0\\ 0 & 0.1\end{bmatrix},\quad D_1=\begin{bmatrix}0.9 & 0\\ 0 & 0.9\end{bmatrix},\quad D_2=\begin{bmatrix}1.2 & 0\\ 0 & 1.2\end{bmatrix}$$

$$f_1=f_2=\frac{\sqrt{2}}{2}\sin(t)(J_1x(t)+\tilde{J}_1x_d(t)),\quad J_1=0.1\times I,\quad J_2=0.2\times I$$

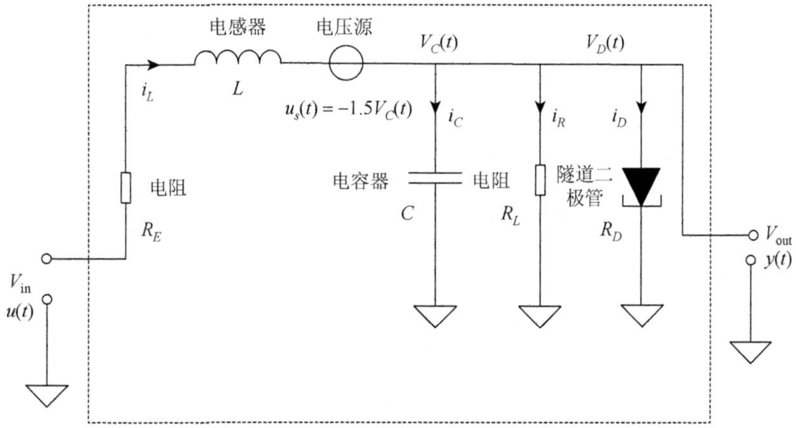

图 7.8 隧道二极管电路

存在以下矩阵满足假设 7.2:

$$\Pi=\begin{bmatrix}1&0\\0&1\end{bmatrix},\quad S=\begin{bmatrix}0&-0.6\\0.1&0\end{bmatrix},\quad \Phi=\begin{bmatrix}0&0\\0&0\end{bmatrix}$$

$$H_1=\begin{bmatrix}-3.2&0\\0&-2.3\end{bmatrix},\quad H_2=\begin{bmatrix}2.3&8\\1&1.3\end{bmatrix},\quad \tilde{H}_1=\begin{bmatrix}0.8&1\\3&0.8\end{bmatrix}$$

$$\tilde{H}_2=\begin{bmatrix}-1&2\\1&-0.5\end{bmatrix},\quad N_1=\begin{bmatrix}0.1&0\\0&0.1\end{bmatrix}$$

$$N_2=\begin{bmatrix}-1&0\\0&-1\end{bmatrix},\quad \tilde{N}_1=\begin{bmatrix}-1&2.1\\-0.1&-0.5\end{bmatrix},\quad \tilde{N}_2=\begin{bmatrix}-0.5&1.8\\0&0.5\end{bmatrix}$$

令 $\mu=1.7$，$\alpha=0.5$，$\beta=0.9$，$d_{\max}=0.2$，由定理 7.4 得到 $\tau_a^*=1.6213$，$\gamma_1=1.6973$，$\gamma_2=1.8223$. 求解式(7.44)～式(7.46)得到异步误差反馈控制器参数为

$$W_1=\begin{bmatrix}-0.0002&0.0002\\0.0044&-0.0065\end{bmatrix},\quad W_2=\begin{bmatrix}0.0336&-0.0647\\0.0317&-0.0480\end{bmatrix}$$

选取满足式(7.33)的异步切换规则 $\tau_a=2>\tau_a^*$，如图 7.9 所示，相应的闭环系统(7.28)状态稳定，误差趋于 0，如图 7.10 所示. 以上说明所设计的异步误差反馈控制器在满足平均驻留时间条件的异步切换规则下，能使闭环系统基于广义随机无源性的异步输出调节问题是可解的.

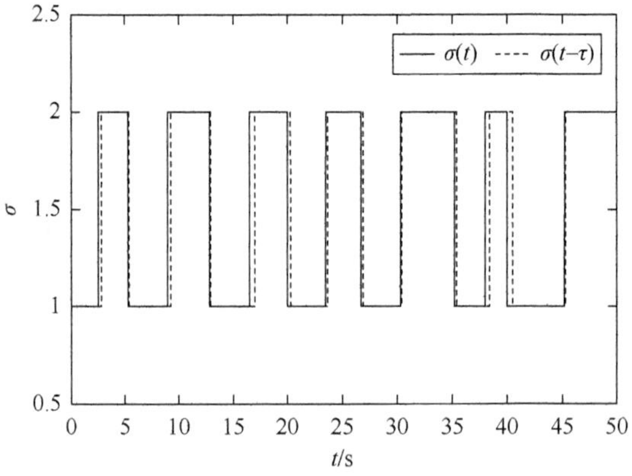

图 7.9　切换信号

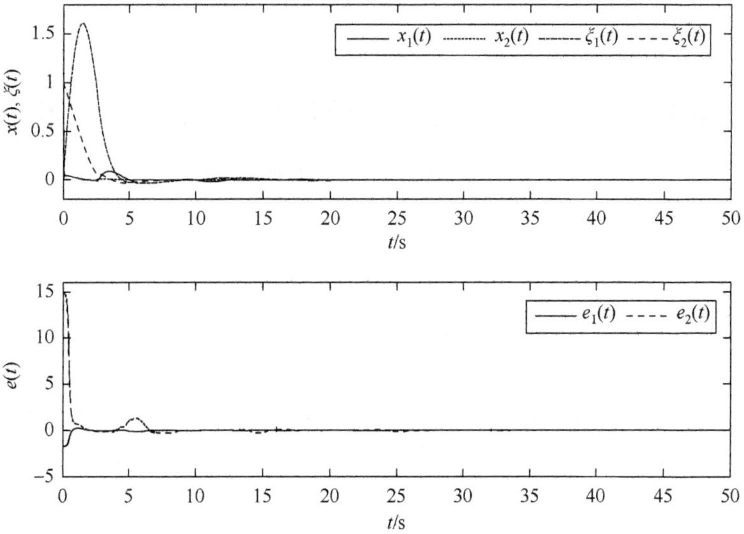

图 7.10　闭环系统(7.28)的状态响应和输出误差

7.4　小　　结

本章讨论了一类切换随机时变时滞系统基于无源性和广义无源性的异步输出调节问题，设计了满足平均驻留时间条件的异步切换规则. 首先在研究系统基于无源性的异步输出调节问题时，结合随机 L-K 泛函、Jensen 积分不等式，利用中心流形定理设计时滞状态反馈控制器和时滞误差反馈控制器，给出了该问题可解的充分条件. 其次，在研究系统基于广义无源性的异步输出调节问题时，采用改进的自由权矩阵方法建立了新的 Lyapunov 泛函来降低保守性，结合中心流形定理给出了该问题可解的充分条件.

8　基于合并信号法的切换随机时滞系统的无源异步输出调节问题

8.1　引　言

第 7 章考虑了基于无源性的切换随机时滞系统的异步输出调节问题. 本章将基于合并信号法，研究切换随机时滞系统的无源异步输出调节问题.

在工程实际中，时滞因素是无法避免的，可能出现在系统状态、控制器内部状态和控制器切换信号中. 当控制器切换信号出现时滞时，控制器和子系统模态信息不匹配造成了异步现象. 为了解决异步切换问题，文献[193]提出了合并信号技术，构造了一个合并初始切换信号和控制器信号的增广切换信号，该技术不同于文献[202]中使用的处理异步切换的方法. 文献[206]通过合并信号法，给出相邻模型依赖平均驻留时间下一类切换线性系统在异步切换下的镇定问题. 文献[207]考虑了有限带宽的网络化切换系统中，利用合并信号方法解决异步现象下该系统的稳定性. 但是该技术还没有应用到切换随机时滞系统的输出调节问题中. 于是，如何利用合并信号法，研究基于切换随机时滞系统的无源异步输出调节问题是本章的一个研究动机.

本章基于平均驻留时间方法研究一类切换随机时滞系统的无源控制异步输出调节问题. 假定所考虑系统的状态和控制器的切换信号中都因存在时变时滞而导致候选控制器的切换信号和子系统的切换信号之间存在异步切换. 并利用合并信号技术，对候选调节器与调节器切换信号中的子系统之间的异步切换进行处理. 通过构建 L-K 泛函和设计相应的控制器，分别给出状态可测和不可测的两种情况下问题可解的充分条件. 然后基于时滞的上限设计切换规则. 最后两个数值例子来验证所提出方法的有效性和可行性.

8.2　问 题 描 述

考虑切换随机时滞系统(3.1)和外部系统(3.2)，并且满足假设 3.1～假设 3.4.

本章除考虑状态时滞外，同时考虑了控制器的切换信号中存在时滞的情况. 例如，$u(t)=K_{\sigma(t-d_1(t))}(t)$ 中的 $d_1(t)$ 表示切换系统在第 j 个子系统切换到第 i 个子

系统的切换点 $t_i(\sigma(t)=i)$ 时，第 K_j 个控制器仍是激活的(即 $\sigma(t_i-d_1(t_i))=j$). 采用文献[196]中的合并信号来处理控制器与子系统不匹配的异步现象. 类似于文献[196]，建立一个虚拟的切换信号 σ' 处理不匹配的切换信号 σ 和 σ_1：

$$\sigma':[0,+\infty)\to\Xi\times\Xi,\quad \sigma'=(\sigma,\sigma_1) \tag{8.1}$$

用符号 $\oplus$ 表示合并行为，使得 $\sigma'=\sigma\oplus\sigma_1$，切换信号 σ 的切换点与切换信号 σ_1 的切换点的并集是 σ' 的切换点.

定义 8.1 基于上述切换信号，设计控制输入 u，切换随机时滞系统(3.1)基于无源性的异步输出调节问题可描述为：

(1) 当 $v(t)=0$ 时，相应闭环系统是均方指数稳定的；

(2) 当 $v(t)\neq 0$ 时，在初始条件下，关于供给率 $2v^{\mathrm{T}}(s)z(s)+\gamma v^{\mathrm{T}}(s)v(s)$ 满足

$$2\mathcal{E}\left\{\int_0^{+\infty}v^{\mathrm{T}}(s)z(s)\mathrm{d}s\right\}\geqslant-\gamma\int_0^{+\infty}v^{\mathrm{T}}(s)v(s)\mathrm{d}s \tag{8.2}$$

则相应闭环系统是随机无源的，其中 $\gamma>0$，同时它的解满足

$$\lim_{t\to+\infty}\mathcal{E}\{\|e(t)\|\}=0 \tag{8.3}$$

注 8.1 输出调节问题对于一个外部信号有两个性能目标要实现，即渐近追踪和扰动抑制. 外部信号由一个将能量注入目标系统的外部系统产生. 对于输出调节问题，当系统从外部系统连续获得能量时，通过构建 L-K 泛函(包含一阶导数的正定函数)很难达到传统的稳定性. 从能量的角度考虑，无源性表示系统在输入和输出能量方面的变化，这意味着系统内存储的能量的增加不超过系统外部提供的能量[208]. 由于这些特点，无源性显示了处理由(8.2)描述的输出调节问题的潜力. 然而，由于状态、切换信号中同时存在时滞以及随机因素增加了研究难度，切换随机时滞系统的无源输出调节问题还尚未被研究.

以下部分构造输出调节控制中至关重要的坐标变换，在系统可镇定和可检测的假设下，分别设计两种控制输入 u 求解异步输出调节问题.

8.3 全息状态反馈输出调节问题

本节假设系统的状态信息可完全获知，并且全息反馈控制器设计为如下形式：

$$u(t)=K_{\sigma_1}x(t)+L_{\sigma_1}v(t) \tag{8.4}$$

式中，K_{σ_1} 和 L_{σ_1} 为所设计的控制增益；σ_1 为 $\sigma(t-d_1(t)),d_1(\cdot):[0,+\infty)\to[0,\tau_1)$ 为调节器切换信号中的时变时滞，其中 τ_1 为 $d_1(t)$ 的上限，$\tau_1\leqslant t_{k+1}-t_k,k\in\mathbb{N}$. 因此，闭环系统如下：

$$\begin{cases} \mathrm{d}x(t) = ((A_\sigma + M_\sigma K_{\sigma_1})x(t) + \tilde{A}_\sigma x_d(t) + (M_\sigma L_{\sigma_1} + B_\sigma)v(t))\mathrm{d}t \\ \qquad + f_\sigma(t, x(t), x_d(t))\mathrm{d}\omega(t) \\ z(t) = C_\sigma x(t) + \tilde{C}_\sigma x_d(t) + D_\sigma v(t) \\ e(t) = E_\sigma x(t) + \tilde{E}_\sigma x_d(t) + F_\sigma v(t) \\ x(\theta) = \psi(\theta), \quad \theta \in [-\tau, 0] \end{cases} \tag{8.5}$$

基于以下假设，给出切换随机时滞系统(3.1)基于无源性和异步全息反馈控制器的异步输出调节问题的充分条件.

假设 8.1　存在矩阵 Π 、 Γ_i 满足下列调节器方程：

$$\begin{cases} \Pi S = A_i \Pi + \tilde{A}_i \tilde{\Pi} + M_i \Gamma_i + B_i \\ 0 = E_i \Pi + \tilde{E}_i \tilde{\Pi} + F_i, \quad \tilde{\Pi} = \Pi \mathrm{e}^{-S\tau} \\ 0 = M_i(\Gamma_i - \Gamma_j), \quad i, j \in \Xi \end{cases} \tag{8.6}$$

注 8.2　调节器方程是输出调节问题的核心，用于呈现坐标变换以同时实现渐近跟踪和干扰抑制[154, 175, 176, 181]. 当选用调节器控制来研究切换系统时，对于每个子系统来说，共同坐标变换是处理模型在切换点的跳变的常用方法. 切换系统中基于非共同坐标变换进行研究的论文并不多见[175, 176]. 然而，对于连续系统，文献[175]中的约束条件很难验证，而文献[176]中处理切换点处状态跳跃的方法依赖于离散系统的特性. 因此，共同坐标变化方法仍然是切换系统输出调节问题研究中的主要方法. 此外，调节器方程 $0 = M_i(\Gamma_i - \Gamma_j)$ 用于异步现象引起的模型跳跃.

定理 8.1　考虑满足假设 3.1～假设 3.3 和假设 8.1 的系统(8.5)，给定常量 $\lambda_s > 0$ ， $\lambda_u > 0$ ， $\beta > 0$ ， $\mu \geqslant 1$ ，如果存在常量 $\gamma^* > 0$ ， $\varepsilon_\kappa > 0$ ，矩阵 $P_i > 0$ ， $Q_{\iota i} > 0$ ， $Z_{\iota i} > 0$ 和适当维数矩阵 K_l 、 $X_{\iota i}$ ，其中 $\forall \iota \in \{i, j\}$， $i \neq j$， $i, j \in \Xi$ ，使得下面不等式成立：

$$\varphi_{\iota i} = (\varphi_{\rho\kappa}^{\iota i}) < 0, \quad \rho, \kappa \in \{1, 2, \cdots, 9\} \tag{8.7}$$

$$\varepsilon_\iota I \leqslant P_\iota \tag{8.8}$$

$$P_i \leqslant \mu P_j, \quad Q_{ii} \leqslant \mu Q_{ij}, \quad Q_{ij} \leqslant \mu Q_{jj}, \quad Z_{ii} \leqslant \mu Z_{ij}, \quad Z_{ij} \leqslant \mu Z_{jj} \tag{8.9}$$

那么系统(3.1)在满足平均驻留时间条件

$$\tau_a > \tau_a^* = \frac{2\ln\mu + (\lambda_s + \lambda_u)(\tau + \tau_1)}{\lambda_s} \tag{8.10}$$

的任意切换信号下基于无源性的异步全息状态反馈输出调节问题是可解的，其中调节器增益设计为

$$K_\iota = K_{\iota\iota} P_\iota^{-1}, \quad L_\iota = \Gamma_\iota - K_\iota \Pi \tag{8.11}$$

式(8.7)中，

$$\varphi_{11}^{\iota i}=\lambda_{\iota i}P_\iota+A_iP_\iota+P_\iota A_i^{\mathrm T}+M_iK_{\iota\iota}+K_{\iota\iota}^{\mathrm T}M_i^{\mathrm T}+Q_{\iota i}-\tau^{-1}\mathrm e^{-\lambda_{\iota i}\tau}Z_{\iota i}$$

$$\varphi_{12}^{\iota i}=\tilde A_iP_\iota+\tau^{-1}\mathrm e^{-\lambda_{\iota i}\tau}Z_{\iota i},\quad \varphi_{14}^{\iota i}=P_\iota C_i^{\mathrm T},\quad \varphi_{15}^{\iota i}=\beta P_\iota A_i^{\mathrm T}+\beta K_{\iota\iota}^{\mathrm T}M_i^{\mathrm T}$$

$$\varphi_{17}^{\iota i}=P_\iota J_i^{\mathrm T},\quad \varphi_{22}^{\iota i}=-(1-h)\mathrm e^{-\lambda_{\iota i}\tau}Q_{\iota i}-\tau^{-1}\mathrm e^{-\lambda_{\iota i}\tau}Z_{\iota i},\quad \varphi_{24}^{\iota i}=P_\iota\tilde C_i^{\mathrm T}$$

$$\varphi_{25}^{\iota i}=\beta P_\iota\tilde A_i^{\mathrm T},\quad \varphi_{28}^{\iota i}=P_\iota\tilde J_i^{\mathrm T},\quad \varphi_{33}^{\iota i}=-\gamma^*I/2,\quad \varphi_{66}^{\iota i}=-\gamma^*I/2$$

$$\varphi_{34}^{\iota i}=\tilde D_i^{\mathrm T},\quad \varphi_{37}^{\iota i}=\Pi^{\mathrm T}J_i^{\mathrm T},\quad \varphi_{38}^{\iota i}=\tilde\Pi^{\mathrm T}\tilde J_i^{\mathrm T},\quad \varphi_{44}^{\iota i}=-X_{\iota i}^{\mathrm T}-X_{\iota i}$$

$$\varphi_{46}^{\iota i}=X_{\iota i}^{\mathrm T},\quad \varphi_{55}^{\iota i}=\tau Z_{\iota i}-2\beta P_\iota,\quad \varphi_{77}^{\iota i}=\varphi_{88}^{\iota i}=-\varepsilon_\iota I$$

其余项都为适当维数的零矩阵. 其中，$\lambda_{ii}=\lambda_s$，$\lambda_{ij}=-\lambda_u$.

证明 当第 j 个子系统切换到第 i 个子系统时，调节器 K_j 仍是激活的. 由于切换时滞，令 $\overline{x}(t)=x(t)-\Pi v(t)$，$\overline{x}_d(t)=x_d(t)-\tilde\Pi v(t)$. 在假设 8.1 下，闭环系统可写成如下形式：

$$\begin{cases}\mathrm d\overline{x}(t)=g_{\sigma'}^1(t)\mathrm dt+f_{\sigma'}(t)\mathrm d\omega(t)\\ z(t)=g_{\sigma'}^2(t)\\ e(t)=E_{\sigma'}\overline{x}(t)+\tilde E_{\sigma'}\overline{x}_d(t)\\ x(\theta)=\psi(\theta),\quad \theta\in[-\tau,0]\end{cases}\tag{8.12}$$

式中，

$$E_{\sigma'}=E_\sigma,\quad \tilde E_{\sigma'}=\tilde E_\sigma,\quad g_{\sigma'}^1(t)=(A_\sigma+M_\sigma K_{\sigma_1})\overline{x}(t)+\tilde A_\sigma\overline{x}_d(t)$$

$$g_{\sigma'}^2(t)=C_\sigma\overline{x}(t)+\tilde C_\sigma\overline{x}_d(t)+\tilde D_\sigma v(t),\quad \tilde D_\sigma=D_\sigma+C_\sigma\Pi+\tilde C_\sigma\tilde\Pi$$

$$f_{\sigma'}(t)=f_\sigma(t,\overline{x}(t)+\Pi v(t),\overline{x}_d(t)+\tilde\Pi v(t))$$

构造如下形式的 L-K 泛函：

$$\begin{aligned}V_{\sigma'}(\overline{x}(t))=&\,\overline{x}^{\mathrm T}(t)\hat P_{\sigma'}\overline{x}(t)+\int_{t-d(t)}^t\overline{x}^{\mathrm T}(s)\mathrm e^{\lambda_{\sigma'}(s-t)}\hat Q_{\sigma'}\overline{x}(s)\mathrm ds\\&+\int_{-\tau}^0\int_{t+\theta}^t y^{\mathrm T}(s)\mathrm e^{\lambda_{\sigma'}(s-t)}\hat Z_{\sigma'}y(s)\mathrm ds\mathrm d\theta\end{aligned}\tag{8.13}$$

式中，$y(s)\mathrm ds=\mathrm d\overline{x}(s)$；$\hat P_{\sigma'}=\hat P_{\sigma_1}=P_{\sigma_1}^{-1}$.

根据 Itô 公式得到

$$\mathrm dV_{\iota i}(\overline{x}(t))+\lambda_{\iota i}V_{\iota i}(\overline{x}(t))\mathrm dt=(\mathcal LV_{\iota i}(\overline{x}(t))+\lambda_{\iota i}V_{\iota i}(\overline{x}(t)))\mathrm dt+2x^{\mathrm T}(t)\hat P_\iota f_{\iota i}(t)\mathrm d\omega(t)\tag{8.14}$$

式中，

$$\begin{aligned}\mathcal{L}V_{\iota i}(\bar{x}(t))+\lambda_{\iota i}V_{\iota i}(\bar{x}(t))\leqslant{}&\lambda_{\iota i}\bar{x}^{\mathrm{T}}(t)\hat{P}_{i}\bar{x}(t)+2\bar{x}^{\mathrm{T}}(t)\hat{P}_{\iota}g_{\iota i}^{1}(t)+\mathrm{tr}\{f_{\iota i}^{\mathrm{T}}(t)\hat{P}_{\iota}f_{\iota i}(t)\}\\&+\bar{x}^{\mathrm{T}}(t)\hat{Q}_{\iota i}\bar{x}(t)-(1-h)\mathrm{e}^{-\lambda_{\iota i}\tau}\bar{x}_{d}^{\mathrm{T}}(t)\hat{Q}_{\iota i}\bar{x}_{d}(t)\\&+\tau y^{\mathrm{T}}(t)\hat{Z}_{\iota i}y(t)-\mathrm{e}^{-\lambda_{\iota i}\tau}\int_{t-d(t)}^{t}y^{\mathrm{T}}(s)\hat{Z}_{\iota i}y(s)\mathrm{d}s\end{aligned}\tag{8.15}$$

结合假设 3.2 与式(8.8)，得到

$$\begin{aligned}\mathrm{tr}\{f_{\iota i}^{\mathrm{T}}(t)\hat{P}_{\iota}f_{\iota i}(t)\}\leqslant{}&\varepsilon_{\iota}^{-1}((\bar{x}(t)+\varPi v(t))^{\mathrm{T}}J_{i}^{\mathrm{T}}J_{i}(\bar{x}(t)+\varPi v(t))\\&+(\bar{x}_{d}(t)+\tilde{\varPi}v(t))^{\mathrm{T}}\tilde{J}_{i}^{\mathrm{T}}\tilde{J}_{i}(\bar{x}_{d}(t)+\tilde{\varPi}v(t)))\end{aligned}\tag{8.16}$$

此外，由引理 2.1 可得

$$\begin{aligned}-\int_{t-d(t)}^{t}y^{\mathrm{T}}(s)\hat{Z}_{\iota i}y(s)\mathrm{d}s&\leqslant -d(t)^{-1}\int_{t-d(t)}^{t}y^{\mathrm{T}}(s)\mathrm{d}s\hat{Z}_{\iota i}\int_{t-d(t)}^{t}y(s)\mathrm{d}s\\&\leqslant\tau^{-1}\zeta^{\mathrm{T}}(t)\begin{bmatrix}-\hat{Z}_{\iota i}&\hat{Z}_{\iota i}\\\hat{Z}_{\iota i}&-\hat{Z}_{\iota i}\end{bmatrix}\zeta(t)\end{aligned}\tag{8.17}$$

式中，$\zeta^{\mathrm{T}}(t)=[\bar{x}^{\mathrm{T}}(t)\quad \bar{x}_{d}^{\mathrm{T}}(t)]$. 对于任意适当维数的矩阵 $\hat{X}_{\iota i}$、$\hat{Y}_{\iota i}$，下面等式成立：

$$\begin{cases}2(\hat{X}_{\iota i}z(t))^{\mathrm{T}}((g_{\iota i}^{2}(t)-z(t))\mathrm{d}t)=0\\2(\hat{Y}_{\iota i}y(t))^{\mathrm{T}}(g_{\iota i}^{1}(t)-y(t))\mathrm{d}t+f_{\iota i}(t)\mathrm{d}\omega(t)=0\end{cases}\tag{8.18}$$

结合式(8.16)～式(8.18)得到

$$\mathcal{L}\hat{V}_{\iota i}(\bar{x}(t))+\lambda_{\iota i}V_{\iota i}(\bar{x}(t)+\varGamma(t))\leqslant\eta^{\mathrm{T}}(t)\hat{\varphi}_{\iota i}\eta(t)\tag{8.19}$$

式中，

$$\lambda_{ii}=\lambda_{s},\quad \lambda_{ij}=-\lambda_{u},\quad \hat{\varphi}_{\iota i}=(\hat{\varphi}_{\rho\kappa}^{\iota i}),\quad \rho,\kappa\in\{1,2,\cdots,5\}$$

$$\mathcal{L}\hat{V}_{\iota i}(\bar{x}(t))=\mathcal{L}V_{\iota i}(\bar{x}(t))+2y^{\mathrm{T}}(t)\hat{Y}_{\iota i}^{\mathrm{T}}(g_{\iota i}^{1}(t)-y(t))+2z^{\mathrm{T}}(t)\hat{X}_{\iota i}^{\mathrm{T}}(g_{\iota i}^{2}(t)-z(t))$$

$$\varGamma(t)=2z^{\mathrm{T}}(t)z(t)/\gamma^{*}-\gamma^{*}v^{\mathrm{T}}(t)v(t)/2$$

$$\eta^{\mathrm{T}}(t)=[\bar{x}^{\mathrm{T}}(t)\quad \bar{x}_{d}^{\mathrm{T}}(t)\quad v^{\mathrm{T}}(t)\quad z^{\mathrm{T}}(t)\quad y^{\mathrm{T}}(t)]$$

其中，

$$\hat{\varphi}_{11}^{\iota i}=\lambda_{\iota i}\hat{P}_{\iota}+\hat{P}_{\iota}(A_{i}+M_{i}K_{i})+(A_{i}+M_{i}K_{\iota})^{\mathrm{T}}\hat{P}_{\iota}+\hat{Q}_{\iota i}-\tau^{-1}\mathrm{e}^{-\lambda_{\iota i}\tau}\hat{Z}_{\iota i}+\varepsilon_{i}^{-1}J_{i}^{\mathrm{T}}J_{i}$$

$$\hat{\varphi}_{12}^{i}=\hat{P}_{\iota}\tilde{A}_{i}+\tau^{-1}\mathrm{e}^{-\lambda_{\iota i}}\hat{Z}_{\iota i},\quad \hat{\varphi}_{13}^{\iota i}=\varepsilon_{i}^{-1}J_{i}^{\mathrm{T}}J_{i}\varPi,\quad \hat{\varphi}_{14}^{i}=C_{i}^{\mathrm{T}}\hat{X}_{\iota i},\quad \hat{\varphi}_{15}^{\iota i}=(A_{i}+M_{i}K_{\iota})^{\mathrm{T}}\hat{Y}_{\iota i}$$

$$\hat{\varphi}_{22}^{\iota i}=-(1-h)\mathrm{e}^{-\lambda_{\iota i}\tau}\hat{Q}_{\iota i}-\tau^{-1}\mathrm{e}^{-\lambda_{\iota i}\tau}\hat{Z}_{\iota i}+\varepsilon_{i}^{-1}\tilde{J}_{i}^{\mathrm{T}}\tilde{J}_{i},\quad \hat{\varphi}_{23}^{\iota i}=\varepsilon_{i}^{-1}\tilde{J}_{i}^{\mathrm{T}}\tilde{J}_{i}\tilde{\varPi},\quad \hat{\varphi}_{24}^{\iota i}=\tilde{C}_{i}^{\mathrm{T}}\hat{X}_{\iota i}$$

$$\hat{\varphi}_{25}^{\iota i}=\tilde{A}_{i}^{\mathrm{T}}\hat{Y}_{\iota i},\quad \hat{\varphi}_{33}^{\iota i}=\varepsilon_{i}^{-1}\varPi^{\mathrm{T}}J_{i}^{\mathrm{T}}J_{i}\varPi+\varepsilon_{i}^{-1}\tilde{\varPi}^{\mathrm{T}}\tilde{J}_{i}^{\mathrm{T}}\tilde{J}_{i}\tilde{\varPi}-\gamma^{*}I/2,\quad \hat{\varphi}_{34}^{\iota i}=\tilde{D}_{i}^{\mathrm{T}}\hat{X}_{\iota i}$$

$$\varphi_{44}^{\iota i}=2I/\gamma^{*}-\hat{X}_{\iota i}^{\mathrm{T}}-\hat{X}_{\iota i},\quad \hat{\varphi}_{55}^{\iota i}=\tau\hat{Z}_{\iota i}-\hat{Y}_{\iota i}^{\mathrm{T}}-\hat{Y}_{\iota i}$$

令 $I_{\iota i}=\mathrm{diag}\{P_{\iota},P_{\iota},I,X_{\iota i},P_{\iota}\}$，其中 $P_{\iota}=\hat{P}_{\iota}^{-1}$，$X_{\iota i}=\hat{X}_{\iota i}^{-1}$，$Q_{\iota i}=P_{\iota}\hat{Q}_{\iota i}P_{\iota}$，$Z_{\iota i}=P_{\iota}\hat{Z}_{\iota i}P_{\iota}$，$K_{\iota\iota}=K_{\iota}P_{\iota}$ 和 $\hat{Y}_{\iota i}=\beta\hat{P}_{\iota}^{-1}$（文献[137]中的注 6 讨论了 $\hat{Y}_{\iota i}=\beta\hat{P}_{\iota}$ 的合理性），

$\tilde{\varphi}_{ti} = I_{ti}^{\mathrm{T}}\hat{\varphi}_{ti}I_{ti}$. 由引理 2.5，式(8.7)等价于 $\tilde{\varphi}_{ti} < 0$. 因此由式(8.7)有 $\hat{\varphi}_{ti} < 0$ 成立. 根据式(8.9)和式(8.13)有

$$\begin{cases}\mathcal{E}\{V_{ii}(\overline{x}(t_i + d_s(t_i)))\} \leqslant \mu\mathcal{E}\{V_{ij}(\overline{x}(t_i + d_s(t_i^-)))\} \\ \mathcal{E}\{V_{ij}(\overline{x}(t_i))\} \leqslant \mu \mathrm{e}^{(\lambda_s+\lambda_u)d}\mathcal{E}\{V_{jj}(\overline{x}(t_i^-))\}\end{cases} \tag{8.20}$$

由于 $t\in[t_k, t_{k+1})$ 时，σ' 是分段连续的. 根据式(8.19)，下面不等式成立：

$$\mathcal{E}\{V_{\sigma'(t)}(\overline{x}(t))\} \leqslant \mathrm{e}^{-\lambda_{\sigma'(t_k)}(t-t_k)}\mathcal{E}\{V_{\sigma'(t_k)}(\overline{x}(t_k))\} - \mathcal{E}\left\{\int_{t_k}^{t}\mathrm{e}^{-\lambda_{\sigma'(t_k)}(t-s)}\Gamma(s)\mathrm{d}s\right\} \tag{8.21}$$

令 $\Im|_k^{N_{\sigma'}}(s) = \mathrm{e}^{\left(\sum\limits_{j=k+1}^{N_{\sigma'}} -\Lambda_{\sigma'(t_j)}(t_{j+1}-t_j)\right)}\mathrm{e}^{(-\Lambda_{\sigma'(t_k)}(t_{k+1}-s))}$，对不等式(8.21)进行积分，同时利用式(8.20)得到

$$\begin{aligned}\mathcal{E}\{V_{\sigma'(t)}(\overline{x}(t))\} &\leqslant \mu^{N_{\sigma'}(t_0,t)}\mathrm{e}^{N_\sigma(t_0,t)(\lambda_s+\lambda_u)\tau}\Im|_0^{N_{\sigma'}}(t_0)\mathcal{E}\{V_{\sigma'(t_0)}(\overline{x}(t_0))\} \\ &\quad - \sum_{k=0}^{N_{\sigma'}}\mathcal{E}\left\{\int_{t_k}^{t_{k+1}}\mu^{N_{\sigma'(s,t)}(\lambda_s+\lambda_u)}\mathrm{e}^{N_{\sigma(s,t)}(\lambda_s+\lambda_u)\tau}\Im|_k^{N_{\sigma'}}(s)\Gamma(s)\mathrm{d}s\right\} \\ &= \Im(t_0)\mathcal{E}\{V_{\sigma'(t_0)}(\overline{x}(t_0))\} - \mathcal{E}\left\{\int_{t_0}^{t}\Im(s)\Gamma(s)\mathrm{d}s\right\}\end{aligned} \tag{8.22}$$

式中，$\Im(s) = \mu^{N_{\sigma'(s,t)}}\mathrm{e}^{N_\sigma(s,t)(\lambda_s+\lambda_u)\tau}\mathrm{e}^{-\lambda_s m_{(s,t)}+\lambda_u\overline{m}_{(s,t)}}$. 条件(8.10)说明存在一个正定常量 λ 使得 $(2\ln\mu + (\lambda_s+\lambda_u)\tau)/\tau_a < \lambda < \lambda_s - (\lambda_s+\lambda_u)\tau_1/\tau_a$ 成立，等价于

$$(\lambda_s+\lambda_u)\tau_1 < (\lambda_s-\lambda)\tau_a,\quad \lambda' = \lambda - (2\ln\mu + (\lambda_s+\lambda_u)\tau)/\tau_a > 0 \tag{8.23}$$

在零初始条件下，依据式(8.22)有

$$\mathcal{E}\left\{\int_0^t \Im(\mathrm{s})\Gamma(\mathrm{s})\mathrm{ds}\right\} \leqslant 0 \tag{8.24}$$

结合式(8.23)、式(8.24)和 $N_{\sigma'}(t,s) \leqslant \overline{N}_0 + (t-s)/\overline{\tau}_a$，$N_\sigma(t,s) \leqslant N_0 + (t-s)/\tau_a$，得到

$$\mathcal{E}\left\{\int_0^t \mathrm{e}^{-\lambda_s(t-s)}\frac{2z^{\mathrm{T}}(s)z(s)}{\gamma^*}\mathrm{d}s\right\} \leqslant \mathcal{E}\left\{\int_0^t c\mathrm{e}^{-\lambda'(t-s)}\frac{\gamma^* v^{\mathrm{T}}(s)v(s)}{2}\mathrm{d}s\right\} \tag{8.25}$$

式中，$c = \mathrm{e}^{\overline{N}_0\ln\mu + N_0(\lambda_s+\lambda_u)\tau + c_t}$，$c_t = (\lambda_s+\lambda_u)(N_0+1)$.

将式(8.25)两端从 $t=0$ 到 $t=+\infty$ 进行积分，可得

$$\mathcal{E}\left\{\int_0^{+\infty}\left(\frac{2z^{\mathrm{T}}(s)z(s)}{\gamma} - \frac{\gamma v^{\mathrm{T}}(s)v(s)}{2}\right)\mathrm{d}s\right\} \leqslant 0,\quad \gamma = \gamma^*\sqrt{\frac{c\lambda_s}{\lambda'}} \tag{8.26}$$

注意到对于 $\forall\vartheta > 0, -2v^{\mathrm{T}}(s)z(s) - \vartheta v^{\mathrm{T}}(s)v(s) \leqslant 2z^{\mathrm{T}}(s)z(s)/\vartheta - \vartheta v^{\mathrm{T}}(s)v(s)/2$. 根据式(8.26)，得到

$$\mathcal{E}\left\{\int_0^{+\infty}(-2v^{\mathrm{T}}(s)z(s) - \gamma v^{\mathrm{T}}(s)v(s))\mathrm{d}s\right\} \leqslant 0$$

该不等式等价于式(8.2)，即闭环系统(8.5)具有随机无源性. 当$v=0$时，接下来证明系统(8.5)在均方意义上的指数稳定性. 易得下面的不等式：

$$\mathcal{L}\bar{V}_{ti}(x(t)+\lambda_{ti}V_{ti}(x(t)))\leqslant\delta^{\mathrm{T}}(t)\varphi_{ti}^{*}\delta(t)$$

式中，

$$\delta^{\mathrm{T}}(t)=[x^{\mathrm{T}}(t)\quad x_d^{\mathrm{T}}(t)\quad y^{\mathrm{T}}(t)],\quad \varphi_{ti}^{*}=\begin{bmatrix}\hat{\varphi}_{11}^{ti} & \hat{\varphi}_{12}^{ti} & \hat{\varphi}_{15}^{ti}\\ * & \hat{\varphi}_{22}^{ti} & \hat{\varphi}_{25}^{ti}\\ * & * & \hat{\varphi}_{55}^{ti}\end{bmatrix}$$

从$\hat{\varphi}_{ti}<0$容易得到$\varphi_{ti}^{*}<0$，那么

$$\mathcal{L}\bar{V}_{ti}(x(t))+\lambda_{ti}V_{ti}(x(t))<0 \tag{8.27}$$

将式(8.27)代入式(8.16)得

$$\mathrm{d}V_{ti}(x(t))+\lambda_{ti}V_{ti}(x(t))\mathrm{d}t\leqslant 2(x^{\mathrm{T}}(t)P_t+y^{\mathrm{T}}(t)\hat{Y}_{ti})f_{ti}(t)\mathrm{d}\omega(t)$$

类似于式(8.20)和式(8.21)，得到

$$\mathcal{E}\{V_{\sigma'(t)}(x(t))\}\leqslant c\mathrm{e}^{-\lambda'(t-t_0)}\mathcal{E}\{V_{\sigma'(t)}(x(\tau_0))\} \tag{8.28}$$

此外，根据式(8.13)，有下面的不等式成立：

$$\begin{cases}a\mathcal{E}\{\|x(t)\|^2\}\leqslant\mathcal{E}\{V_{\sigma'(t)}(x(t))\}\\ V_{\sigma'(t_0)}(x(t_0))\leqslant b\|x(t_0)\|_c^2\end{cases} \tag{8.29}$$

式中，

$$\|x(t_0)\|_c=\max_{-\tau\leqslant\theta\leqslant 0}\{\|x(t_0+\theta)\|,\|y(t_0+\theta)\|\},\quad a=\min_{i,j\in\Xi}\{\lambda_{\min}(P_{ij})\}$$

$$b=\max_{i,j\in\Xi}\{\lambda_{\max}(P_{ij})\}+\max_{i,j\in\Xi}\{\tau^2\lambda_{\max}(Q_{ij})\}+\max_{i,j\in\Xi}\{\tau^2\lambda_{\max}(Z_{ij})/2\}$$

结合式(8.23)、式(8.28)和式(8.29)得到

$$\mathcal{E}\{\|x(t)\|^2\}\leqslant\frac{bc}{a}\mathrm{e}^{-\lambda'(t-t_0)}\|x(t_0)\|_c^2$$

对不等式两边同时取极限，得到

$$\lim_{t\to\infty}\sup\frac{1}{t}\ln\mathcal{E}\{\|x(t)\|^2\}\leqslant\lim_{t\to\infty}\sup\frac{1}{t}\left(\ln\left(\frac{bc}{a}\right)-\lambda'(t-t_0)+\ln(\|x(t_0)\|_c^2)\right)=-\lambda'$$

即当$v(t)=0$时，闭环系统(8.5)是均方指数稳定的. 当$v(t)\neq 0$时，由引理 2.6 可得

$$\mathcal{E}\{\|x_d(t)-\tilde{\Pi}v(t)\|\}\leqslant M\mathrm{e}^{-\alpha t}\mathcal{E}\{\|x(\theta)-\tilde{\Pi}v(0)\|\},\quad M>0,\quad \alpha>0$$

那么 $\lim_{t\to\infty}\mathcal{E}\{\|x_d(t)-\tilde{\Pi}v(t)\|\}=0$，即 $\lim_{t\to\infty}\mathcal{E}\{\|\bar{x}_d(t)\|\}=0$. 因此 $\lim_{t\to\infty}\mathcal{E}\{\|e(t)\|\}=0$. 证毕.

注 8.3 为了得到不等式(8.2)，引入了由完全平方公式 $(\sqrt{\gamma}v(s)/\sqrt{2}+\sqrt{2}z(s)/\sqrt{\gamma})^2\geqslant 0$ 得到的不等式：

$$-2v^{\mathrm{T}}(s)z(s)-\gamma v^{\mathrm{T}}(s)v(s)\leqslant 2z^{\mathrm{T}}(s)z(s)/\gamma-\gamma v^{\mathrm{T}}(s)v(s)/2$$

式中，$\gamma>0$；$\forall s\in[0,+\infty)$. 该操作放宽了文献[137]中输入和输出之间关系的极限，即 $-2v^{\mathrm{T}}(s)z(s)-\gamma v^{\mathrm{T}}(s)v(s)\leqslant 0$，$\forall s\in[0,+\infty)$，$\gamma>0$，这是式(8.2)的一个严格条件.

在一些实际问题中，状态时滞由于不可测或者充分小的原因可以被忽略. 当 $d(t)=0$ 时，下面推论作为特例被给出.

推论 8.1 考虑满足假设 3.1～假设 3.3 和假设 8.1 的系统(8.5)，对给定的参数 $\lambda_s>0$，$\lambda_u>0$，以及 $\mu\geqslant 1$，如果存在 $\gamma^*>0$，$\varepsilon_\kappa>0$，矩阵 $P_\iota>0$ 以及适当维数矩阵 K_ι、$X_{\iota i}$，$\iota\in\{i,j\}$，$i\neq j$，$i,j\in\Xi$，使得下面不等式成立：

$$\begin{bmatrix}\varphi_{11}^{\iota i} & 0 & \varphi_{14}^{\iota i} & 0 & \varphi_{17}^{\iota i}\\ * & \varphi_{33}^{\iota i} & \varphi_{34}^{\iota i} & 0 & \varphi_{37}^{\iota i}\\ * & * & \varphi_{44}^{\iota i} & \varphi_{46}^{\iota i} & 0\\ * & * & * & \varphi_{66}^{\iota i} & 0\\ * & * & * & * & \varphi_{77}^{\iota i}\end{bmatrix}<0$$

$$\varepsilon_\iota I\leqslant P_\iota$$

$$P_i\leqslant \mu P_j$$

那么当 $Q_{\iota i}=Z_{\iota i}=0,\ \tilde{A}_i=\tilde{C}_i=\tilde{E}_i=0$ 时，系统(3.1)在满足平均驻留时间条件(8.10)的任意切换信号下基于无源控制的异步全息反馈输出调节问题是可解的.

8.4 误差反馈输出调节问题

本节假设系统的状态对于反馈调节器是不可获得的. 因此，在下面的异步误差反馈调节器下解决了切换随机时滞系统基于无源性的异步输出调节问题.

$$\begin{cases}\mathrm{d}\xi(t)=(G_\sigma\xi(t)+H_{\sigma_1}e(t))\mathrm{d}t\\ u(t)=R_\sigma\xi(t)\end{cases}\tag{8.30}$$

式中，G_σ 和 R_σ 是适当维数的常数矩阵；H_{σ_1} 是待求解的控制增益；$\xi(t)\in\Re^r$ 是内部状态；σ_1 类似于式(8.4)中的切换规则. 则可得出如下闭环系统：

$$\begin{cases} \mathrm{d}x(t) = (A_\sigma x(t) + \tilde{A}_\sigma x_d(t) + M_\sigma R_\sigma \xi(t) + B_\sigma v(t))\mathrm{d}t \\ \qquad + f_\sigma(t, x(t), x_d(t))\mathrm{d}\omega(t) \\ \mathrm{d}\xi(t) = (G_\sigma \xi(t) + H_{\sigma_1} E_\sigma x(t) + H_{\sigma_1} \tilde{E}_\sigma x_d(t) \\ \qquad + H_{\sigma_1} F_\sigma v(t))\mathrm{d}t \\ z(t) = C_\sigma x(t) + \tilde{C}_\sigma x_d(t) + D_\sigma v(t) \\ e(t) = E_\sigma x(t) + \tilde{E}_\sigma x_d(t) + F_\sigma v(t) \\ x(\theta) = \psi(\theta), \quad \theta \in [-\tau, 0] \end{cases} \tag{8.31}$$

提出如下假设得出切换随机时滞系统(3.1)基于无源性和异步误差反馈调节器(8.30)的异步输出调节问题的充分条件.

假设 8.2　存在矩阵 Π、Λ、R_i 和 G_i 满足下面调节器方程:

$$\begin{cases} \Pi S = A_i \Pi + \tilde{A}_i \tilde{\Pi} + M_i R_i \Lambda + B_i \\ \Lambda S = G_i \Lambda \\ 0 = E_i \Pi + \tilde{E}_i \tilde{\Pi} + F_i, \quad \tilde{\Pi} = \Pi \mathrm{e}^{-S\tau}, \quad i \in \Xi \end{cases} \tag{8.32}$$

类似于假设 8.1，切换系统(8.31)的每个子系统的坐标变换用于以下讨论.

令 $\chi^{\mathrm{T}}(t) = [\bar{x}^{\mathrm{T}}(t) \quad \bar{\xi}^{\mathrm{T}}(t)]$，$\chi_d^{\mathrm{T}}(t) = [\bar{x}_d^{\mathrm{T}}(t) \quad \bar{\xi}_d^{\mathrm{T}}(t)]$，其中 $\bar{\xi}(t) = \xi(t) - \Lambda v(t)$，$\bar{\xi}_d(t) = \xi(t - d(t)) - \tilde{\Lambda} v(t)$，$\tilde{\Lambda} = \Lambda \mathrm{e}^{-S\tau}$.

利用式(8.32)和上述坐标变换，由式(8.31)可得

$$\begin{cases} \mathrm{d}\chi(t) = (\underline{A}_{\sigma'} \chi(t) + \underline{\tilde{A}}_{\sigma'} \chi_d(t))\mathrm{d}t + \underline{f}_{\sigma'} \mathrm{d}\omega(t) \\ z(t) = g_{\sigma'}^2(t) \\ e(t) = E_{\sigma'} \bar{x}(t) + \tilde{E}_{\sigma'} \bar{x}_d(t) \\ x(\theta) = \psi(\theta), \quad \theta \in [-\tau, 0] \end{cases}$$

式中，

$$\underline{A}_{\sigma'} = \begin{bmatrix} A_\sigma & M_\sigma R_\sigma \\ H_{\sigma_1} E_\sigma & G_\sigma \end{bmatrix}, \quad \underline{\tilde{A}}_{\sigma'} = \begin{bmatrix} \tilde{A}_\sigma & 0 \\ H_{\sigma_1} \tilde{E}_\sigma & 0 \end{bmatrix}, \quad \underline{f}_{\sigma'} = \begin{bmatrix} f_\sigma \\ 0 \end{bmatrix}$$

选择如下 L-K 泛函:

$$V_{\sigma'}(\chi(t)) = \chi^{\mathrm{T}}(t) \underline{P}_{\sigma'} \chi(t) + \int_{t-d(t)}^{t} \bar{x}^{\mathrm{T}}(s) \mathrm{e}^{\lambda_{\sigma'}(s-t)} \underline{Q}_{\sigma'} \bar{x}(s)\mathrm{d}s \\ + \int_{-\tau}^{0} \int_{t+\theta}^{t} y^{\mathrm{T}}(s) \mathrm{e}^{\lambda_{\sigma'}(s-t)} \underline{Z}_{\sigma'} y(s)\mathrm{d}s\mathrm{d}\theta$$

式中，$\underline{P}_{\sigma'} = \mathrm{diag}\{P_{\sigma'}^1, P_\sigma^2\}$.

定理 8.2　考虑满足假设 3.1、假设 3.2、假设 3.4 和假设 8.2 的系统(8.31)，对于给定的系数 $\lambda_s > 0$，$\lambda_u > 0$ 和 $\mu \geqslant 1$，如果存在系数 $\gamma^* > 0$，$\underline{\varepsilon}_{ti} > 0$，矩阵

$P_{\iota i}^1>0$，$P_\iota^2>0$，$\underline{Q}_{\iota i}>0$，$\underline{Z}_{\iota i}>0$和适当维数的矩阵$H_{\iota\iota}$、$Y_{\iota i}^1$、$Y_{\iota i}^2$、$Y_{\iota i}^3$、$Y_{\iota i}^4$，其中$\forall \iota\in\{i,j\}$，$i\neq j,\ i,j\in\Xi$，使得下面不等式成立：

$$\underline{\varphi}_{\iota i}=(\underline{\varphi}_{\rho\kappa}^{\iota i})<0,\quad \rho,\kappa\in\{1,2,\cdots,7\}$$

$$P_{\iota i}^1\leqslant \underline{\varepsilon}_{\iota i}I$$

$$P_{ii}^1\leqslant \mu P_{ji}^1,\quad P_{ji}^1\leqslant \mu P_{ji}^1,\quad \underline{Q}_{ii}\leqslant \mu\underline{Q}_{ji},\quad \underline{Q}_{ji}\leqslant \mu\underline{Q}_{jj},\quad \underline{Z}_{ii}\leqslant \mu\underline{Z}_{ji},\quad \underline{Z}_{ji}\leqslant \mu\underline{Z}_{jj}$$

那么在满足(8.10)的任意切换信号下，系统(3.1)基于无源性的异步误差反馈的输出调节问题是可解的，并且控制器的增益设计为如下形式：

$$H_\iota=(P_\iota^2)^{-1}H_{\iota\iota}$$

式中，

$$\underline{\varphi}_{11}^{\iota i}=\lambda_{\iota i}P_{\iota i}^1+P_{\iota i}^1A_i+A_i^{\mathrm T}P_{\iota i}^1+\underline{Q}_{\iota i}-\mathrm{e}^{-\lambda_{\iota i}\tau}\underline{Z}_{\iota i}/\tau+\underline{\varepsilon}_\iota J_i^{\mathrm T}J_i$$

$$\underline{\varphi}_{12}^{\iota i}=E_i^{\mathrm T}H_{\iota i}^{\mathrm T}+A_i^{\mathrm T}\underline{Q}_{\iota i}+P_{\iota i}^1M_iR_i,\quad \underline{\varphi}_{13}^{\iota i}=P_{\iota i}^1\tilde A_i+\mathrm{e}^{-\lambda_{\iota i}\tau}\underline{Z}_{\iota i}/\tau$$

$$\underline{\varphi}_{14}^{\iota i}=\underline{\varepsilon}_\iota J_i^{\mathrm T}J_i\Pi+C_i^{\mathrm T}Y_{\iota i}^3,\quad \underline{\varphi}_{15}^{\iota i}=C_i^{\mathrm T}Y_{\iota i}^1,\quad \underline{\varphi}_{16}^{\iota i}=A_i^{\mathrm T}Y_{\iota i}^2$$

$$\underline{\varphi}_{22}^{\iota i}=\lambda_{\iota i}P_\iota^2+P_\iota^2G_i+G_i^{\mathrm T}P_\iota^2+(Y_{\iota i}^4)^{\mathrm T}M_iR_i+R_i^{\mathrm T}M_i^{\mathrm T}Y_{\iota i}^4$$

$$\underline{\varphi}_{23}^{\iota i}=H_{\iota\iota}\tilde E_i+(Y_{\iota i}^4)^{\mathrm T}\tilde A_i,\quad \underline{\varphi}_{26}^{i}=R_i^{\mathrm T}M_i^{\mathrm T}Y_{\iota i}^2-\underline{Q}_{\iota i}$$

$$\underline{\varphi}_{33}^{\iota i}=-(1-h)\mathrm{e}^{-\lambda_{\iota i}\tau}\underline{Q}_{\iota i}-\mathrm{e}^{-\lambda_{\iota i}\tau}\underline{Z}_{\iota i}/\tau+\underline{\varepsilon}_\iota\tilde J_i^{\mathrm T}\tilde J_i-\gamma^*I/2$$

$$\underline{\varphi}_{34}^{\iota i}=\underline{\varepsilon}_\iota\tilde J_i^{\mathrm T}\tilde J_i\tilde\Pi+\tilde C_i^{\mathrm T}Y_{\iota i}^3,\quad \underline{\varphi}_{35}^{\iota i}=\tilde C_i^{\mathrm T}Y_{\iota i}^1,\quad \underline{\varphi}_{36}^{\iota i}=\tilde A_i^{\mathrm T}Y_{\iota i}^2$$

$$\underline{\varphi}_{55}^{\iota i}=-(Y_{\iota i}^1)^{\mathrm T}-Y_{\iota i}^1,\quad \underline{\varphi}_{44}^{\iota i}=\underline{\varepsilon}_i\Pi^{\mathrm T}J_i^{\mathrm T}J_i\Pi+\underline{\varepsilon}_\iota\tilde\Pi^{\mathrm T}\tilde J_i^{\mathrm T}\tilde J\tilde\Pi+D_i^{\mathrm T}Y_{\iota i}^3+(Y_{\iota i}^3)^{\mathrm T}D_i$$

$$\underline{\varphi}_{45}^{\iota i}=\tilde D_i^{\mathrm T}Y_{\iota i}^1-(Y_{\iota i}^3)^{\mathrm T},\quad \underline{\varphi}_{57}^{\iota i}=I,\quad \underline{\varphi}_{66}^{\iota i}=\tau\underline{Z}_{\iota i}-(Y_{\iota i}^2)^{\mathrm T}-Y_{\iota i}^2$$

$$\underline{\varphi}_{77}^{\iota i}=-\gamma^*I/2$$

其他项均为适当维数的零矩阵. 其中，$\lambda_{ii}=\lambda_s,\lambda_{ij}=-\lambda_u$.

证明 对于任意适当维数矩阵$Y_{\iota i}^1$、$Y_{\iota i}^2$、$Y_{\iota i}^3$和$Y_{\iota i}^4$，有下面等式成立：

$$2(Y_{\iota i}^1z(t)+Y_{\iota i}^2v(t))^{\mathrm T}((g_{\iota i}^2-z(t))\mathrm{d}t)=0$$

$$2(Y_{\iota i}^3y(t)+Y_{\iota i}^4\overline{\xi}(t))^{\mathrm T}((g_{\iota i}^3-y(t))\mathrm{d}t+f_{\iota i}(t)\mathrm{d}\omega(t))=0$$

式中，$g_{\iota i}^3=A_i\overline{x}(t)+\tilde A_i\overline{x}_d(t)+M_iR_i\overline{\xi}(t)$. 类似于定理 8.1 的证明.

那么，在$v(t)=0$时，有

$$\lim_{t\to\infty}\sup\frac{1}{t}\ln\mathcal{E}\{\|\chi(t)\|^2\}\leqslant-\lambda'$$

也就是说 $v(t)=0$ 时，闭环系统(8.31)是均方指数稳定的.

当 $v(t)\neq 0$ 时，由引理 2.7 得

$$\mathcal{E}\{\|x_d(t)-\tilde{\Pi}v(t)\|+\|\xi_d(t)-\tilde{\Lambda}v(t)\|\}\leqslant \underline{M}\mathrm{e}^{-\alpha t}\mathcal{E}\{\|x(\theta)-\Pi v(0)\|+\|\xi(\theta)-\Lambda v(0)\|\}$$

其中 $\underline{M}>0$，$\alpha>0$，那么 $\lim\limits_{t\to+\infty}\mathcal{E}\{\|x_d(t)-\tilde{\Pi}v(t)\|\}=0$，即 $\lim\limits_{t\to+\infty}\mathcal{E}\{\|e(t)\|\}=0$. 证毕.

8.5 仿真算例

本节给出一个电路的例子和一个数值例子来验证所提出方法的有效性.

例 8.1 在文献[181]中，由 N 个输入电压、多个电阻 R_i 和多个电容 C_i 组成的切换电阻-电感-电容电路(RLC)的动态方程如下所示：

$$\begin{cases}\dot{x}_1=\dfrac{1}{L_i}x_2-\dfrac{1}{L_i}v_d\\ \dot{x}_2=-\dfrac{1}{C_i}x_i-\dfrac{R_i}{L_i}x_2+u_i\\ e_i=\dfrac{1}{L_i}x_2-\dfrac{1}{L_i}v_d,\quad i=1,2,\cdots,N\end{cases}\tag{8.33}$$

式中，$x=[x_1\quad x_2]^{\mathrm{T}}=[q_c\quad \varphi_L]^{\mathrm{T}}$；输入 u_i 是电压；v_d 是外部信号. 当考虑到实际环境因素的微小变化时，如温度变动、电磁扰动、地面扰动等，这就是一个不准确的理想模型. 这些环境因素引起的误差可以总结为零期望的布朗运动. 另外，信号传输过程中有切换时滞控制输入. 基于上述问题，考虑如下的 RLC 电路的切换随机模型，$L_1=L_2=0.1$，$C_1=4.4$，$C_2=1.1$，$R_1=R_2=3.4$.

$$\begin{cases}\mathrm{d}x(t)=(A_ix(t)+B_iv(t)+M_iu(t))\mathrm{d}t+f_i(t,x(t))\mathrm{d}\omega(t)\\ z(t)=C_ix(t)+D_iv(t)\\ e(t)=E_ix(t)+F_iv(t)\\ x(\theta)=\psi(\theta),\quad \theta\in[-\tau,0],\quad i=1,2\end{cases}\tag{8.34}$$

式中，$v(t)^{\mathrm{T}}=[v_1\quad v_2]$，$v_2=v_d$. 假设由如下外部系统

$$\mathrm{d}v(t)=Sv(t)\mathrm{d}t,\quad S=\begin{bmatrix}0&1\\-1&0\end{bmatrix}$$

生成系统矩阵如下：

$$A_1=\begin{bmatrix}0&10\\-0.2273&-34\end{bmatrix},\quad C_1=\begin{bmatrix}0&0\\0&-0.1\end{bmatrix},\quad D_1=\begin{bmatrix}0&0\\0&-1.9\end{bmatrix}$$

$$A_2=\begin{bmatrix}0&10\\-0.9091&-34\end{bmatrix},\quad C_2=\begin{bmatrix}0&0\\0&-2.6\end{bmatrix},\quad D_2=\begin{bmatrix}0&0\\0&-2.8\end{bmatrix}$$

$$B_i=\begin{bmatrix}0 & -10\\ 0 & 0\end{bmatrix},\quad M_i=\begin{bmatrix}0 & 0\\ 0 & 1\end{bmatrix},\quad E_i=\begin{bmatrix}0 & 0\\ 0 & 10\end{bmatrix},\quad F_i=\begin{bmatrix}0 & 0\\ 0 & -10\end{bmatrix}$$

$$f_i(t,x(t))=\sin(t)J_ix(t),\quad i\in\{1,2\},\quad J_1=0.2I,\quad J_2=0.3I$$

基于上述参数，下面矩阵满足假设 8.1：

$$\Pi=\begin{bmatrix}0 & 0\\ 0 & 1\end{bmatrix},\quad \Gamma_1=\begin{bmatrix}1 & 2\\ -1 & 34\end{bmatrix},\quad \Gamma_2=\begin{bmatrix}3 & 4\\ -1 & 34\end{bmatrix}$$

输入 u_i 的切换时滞假设为 $d_1(t)=0.05\mathrm{s}$，这是图 8.1 中虚线滞后于实线的原因，即讨论了异步现象. 给定系数 $\lambda_s=4.5$，$\lambda_u=0.2$，$\mu=1.005$. 通过求解推论 8.1 中的条件可以获得以下控制增益：

$$K_1=\begin{bmatrix}0 & 0\\ -8.8036 & 27.8226\end{bmatrix},\quad K_2=\begin{bmatrix}0 & 0\\ -7.6887 & 26.8664\end{bmatrix}$$

$$L_1=\begin{bmatrix}1 & 2\\ 7.8036 & 6.1774\end{bmatrix},\quad L_2=\begin{bmatrix}3 & 4\\ 6.6887 & 7.1336\end{bmatrix}$$

最小平均驻留时间为 $\tau_a^*=0.5767$. 那么根据推论 8.1，式(8.34)的相应闭环系统是无源的. 此外，在形如式(8.4)的控制器下，当选择图 8.1 中平均驻留时间为 $\tau_a=0.6$ 的切换信号时，系统(8.34)基于无源性的异步全息反馈输出调节问题是可解的. 图 8.2 描述了随机扰动 $\omega(t)$. 图 8.3 和图 8.4 为在初始条件 $x(\theta)=[-5\quad 5]^{\mathrm{T}}$，$v(0)=[0\quad 1]^{\mathrm{T}}$ 下，状态反馈和输出误差的仿真结果. 图 8.4 中收敛的曲线表示可由推理 8.1 得出当 $t\to\infty$ 时，$e(t)\to 0$. 采用图 8.4 中的实线作为虚拟信号来匹配矩阵的维数.

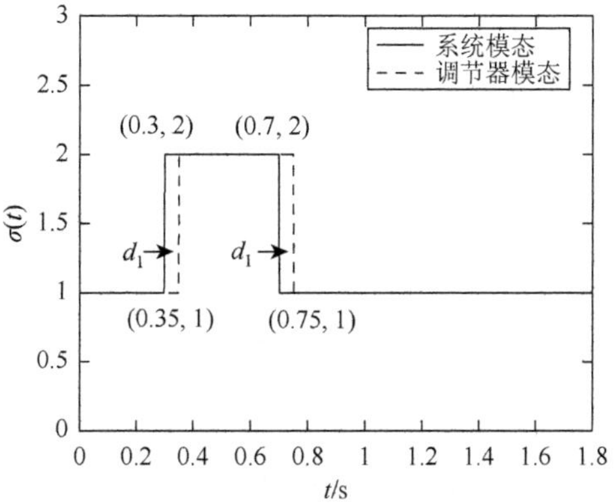

图 8.1 切换信号（一）

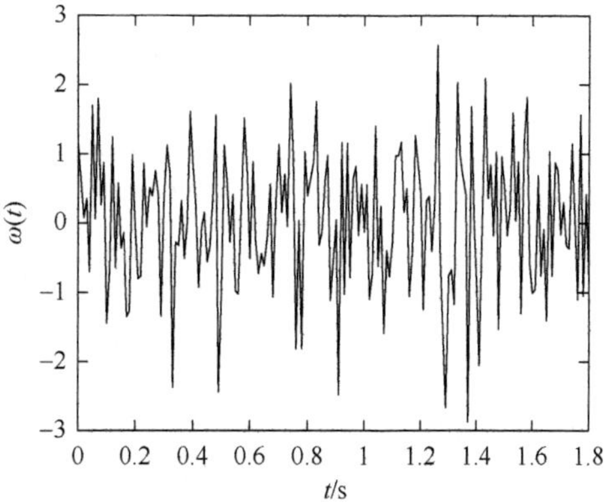

图 8.2 随机变量 $\omega(t)$（一）

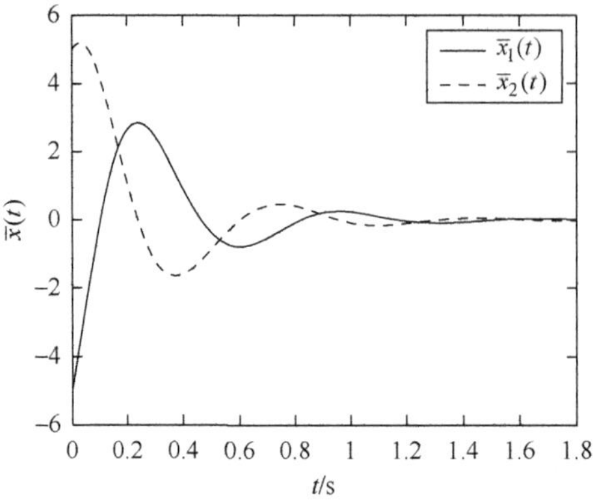

图 8.3　闭环系统的状态响应 $\bar{x}(t)$

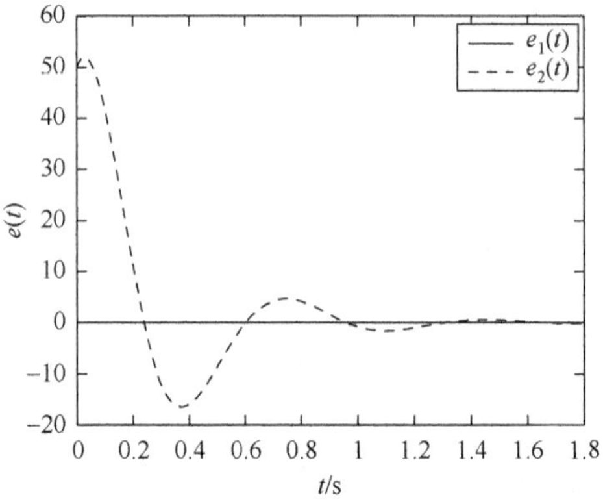

图 8.4　闭环系统输出误差 $e(t)$（一）

例 8.2　考虑一个含有两个子系统的切换随机系统(3.1)，以及 $d_1(t)=0.05$，$d(t)=1.1|\sin(t)|-1$，$\tau=0.1$，$h=1.1$. 其他参数如下：

$$A_1=\begin{bmatrix}-5.5 & -3\\ -2.4 & -1.9\end{bmatrix},\quad \tilde{A}_1=\begin{bmatrix}0.4 & 0.1\\ 0 & -0.4\end{bmatrix},\quad B_1=\begin{bmatrix}5.1 & 2.78\\ 2.48 & 2.3\end{bmatrix}$$

$$M_1=\begin{bmatrix}2.4 & -3.5\\ -8.4 & -4.5\end{bmatrix},\quad C_1=\begin{bmatrix}0.1 & 0\\ 0 & 0.1\end{bmatrix},\quad \tilde{C}_1=\begin{bmatrix}0.1 & 0.1\\ 0 & 0.1\end{bmatrix}$$

$$D_1=\begin{bmatrix}0.7 & 0\\ 0 & 0.5\end{bmatrix},\quad A_2=\begin{bmatrix}-3.4 & -0.1\\ 0 & -4.9\end{bmatrix},\quad \tilde{A}_2=\begin{bmatrix}-0.1 & 0.1\\ 0 & 0.1\end{bmatrix}$$

$$B_2=\begin{bmatrix}3.5 & -0.1\\ 0.1 & 4.8\end{bmatrix},\quad M_2=\begin{bmatrix}1.7 & -0.4\\ -2.1 & 0.9\end{bmatrix},\quad C_2=\begin{bmatrix}0.4 & 0.4\\ 0 & 0.3\end{bmatrix}$$

$$\tilde{C}_2=\begin{bmatrix}-0.6 & 0\\ 0 & -0.6\end{bmatrix},\quad D_2=\begin{bmatrix}0.2 & 0.1\\ -1.5 & 0.6\end{bmatrix},\quad E_i=\begin{bmatrix}0.4 & 0.2\\ 0 & 0.5\end{bmatrix}$$

$$\tilde{E}_i=\begin{bmatrix}0.6 & 0.1\\ 0 & 0.6\end{bmatrix},\quad F_i=\begin{bmatrix}-1 & -0.32\\ 0.02 & -1.1\end{bmatrix},\quad S=\begin{bmatrix}0 & -0.1\\ 0.1 & 0\end{bmatrix}$$

$$f_i=\sqrt{2}/2\sin(t)(J_i x(t)+\tilde{J}_i x_d(t))$$

$$i\in\{1,2\},\quad J_1=0.1I,\quad \tilde{J}_1=0.2I,\quad J_2=0.3I,\quad \tilde{J}_2=0.5I$$

存在如下满足假设 8.2 的矩阵：

$$\Pi=I,\quad R_1=\begin{bmatrix}-0.7 & 0\\ 0.1 & -0.7\end{bmatrix},\quad R_2=\begin{bmatrix}-0.4 & 0\\ 0.1 & -0.2\end{bmatrix}$$

$$\Lambda=0,\quad G_1=\begin{bmatrix}-15 & 0\\ 0 & -15\end{bmatrix},\quad G_2=\begin{bmatrix}-1 & 0\\ 0 & -1\end{bmatrix}$$

通过选择 $\lambda_s=1.1$，$\lambda_u=0.1$ 和 $\mu=1.079$，从定理 8.2 的条件中得到 $\gamma^*=17.428$ 和 $\tau_a^*=0.3019$，则有

$$H_1=\begin{bmatrix}3.1119 & -1.0943\\ -6.5582 & -2.3882\end{bmatrix},\quad H_2=\begin{bmatrix}0.1176 & -0.1524\\ -0.1951 & 0.4125\end{bmatrix}$$

根据上述参数，依据定理 8.2，系统(3.1)基于无源性的异步误差反馈输出调节控制问题是可解的. 特别地，给出图 8.5 所示的平均驻留时间为 $\tau_a=0.5$ 的切换信号，随机变量 $\omega(t)$ 如图 8.6 所示. 如果初始条件选择 $\chi(\theta)=[2\ \ 10\ \ 5\ \ -4]^{\mathrm{T}}$ 和 $v(0)=[1\ \ 0]^{\mathrm{T}}$，状态响应和输出误差分别如图 8.7 和图 8.8 所示. 在所得的控制器下，所提出的方法是有效的.

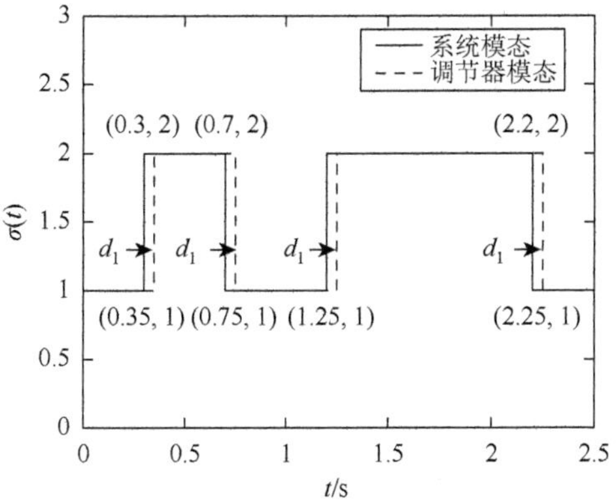

图 8.5 切换信号（二）

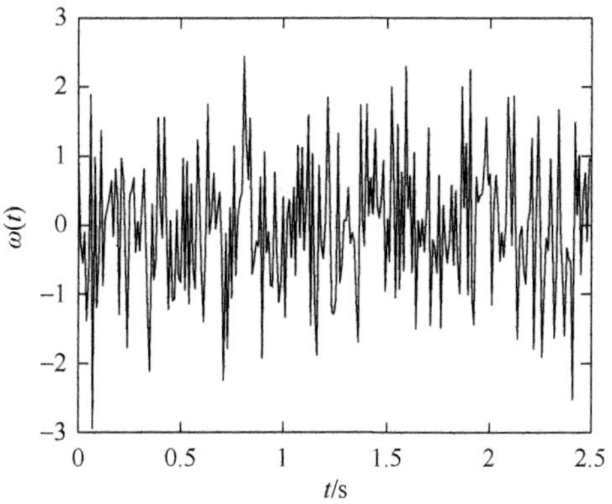

图 8.6 随机变量 $\omega(t)$（二）

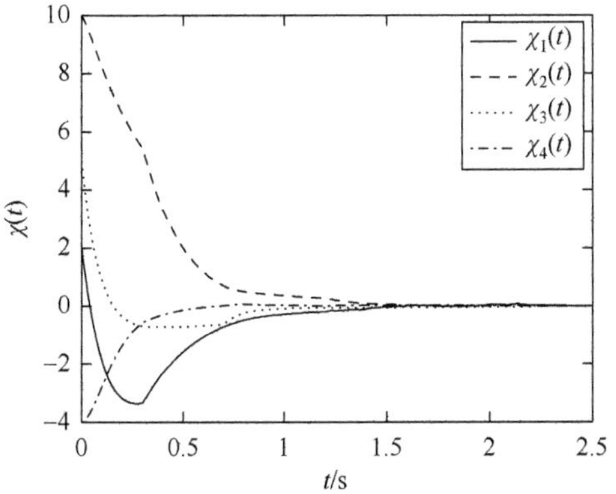

图 8.7 闭环系统状态响应 $\chi(t)$

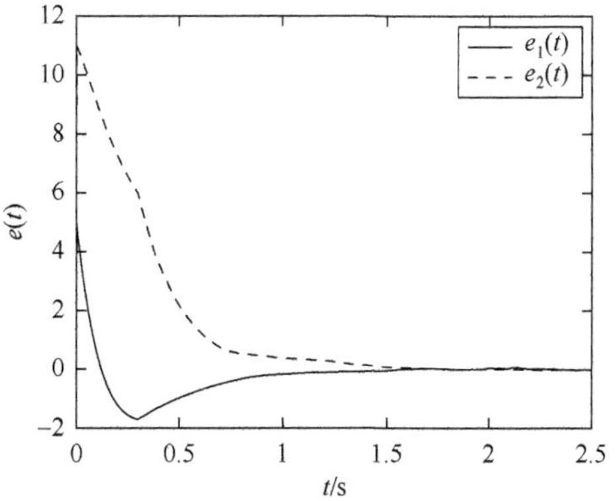

图 8.8 闭环系统的输出误差 $e(t)$（二）

8.6 小　　结

本章研究了一类带有状态时滞、切换信号时滞和外部输入的切换随机系统的无源输出调节问题. 使用基于平均驻留时间方法结合合并信号技术解决了候选控制器与切换信号中存在的异步切换问题. 选用无源性代替稳定性来分析外部输入对系统产生的影响. 在全息反馈和误差反馈两种情况下，提出具有较小保守性的 L-K 泛函为时滞相关的异步输出调节问题提供了充分条件. 最后两个仿真例子验证了所提出方法的可行性和有效性.

9 耗散参数依赖的切换随机时滞系统的异步输出调节问题

9.1 引 言

前面章节考虑了一类切换随机时滞系统基于无源性的异步输出调节问题. 本章将基于耗散性，研究一类切换随机时滞系统的异步输出调节问题.

耗散性是无源性更一般的形式，旨在刻画系统的能量衰减. 这一性质通过存储函数和供给率来描述，并建立了存储函数和供给率之间的关系. 当有异步现象发生时，基于 L-K 泛函的存储函数是一个有效的数学方法. 通常，学者构造了每个子系统自己的 L-K 泛函，在子系统和调节器匹配时间段内，使得各子系统对应的存储函数能量降低，在子系统和调节器不匹配时间段内，允许相应的存储函数能量增加，并利用平均驻留时间的约束，使 L-K 泛函的能量在整体上是降低的，从而保证系统最终是稳定的. 尽管现有的异步切换的文献[202-204, 206, 207]中，针对各自的处理问题，设计了适当的 L-K 泛函，但利用二次供给率和误差信息构造 L-K 泛函的结果还不多见.

本章讨论一类具有耗散性的切换随机时滞系统的异步输出调节问题. 采用合并信号技术解决了由时滞引起的子系统和候选调节器之间的异步切换问题. 首先，考虑基于部分异步调节器的输出调节问题，提出与二次供给率相关的非全局 L-K 泛函. 在全息反馈和误差反馈的两类调节器下，给出系统基于耗散性的异步输出调节问题的时滞相关的充分条件. 同时，这些线性条件揭示了时滞上界和平均驻留时间之间的关系. 其次，基于完全异步调节器的输出调节问题，在 L-K 泛函中加入误差相关的积分项，以更好地利用时滞信息. 为了同时满足平均驻留时间条件和耗散条件，引入辅助矩阵以获得更高的自由度，并利用线性化技术导出了可解性条件. 最后，仿真例子验证了所提出方法的有效性与可行性.

9.2 基于部分异步调节器的输出调节问题

9.2.1 问题描述

考虑切换随机时滞系统(3.1)和外部系统(3.2)且满足假设 3.1～假设 3.4.

定义 9.1　当$u(t)=0$时，若存在$Q^{\mathrm{T}}=Q$，$T^{\mathrm{T}}=T$，u和实函数$v(\cdot)$，并且$v(0)=0$，使得$\forall t\geqslant 0$时，有

$$\mathcal{E}\int_0^t \begin{bmatrix} v(s) \\ z(s) \end{bmatrix}^{\mathrm{T}} \begin{bmatrix} Q & U \\ * & T \end{bmatrix} \begin{bmatrix} v(s) \\ z(s) \end{bmatrix} \mathrm{d}s + V(x(0)) \geqslant 0 \tag{9.1}$$

则切换随机系统(3.1)在异步切换规则$\sigma(t)$下是(Q,U,T)-随机耗散的.

本节将提出两种形式的调节器. 首先，包含系统状态和外部扰动信息的部分异步全息状态反馈调节器设计为

$$u(t)=K_{\sigma_d}x(t)+\tilde{K}_{\sigma_d}x(t-d(t))+L_\sigma v(t) \tag{9.2}$$

式中，$\sigma_d=\sigma(t-d_s(t))$，$0\leqslant d_s(t)\leqslant d_s$. 再结合系统(3.1)和(3.2)可得到如下形式的闭环系统：

$$\begin{cases} \mathrm{d}x(t)=((A_\sigma+M_\sigma K_{\sigma_d})x(t)+(M_\sigma L_\sigma+B_\sigma)v(t) \\ \qquad +(\tilde{A}_\sigma+M_\sigma\tilde{K}_{\sigma_d})x(t-d(t)))\mathrm{d}t+f_\sigma\mathrm{d}\omega(t) \\ z(t)=C_\sigma x(t)+\tilde{C}_\sigma x(t-d(t))+D_\sigma v(t) \\ e(t)=E_\sigma x(t)+\tilde{E}_\sigma x(t-d(t))+F_\sigma v(t) \\ x(\theta)=\psi(\theta), \quad \theta\in[-d,0] \\ \mathrm{d}v(t)=Sv(t)\mathrm{d}t \end{cases} \tag{9.3}$$

依据闭环系统(9.3)，给出如下定义.

定义 9.2　若存在形如式(9.2)的异步全息状态反馈调节器以及异步切换信号$\sigma(t)$，使得：

(1) 当$v(t)=0$时，闭环系统(9.3)是均方指数稳定的；

(2) 当$v(t)\neq 0$时，闭环系统(9.3)的解满足

$$\lim_{t\to\infty} e(t)=0 \tag{9.4}$$

那么，系统(3.1)基于全息状态反馈的异步输出调节问题是可解的.

依赖误差信息构建部分异步的动态误差反馈调节器：

$$\begin{cases} \mathrm{d}\xi(t)=(G_\sigma\xi(t)+\tilde{G}_\sigma\xi(t-d(t))+H_{\sigma_d}e(t))\mathrm{d}t \\ u(t)=R_\sigma\xi(t)+\tilde{R}_\sigma\xi(t-d(t)) \end{cases} \tag{9.5}$$

式中，$\xi(t)\in\Re^r$是内部状态；$\sigma_d=\sigma(t-d_s(t))$，$0\leqslant d_s(t)\leqslant d_s$. 再结合系统(3.1)和(3.2)可建立如下形式的闭环系统：

$$\begin{cases} \mathrm{d}x(t) = (A_\sigma x(t) + \tilde{A}_\sigma x(t-d(t)) + B_\sigma v(t) + M_\sigma R_\sigma \xi(t) \\ \qquad + M_\sigma \tilde{R}_\sigma \xi(t-d(t)))\mathrm{d}t + f_\sigma \mathrm{d}\omega(t) \\ \mathrm{d}\xi(t) = (G_\sigma \xi(t) + \tilde{G}_\sigma \xi(t-d(t)) + H_{\sigma_d}(E_\sigma x(t) \\ \qquad + \tilde{E}_\sigma x(t-d(t)) + F_\sigma v(t)))\mathrm{d}t \\ z(t) = C_\sigma x(t) + \tilde{C}_\sigma x(t-d(t)) + D_\sigma v(t) \\ e(t) = E_\sigma x(t) + \tilde{E}_\sigma x(t-d(t)) + F_\sigma v(t) \\ x(\theta) = \psi(\theta), \quad \theta \in [-d, 0] \\ \mathrm{d}v(t) = Sv(t)\mathrm{d}t \end{cases} \tag{9.6}$$

针对闭环系统(9.6)给出如下定义.

定义 9.3 若存在形如式(9.5)的异步误差反馈调节器和异步切换信号$\sigma(t)$，使得：

(1) 当$v(t)=0$时，闭环系统(9.6)是均方指数稳定的；

(2) 当$v(t)\neq 0$时，闭环系统(9.6)的解满足式(9.4).

那么系统(3.1)基于动态误差反馈的异步输出调节问题是可解的.

9.2.2 全息状态反馈输出调节问题

本节讨论切换系统(3.1)和外部系统(3.2)在形如式(9.2)的部分异步全息状态反馈调节器下基于耗散性的异步输出调节问题. 为保证问题的可解性，引入假设 9.1.

假设 9.1 存在矩阵$\varPi$和$\varGamma_i$满足下列调节器方程：

$$\begin{cases} \varPi S = A_i \varPi + \tilde{A}_i \tilde{\varPi} + M_i \varGamma_i + B_i \\ 0 = E_i \varPi + \tilde{E}_i \tilde{\varPi} + F_i, \quad \tilde{\varPi} = \varPi \mathrm{e}^{-S\tau}, \quad i \in \varXi \end{cases} \tag{9.7}$$

定理 9.1 考虑满足假设 3.1～假设 3.3 和假设 9.1 的闭环系统(9.3)，对给定的常量$\lambda_s > 0$，$\lambda_u > 0$和$\mu \geqslant 1$，如果存在常量$\varepsilon_\kappa > 0$，矩阵$P_\kappa > 0$，$S_{i\kappa} > 0$，$W_{i\kappa} > 0$，$X_{i\kappa} > 0$，$Y_{i\kappa} > 0$，$T^* \leqslant 0$和适当维数矩阵K_κ、$\tilde{K}_\kappa$、Z_1、Z_2、$Z_{3\kappa}$、U，$Q^{\mathrm{T}} = Q$，$T^{\mathrm{T}} = T$，$\forall \kappa \in \{i, j\}$，$i, j \in \varXi$，$i \neq j$使得下面不等式成立：

$$\varPsi_{i\kappa} = (\varPhi_{lk}^{i\kappa})_{6\times 6} < 0, \ l, k \in \{1, 2, \cdots, 6\} \tag{9.8}$$

$$\begin{bmatrix} Q & U \\ * & T \end{bmatrix} > 0 \tag{9.9}$$

$$T^* - T < 0 \tag{9.10}$$

$$\begin{cases} P_i \leqslant \mu P_j, \quad S_{ii} \leqslant \mu S_{ij}, \quad S_{ij} \leqslant \mu S_{jj}, \quad W_{ii} \leqslant \mu W_{ij}, \quad W_{ij} \leqslant \mu W_{jj} \\ X_{ii} \leqslant \mu X_{ij}, \quad X_{ij} \leqslant \mu X_{jj}, \quad Y_{ii} \leqslant \mu Y_{ij}, \quad Y_{ij} \leqslant \mu Y_{jj} \end{cases} \tag{9.11}$$

$$P_i \leqslant \varepsilon_i I \tag{9.12}$$

那么存在部分异步的全息状态反馈调节器(9.2)和满足平均驻留时间条件：

$$\tau_a > \tau_a^* = \frac{2\ln\mu + (\lambda_s + \lambda_u)(\tau + d_s)}{\lambda_s} \tag{9.13}$$

的任意异步切换信号使得系统(3.1)基于耗散性的异步输出调节问题可解. 此外，$L_{i\kappa} = \Gamma_{i\kappa} - K_\kappa \Pi - \tilde{K}_\kappa \tilde{\Pi}$ ，$\Gamma_{i\kappa} = \Gamma_i$；$\Psi_{i\kappa} = (\Phi_{lk}^{i\kappa})_{6\times 6} < 0$ ，$l,k \in \{1,2,\cdots,6\}$. 其中，

$$\begin{aligned}\Phi_{11}^{i\kappa} &= \lambda_{i\kappa}P_\kappa + P_\kappa A_i + P_\kappa M_i K_\kappa + A_i^{\mathrm{T}} P_\kappa + K_\kappa^{\mathrm{T}} M_i^{\mathrm{T}} P_\kappa \\ &\quad + \varepsilon_k J_i^{\mathrm{T}} J_i + S_{i\kappa} + W_{i\kappa} - \tau^{-1}\mathrm{e}^{-\lambda_{i\kappa}\tau}(X_{i\kappa} + Y_{i\kappa})\end{aligned}$$

$$\Phi_{12}^{i\kappa} = P_\kappa(\tilde{A}_i + M_i\tilde{K}_\kappa) + \tau^{-1}\mathrm{e}^{-\lambda_{i\kappa}\tau}X_{i\kappa}, \quad \Phi_{13}^{i\kappa} = \tau^{-1}\mathrm{e}^{-\lambda_{i\kappa}}Y_{i\kappa}$$

$$\Phi_{14}^{i\kappa} = \varepsilon_\kappa J_i^{\mathrm{T}} J_i \Pi + C_i^{\mathrm{T}} Z_1, \quad \Phi_{15}^{i\kappa} = C_i^{\mathrm{T}} Z_2, \quad \Phi_{16}^{i\kappa} = (A_i + M_i K_\kappa)^{\mathrm{T}} Z_{3\kappa}$$

$$\Phi_{22}^{i\kappa} = \varepsilon_\kappa \tilde{J}_i^{\mathrm{T}} \tilde{J}_i - (1-h)\mathrm{e}^{-\lambda_{i\kappa}\tau} S_{i\kappa} - 2\tau^{-1}\mathrm{e}^{-\lambda_{i\kappa}\tau} X_{i\kappa}$$

$$\Phi_{23}^{i\kappa} = \tau^{-1}\mathrm{e}^{-\lambda_{i\kappa}\tau}X_{i\kappa}, \quad \Phi_{24}^{i\kappa} = \varepsilon_\kappa \tilde{J}_i^{\mathrm{T}} \tilde{J}_i \Pi + \tilde{C}_i^{\mathrm{T}} Z_1, \quad \Phi_{25}^{i\kappa} = \tilde{C}_i^{\mathrm{T}} Z_2$$

$$\Phi_{26}^{i\kappa} = (\tilde{A}_i + M_i\tilde{K}_\kappa)^{\mathrm{T}} Z_{3\kappa}, \quad \Phi_{33}^{i\kappa} = -(1-h)\mathrm{e}^{-\lambda_{i\kappa}\tau}W_{i\kappa} - \tau^{-1}\mathrm{e}^{-\lambda_{i\kappa}\tau}(X_{i\kappa} + Y_{i\kappa})$$

$$\Phi_{45}^{i\kappa} = \tilde{D}_i^{\mathrm{T}} Z_2 - Z_1 - U, \quad \Phi_{44}^{i\kappa} = \varepsilon_\kappa \Pi^{\mathrm{T}} J_i^{\mathrm{T}} J_i \Pi + \varepsilon_\kappa \tilde{\Pi}^{\mathrm{T}} \tilde{J}_i^{\mathrm{T}} \tilde{J}_i \tilde{\Pi} + \tilde{D}_i^{\mathrm{T}} Z_1 + Z_1^{\mathrm{T}} \tilde{D}_i - Q$$

$$\Phi_{55}^{i\kappa} = -Z_2^{\mathrm{T}} - Z_2 - T^*, \quad \Phi_{66}^{i\kappa} = \tau X_{i\kappa} + \tau Y_{i\kappa} - Z_{3\kappa}^{\mathrm{T}} - Z_{3\kappa}, \quad \lambda_{ii} = \lambda_s, \quad \lambda_{ij} = -\lambda_u$$

证明 由于滞后 $d_s(t)$ 的存在，当第 j 个子系统切换到第 i 个子系统时，调节器 K_j、$\tilde{K}_j$ 仍是激活的. 令 $\bar{x}(t) = x(t) - \Pi v(t)$ ，$\bar{x}(t-d(t)) = x(t-d(t)) - \tilde{\Pi} v(t)$ ，则闭环系统可以改写成

$$\begin{cases}\mathrm{d}\bar{x}(t) = ((A_{\sigma'} + M_{\sigma'})\bar{x}(t) + (\tilde{A}_{\sigma'} + \tilde{M}_{\sigma'})\bar{x}(t-d(t)))\mathrm{d}t + f_{\sigma'}\mathrm{d}\omega(t) \\ z(t) = C_{\sigma'}\bar{x}(t) + \tilde{C}_{\sigma'}\bar{x}(t-d(t)) + \tilde{D}_{\sigma'}v(t) \\ e(t) = E_{\sigma'}\bar{x}(t) + \tilde{E}_{\sigma'}\bar{x}(t-d(t)) \\ x(\theta) = \psi(\theta), \quad \theta \in [-d, 0] \\ \mathrm{d}v(t) = Sv(t)\mathrm{d}t\end{cases}$$

式中，

$$A_{\sigma'} = A_\sigma, \quad M_{\sigma'} = M_\sigma K_{\sigma_d}, \quad \tilde{A}_{\sigma'} = \tilde{A}_\sigma, \quad \tilde{M}_{\sigma'} = M_\sigma \tilde{K}_{\sigma_d}$$

$$C_{\sigma'} = C_\sigma, \quad \tilde{C}_{\sigma'} = \tilde{C}_\sigma, \quad \tilde{D}_{\sigma'} = \tilde{D}_\sigma, \quad \tilde{D}_\sigma = D_\sigma + C_\sigma \Pi + \tilde{C}_\sigma \tilde{\Pi}$$

$$E_{\sigma'} = E_\sigma, \quad \tilde{E}_{\sigma'} = \tilde{E}_\sigma, \quad f_{\sigma'} = f_\sigma$$

构造如下 L-K 泛函：

$$\begin{aligned} V_{\sigma'}(\overline{x}(t)) &= \overline{x}^{\mathrm{T}}(t)P_{\sigma'}\overline{x}(t) + \int_{t-d(t)}^{t} \mathrm{e}^{\lambda_{\sigma'}(s-t)}\overline{x}^{\mathrm{T}}(s)S_{\sigma'}\overline{x}(s)\mathrm{d}s \\ &+ \int_{t-\tau}^{t} \mathrm{e}^{\lambda_{\sigma'}(s-t)}\overline{x}^{\mathrm{T}}(s)W_{\sigma'}\overline{x}(s)\mathrm{d}s + \int_{-\tau}^{0}\int_{t+\theta}^{t} \mathrm{e}^{\lambda_{\sigma'}(s-t)}y^{\mathrm{T}}(s)X_{\sigma'}y(s)\mathrm{d}s\mathrm{d}\theta \\ &+ \int_{-\tau}^{0}\int_{t+\theta}^{t} \mathrm{e}^{\lambda_{\sigma'}(s-t)}y^{\mathrm{T}}(s)Y_{\sigma'}y(s)\mathrm{d}s\mathrm{d}\theta \end{aligned} \tag{9.14}$$

式中，$y(s)\mathrm{d}s = \mathrm{d}\overline{x}(s)$；$\sigma' = \sigma \oplus \sigma_d$．根据 Itô 公式，得到

$$\mathrm{d}V_{i\kappa}(\overline{x}(t)) + \lambda_{i\kappa}V_{i\kappa}(\overline{x}(t))\mathrm{d}t = (\mathcal{L}V_{i\kappa}(\overline{x}(t)) + \lambda_{i\kappa}V_{i\kappa}(\overline{x}(t)))\mathrm{d}t + 2\overline{x}^{\mathrm{T}}(t)P_{i\kappa}\tilde{f}_{i\kappa}\mathrm{d}\omega(t) \tag{9.15}$$

式中，

$$\begin{aligned} \tilde{f}_{i\kappa} &= f_{i\kappa}(t, \overline{x}(t) + \Pi v(t), \overline{x}(t-d(t)) + \tilde{\Pi} v(t)) \\ &\times \mathcal{L}V_{i\kappa}(\overline{x}(t)) + \lambda_{i\kappa}V_{i\kappa}(\overline{x}(t)) \\ &\leqslant \lambda_{i\kappa}P_{i\kappa} + 2\overline{x}^{\mathrm{T}}(t)P_{i\kappa}((A_i + M_{i\kappa})\overline{x}(t) + (\tilde{A}_i + \tilde{M}_{i\kappa})\overline{x}(t-d(t))) \\ &+ \mathrm{tr}\{\tilde{f}_{i\kappa}^{\mathrm{T}}P_{i\kappa}\tilde{f}_{i\kappa}\} + \overline{x}^{\mathrm{T}}(t)(S_{i\kappa} + W_{i\kappa})\overline{x}(t) + y^{\mathrm{T}}(t)(X_{i\kappa} + Y_{i\kappa})y(t) \\ &- (1-h)\mathrm{e}^{-\lambda_{i\kappa}\tau}\overline{x}^{\mathrm{T}}(t-d(t))S_{i\kappa}\overline{x}(t-d(t)) \\ &+ (1-h)\mathrm{e}^{-\lambda_{i\kappa}\tau}\overline{x}^{\mathrm{T}}(t-d)W_{i\kappa}\overline{x}(t-d) - \mathrm{e}^{-\lambda_{i\kappa}\tau}\left(\int_{t-d(t)}^{t} y^{\mathrm{T}}(s)X_{i\kappa}y(s)\mathrm{d}s\right. \\ &\left. + \int_{t-\tau}^{t-d(t)} y^{\mathrm{T}}(s)X_{i\kappa}y(s)\mathrm{d}s + \int_{t-\tau}^{t} y^{\mathrm{T}}(s)Y_{i\kappa}y(s)\mathrm{d}s\right) \end{aligned}$$

结合假设 3.2 和式(9.12)，有

$$\begin{aligned} \mathrm{tr}\{\tilde{f}_{i\kappa}^{\mathrm{T}}P_{i\kappa}\tilde{f}_{i\kappa}\} &\leqslant \varepsilon_{\kappa}((\overline{x}(t) + \Pi v(t))^{\mathrm{T}} J_{i\kappa}^{\mathrm{T}}J_{i\kappa}(\overline{x}(t) + \Pi v(t)) \\ &+ (\overline{x}(t-d(t)) + \tilde{\Pi} v(t))^{\mathrm{T}} \tilde{J}_{i\kappa}^{\mathrm{T}}\tilde{J}_{i\kappa}(\overline{x}(t-d(t)) + \tilde{\Pi} v(t))) \end{aligned} \tag{9.16}$$

对任意维数的适当矩阵 Z_1、Z_2 和 $Z_{3\kappa}$，下面等式成立：

$$2(Z_1 v(t) + Z_2 z(t))^{\mathrm{T}}(C_i\overline{x}(t) + \tilde{C}_i\overline{x}(t-d(t)) + \tilde{D}_i v(t) - z(t)) = 0 \tag{9.17}$$

$$2y^{\mathrm{T}}(t)Z_{3\kappa}^{\mathrm{T}}((((A_i + M_{i\kappa})\overline{x}(t) + (\tilde{A}_i + \tilde{M}_{i\kappa})\overline{x}(t-d(t)) - y(t))\mathrm{d}t + f_i\mathrm{d}\omega(t)) = 0 \tag{9.18}$$

结合式(9.8)、式(9.15)～式(9.19)和引理 2.1，得出

$$\mathcal{L}\overline{V}_{i\kappa}(\overline{x}(t)) + \lambda_{i\kappa}V_{i\kappa}(\overline{x}(t)) - \Gamma^{*}(t) \leqslant \eta^{\mathrm{T}}(t)\Psi_{i\kappa}\eta(t) < 0 \tag{9.19}$$

式中，

$$\Gamma^{*}(t) = v^{\mathrm{T}}(t)Qv(t) + 2v^{\mathrm{T}}(t)Uz(t) + z^{\mathrm{T}}(t)T^{*}z(t)$$

$$\eta^{\mathrm{T}}(t) = [\overline{x}^{\mathrm{T}}(t) \quad \overline{x}^{\mathrm{T}}(t-d(t)) \quad \overline{x}^{\mathrm{T}}(t-\tau) \quad v^{\mathrm{T}}(t) \quad z^{\mathrm{T}}(t) \quad y^{\mathrm{T}}(t)]$$

$$\mathcal{L}\overline{V}_{i\kappa}(\overline{x}(t)) = \mathcal{L}V_{i\kappa}(\overline{x}(t)) + 2y^{\mathrm{T}}(t)Z_{3\kappa}((A_i + M_{i\kappa})\overline{x}(t) + (\tilde{A}_i + \tilde{M}_{i\kappa})\overline{x}(t-d(t)) - y(t))$$

考虑式(9.11)和式(9.14)，得出

$$\begin{cases}\mathcal{E}\{V_{ii}(\bar{x}(t_i+d_s(t_i)))\}\leqslant\mu\mathcal{E}\{V_{ij}(\bar{x}(t_i+d_s(t_i^-)))\}\\ \mathcal{E}\{V_{ij}(\bar{x}(t_i))\}\leqslant\mu\mathrm{e}^{(\lambda_s+\lambda_u)\tau}\mathcal{E}\{V_{jj}(\bar{x}(t_i^-))\}\end{cases}\tag{9.20}$$

令$\tau_1,\tau_2,\cdots,\tau_{N_{\sigma'}}$定义为$\sigma'$在$(\tau_0,t')$上的切换次数，$\tau_0=t_0$，$\tau_{N_{\sigma'(\tau_0,t')+1}}=(t')^-$. 由于当$t\in[\tau_k,\tau_{k+1})$时，$\sigma'$是连续的，依据式(9.19)得出

$$\mathcal{E}\{V_{\sigma'(t)}(\bar{x}(t))\}\leqslant\mathrm{e}^{-\lambda_{\sigma'}(t-\tau_k)}\mathcal{E}\{V_{\sigma'(t)}(\bar{x}(\tau_k))\}+\mathcal{E}\left\{\int_{\tau_k}^{t}\mathrm{e}^{-\lambda_{\sigma'}(t-s)}\Gamma^*(s)\mathrm{d}s\right\}\tag{9.21}$$

令$\mathrm{e}|_k^{N_{\sigma'}}(s)=\exp\left(\sum\limits_{j=k+1}^{N_{\sigma'}}(-\lambda_{\sigma'(\tau_j)}(\tau_{j+1}-\tau_j)-\lambda_{\sigma'(\tau_k)}(\tau_{k+1}-s))\right)$. 结合式(9.20)与式(9.21)，得到

$$\begin{aligned}\mathcal{E}\{V_{\sigma'(t)}(\bar{x}(t))\}&\leqslant\mu^{N_{\sigma'}(\tau_0,t)(\lambda_s+\lambda_u)\tau}\mathrm{e}|_0^{N_{\sigma'}}(\tau_0)\times\mathcal{E}\{V_{\sigma'(\tau_0)}(\bar{x}(\tau_0))\}\\&\quad+\sum_{k=0}^{N_{\sigma'}}\mathcal{E}\left\{\int_{\tau_k}^{\tau_{k+1}}\mu^{N_{\sigma'}(s,t)}\mathrm{e}^{N_{\sigma'}(s,t)(\lambda_s+\lambda_u)\tau}\right\}\times\mathrm{e}|_k^{N_{\sigma'}}(s)\Gamma^*(s)\mathrm{d}s\\&=\mathrm{e}^{N_{\sigma'}(\tau_0,t)\ln\mu+N_{\sigma_1}(\tau_0,t)(\lambda_s+\lambda_u)\tau-\lambda_s m_{(s,t)}+\lambda_u\bar{m}_{(s,t)}}\times\mathcal{E}\{V_{\sigma'(\tau_0)}(\bar{x}(\tau_0))\}\\&\quad+\mathcal{E}\left\{\int_{\tau_0}^{t}\mathrm{e}^{N_{\sigma'}(s,t)\ln\mu+N_{\sigma_1}(s,t)(\lambda_s+\lambda_u)\tau}\right\}\times\mathrm{e}^{-\lambda_s m_{(s,t)}+\lambda_u\bar{m}_{(s,t)}}\Gamma^*(s)\mathrm{d}s\end{aligned}$$

在零初始条件下

$$\mathcal{E}\{V_{\sigma'(t)}(\bar{x}(t))\}\leqslant\mathcal{E}\left\{\int_0^t\mathrm{e}^{N_{\sigma'}(s,t)\ln\mu+N_{\sigma_1}(s,t)(\lambda_s+\lambda_u)\tau}\right\}\times\mathrm{e}^{-\lambda_s m_{(s,t)}+\lambda_u\bar{m}_{(s,t)}}\Gamma^*(s)\mathrm{d}s\tag{9.22}$$

注意$\Gamma^*(t)=\Gamma(t)+z^{\mathrm{T}}(t)(T^*-T)z(t)\leqslant\Gamma(t)$，式中，

$$\Gamma(t)=v^{\mathrm{T}}(t)Qv(t)+2v^{\mathrm{T}}(t)Uz(t)+z^{\mathrm{T}}(t)Tz(t)$$

条件(9.13)表明存在λ使得

$$(2\ln\mu+(\lambda_s+\lambda_u)\tau)/\tau_a<\lambda<\lambda_s-(\lambda_s+\lambda_u)d_s/\tau_a$$

这意味着

$$(\lambda_s+\lambda_u)d_s<(\lambda_s-\lambda)\tau_a,\quad \lambda'=\lambda-(2\ln\mu+(\lambda_s+\lambda_u)\tau)/\tau_a>0\tag{9.23}$$

结合$N_{\sigma'}(t,s)\leqslant\bar{N}_0+(t-s)/\bar{\tau}_a$，$N_{\sigma_1}(t,s)\leqslant N_0+(t-s)/\tau_a$，$\Gamma^*(t)\leqslant\Gamma(t)$，式(9.22)和式(9.23)，得到

$$\mathcal{E}\{V_{\sigma'(t)}(\bar{x}(t))\}\leqslant\mathcal{E}\left\{\int_0^t c\mathrm{e}^{-\lambda'(t-s)}\Gamma(s)\mathrm{d}s\right\}\tag{9.24}$$

式中，$c=\mathrm{e}^{\bar{N}_0\ln\mu+N_0(\lambda_s+\lambda_u)\tau+c_t}$. 对式(9.24)左右同乘$c^{-1}$，得到满足系统(9.1)的式子如下：

$$\mathcal{E}\{c^{-1}V_{\sigma'(t)}(\overline{x}(t))\} \leqslant \mathcal{E}\left\{\int_0^t \mathrm{e}^{-\lambda'(t-s)}\Gamma(s)\mathrm{d}s\right\} \leqslant \mathcal{E}\left\{\int_0^t \Gamma(s)\mathrm{d}s\right\}$$

接下来证明当 $v(t)=0$ 时，闭环系统(9.3)是均方指数稳定的. 根据式(9.19)易得

$$\mathcal{L}\overline{V}_{i\kappa}(x(t)) + \lambda_{i\kappa}V_{i\kappa}(x(t)) \leqslant z(t)T^{*}z(t) < 0 \tag{9.25}$$

将式(9.25)代入式(9.15)，得到

$$\mathrm{d}V_{i\kappa}(x(t)) + \lambda_{i\kappa}V_{i\kappa}(x(t))\mathrm{d}t \leqslant 2(x^{\mathrm{T}}(t)P_{i\kappa} + y^{\mathrm{T}}(t)Z_{3\kappa}^{\mathrm{T}})f_{i\kappa}\mathrm{d}\omega(t)$$

类似于式(9.20)和式(9.21)，得到

$$\begin{aligned}\mathcal{E}\{V_{\sigma'(t)}(x(t))\} &\leqslant \mu^{N_{\sigma'}(\tau_0,t)}\mu^{N_{\sigma_1}(\tau_0,t)(\lambda_s+\lambda_u)\tau} \times \mathrm{e}\big|_0^{N_{\sigma'}}(\tau_0)\mathcal{E}\{V_{\sigma'(t)}(x(\tau_0))\} \\ &\leqslant c\mathrm{e}^{-\lambda'(t-t_0)}\mathcal{E}\{V_{\sigma'(t)}(x(\tau_0))\}\end{aligned} \tag{9.26}$$

此外，根据式(9.14)，得到

$$a\mathcal{E}\{\| x(t) \|^2\} \leqslant \mathcal{E}\{V_{\sigma'(t)}(x(t))\} \tag{9.27}$$

$$V_{\sigma'(\tau_0)}(x(\tau_0)) \leqslant b\| x(\tau_0) \|_c^2 \tag{9.28}$$

式中，

$$a = \min_{i\in\Xi}\{\lambda_{\min}(P_i)\}$$

$$b = \max_{i\in\Xi}\{\lambda_{\max}(P_i)\} + \tau\max_{i,j\in\Xi}\{\lambda_{\max}(S_{ij}+W_{ij})\} + \tau^2/2\max_{i,j\in\Xi}\{\lambda_{\max}(X_{ij}+Y_{ij})\}$$

结合式(9.23)、式(9.26)和式(9.27)得出

$$\overline{\Psi}_{i\kappa} < 0, \quad \mathcal{E}\{\|x(t)\|\} \leqslant \sqrt{\frac{bc}{a}}\mathrm{e}^{-\frac{\lambda'}{2}(t-t_0)}\| x(t_0) \|_c$$

也就是说当 $v(t)=0$ 时，闭环系统(9.3)是均方指数稳定的. 当 $v(t)\neq 0$ 时，由引理 2.6 得到 $\| x(t-d(t)) - \Pi\mathrm{e}^{-S\tau}v(t) \| \leqslant M\mathrm{e}^{-\alpha t}\| x(0) - \Pi v(0) \|$，其中 $M>0$，$\alpha>0$，那么 $\lim\limits_{t\to\infty}\| x(t-d(t)) - \Pi\mathrm{e}^{-S\tau}v(t) \| = 0$，即 $\lim\limits_{t\to\infty} e(t) = 0$.

注 9.1　类似于文献[137]，令 $Z_{3\kappa} = \beta_\kappa P_\kappa$，在 Ψ_i 前后分别乘 I_i^{T} 和 $I_i = \mathrm{diag}\{\overline{P}_\kappa, \overline{P}_\kappa, \overline{Z}_1, \overline{Z}_2, \overline{P}_\kappa\}$. 对于给定的 $\beta_\kappa > 0$，根据引理 2.5 和式(9.9)～式(9.12)得到如下线性矩阵不等式：

$$\overline{\Psi}_{i\kappa} = (\overline{\Phi}_{lk}^{i\kappa})_{6\times 6} < 0, \quad l,k \in \{1,2,\cdots,6\}$$

$$\begin{bmatrix} \overline{Q} & \overline{U} \\ * & \overline{T} \end{bmatrix} > 0$$

$$\overline{T}^{*} - \overline{T} < 0, \quad \overline{P}_i \leqslant \mu\overline{P}_j, \quad \overline{S}_{ii} \leqslant \overline{S}_{ij}, \quad \overline{S}_{ij} \leqslant \mu\overline{S}_{jj}, \quad \overline{W}_{ii} \leqslant \overline{W}_{ij}, \quad \overline{W}_{ij} \leqslant \mu\overline{W}_{jj}$$

$$\bar{X}_{ii} \leqslant \mu \bar{X}_{ij}, \quad \bar{X}_{ij} \leqslant \mu \bar{X}_{jj}, \quad \bar{Y}_{ii} \leqslant \mu \bar{Y}_{ij}, \quad \bar{Y}_{ij} \leqslant \mu \bar{Y}_{jj}, \quad \bar{\varepsilon}_\kappa I \leqslant \bar{P}_\kappa$$

式中，

$\bar{\varPhi}_{11}^{i\kappa} = \lambda_{i\kappa}\bar{P}_\kappa + A_i\bar{P}_\kappa + M_i K_{\kappa\kappa} + \bar{P}_\kappa A_i^{\mathrm{T}} + K_{\kappa\kappa}^{\mathrm{T}} M_i^{\mathrm{T}} + \bar{S}_{i\kappa} + \bar{W}_{i\kappa} - d^{-1}\mathrm{e}^{-\lambda_{i\kappa}\tau}\bar{X}_{i\kappa} - \tau^{-1}\mathrm{e}^{-\lambda_{i\kappa}\tau}\bar{Y}_{i\kappa}$

$\bar{\varPhi}_{12}^{i\kappa} = \tilde{A}_i P_\kappa + M_i\tilde{K}_{\kappa\kappa} + \tau^{-1}\mathrm{e}^{-\lambda_{i\kappa}\tau}X_{i\kappa}$，$\bar{\varPhi}_{13}^{i\kappa} = \tau^{-1}\mathrm{e}^{-\lambda_{i\kappa}\tau}\bar{Y}_{i\kappa}$，$\bar{\varPhi}_{14}^{i\kappa} = \bar{\varPhi}_{15}^{i\kappa} = \bar{P}_\kappa C_i^{\mathrm{T}}$

$\bar{\varPhi}_{16}^{i\kappa} = \beta_\kappa(\bar{P}_\kappa A_i^{\mathrm{T}} + K_{\kappa\kappa}^{\mathrm{T}} M_i^{\mathrm{T}})$，$\bar{\varPhi}_{17}^{i\kappa} = \bar{P}_\kappa J_i^{\mathrm{T}}$，$\bar{\varPhi}_{22}^{i\kappa} = -(1-h)\mathrm{e}^{-\lambda_{i\kappa}\tau}\bar{S}_{i\kappa} - 2\tau^{-1}\mathrm{e}^{-\lambda_{i\kappa}\tau}\bar{X}_{i\kappa}$

$\bar{\varPhi}_{23}^{i\kappa} = \tau^{-1}\mathrm{e}^{-\lambda_{i\kappa}\tau}\bar{X}_{i\kappa}$，$\bar{\varPhi}_{24}^{i\kappa} = \bar{\varPhi}_{25}^{i\kappa} = \bar{P}_\kappa\tilde{C}_i^{\mathrm{T}}$，$\bar{\varPhi}_{26}^{i\kappa} = \beta_\kappa(\bar{P}_\kappa\tilde{A}_i^{\mathrm{T}} + \tilde{K}_{\kappa\kappa}^{\mathrm{T}} M_i^{\mathrm{T}})$，$\bar{\varPhi}_{28}^{i\kappa} = \bar{P}_\kappa\tilde{J}_i^{\mathrm{T}}$

$\bar{\varPhi}_{33}^{i\kappa} = -(1-h)\mathrm{e}^{-\lambda_{i\kappa}\tau}\bar{W}_{i\kappa} - \tau^{-1}\mathrm{e}^{-\lambda_{i\kappa}\tau}(\bar{X}_{i\kappa} - \bar{Y}_{i\kappa})$，$\bar{\varPhi}_{44}^{i\kappa} = \bar{Z}_1^{\mathrm{T}}\tilde{D}_i^{\mathrm{T}} + \tilde{D}_i\bar{Z}_1 - \bar{Q}$

$\bar{\varPhi}_{45}^{i\kappa} = \bar{Z}^{\mathrm{T}}\tilde{D}_i^{\mathrm{T}} - \bar{Z}_2 - \tilde{U}$，$\bar{\varPhi}_{47}^{i\kappa} = \bar{Z}_1^{\mathrm{T}}\varPi^{\mathrm{T}}J_i^{\mathrm{T}}$，$\bar{\varPhi}_{48}^{i\kappa} = \bar{Z}_1^{\mathrm{T}}\tilde{\varPi}^{\mathrm{T}}\tilde{J}_i^{\mathrm{T}}$

$\bar{\varPhi}_{55}^{i\kappa} = -\bar{Z}_2^{\mathrm{T}} - \bar{Z}_2 - \bar{T}$，$\bar{\varPhi}_{66}^{i\kappa} = \tau\bar{X}_{i\kappa} + \tau\bar{Y}_{i\kappa} - \beta_k\bar{P}_\kappa^{\mathrm{T}} - \beta_\kappa\bar{P}_\kappa$，

$\bar{\varPhi}_{77}^{i\kappa} = \bar{\varPhi}_{88}^{i\kappa} = -\bar{\varepsilon}_\kappa I$，其他项均为适当维数的零矩阵

$\bar{P}_\kappa = P_\kappa^{-1}$，$\bar{S}_{i\kappa} = \bar{P}_\kappa S_{i\kappa}\bar{P}_\kappa$，$\bar{W}_{i\kappa} = \bar{P}_\kappa W_{i\kappa}\bar{P}_\kappa$，$\bar{X}_{i\kappa} = \bar{P}_\kappa X_{i\kappa}\bar{P}_\kappa$，$\bar{Y}_{i\kappa} = \bar{P}_\kappa Y_{i\kappa}\bar{P}_\kappa$

$\bar{Q} = \bar{Z}_1 Q\bar{Z}_1$，$\bar{U} = \bar{Z}_1 U\bar{Z}_2$，$\bar{T} = \bar{Z}_2 T\bar{Z}_2$，$\bar{T}^* = \bar{Z}_2 T^*\bar{Z}_2$

其中，

$$\bar{\varepsilon}_\kappa = \varepsilon_\kappa^{-1}, \quad \bar{Z}_1 = Z_1^{-1}, \quad \bar{Z}_2 = Z_2^{-1}, \quad K_{\kappa\kappa} = K_\kappa\bar{P}_\kappa, \quad \tilde{K}_{\kappa\kappa} = \tilde{K}_\kappa\bar{P}_\kappa$$

使用 MATLAB 的 LMI 工具箱易得 $K_{\kappa\kappa}$ 和 $\tilde{K}_{\kappa\kappa}$，则调节器增益为 $K_\kappa = K_{\kappa\kappa}\bar{P}_\kappa^{-1}$，$\tilde{K}_\kappa = \tilde{K}_{\kappa\kappa}\bar{P}_\kappa^{-1}$.

9.2.3　误差反馈输出调节问题

本节讨论切换系统(3.1)和外部系统(3.2)在形如式(9.5)的部分异步动态误差反馈调节器下基于耗散性的异步输出调节问题. 为保证问题的可解性，引入假设 9.2.

假设 9.2　存在矩阵 $\varPi$、$\varLambda$、R_i、G_i、$\tilde{R}_i$ 和 $\tilde{G}_i$ 使得调节器方程是可解的：

$$\begin{cases} \varPi S = A_i\varPi + \tilde{A}_i\tilde{\varPi} + M_i(R_i\varLambda + \tilde{R}_i\tilde{\varLambda}) + B_i \\ \varLambda S = G_i\varLambda + \tilde{G}_i\tilde{\varLambda}, \quad \tilde{\varLambda} = \varLambda\mathrm{e}^{-S\tau} \\ 0 = E_i\varPi + \tilde{E}_i\tilde{\varPi} + F_i, \quad \tilde{\varPi} = \varPi\mathrm{e}^{-S\tau}, \quad i \in \varXi \end{cases} \tag{9.29}$$

令

$$\chi^{\mathrm{T}}(t) = [\bar{x}^{\mathrm{T}}(t) \quad \bar{\xi}^{\mathrm{T}}(t)], \quad \bar{x}(t) = x(t) - \varPi v(t), \quad \bar{\xi}(t) = \xi(t) - \varLambda v(t)$$

$$\chi^{\mathrm{T}}(t-d(t)) = [\bar{x}^{\mathrm{T}}(t-d(t)) \quad \bar{\xi}^{\mathrm{T}}(t-d(t))], \quad \bar{x}(t-d(t)) = x(t-d(t)) - \tilde{\varPi}v(t)$$

$$\bar{\xi}^{\mathrm{T}}(t-d(t)) = \xi(t-d(t)) - \tilde{\varLambda}v(t)$$

结合式(9.6)和式(9.29)，得到

$$\begin{cases} \mathrm{d}\chi(t)=(\underline{A}_{\sigma'}\chi(t)+\underline{\tilde{A}}_{\sigma'}\chi(t-d(t)))\mathrm{d}t+\underline{f}_{\sigma'}\mathrm{d}\omega(t) \\ z(t)=C_{\sigma'}\overline{x}(t)+\tilde{C}_{\sigma'}\overline{x}(t-d(t))+\underline{D}_{\sigma'(t)}v(t) \\ e(t)=\underline{E}_{\sigma'}\chi(t)+\underline{\tilde{E}}_{\sigma'}\chi(t-d(t)) \\ x(\theta)=\psi(\theta), \quad \theta\in[-\tau,0] \end{cases} \tag{9.30}$$

式中，

$$\underline{f}_{\sigma'}^{\mathrm{T}}=[f_{\sigma}^{\mathrm{T}}(t,\overline{x}(t)+\Pi v(t),\overline{x}(t-d(t))+\tilde{\Pi}v(t)) \quad 0]$$

$$\sigma'=\sigma\oplus\sigma_d, \quad C_{\sigma'}=C_{\sigma}, \quad \tilde{C}_{\sigma'}=\tilde{C}_{\sigma}$$

$$\underline{D}_{\sigma'}=D_{\sigma}+C_{\sigma}\Pi+\tilde{C}_{\sigma}\tilde{\Pi}, \quad \underline{E}_{\sigma'}=[E_{\sigma} \quad 0], \quad \underline{\tilde{E}}_{\sigma'}=[\tilde{E}_{\sigma} \quad 0]$$

$$\underline{A}_{\sigma'}=\begin{bmatrix} A_{\sigma} & M_{\sigma}R_{\sigma} \\ H_{\sigma_d}E_{\sigma} & G_{\sigma} \end{bmatrix}, \quad \underline{\tilde{A}}_{\sigma'}=\begin{bmatrix} \tilde{A}_{\sigma} & M_{\sigma}\tilde{R}_{\sigma} \\ H_{\sigma_d}\tilde{E}_{\sigma} & \tilde{G}_{\sigma} \end{bmatrix}$$

选择如下的 L-K 泛函：

$$\begin{aligned} V_{\sigma'}(\chi(t))=&\chi^{\mathrm{T}}(t)\underline{P}_{\sigma'}\chi(t)+\int_{t-d(t)}^{t}\chi^{\mathrm{T}}(s)\mathrm{e}^{\lambda_{\sigma'}(s-t)}\underline{S}_{\sigma'}\chi(s)\mathrm{d}s+\int_{t-\tau}^{t}\chi^{\mathrm{T}}(s)\mathrm{e}^{\lambda_{\sigma'}(s-t)}\underline{W}_{\sigma'}\chi(s)\mathrm{d}s \\ &+\int_{-\tau}^{0}\int_{t+\theta}^{t}\phi^{\mathrm{T}}(s)\mathrm{e}^{\lambda_{\sigma'}(s-t)}\underline{X}_{\sigma'(t)}\phi(s)\mathrm{d}s\mathrm{d}\theta+\int_{-\tau}^{0}\int_{t+\theta}^{t}\phi^{\mathrm{T}}(s)\mathrm{e}^{\lambda_{\sigma'}(s-t)}\underline{Y}_{\sigma'(t)}\phi(s)\mathrm{d}s\mathrm{d}\theta \end{aligned}$$

式中，$\phi(s)\mathrm{d}s=\mathrm{d}\chi(s)$；$\phi^{\mathrm{T}}(s)=[y_1^{\mathrm{T}}(s) \quad y_2^{\mathrm{T}}(s)]$；$\underline{P}_{\sigma'}=\mathrm{diag}\{\hat{P}_{\sigma'},\breve{P}_{\sigma'}\}$；$\underline{S}_{\sigma'}=\mathrm{diag}\{\hat{S}_{\sigma'},\breve{S}_{\sigma'}\}$；$\underline{W}_{\sigma'}=\mathrm{diag}\{\hat{W}_{\sigma'},\breve{W}_{\sigma'}\}$；$\underline{X}_{\sigma'}=\mathrm{diag}\{\hat{X}_{\sigma'},\breve{X}_{\sigma'}\}$；$\underline{Y}_{\sigma'}=\mathrm{diag}\{\hat{Y}_{\sigma'},\breve{Y}_{\sigma'}\}$.

定理 9.2 考虑满足假设 3.1、假设 3.2、假设 3.4 和假设 9.2 的闭环系统(9.6)，给定的常量 $\lambda_s>0$，$\lambda_u>0$ 和 $\mu\geqslant 1$，如果存在常量 $\underline{\varepsilon}_i>0$，矩阵 $\underline{P}_{\kappa}>0$，$\underline{S}_{i\kappa}>0$，$\underline{W}_{i\kappa}>0$，$\underline{X}_{i\kappa}>0$，$\underline{Y}_{i\kappa}>0$，$T^*\leqslant 0$，和适当维数矩阵 $\underline{H}_{\kappa}$、$\underline{Z}_1$、$\underline{Z}_2$、$\underline{Z}_3$、$\underline{Z}_{4\kappa}$、U，$Q^{\mathrm{T}}=Q$，$T^{\mathrm{T}}=T$，其中 $\forall\kappa\in\{i,j\}$，$i,j\in\Xi$，$i\neq j$ 使得下面不等式成立：

$$\underline{\Psi}_{i\kappa}=\begin{bmatrix} \underline{\Phi}_{i\kappa} & \Delta_{\kappa i} \\ * & \Lambda_{i\kappa} \end{bmatrix}<0$$

$$\begin{bmatrix} Q & U \\ * & T \end{bmatrix}>0$$

$$T^*-T<0$$

$$\underline{P}_i\leqslant\mu\underline{P}_j, \quad \underline{S}_{ii}\leqslant\mu\underline{S}_{ij}, \quad \underline{S}_{ij}\leqslant\mu\underline{S}_{jj}, \quad \underline{W}_{ii}\leqslant\mu\underline{W}_{ij}, \quad \underline{W}_{ij}\leqslant\mu\underline{W}_{jj}$$

$$\underline{X}_{ii}\leqslant\mu\underline{X}_{ij}, \quad \underline{X}_{ij}\leqslant\mu\underline{X}_{jj}, \quad \underline{Y}_{ii}\leqslant\mu\underline{Y}_{ij}, \quad \underline{Y}_{ij}\leqslant\mu\underline{Y}_{jj}, \quad \underline{P}_{\kappa}\leqslant\underline{\varepsilon}_{\kappa}I$$

那么存在部分异步的动态误差反馈调节器(9.5)和满足平均驻留时间条件

$$\tau_a>\tau_a^*=\frac{2\ln\mu+(\lambda_s+\lambda_u)(\tau+d_s)}{\lambda_s}$$

的任意异步切换信号使得系统(3.1)基于耗散性的异步输出调节问题可解. 此外，误差反馈调节器增益设计为 $H_\kappa = \breve{P}_\kappa^{-1}\underline{H}_\kappa$；$\underline{\Phi}_{i\kappa} = (\underline{\Phi}_{lk}^{i\kappa})_{7\times 7}$，$l,k \in \{1,2,\cdots,7\}$. 其中，

$$\underline{\Phi}_{11}^{i\kappa} = \lambda_{i\kappa}\hat{P}_\kappa + \hat{P}_\kappa A_i + A_i^{\mathrm{T}}\hat{P}_\kappa + \hat{S}_{i\kappa} + \hat{W}_{i\kappa} - \tau^{-1}\mathrm{e}^{-\lambda_{i\kappa}\tau}\hat{X}_{i\kappa} - \tau^{-1}\mathrm{e}^{-\lambda_{i\kappa}\tau}\hat{Y}_{i\kappa} + \underline{\varepsilon}_\kappa J_i^{\mathrm{T}} J_i$$

$$\underline{\Phi}_{12}^{i\kappa} = \hat{P}_\kappa M_i R_i + E_i^{\mathrm{T}}\underline{H}_\kappa^{\mathrm{T}}, \quad \underline{\Phi}_{13}^{i\kappa} = \hat{P}_\kappa \tilde{A}_i + \tau^{-1}\mathrm{e}^{-\lambda_{i\kappa}\tau}\hat{X}_{i\kappa}, \quad \underline{\Phi}_{14}^{i\kappa} = \hat{P}_\kappa M_i \tilde{R}_i$$

$$\underline{\Phi}_{15}^{i\kappa} = \tau^{-1}\mathrm{e}^{-\lambda_{i\kappa}\tau}\breve{Y}_{i\kappa}, \quad \underline{\Phi}_{17}^{i\kappa} = \underline{\varepsilon}_\kappa J_i^{\mathrm{T}} J_i \Pi + C_i^{\mathrm{T}}\underline{Z}_1, \quad \underline{\Phi}_{18}^{i\kappa} = C_i^{\mathrm{T}}\underline{Z}_2, \quad \underline{\Phi}_{19}^{i\kappa} = A_i^{\mathrm{T}}\underline{Z}_3$$

$$\underline{\Phi}_{22}^{i\kappa} = \lambda_{i\kappa}\breve{P}_\kappa + \breve{P}_\kappa G_i + G_i^{\mathrm{T}}\breve{P}_\kappa + \breve{S}_{i\kappa} + \breve{W}_{i\kappa} - \tau^{-1}\mathrm{e}^{-\lambda_{i\kappa}\tau}\breve{X}_{i\kappa} - \tau^{-1}\mathrm{e}^{-\lambda_{i\kappa}\tau}\tilde{Y}_{i\kappa}$$

$$\underline{\Phi}_{23}^{i\kappa} = \underline{H}_\kappa \tilde{E}_i, \quad \underline{\Phi}_{24}^{i\kappa} = \breve{P}_\kappa \tilde{G}_i + \tau^{-1}\mathrm{e}^{-\lambda_{i\kappa}\tau}\breve{X}_{i\kappa}, \quad \underline{\Phi}_{26}^{i\kappa} = \tau^{-1}\mathrm{e}^{-\lambda_{i\kappa}\tau}\breve{Y}_{i\kappa}$$

$$\underline{\Phi}_{29}^{i\kappa} = (M_\kappa R_\kappa)^{\mathrm{T}}\underline{Z}_3, \quad \underline{\Phi}_{33}^{i\kappa} = \underline{\varepsilon}_\kappa \tilde{J}_i^{\mathrm{T}}\tilde{J}_i - (1-h)\mathrm{e}^{-\lambda_{i\kappa}\tau}\hat{S}_{i\kappa} - 2\tau^{-1}\mathrm{e}^{-\lambda_{i\kappa}\tau}\hat{X}_{i\kappa}$$

$$\underline{\Phi}_{35}^{i\kappa} = \tau^{-1}\mathrm{e}^{-\lambda_{i\kappa}\tau}\hat{X}_{i\kappa}, \quad \underline{\Phi}_{37}^{i\kappa} = \underline{\varepsilon}_\kappa \tilde{J}_i^{\mathrm{T}}\tilde{J}_i \Pi + \tilde{C}_i^{\mathrm{T}}\underline{Z}_1, \quad \underline{\Phi}_{38}^{i\kappa} = \tilde{C}_i^{\mathrm{T}}\underline{Z}_2, \quad \underline{\Phi}_{39}^{i\kappa} = \tilde{A}_i^{\mathrm{T}}\underline{Z}_3$$

$$\underline{\Phi}_{44}^{i\kappa} = -(1-h)\mathrm{e}^{-\lambda_{i\kappa}\tau}\breve{S}_{i\kappa} - 2\tau^{-1}\mathrm{e}^{-\lambda_{i\kappa}\tau}\breve{X}_{i\kappa}, \quad \underline{\Phi}_{46}^{i\kappa} = \tau^{-1}\mathrm{e}^{-\lambda_{i\kappa}}\breve{X}_{i\kappa}, \quad \underline{\Phi}_{49}^{i\kappa} = (M_\kappa \tilde{R}_\kappa)^{\mathrm{T}}\underline{Z}_3$$

$$\underline{\Phi}_{55}^{i\kappa} = -(1-h)\mathrm{e}^{-\lambda_{i\kappa}\tau}\hat{W}_{i\kappa} - \tau^{-1}\mathrm{e}^{-\lambda_{i\kappa}\tau}(\hat{X}_{i\kappa} + \hat{Y}_{i\kappa}), \quad \underline{\Phi}_{88}^{i\kappa} = -\underline{Z}_2^{\mathrm{T}} - \underline{Z}_2 - T^*$$

$$\underline{\Phi}_{66}^{i\kappa} = -(1-h)\mathrm{e}^{-\lambda_{i\kappa}\tau}\breve{W}_{i\kappa} - \tau^{-1}\mathrm{e}^{-\lambda_{i\kappa}\tau}(\breve{X}_{i\kappa} + \breve{Y}_{i\kappa}), \quad \underline{\Phi}_{99}^{i\kappa} = \tau(\hat{X}_{i\kappa} + \hat{Y}_{i\kappa}) - \underline{Z}_3^{\mathrm{T}} - \underline{Z}_3$$

$$\underline{\Phi}_{77}^{i\kappa} = \underline{\varepsilon}_\kappa \Pi^{\mathrm{T}} J_i^{\mathrm{T}} J_i \Pi + \underline{\varepsilon}_\kappa \tilde{\Pi}^{\mathrm{T}}\tilde{J}_i^{\mathrm{T}}\tilde{J}_i \tilde{\Pi} - \tilde{D}_i^{\mathrm{T}}\underline{Z}_1 - \underline{Z}_1^{\mathrm{T}}\tilde{D}_i - Q,$$

$\underline{\Phi}_{78}^{i\kappa} = \tilde{D}_i^{\mathrm{T}}\underline{Z}_2 - \underline{Z}_1 - U$，其他项均为适当维数的零矩阵

$$\Delta_{\kappa i} = [Z_{4\kappa}\breve{P}_\kappa^{-1}\underline{H}_\kappa E_i \quad Z_{4\kappa}G_i \quad Z_{4\kappa}\breve{P}_\kappa^{-1}\underline{H}_\kappa \tilde{E}_i \quad Z_{4\kappa}\tilde{G}_i \quad 0 \quad 0 \quad 0 \quad 0 \quad 0]^{\mathrm{T}}$$

$$\lambda_{ii} = \lambda_s, \quad \lambda_{ij} = -\lambda_u, \quad \Lambda_{i\kappa} = \tau(\breve{X}_{i\kappa} + \breve{Y}_{i\kappa}) - Z_{4\kappa}^{\mathrm{T}} - Z_{4\kappa}$$

证明　类似定理 9.1 的证明过程，易得式(9.1)成立. 当 $v(t)=0$ 时，有

$$\mathcal{E}\{\|\chi(t)\|\} \leqslant \sqrt{\frac{\underline{b}c}{\underline{a}}}\mathrm{e}^{-\frac{\lambda'}{2}(t-t_0)}\|\chi(t_0)\|_c$$

式中，

$$\lambda' = \lambda - \frac{2\ln\mu + (\lambda_s + \lambda_u)\tau}{\tau_a} > 0, \quad \underline{a} = \min_{i\in\Xi}\{\lambda_{\min}(\underline{P}_i)\}, \quad c = \mathrm{e}^{\bar{N}_0 \ln\mu + N_0(\lambda_s + \lambda_u)d + c_t}$$

$$\underline{b} = \max_{i\in\Xi}\{\lambda_{\max}(\underline{P}_i)\} + \tau\max_{i,j\in\Xi}\{\lambda_{\max}(\underline{S}_{ij} + \underline{W}_{ij})\} + \tau^2/2\max_{i,j\in\Xi}\{\lambda_{\max}(\underline{X}_{ij} + \underline{Y}_{ij})\}$$

也就是说当 $v(t)=0$ 时，闭环系统(9.6)是均方指数稳定的. 当 $v(t)\neq 0$ 时，根据引理 2.7 得到

$$\begin{aligned}&\|x(t-d(t)) - \Pi\mathrm{e}^{-S\tau}v(t)\| + \|\xi(t-d(t)) - \Lambda\mathrm{e}^{-S\tau}v(t)\| \\ &\leqslant \underline{M}\mathrm{e}^{-\alpha t}(\|x(0) - \Pi v(0)\| + \|\xi(0) - \Lambda v(0)\|)\end{aligned}$$

其中 $\underline{M}>0$，$\alpha>0$，那么有 $\lim\limits_{t\to\infty}(\|x(t-d(t)) - \Pi\mathrm{e}^{-S\tau}v(t)\| + \|\xi(t-d(t)) - \Lambda\mathrm{e}^{-S\tau}v(t)\|) = 0$，即 $\lim\limits_{t\to\infty} e(t) = 0$. 证毕.

注 9.2 令 $Z_{4\kappa}=\beta_\kappa\breve{P}_\kappa$，对于给定的 β_κ，由 $\underline{\Psi}_{i\kappa}<0$ 得到下面矩阵不等式：

$$\begin{bmatrix}\underline{\Phi}_{i\kappa} & \underline{\Delta}_{i\kappa}\\ * & \underline{\Lambda}_{i\kappa}\end{bmatrix}<0$$

式中，

$$\underline{\Lambda}_{i\kappa}=\tau(\breve{X}_{i\kappa}+\breve{Y}_{i\kappa})-\beta_\kappa\breve{P}_\kappa^{\mathrm{T}}-\beta_\kappa\breve{P}_\kappa$$

$$\underline{\Delta}_{i\kappa}=[\beta_\kappa\underline{H}_\kappa E_i\ \ \beta_\kappa\breve{P}_{i\kappa}G_i\ \ \beta_\kappa\underline{H}_\kappa\tilde{E}_i\ \ \beta_\kappa\breve{P}_{i\kappa}\tilde{G}_i\ \ 0\ \ 0\ \ 0\ \ 0\ \ 0]^{\mathrm{T}}$$

注 9.3 同时考虑状态时滞和控制器滞后结合的情况要比单独考虑更加困难. 利用合并信号技术来处理被激活的子系统和相应的调节器匹配和不匹配的情况. 对于非稳的子系统，基于平均驻留时间方法，选择 L-K 泛函只能在匹配时间内下降，而不是所有时间内都会下降，因此可降低结论的保守性.

注 9.4 定理 9.2 揭示了状态时滞 τ 上界，控制器滞后 d_s 和平均驻留时间 τ_a 之间的关系. 众所周知，时滞依赖条件相比时滞独立条件具有更小的保守性. 因此，切换信号(9.13)包含带有两种时滞的切换随机系统更多的信息，有助于降低充分条件的保守性.

9.2.4 仿真算例

本节选用两个数值例子来验证所用方法的有效性和可行性.

例 9.1 考虑包含两个子系统的切换随机时滞系统(3.1)，其中 $d_s=0.2$，$d(t)=0.5\sin t$，$\tau=0.5$ 和 $h=0.5$.

子系统 1 描述为

$$A_1=\begin{bmatrix}2.6 & 0\\ 0 & 4.8\end{bmatrix},\quad \tilde{A}_1=\begin{bmatrix}1.4 & 0\\ 0 & 1.2\end{bmatrix},\quad B_1=\begin{bmatrix}1 & 0\\ 0 & 1\end{bmatrix},\quad M_1=\begin{bmatrix}1.3 & 0\\ 0 & 1.3\end{bmatrix}$$

$$C_1=\begin{bmatrix}-0.5 & 0\\ 0 & -0.5\end{bmatrix},\quad \tilde{C}_1=\begin{bmatrix}0.5 & 0\\ 0 & 0.5\end{bmatrix},\quad D_1=\begin{bmatrix}0.3 & 0\\ 0 & 0.3\end{bmatrix}$$

$$E_1=\begin{bmatrix}0.1 & 0\\ 0 & 0.1\end{bmatrix},\quad \tilde{E}_1=\begin{bmatrix}-0.9 & 0\\ 0 & -0.9\end{bmatrix},\quad F_1=\begin{bmatrix}0.7989 & -0.045\\ 0.045 & 0.0789\end{bmatrix}$$

$$f_1=\sin(t)(J_1x(t)+\tilde{J}_1x(t-d(t))),\quad J_1=0.2I,\quad \tilde{J}_1=0.3I$$

子系统 2 描述为

$$A_2=\begin{bmatrix}-3.9 & 0\\ 0 & -1.4\end{bmatrix},\quad \tilde{A}_2=\begin{bmatrix}-0.2 & 0\\ 0 & -0.2\end{bmatrix},\quad B_2=\begin{bmatrix}-1.1 & 0\\ 0 & -1.1\end{bmatrix}$$

$$M_2=\begin{bmatrix}1.2 & 0\\ 0 & 1.2\end{bmatrix},\quad C_2=\begin{bmatrix}1.9 & 0\\ 0 & 1.9\end{bmatrix},\quad \tilde{C}_2=\begin{bmatrix}-1.9 & 0\\ 0 & -1.9\end{bmatrix},\quad D_2=\begin{bmatrix}0.1 & 0\\ 0 & 0.1\end{bmatrix}$$

$$E_2 = E_1,\quad \tilde{E}_2 = \tilde{E}_1,\quad F_2 = F_1,\quad J_2 = 0.3I,\quad \tilde{J}_2 = 0.5I$$

$$f_2 = \sin(t)(J_2 x(t) + \tilde{J}_2 x(t - d(t)))$$

当初始条件为 $v(0) = [0\ \ 1]^{\mathrm{T}}$ 时，由

$$S = \begin{bmatrix} 0 & 0.1 \\ -0.1 & 0 \end{bmatrix}$$

来描述外部系统(3.2)，特征值为 $0.1\mathrm{i}$ 和 $-0.1\mathrm{i}$，i 是虚数单位. 对于上述参数，存在矩阵满足假设 9.1，因此给定常量 $\lambda_s = 0.6$，$\lambda_u = 0.5$，$\mu = 1.07$，$\beta_1 = \beta_2 = 3$，并使用 LMI 工具箱，可以得到可行解，参数为 $\varepsilon_1 = 0.6212$，$\varepsilon_2 = 0.5378$，其他参数如下：

$$P_1 = \begin{bmatrix} 0.5109 & 0 \\ 0 & 0.4988 \end{bmatrix},\quad P_2 = \begin{bmatrix} 0.5136 & 0 \\ 0 & 0.5027 \end{bmatrix}$$

$$S_{11} = \begin{bmatrix} 0.9489 & 0.0002 \\ 0.0002 & 0.8446 \end{bmatrix},\quad S_{12} = \begin{bmatrix} 0.9515 & 0.0003 \\ 0.0003 & 0.8530 \end{bmatrix}$$

$$S_{21} = \begin{bmatrix} 0.9656 & 0.0002 \\ 0.0002 & 0.8573 \end{bmatrix},\quad S_{22} = \begin{bmatrix} 0.9876 & 0.0003 \\ 0.0003 & 0.8788 \end{bmatrix}$$

$$W_{11} = \begin{bmatrix} 0.253 & 0 \\ 0 & 0.2983 \end{bmatrix},\quad W_{12} = \begin{bmatrix} 0.254 & 0 \\ 0 & 0.3014 \end{bmatrix}$$

$$W_{21} = \begin{bmatrix} 0.2533 & 0 \\ 0 & 0.2988 \end{bmatrix},\quad W_{22} = \begin{bmatrix} 0.2539 & 0 \\ 0 & 0.3016 \end{bmatrix}$$

$$X_{11} = \begin{bmatrix} 0.052 & 0 \\ 0 & 0.0739 \end{bmatrix},\quad X_{12} = \begin{bmatrix} 0.0523 & 0 \\ 0 & 0.0749 \end{bmatrix}$$

$$X_{21} = \begin{bmatrix} 0.0516 & 0 \\ 0 & 0.0733 \end{bmatrix},\quad X_{22} = \begin{bmatrix} 0.0517 & 0 \\ 0 & 0.074 \end{bmatrix}$$

$$Y_{11} = \begin{bmatrix} 0.0277 & 0 \\ 0 & 0.325 \end{bmatrix},\quad Y_{12} = \begin{bmatrix} 0.0229 & 0 \\ 0 & 0.329 \end{bmatrix}$$

$$Y_{21} = \begin{bmatrix} 0.0226 & 0 \\ 0 & 0.0323 \end{bmatrix},\quad Y_{22} = \begin{bmatrix} 0.0228 & 0 \\ 0 & 0.326 \end{bmatrix}$$

$$Z_1 = \begin{bmatrix} 0.4506 & 0.0685 \\ -0.0608 & 0.4212 \end{bmatrix},\quad Z_2 = \begin{bmatrix} -0.1273 & 0.002 \\ -0.002 & -0.1327 \end{bmatrix}$$

$$Q = \begin{bmatrix} 3.4539 & 0.1044 \\ 0.1044 & 2.9364 \end{bmatrix},\quad U = \begin{bmatrix} -0.8813 & 0.1321 \\ 0.1469 & -0.8188 \end{bmatrix}$$

$$T^* = \begin{bmatrix} -0.0201 & 0 \\ 0 & -0.0221 \end{bmatrix},\quad T = \begin{bmatrix} 0.2685 & 0 \\ 0 & 0.2781 \end{bmatrix}$$

此外，根据式(9.13)得出最小平均驻留时间 $\tau_a^* = 1.5089$，调节器增益为

$$K_1 = \begin{bmatrix} -3.6621 & -0.0016 \\ 0.0018 & -5.2759 \end{bmatrix}, \quad \tilde{K}_1 = \begin{bmatrix} -0.5949 & 0.0007 \\ 0.0006 & -0.545 \end{bmatrix}$$

$$L_{11} = \begin{bmatrix} 0.4114 & 0.102 \\ -0.097 & 0.4368 \end{bmatrix}, \quad L_{12} = \begin{bmatrix} 0.3454 & 0.1095 \\ -0.1047 & 0.3631 \end{bmatrix}$$

$$K_2 = \begin{bmatrix} -3.7076 & -0.0046 \\ 0.0052 & -5.3057 \end{bmatrix}, \quad \tilde{K}_2 = \begin{bmatrix} -0.4833 & 0.0016 \\ -0.0015 & -0.4415 \end{bmatrix}$$

$$L_{21} = \begin{bmatrix} 8.5893 & 0.0462 \\ -0.0489 & 8.07 \end{bmatrix}, \quad L_{22} = \begin{bmatrix} 8.5233 & 0.538 \\ -0.0567 & 7.9964 \end{bmatrix}$$

选择初始状态 $x(\theta) = [-5 \quad 5]^{\mathrm{T}}$，随机扰动 $\omega(t) = 0.1\mathrm{e}^{-0.1t}\sin(0.1\pi t)$ 和切换信号 $\tau_a = 1.667$ 如图 9.1 所示. 在所得的全息状态反馈调节器增益下，状态响应和输出误差如图 9.2 和图 9.3 所示. 也就是说在满足所设计的平均驻留时间下，所设计的调节器可以使得闭环系统异步输出调节问题可解.

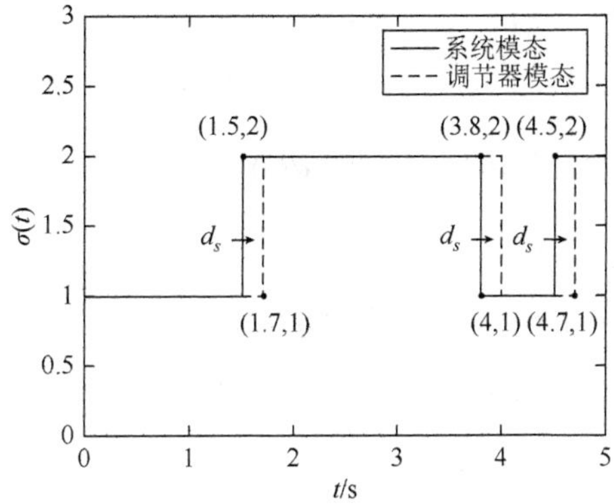

图 9.1 切换信号 $\sigma(t)$

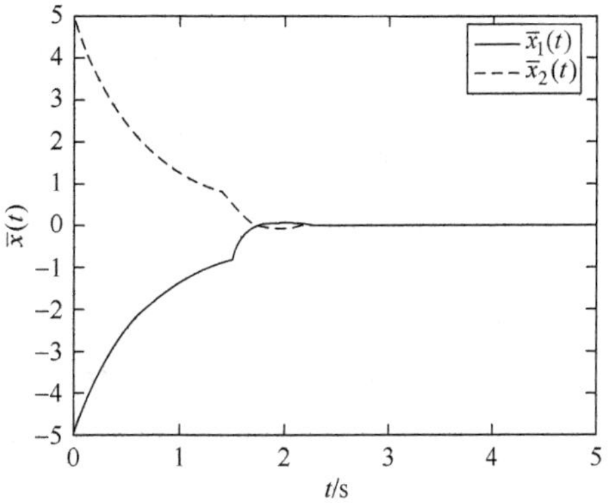

图 9.2 状态响应 $\bar{x}(t)$

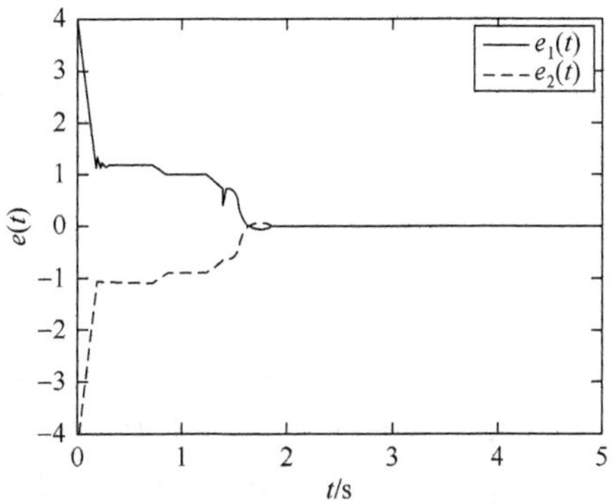

图 9.3 输出误差 $e(t)$ （一）

例 9.2　考虑包含两个子系统的切换随机时滞系统(3.1)，其中 $d_s = 0.2$，$d(t) = 0.6\sin t$ 和 $h = 0.5$.

子系统 1 描述为

$$A_1 = \begin{bmatrix} -5.5 & -3.1 \\ -2.4 & -1.9 \end{bmatrix}, \quad \tilde{A}_1 = \begin{bmatrix} 0.4 & 0.1 \\ 0 & -0.4 \end{bmatrix}, \quad B_1 = \begin{bmatrix} 5.1067 & 2.8762 \\ 2.476 & 2.2993 \end{bmatrix}$$

$$M_1 = \begin{bmatrix} -0.1 & 0.1 \\ 0 & -0.1 \end{bmatrix}, \quad C_1 = \begin{bmatrix} 0.1 & 0 \\ 0 & 0.1 \end{bmatrix}, \quad \tilde{C}_1 = \begin{bmatrix} 0.1 & 0 \\ 0 & 0.1 \end{bmatrix}, \quad D_1 = \begin{bmatrix} 0.7 & 0 \\ 0 & 0.5 \end{bmatrix}$$

$$E_1 = \begin{bmatrix} 0.4 & 0.2 \\ 0 & 0.5 \end{bmatrix}, \quad \tilde{E}_1 = \begin{bmatrix} 0.6 & 0.1 \\ 0 & 0.6 \end{bmatrix}, \quad F_1 = \begin{bmatrix} -0.9929 & -0.3358 \\ 0.036 & -1.0989 \end{bmatrix}$$

$$J_1 = 0.1I, \quad \tilde{J}_1 = 0.2I, \quad f_1 = \frac{\sqrt{2}}{2}\sin t(J_1 x(t) + \tilde{J}_1 x(t - d(t)))$$

子系统 2 描述为

$$A_2 = \begin{bmatrix} -3.4 & -0.1 \\ 0 & -4.9 \end{bmatrix}, \quad \tilde{A}_2 = \begin{bmatrix} -0.1 & 0.1 \\ 0 & 0.1 \end{bmatrix}, \quad B_2 = \begin{bmatrix} 3.5058 & -0.0938 \\ 0.106 & 4.8002 \end{bmatrix}$$

$$M_2 = \begin{bmatrix} -0.5 & 0 \\ 0 & -0.6 \end{bmatrix}, \quad C_2 = \begin{bmatrix} 0.4 & 0.4 \\ 0 & 0.3 \end{bmatrix}, \quad \tilde{C}_2 = \begin{bmatrix} -0.6 & 0 \\ 0 & -0.6 \end{bmatrix}$$

$$D_2 = \begin{bmatrix} 0.2 & 0.1 \\ 0 & 0.5 \end{bmatrix}, \quad f_2 = \frac{\sqrt{2}}{2}\sin t(J_2 x(t) + \tilde{J}_2 x(t - d(t)))$$

$$E_2 = E_1, \quad \tilde{E}_2 = \tilde{E}_1, \quad F_2 = F_1, \quad J_2 = 0.3I, \quad \tilde{J}_2 = 0.5I$$

在初始条件 $v(0) = [1\ \ 0]^{\mathrm{T}}$ 下，由 $S = [0\ \ -0.1; 0.1\ \ 0]$ 来描述外部系统(3.2)，其特征值为 0.1i 和 −0.1i. 对于上述参数，存在矩阵满足假设 9.2，$\Pi = I$，$\Sigma = 0$，

$$R_1 = \begin{bmatrix} -0.7 & 0 \\ 0.1 & -0.7 \end{bmatrix}, \quad \tilde{R}_1 = \begin{bmatrix} 0.9 & 0.4 \\ 0 & 0.6 \end{bmatrix}, \quad R_2 = \begin{bmatrix} -0.4 & 0 \\ 0.1 & -0.4 \end{bmatrix}$$

$$\tilde{R}_2 = \begin{bmatrix} 0.8 & 0.3 \\ 0 & 0.7 \end{bmatrix}, \quad G_1 = \begin{bmatrix} -2 & 0 \\ 0 & -2 \end{bmatrix}, \quad \tilde{G}_2 = \begin{bmatrix} -0.3 & 0.2 \\ 0 & -0.7 \end{bmatrix}$$

选择 $\lambda_s = 0.8$，$\lambda_u = 0.6$，$\beta_1 = \beta_2 = 2$ 和 $\mu = 1.069$，使用 LMI 工具箱，可以得到可行解. 此外，$\tau_a^* = 1.5668$，

$$H_1 = \begin{bmatrix} 0.0094 & -0.0094 \\ 0.0086 & -0.0058 \end{bmatrix}, \quad H_2 = \begin{bmatrix} 0.004 & -0.004 \\ 0.0037 & -0.0025 \end{bmatrix}$$

选择初始状态 $\chi(\theta) = [2\ \ -2\ \ -1\ \ 3]^{\mathrm{T}}$，随机扰动 $\omega(t) = 0.1\mathrm{e}^{-0.1t}\sin(0.1\pi t)$ 和图 9.1 所示的切换信号 $\tau_a = 1.667$. 在所得的误差反馈调节器下，状态响应和输出误差分别如图 9.4 和图 9.5 所示，也就是说在满足平均驻留时间的切换规则下，所设计的调节器可以使得相应的闭环系统是均方指数稳定的和随机无源的且满足式(9.4).

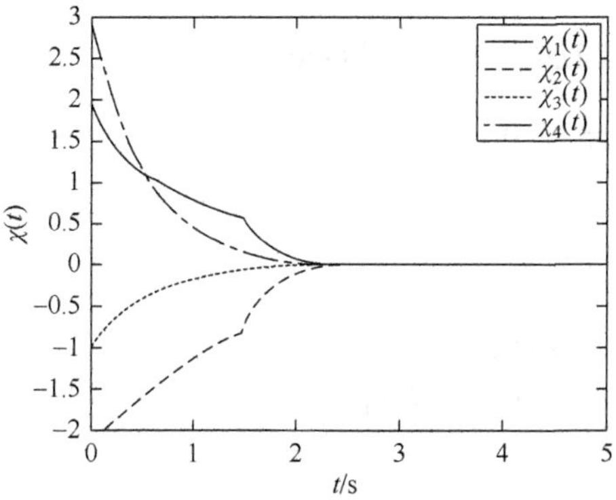

图 9.4 状态响应 $\chi(t)$

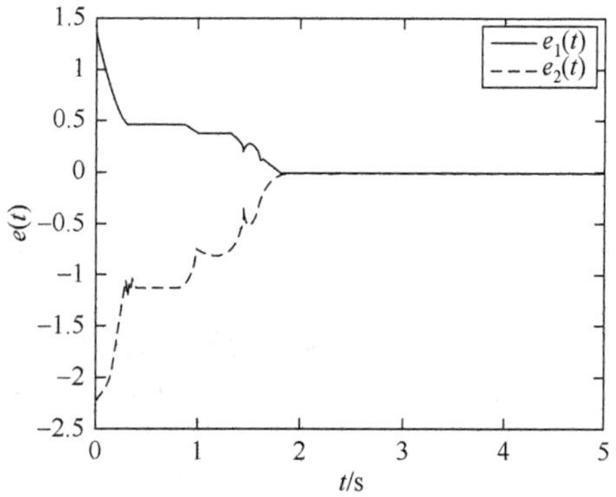

图 9.5 输出误差 $e(t)$（二）

9.3 基于完全异步调节器的输出调节问题

9.2 节所考虑的调节器模态与系统模态并不是完全异步切换的，其中还含有同步切换的部分. 因此，调节器的设计具有一定局限性. 其次在本节 L-K 泛函中加入误差相关的积分项，相比于 9.2 节中普通形式的 L-K 泛函，可以更好地利用时滞信息. 另外，工程实际的系统状态通常是不可测的，调节器通过一个信息通道与系统相连，因此相应的调节器需要一定的时间来响应系统. 最后，引入辅助矩阵，为同时满足平均驻留时间条件和耗散性条件带来更高的自由度，并利用线性化技术能够导出可解性条件.

9.3.1 问题描述

考虑到上述因素，设计如下基于动态误差反馈的完全异步的输出调节器：

$$\Delta_{\sigma_1(t)}:\begin{cases}\mathrm{d}\xi(t)=(G_{\sigma_1(t)}\xi(t)+H_{\sigma_1(t)}e(t))\mathrm{d}t\\ u(t)=R_{\sigma_1(t)}\xi(t)\end{cases}\tag{9.31}$$

式中，$G_{\sigma_1(t)}$ 和 $R_{\sigma_1(t)}$ 是任意维数常数矩阵；$H_{\sigma_1(t)}$ 是待设计的调节器增益；$\xi(t):\Re_{\geqslant 0}\to\Re^{\xi}$ 是内部状态； $\sigma_1(t):=\sigma(t-d_1(t))$ ， $d_1(\cdot):\Re_{\geqslant 0}\to[0,\tau_1]$ 是调节器响应时间.

基于定义 2.7 和误差反馈调节器(9.31)，将以以下两种情况表示切换时滞系统(3.1)基于随机耗散性下的异步输出调节问题.

(1) 当 $v(t)=0$ 时，相应的闭环系统是均方指数稳定的；

(2) 当 $v(t)\neq 0$ 时，相应的闭环系统是 (Q,U,T) -随机耗散的，即存在 $Q^{\mathrm{T}}=Q$ ，$T^{\mathrm{T}}=T$ ，U 和一个非负定函数 $V(x(t))$ ，使得

$$\mathcal{E}\left\{\int_0^t v^{\mathrm{T}}(s)Qv(s)+2v^{\mathrm{T}}(s)Uz(s)+z^{\mathrm{T}}(s)Tz(s)\mathrm{d}s\right\}$$
$$\geqslant \mathcal{E}\{V(x(t))-V(x(0))\},\quad \forall t\geqslant 0 \tag{9.32}$$

并且解满足

$$\lim_{t\to\infty}\mathcal{E}\{\| e(t)\|\}=0 \tag{9.33}$$

为了求解输出调节问题，以下假设是必要的.

假设 9.3 存在矩阵 $\varPi$ 和 $\varLambda$，满足以下线性调节方程：

$$\begin{cases}\varPi S = A_i\varPi + \tilde{A}_i\tilde{\varPi} + M_i R_\kappa \varLambda + B_i\\ \varLambda S = G_\kappa \varLambda\\ 0 = E_i\varPi + \tilde{E}_i\tilde{\varPi} + F_i,\quad \tilde{\varPi} = \varPi \mathrm{e}^{-S\tau},\quad i,\kappa\in\varXi\end{cases} \tag{9.34}$$

该假设表示切换系统(3.1)的调节器方程组具有共同解，这对接下来构造坐标变换至关重要.

由于调节器的切换滞后于系统的切换，当切换系统从第 i 个子系统切换到第 j 个子系统时，调节器 $\varDelta_j$ 仍然是被激活的. 令

$$\chi^{\mathrm{T}}(t)=[\overline{x}^{\mathrm{T}}(t)\quad \overline{\xi}^{\mathrm{T}}(t)],\quad \overline{x}(t)=x(t)-\varPi v(t),\quad \overline{\xi}(t)=\xi(t)-\varLambda v(t)$$

$$\chi_d^{\mathrm{T}}(t)=[\overline{x}_d^{\mathrm{T}}(t)\ \ \overline{\xi}_d^{\mathrm{T}}(t)],\quad \overline{x}_d(t)=x_d(t)-\tilde{\varPi}v(t),\quad \overline{\xi}_d(t)=\xi(t-d(t))-\varLambda\mathrm{e}^{-S\tau}v(t)$$

因此，在假设 9.3 下，闭环系统能被写成以下形式：

$$\begin{cases}\mathrm{d}\chi(t)=(\underline{A}_{\sigma'}\chi(t)+\underline{\tilde{A}}_{\sigma'}\chi_d(t))\mathrm{d}t+\underline{f}_{\sigma'}(t)\mathrm{d}w(t)\\ z(t)=C_{\sigma'}\overline{x}(t)+\tilde{C}_{\sigma'}\overline{x}_d(t)+\underline{D}_{\sigma'}v(t)\\ e(t)=E_{\sigma'}\overline{x}(t)+\tilde{E}_{\sigma'}\overline{x}_d(t)\\ x(\theta)=\psi(\theta),\quad \theta\in[-2\tau,0]\end{cases} \tag{9.35}$$

式中，

$$\underline{A}_{\sigma'}=\begin{bmatrix}A_\sigma & M_\sigma R_{\sigma_1}\\ H_{\sigma_1}E_\sigma & G_{\sigma_1}\end{bmatrix},\quad \underline{\tilde{A}}_{\sigma'}=\begin{bmatrix}\tilde{A}_\sigma & 0\\ H_{\sigma_1}\tilde{E}_\sigma & 0\end{bmatrix},\quad C_{\sigma'}=C_\sigma,\quad \tilde{C}_{\sigma'}=\tilde{C}_\sigma$$

$$\underline{D}_{\sigma'}=\underline{D}_\sigma,\quad E_{\sigma'}=E_\sigma,\quad \tilde{E}_{\sigma'}=\tilde{E}_\sigma,\quad \underline{f}_{\sigma'}^{\mathrm{T}}=[f_\sigma^{\mathrm{T}}(t,\overline{x}(t)+\varPi v(t),\overline{x}_d(t)+\tilde{\varPi}v(t))\ \ 0]$$

在以上闭环系统(9.35)中存在两种类型的时变时滞. 为了表示方便，构造如下虚拟切换信号 σ'：

$$\sigma'(\cdot):\Re_{\geqslant 0}\to\varXi\times\varXi,\quad \sigma'=(\sigma,\sigma_1)$$

令 $\oplus$ 表示合并行为，即 $\sigma'=\sigma\oplus\sigma_1$.

引理 9.1 如果存在一个分段 Lyapunov 函数 $V(t)=V_{\sigma'}(\chi)$ 满足：

(1) 对于某个 $a>0, b>0$，$a\|\chi\|^2\leqslant V_{\sigma'}(\chi)\leqslant b\|\chi\|$;

(2) $\mathcal{E}\{\mathcal{L}V_{i\kappa}(\chi)+\lambda_{i\kappa}V_{i\kappa}(\chi)-\varGamma^*\}\leqslant 0$;

(3) 对于某个 $\mu \geqslant 1$， $V_{ii}(\chi) \leqslant \mu V_{ij}(\chi)$， $V_{ij}(\chi) \leqslant \mu V_{jj}(\chi)$.

在满足平均驻留时间 τ_a：

$$\tau_a > \tau_a^* = \frac{2\ln\mu + (\lambda_s + \lambda_u)(\tau + \tau_1)}{\lambda_s} \tag{9.36}$$

的切换规则下，切换随机时滞系统(3.1)基于 (Q, U, T)-随机耗散性的完全异步输出调节问题是可解的. 其中 $\Gamma^* = v^{\mathrm{T}}Qv + 2v^{\mathrm{T}}Uz + z^{\mathrm{T}}T^*z$，$\lambda_{i\kappa} > 0$，$\kappa \in \{i, j\}$，$i \neq j$，$i, j \in \varXi$， $\lambda_{ii} = \lambda_s$， $\lambda_{ij} = -\lambda_u$， $T^* < 0$，

$$T^* - T \leqslant 0 \tag{9.37}$$

$$\begin{bmatrix} Q & U \\ * & T \end{bmatrix} \geqslant 0 \tag{9.38}$$

$U, Q^{\mathrm{T}} = Q, T^{\mathrm{T}} = T$ 是适当维数的矩阵.

证明 一个简单的计算给出 $V(t)$ 沿着引理 9.1 的条件(2)的期望：

$$\begin{aligned} \mathcal{E}\{V(t)\} &= \mathcal{E}\{V_{\sigma'(t)}(\chi(t)) \\ &\leqslant \mathrm{e}^{-\lambda_{\sigma'(\tau_\kappa)}(t-\tau_k)}\mathcal{E}\{V_{\sigma'(\tau_k)}(\chi(\tau_k))\} + \mathcal{E}\left\{\int_{\tau_k}^{t} \mathrm{e}^{-\lambda_{\sigma'(\tau_k)}(t-s)}\Gamma^*(s)\mathrm{d}s\right\} \end{aligned} \tag{9.39}$$

将引理 9.1 的条件(3)中的不等式代入式(9.39)，可以得到

$$\begin{aligned} &\mathcal{E}\{V_{\sigma'(t)}(\chi(t))\} \\ &\leqslant \mu^{N_{\sigma'}(t_0,t)}\mathrm{e}^{N_{\sigma'}(t_0,t)(\lambda_s+\lambda_u)\tau}\Im\Big|_0^{N_{\sigma'}}(t_0)\mathcal{E}\{V_{\sigma'(t_0)}(\chi(t_0))\} \\ &\quad + \sum_{k=0}^{N_{\sigma'}}\mathcal{E}\left\{\int_{t_k}^{t_{k+1}}\mu^{N_{\sigma'}(s,t)}\mathrm{e}^{N_{\sigma'}(s,t)(\lambda_s+\lambda_u)\tau}\Im\Big|_k^{N_{\sigma'}}(s)\Gamma^*(s)\mathrm{d}s\right\} \\ &= \Im(t_0)\mathcal{E}\{V_{\sigma'(t_0)}(\chi(t_0))\} + \mathcal{E}\left\{\int_{t_0}^{t}\Im(s)\Gamma^*(s)\mathrm{d}s\right\} \end{aligned} \tag{9.40}$$

式中，

$$\Im(s) = \exp(N_{\sigma'}(s,t)\ln\mu + N_{\sigma_1}(s,t)(\lambda_s + \lambda_u)\tau - \lambda_s m_{(s,t)} + \lambda_u \bar{m}_{(s,t)})$$

$$\Im\Big|_k^{N_{\sigma'}}(s) = \exp\left(\left(\sum_{j=k+1}^{N_{\sigma'}} -\lambda_{\sigma'(t_j)}(t_{j+1} - t_j)\right) - \lambda_{\sigma'(t_k)}(t_{k+1} - s)\right)$$

在零初始条件下，根据式(9.40)得到

$$\mathcal{E}\{V_{\sigma'(t)}(\chi(t))\} \leqslant \mathcal{E}\left\{\int_{t_0}^{t}\Im(s)\Gamma^*(s)\mathrm{d}s\right\} \tag{9.41}$$

式中， $\Gamma^* = \Gamma + z^{\mathrm{T}}(T^* - T)z \leqslant \Gamma$， $\Gamma = v^{\mathrm{T}}Qv + 2v^{\mathrm{T}}Uz + z^{\mathrm{T}}Tz$. 根据式(9.36)可知，存在一个常量 λ 使得

$$(2\ln\mu + (\lambda_s + \lambda_u)\tau)/\tau_a < \lambda < \lambda_s - (\lambda_s + \lambda_u)\tau_1/\tau_a$$

等价于

$$\begin{cases}(\lambda_s+\lambda_u)\tau_1<(\lambda_s-\lambda)\tau_a\\ \lambda'=\lambda-(2\ln\mu+(\lambda_s+\lambda_u)\tau)/\tau_a>0\end{cases} \tag{9.42}$$

根据式(9.41)、式(9.42)和 $N_{\sigma'}(t,s)\leqslant\bar{N}_0+(t-s)/\bar{\tau}_a$，$N_{\sigma_1}(t,s)\leqslant N_0+(t-s)/\tau_a$，$\varGamma^*\leqslant\varGamma$，得到

$$\mathcal{E}\{V_{\sigma'(t)}(\chi(t))\}\leqslant\mathcal{E}\left\{\int_0^t c\mathrm{e}^{-\lambda'(t-s)}\varGamma(s)\mathrm{d}s\right\}$$

式中，$c=\mathrm{e}^{\bar{N}_0\ln\mu+N_0(\lambda_s+\lambda_u)\tau+c_t}$. 对上式两边同乘 c^{-1}，得到

$$\mathcal{E}\{c^{-1}V_{\sigma'(t)}(\chi(t))\}\leqslant\mathcal{E}\left\{\int_0^t \mathrm{e}^{-\lambda'(t-s)}\varGamma(s)\mathrm{d}s\right\}\leqslant\mathcal{E}\left\{\int_0^t\varGamma(s)\mathrm{d}s\right\}$$

该不等式满足式(9.32).

接下来，考虑当 $v(t)=0$ 时，闭环系统(9.35)是均方指数稳定的. 再次利用引理 9.1 中的条件(2)，推导出

$$\mathcal{E}\{\mathrm{d}V_{i\kappa}(\chi(t))+\lambda_{i\kappa}V_{i\kappa}(\chi(t))\}\leqslant\mathcal{E}\{z(t)T^*z(t)\}<0$$

类似于式(9.39)和式(9.40)，可获得

$$\mathcal{E}\{V_{\sigma'(t)}(\chi(t))\}\leqslant c\mathrm{e}^{-\lambda'(t-t_0)}\mathcal{E}\{V_{\sigma'(t)}(\chi(t_0))\} \tag{9.43}$$

应用引理 9.1 中的条件(1)，可得

$$a\mathcal{E}\{\|\chi(t)\|^2\}\leqslant\mathcal{E}\{V_{\sigma'(t)}(\chi(t))\},\quad V_{\sigma'(t_0)}(\chi(t_0))\leqslant b\|\chi(t_0)\|_c^2 \tag{9.44}$$

将式(9.44)代入式(9.43)得到

$$\mathcal{E}\{\|\chi(t)\|^2\}\leqslant\frac{bc}{a}\mathrm{e}^{-\lambda'(t-t_0)}\|\chi(t_0)\|_c^2 \tag{9.45}$$

这意味着在无外部输入下，闭环系统(9.35)是均方指数稳定的. 另外，当 $v(t)\neq0$ 时，根据引理 2.7 可得

$$\mathcal{E}\{\|\bar{x}_d(t)\|+\|\bar{\xi}_d(t)\|\}\leqslant M\mathrm{e}^{-\alpha t}\mathcal{E}\{\|x(\theta)-\varPi v(0)\|+\|\xi(\theta)-\varLambda v(0)\|\}$$

式中，$M>0$；$\alpha>0$. 因此，$\lim\limits_{t\to\infty}\mathcal{E}\{\|\bar{x}_d(t)\|\}=0$，式(9.34)成立，即条件(9.32)可被实现. 证毕.

注 9.5　值得注意的是，引理 9.1 在以下两个条件或者二者都满足的情况下仍然有效：

(1) 当引理 9.1 中的条件(2)变为 $\dot{V}_{i\kappa}(\chi)+\lambda_{i\kappa}V_{i\kappa}(\chi)-\varGamma^*\leqslant0$，即 $\mathrm{d}\omega(t)=0$；

(2) 当式(9.36)变成引理 9.1 中的条件(3)：

$$\tau_a>\tau_a^*=\frac{2\ln\mu+(\lambda_s+\lambda_u)\tau_1}{\lambda_s} \tag{9.46}$$

相当于 $\tau=0$.

注 9.6 当 $v(t)=0$ 时，不等式 $T<0$ 是实现均方指数稳定的必要条件. 然而，不等式(9.38)是平均驻留时间的一部分. 很显然，式(9.38)不能保证不等式 $T<0$ 成立，甚至当 $T<0$ 时式(9.38)也可能不成立. 为了解耦均方指数稳定和式(9.38)之间的联系，当限制矩阵的维数不增长时，增广矩阵 T^* 被引入实现耗散性和稳定性.

注 9.7 调节器方程组是类 Sylvester 矩阵. 存在很多方法解决这类等式. 为了计算简便，在 $\Lambda=0$ 的假设下提出下列方法.

令 $\tilde{\mathcal{I}}_i=\begin{bmatrix} I_{n\times n} \\ 0_{p\times n}\end{bmatrix}$，$\mathcal{A}_i=\begin{bmatrix} A_i \\ E_i\end{bmatrix}$，$\tilde{\mathcal{A}}_i=\begin{bmatrix} \tilde{A}_i \\ \tilde{E}_i\end{bmatrix}$，$\mathcal{B}_i=\begin{bmatrix} B_i \\ F_i\end{bmatrix}$，$i\in\Xi$，则式(9.34)可合并表示为

$$\tilde{\mathcal{I}}\Pi S-\mathcal{A}\Pi-\tilde{\mathcal{A}}\Pi\mathrm{e}^{-\tau S}=\mathcal{B} \tag{9.47}$$

式中，$\tilde{\mathcal{I}}=[\tilde{\mathcal{I}}_1^{\mathrm{T}}\ \tilde{\mathcal{I}}_2^{\mathrm{T}}\cdots\tilde{\mathcal{I}}_l^{\mathrm{T}}]^{\mathrm{T}}$；$\mathcal{A}=[\mathcal{A}_1^{\mathrm{T}}\ \mathcal{A}_2^{\mathrm{T}}\cdots\mathcal{A}_l^{\mathrm{T}}]^{\mathrm{T}}$；$\tilde{\mathcal{A}}=[\tilde{\mathcal{A}}_1^{\mathrm{T}}\ \tilde{\mathcal{A}}_2^{\mathrm{T}}\cdots\tilde{\mathcal{A}}_l^{\mathrm{T}}]^{\mathrm{T}}$；$\mathcal{B}=[\mathcal{B}_1^{\mathrm{T}}\ \mathcal{B}_2^{\mathrm{T}}\cdots\mathcal{B}_l^{\mathrm{T}}]^{\mathrm{T}}$. 根据文献[197]中的定理 2，等式

$$\tilde{\mathcal{I}}_i\Pi S-\mathcal{A}_i\Pi-\tilde{\mathcal{A}}_i\Pi\mathrm{e}^{-\tau S}=\mathcal{B}_i,\quad i\in\Xi \tag{9.48}$$

可解，当且仅当对任意矩阵 $\mathcal{B}_i$ 有

$$\mathrm{rank}(\mathcal{A}_i+\tilde{\mathcal{A}}_i\Pi\mathrm{e}^{-\tau\lambda}-\lambda\tilde{\mathcal{I}}_i)=n \tag{9.49}$$

式中，$\forall\lambda\in\sigma(S)$，$\sigma(S)$ 表示 S 的谱. 基于该条件，通过求解由式(9.48)转化而来的等式 $X_i\mathrm{vex}(\Pi)=\mathrm{vec}(\mathcal{B}_i)$，易得 Π，其中 $X_i=S^{\mathrm{T}}\otimes\tilde{\mathcal{I}}_i-\mathcal{I}_i\otimes\mathcal{A}_i-(\mathrm{e}^{-\tau S})^{\mathrm{T}}\otimes\tilde{\mathcal{A}}_i$，符号 $\mathrm{vec}(\cdot)$ 表示一个矩阵的向量值函数(见文献[208]). 注意到，式(9.48)是式(9.47)的一部分. 因而如果

$$\mathrm{rank}(X_i\ \mathrm{vec}(\mathcal{B}_i))=\mathrm{rank}(X\ \mathrm{vec}(\mathcal{B})) \tag{9.50}$$

那么等式 $X_i\mathrm{vex}(\Pi)=\mathrm{vec}(\mathcal{B}_i)$ 和 $X\mathrm{vex}(\Pi)=\mathrm{vec}(\mathcal{B})$ 有相同的解，其中 $X=S^{\mathrm{T}}\otimes\tilde{\mathcal{I}}-\mathcal{I}\otimes\mathcal{A}-(\mathrm{e}^{-\tau S})^{\mathrm{T}}\otimes\tilde{\mathcal{A}}$. 因此，如果条件(9.49)和(9.50)成立，式(9.34)可解.

9.3.2 控制器设计

本小节利用平均驻留时间方法设计以下三类切换系统的异步控制律：①线性切换系统；②切换时滞系统；③切换随机时滞系统.

1. 情况①：线性切换系统

首先，当状态不含时滞和随机干扰时，考虑一个简单的线性情况. 在这种情况下，容易获得以下闭环系统：

$$\begin{cases}\dot{\chi}(t)=\underline{A}_{\sigma'}\chi(t)\\ z(t)=C_{\sigma'}\overline{x}(t)+\underline{D}_{\sigma'}v(t)\\ e(t)=E_{\sigma'}\overline{x}(t)\end{cases} \tag{9.51}$$

即式(9.35)中取 $\tilde{\underline{A}}_{\sigma'}=0$，$\underline{f}_{\sigma'}(t)=0$，$\tilde{C}_{\sigma'}=0$，$\tilde{E}_{\sigma}=0$ 和 $\tau=0$.

显然,引理 9.1 提出了一个求解系统(9.51)完全异步输出调节问题可解的方法.即在满足平均驻留时间条件(9.36)的异步切换规则下,构造一个满足引理 9.1 的条件(1)和(3)以及注 9.5 中的条件(1)的分段 Lyapunov 函数 $V(t)$. 根据该方法，定义一个分段 Lyapunov 函数：

$$V(t)=V_{\sigma'}(\chi)=\chi^{\mathrm{T}}P_{\sigma'}\chi \tag{9.52}$$

式中，$P_{\sigma'}=\mathrm{diag}\{\overline{P}_{\sigma'},\underline{P}_{\sigma'}\}$.

为了便于陈述定理，首先引入矩阵 $\phi_{i\kappa}=\{\phi_{lk}^{i\kappa}\}$，其中，

$$\kappa\in\{i,j\},\quad i\neq j,\quad i,j\in\varXi,\quad l,k\in\{1,2,3,4\}$$

$$\phi_{11}^{i\kappa}=\lambda_{i\kappa}\overline{P}_{i\kappa}+\overline{P}_{i\kappa}A_i+A_i^{\mathrm{T}}\overline{P}_{i\kappa}+C_i^{\mathrm{T}}X_{i\kappa}+X_{i\kappa}^{\mathrm{T}}C_i,\quad \phi_{12}^{i\kappa}=E_i^{\mathrm{T}}\mathcal{H}_{\kappa}^{\mathrm{T}}\underline{P}_{i\kappa}^{\mathrm{T}}+\overline{P}_{i\kappa}M_iR_{\kappa}$$

$$\phi_{13}^{i\kappa}=X_{i\kappa}^{\mathrm{T}}\underline{D}_i,\quad \phi_{14}^{i\kappa}=-X_{i\kappa}^{\mathrm{T}},\quad \phi_{22}^{i\kappa}=\lambda_{i\kappa}\underline{P}_{i\kappa}+\underline{P}_{i\kappa}G_{\kappa}+G_{\kappa}^{\mathrm{T}}\underline{P}_{i\kappa},\quad \phi_{33}^{i\kappa}=-Q$$

$$\phi_{34}^{i\kappa}=-U,\quad \phi_{44}^{i\kappa}=-T^*,\quad \underline{D}_i=D_i+C_i\Pi,\quad \lambda_{ii}=\lambda_s,\quad \lambda_{ij}=-\lambda_u$$

$\phi_{i\kappa}$ 中的其他项均为适当维数的零矩阵.

定理 9.3　对于给定的常量 $\lambda_s>0$，$\lambda_u>0$ 和 $\mu\geqslant 1$，如果存在适当维数矩阵 $P_{i\kappa}>0,T^*<0,\mathcal{H}_{\kappa},U,Q,T,X_{i\kappa}$，使得式(9.37)、式(9.38)和以下不等式成立：

$$\phi_{i\kappa}\leqslant 0 \tag{9.53}$$

$$P_{ii}\leqslant\mu P_{ij},\quad P_{ij}\leqslant\mu P_{jj} \tag{9.54}$$

那么在满足式(9.36)的任意切换规则下，系统(9.51)基于 (Q,U,T)-耗散性的完全异步输出调节是可解的，调节器增益被设计为 $\mathcal{H}_{\kappa}$.

证明　从式(9.52)容易得到

$$\dot{V}_{i\kappa}(\chi)+\lambda_{i\kappa}V_{i\kappa}(\chi)-\Gamma^*\leqslant\eta_1^{\mathrm{T}}(t)\phi_{i\kappa}\eta_1(t) \tag{9.55}$$

通过引入下列等式：

$$2(X_{i\kappa}\overline{x}(t))^{\mathrm{T}}(C_{i\kappa}\overline{x}(t)+\underline{D}_{i\kappa}v(t)-z(t))=0$$

式中，$\eta_1^{\mathrm{T}}(t)=[\overline{x}^{\mathrm{T}}(t)\ \ \overline{\xi}^{\mathrm{T}}(t)\ \ v^{\mathrm{T}}(t)\ \ z^{\mathrm{T}}(t)]^{\mathrm{T}}$. 易获得定理证明. 证毕.

2. 情况②：切换时滞系统

时滞因素不仅存在于切换行为中,还有可能出现在系统状态中[80, 196, 197]. 接下来，考虑在系统(9.51)中添加了状态时滞信息的系统：

$$\begin{cases}\dot{\chi}(t)=\underline{A}_{\sigma'}\chi(t)+\tilde{\underline{A}}_{\sigma'}\chi_d(t)\\ z(t)=C_{\sigma'}\overline{x}(t)+\tilde{C}_{\sigma'}\overline{x}_d(t)+\underline{D}_{\sigma'}v(t)\\ e(t)=E_{\sigma'}\overline{x}(t)+\tilde{E}_{\sigma'}\overline{x}_d(t)\\ x(\theta)=\psi(\theta),\quad \theta\in[-2\tau,0]\end{cases} \tag{9.56}$$

基于情况①中的结果，定义下列分段 L-K 泛函 $V(t)$：

$$V(t)=V_{\sigma'}(\chi)=\chi^{\mathrm{T}}P_{\sigma'}\chi+\int_{t-d(t)}^{t}e^{\mathrm{T}}(s)\mathrm{e}^{\lambda_{\sigma'(t)}(s-t)}Q_{\sigma'}e(s)\mathrm{d}s$$
$$+\tau\int_{-\tau}^{0}\int_{t+\theta}^{t}\dot{\overline{x}}^{\mathrm{T}}(s)\mathrm{e}^{\lambda_{\sigma'(t)}(s-t)}Z_{\sigma'(t)}\dot{\overline{x}}(s)\mathrm{d}s\mathrm{d}\theta \tag{9.57}$$

式中，

$$P_{i\kappa}=\mathrm{diag}\{\overline{P}_{i\kappa},\underline{P}_{i\kappa}\},\quad \underline{D}_i=D_i+C_i\Pi+\tilde{C}_i\tilde{\Pi},\quad \lambda_{ii}=\lambda_s,\quad \lambda_{ij}=-\lambda_u$$

类似于情况①，矩阵 $\varphi_{i\kappa}=\{\varphi_{lk}^{i\kappa}\}$，式中，

$$\kappa\in\{i,j\},\quad i\neq j,\quad i,j\in\Xi,\quad l,k\in\{1,2,\cdots,7\}$$

其中，

$$\varphi_{11}^{i\kappa}=\lambda_{i\kappa}\overline{P}_{i\kappa}+\overline{P}_{i\kappa}A_i+A_i^{\mathrm{T}}\overline{P}_{i\kappa}+E_i^{\mathrm{T}}Q_{i\kappa}E_i-\mathrm{e}^{-\lambda_{i\kappa}\tau}Z_{i\kappa}$$
$$\varphi_{12}^{i\kappa}=E_i^{\mathrm{T}}\mathcal{H}_\kappa^{\mathrm{T}}\underline{P}_{i\kappa}^{\mathrm{T}}+A_i^{\mathrm{T}}X_{i\kappa}^4+\overline{P}_{i\kappa}M_iR_\kappa,\quad \varphi_{13}^{i\kappa}=\overline{P}_{i\kappa}\tilde{A}_i+E_i^{\mathrm{T}}Q_{i\kappa}\tilde{E}_i+\mathrm{e}^{-\lambda_{i\kappa}\tau}Z_{i\kappa}$$
$$\varphi_{15}^{i\kappa}=C_i^{\mathrm{T}}X_{i\kappa}^1,\quad \varphi_{16}^{i\kappa}=C_i^{\mathrm{T}}X_{i\kappa}^2,\quad \varphi_{17}^{i\kappa}=A_i^{\mathrm{T}}X_{i\kappa}^3$$
$$\varphi_{22}^{i\kappa}=\lambda_{i\kappa}\underline{P}_{i\kappa}+\underline{P}_{i\kappa}G_\kappa+G_\kappa^{\mathrm{T}}\underline{P}_{i\kappa}+(X_{i\kappa}^4)^{\mathrm{T}}M_iR_\kappa+R_\kappa^{\mathrm{T}}M_i^{\mathrm{T}}X_{i\kappa}^4$$
$$\varphi_{23}^{i\kappa}=\underline{P}_{i\kappa}\mathcal{H}_\kappa\tilde{E}_i+(X_{i\kappa}^4)^{\mathrm{T}}\tilde{A}_i,\quad \varphi_{27}^{i\kappa}=R_\kappa^{\mathrm{T}}M_i^{\mathrm{T}}X_{i\kappa}^3-(X_{i\kappa}^4)^{\mathrm{T}}$$
$$\varphi_{33}^{i\kappa}=-(1-h)\mathrm{e}^{-\lambda_{i\kappa}\tau}E_i^{\mathrm{T}}Q_{i\kappa}E_i+\tilde{E}_i^{\mathrm{T}}Q_{i\kappa}\tilde{E}_i-\mathrm{e}^{-\lambda_{i\kappa}\tau}Z_{i\kappa}$$
$$\varphi_{34}^{i\kappa}=-(1-h)\mathrm{e}^{-\lambda_{i\kappa}\tau}\tilde{E}_i^{\mathrm{T}}Q_{i\kappa}\tilde{E}_i,\quad \varphi_{55}^{i\kappa}=\underline{D}_i^{\mathrm{T}}X_{i\kappa}^1+(X_{i\kappa}^1)^{\mathrm{T}}\underline{D}_i-Q$$
$$\varphi_{56}^{i\kappa}=\underline{D}_i^{\mathrm{T}}X_{i\kappa}^2-(X_{i\kappa}^1)^{\mathrm{T}}-U,\quad \varphi_{66}^{i\kappa}=-(X_{i\kappa}^2)^{\mathrm{T}}-X_{i\kappa}^2-T^*$$
$$\varphi_{77}^{i\kappa}=\tau^2Z_{i\kappa}-(X_{i\kappa}^3)^{\mathrm{T}}-X_{i\kappa}^3$$

$\varphi_{i\kappa}$ 中的其他项均为适当维数的零矩阵.

定理 9.4 对给定的常量 $\lambda_s>0,\lambda_u>0$ 和 $\mu\geqslant1$，如果存在适当维数矩阵 $P_{i\kappa}>0$, $Q_{i\kappa}>0,Z_{i\kappa}>0,T^*\leqslant0,\mathcal{H}_\kappa,U,Q,T,X_{i\kappa}^{\iota},\iota=\{1,2,3,4\}$，使得式(9.37)、式(9.38)和以下不等式成立：

$$\varphi_{i\kappa}\leqslant0 \tag{9.58}$$

$$P_{ii}\leqslant\mu P_{ij},\quad P_{ij}\leqslant\mu P_{jj},\quad Q_{ii}\leqslant\mu Q_{ij},\quad Q_{ij}\leqslant\mu Q_{jj},\quad Z_{ii}\leqslant\mu Z_{ij},\quad Z_{ij}\leqslant\mu Z_{jj} \tag{9.59}$$

那么在满足式(9.39)的任意切换信号下，系统(9.56)基于 (Q,U,T) -耗散性的完全异步输出调节是可解的，调节器增益为 $\mathcal{H}_\kappa$.

证明 对任意适当维数矩阵 $X_{i\kappa}^1$、$X_{i\kappa}^2$、$X_{i\kappa}^3$ 和 $X_{i\kappa}^4$，给出下列等式：

$$2(X_{i\kappa}^1 v(t) + X_{i\kappa}^2 z(t))^{\mathrm{T}} (g_{i\kappa}^1(t) - z(t)) = 0 \tag{9.60}$$

$$2(X_{i\kappa}^3 \dot{\bar{x}}(t) + X_{i\kappa}^4 \bar{\xi}(t))^{\mathrm{T}} (g_{i\kappa}^2(t) - \dot{\bar{x}}(t)) = 0 \tag{9.61}$$

式中，$g_{i\kappa}^1(t) = C_i\bar{x}(t) + \tilde{C}_i\bar{x}_d(t) + \underline{D}_i v(t)$；$g_{i\kappa}^2(t) = A_i\bar{x}(t) + \tilde{A}_i\bar{x}_d(t) + M_i R_\kappa \bar{\xi}(t)$.

利用引理 2.1，显然

$$-\tau\int_{t-d(t)}^{t} \dot{\bar{x}}^{\mathrm{T}}(s) Z_{i\kappa} \dot{\bar{x}}(s)\mathrm{d}s \leqslant \zeta^{\mathrm{T}}(t)\begin{bmatrix} -Z_{i\kappa} & Z_{i\kappa} \\ Z_{i\kappa} & -Z_{i\kappa} \end{bmatrix}\zeta(t) \tag{9.62}$$

式中，$\zeta^{\mathrm{T}}(t) = [\bar{x}^{\mathrm{T}}(t) \quad \bar{x}_d^{\mathrm{T}}(t)]$. 结合式(9.52)、式(9.58)～式(9.61)，得到

$$\dot{V}_{i\kappa}(\chi) + \lambda_{i\kappa}V_{i\kappa}(\chi) - \Gamma^* \leqslant \eta_2^{\mathrm{T}}(t)\varphi_{i\kappa}\eta_2(t) < 0$$

式中，$\eta_2^{\mathrm{T}}(t) = [\bar{x}^{\mathrm{T}}(t) \;\; \bar{\xi}^{\mathrm{T}}(t) \;\; \bar{x}_d^{\mathrm{T}}(t) \;\; \bar{x}^{\mathrm{T}}(t-2d(t)) \;\; v^{\mathrm{T}}(t) \;\; z^{\mathrm{T}}(t) \;\; \dot{\bar{x}}^{\mathrm{T}}(t)]^{\mathrm{T}}$. 易得其余证明. 证毕.

注 9.8 相比于系统状态，输出调节问题更加关注系统的误差. 因此，我们通过引入确保系统误差和能量函数有直接联系的误差信息去构造一个新的 L-K 泛函(9.57). 此外，在求导过程中，$e(t)$ 和 $e(t-d(t))$ 项被 $E_i x(t) + \tilde{E}_i x_d(t)$ 和 $E_i x_d(t) + \tilde{E}_i x(t-2d(t))$ 所替代. 这个过程减小了限制条件(9.58)的维度数量，并且引入了更多时滞信息.

3. 情况③：切换随机时滞系统

归因于上述讨论，定理 9.5 实现切换随机时滞系统基于耗散性的完全异步输出调节控制.

定理 9.5 对给定的常量 $\lambda_s > 0$，$\lambda_u > 0$ 和 $\mu \geqslant 1$，如果存在常量 $\varepsilon_{i\kappa} > 0$，适当维数矩阵 $P_{i\kappa} > 0$，$Q_{i\kappa} > 0$，$Z_{i\kappa} > 0$，$T^* \leqslant 0$，$\mathcal{H}_\kappa$，U，Q，T，$X_{i\kappa}^\iota$，其中 $\iota = \{1,2,3,4\}$，使得式(9.37)、式(9.38)、式(9.59)和以下不等式成立：

$$\psi_{i\kappa} < 0 \tag{9.63}$$

$$\bar{P}_{i\kappa} \leqslant \varepsilon_{i\kappa}\mathcal{I} \tag{9.64}$$

那么在满足式(9.36)的任意切换信号下，系统(3.1)基于 (Q,U,T)-随机耗散性的完全异步输出调节问题可解，调节器增益为 $\mathcal{H}_\kappa$，式中 $\kappa \in \{i,j\}$，$i \neq j$，$i,j \in \varXi$；$\psi_{i\kappa} = \{\psi_{lk}^{i\kappa}\}$，$l,k \in \{1,2,\cdots,7\}$，其中 $\psi_{11}^{i\kappa} = \varphi_{11}^{i\kappa} + \varepsilon_{i\kappa}J_i^{\mathrm{T}}J_i$；$\psi_{15}^{i\kappa} = \varphi_{15}^{i\kappa} + \varepsilon_{i\kappa}J_i^{\mathrm{T}}J_i\varPi$；$\psi_{33}^{i\kappa} = \varphi_{33}^{i\kappa} + \varepsilon_{i\kappa}\tilde{J}_i^{\mathrm{T}}\tilde{J}_i$；$\psi_{35}^{i\kappa} = \varphi_{35}^{i\kappa} + \varepsilon_{i\kappa}\tilde{J}_i^{\mathrm{T}}\tilde{J}_i\tilde{\varPi}$；$\psi_{55}^{i\kappa} = \varphi_{55}^{i\kappa} + \varepsilon_{i\kappa}\varPi^{\mathrm{T}}J_i^{\mathrm{T}}J_i\varPi + \varepsilon_{i\kappa}\tilde{\varPi}^{\mathrm{T}}\tilde{J}_i^{\mathrm{T}}\tilde{J}_i\tilde{\varPi}$；$\psi_{ik}$ 中的其他项等于 $\varphi_{i\kappa}$ 中对应的项.

证明 首先构造一个 L-K 泛函如下：

$$V(t) = V_{\sigma'}(\chi) = \chi^{\mathrm{T}}P_{\sigma'}\chi + \int_{t-d(t)}^{t} e^{\mathrm{T}}(s)\mathrm{e}^{\lambda_{\sigma'(t)}(s-t)}Q_{\sigma'}e(s)\mathrm{d}s$$
$$+\tau\int_{-\tau}^{0}\int_{t+\theta}^{t} \bar{y}^{\mathrm{T}}(s)\mathrm{e}^{\lambda_{\sigma'(t)}(s-t)}Z_{\sigma'}\bar{y}(s)\mathrm{d}s\mathrm{d}\theta$$

式中，$\bar{y}(s)\mathrm{d}s = \mathrm{d}\bar{x}(s)$. 应用 Itô 二元算子 $\mathcal{L}$ 得到

$$\mathrm{d}V_{i\kappa}(\chi) + \lambda_{i\kappa}V_{i\kappa}(\chi)\mathrm{d}t = (\mathcal{L}V_{i\kappa}(\chi) + \lambda_{i\kappa}V_{i\kappa}(\chi))\mathrm{d}t + 2\chi^{\mathrm{T}}(t)P_{i\kappa}\underline{f}_{i\kappa}(t)\mathrm{d}\omega(t)$$

式中，

$$\begin{aligned}&\mathcal{L}V_{i\kappa}(\chi)+\lambda_{i\kappa}V_{i\kappa}(\chi)\\&\leqslant\lambda_{i\kappa}\chi^{\mathrm{T}}P_{i\kappa}\chi+2\chi^{\mathrm{T}}P_{i\kappa}(\underline{A}_{i\kappa}\chi+\tilde{\underline{A}}_{i\kappa}\chi_d)+\mathrm{tr}\{\underline{f}_{i\kappa}^{\mathrm{T}}P_{i\kappa}\underline{f}_{i\kappa}\}\\&\quad-(1-h)\mathrm{e}^{-\lambda_{i\kappa}\tau}e_d^{\mathrm{T}}Q_{i\kappa}e_d+e^{\mathrm{T}}Q_{i\kappa}e+\tau^2\overline{y}^{\mathrm{T}}Z_{i\kappa}\overline{y}\\&\quad-\tau\mathrm{e}^{-\lambda_{i\kappa}\tau}\int_{t-d(t)}^{t}\overline{y}^{\mathrm{T}}(s)Z_{i\kappa}\overline{y}(s)\mathrm{d}s\end{aligned}$$

结合系统(3.1)和式(9.60)，有下列等式成立：

$$2(X_{i\kappa}^3\overline{y}(t)+X_{i\kappa}^4\overline{\xi}(t))^{\mathrm{T}}((g_{i\kappa}^2(t)-\overline{y}(t))\mathrm{d}t+\underline{f}_{i\kappa}(t)\mathrm{d}\omega(t))=0$$

式中，$X_{i\kappa}^1$、$X_{i\kappa}^2$、$X_{i\kappa}^3$ 和 $X_{i\kappa}^4$ 是任意适当维数的矩阵. 结合假设 3.2 和式(9.45)，显然

$$\begin{aligned}\mathrm{tr}\{\underline{f}_{i\kappa}^{\mathrm{T}}(t)P_{i\kappa}\underline{f}_{i\kappa}(t)\}\leqslant&\ \varepsilon_{i\kappa}((\overline{x}(t)+\varPi v(t))^{\mathrm{T}}J_{i\kappa}^{\mathrm{T}}J_{i\kappa}(\overline{x}(t)+\varPi v(t))\\&+(\overline{x}_d(t)+\tilde{\varPi}v(t))^{\mathrm{T}}\tilde{J}_{i\kappa}^{\mathrm{T}}\tilde{J}_{i\kappa}(\overline{x}_d(t)+\tilde{\varPi}v(t)))\end{aligned}$$

则类似于定理 9.4，引理 9.1 的条件(1)～(3)可被实现.

对于一些实际系统，系统状态的改变被视为即刻结束，即状态时滞非常小且难以被描述，如电气系统. 因此，当系统(9.35)中 $\tilde{A}_i=\tilde{C}_i=\tilde{E}_i=0$ 和 $\tau=0$ 时，我们给出以下推论.

推论 9.1 对给定的常量 $\lambda_s>0$，$\lambda_u>0$ 和 $\mu\geqslant1$，如果存在常量 $\varepsilon_{i\kappa}>0$，适当维数矩阵 $P_{i\kappa}>0$，$Q_{i\kappa}>0$，$Z_{i\kappa}>0$，$T^*\leqslant0$，$\mathcal{H}_\kappa$，U，Q，T，$X_{i\kappa}$，$X_{i\kappa}^{\varsigma}$，使得式(9.37)、式(9.38)、式(9.59)、式(9.64)和下列不等式成立：

$$\varPsi_{i\kappa}<0 \tag{9.65}$$

那么在满足式(9.36)的任意切换信号下，系统(9.56)基于(Q,U,T)-耗散性的完全异步输出调节问题可解，其中 $\varsigma=\{1,2,3,4\}$；矩阵 $\varPsi_{i\kappa}=\{\varPsi_{lk}^{i\kappa}\}$，$\kappa\in\{i,j\}$，$i\neq j$，$i,j\in\varXi$，$l,k\in\{1,2,\cdots,5\}$. 其中，

$$\begin{aligned}&\varPsi_{11}^{i\kappa}=\lambda_{i\kappa}\overline{P}_{i\kappa}+\overline{P}_{i\kappa}A_i+A_i^{\mathrm{T}}\overline{P}_{i\kappa}+\varepsilon_{i\kappa}J_i^{\mathrm{T}}J_i+C_i^{\mathrm{T}}X_{i\kappa}+X_{i\kappa}^{\mathrm{T}}C_i,\quad \varPsi_{12}^{i\kappa}=\psi_{12}^{i\kappa}\\&\varPsi_{13}^{i\kappa}=\varepsilon_{i\kappa}J_i^{\mathrm{T}}J_i\varPi+C_i^{\mathrm{T}}X_{i\kappa}^2+X_{i\kappa}^{\mathrm{T}}\underline{D}_i,\quad \varPsi_{14}^{i\kappa}=C_i^{\mathrm{T}}X_{i\kappa}^1-X_{i\kappa}^{\mathrm{T}},\quad \varPsi_{22}^{i\kappa}=\psi_{22}^{i\kappa}\\&\varPsi_{33}^{i\kappa}=\varepsilon_{i\kappa}\varPi^{\mathrm{T}}J_i^{\mathrm{T}}J_i\varPi+\underline{D}_i^{\mathrm{T}}X_{i\kappa}^2+(X_{i\kappa}^2)^{\mathrm{T}}\underline{D}_i-Q,\quad \varPsi_{34}^{i\kappa}=\psi_{56}^{i\kappa},\quad \varPsi_{44}^{i\kappa}=\psi_{66}^{i\kappa}-X_{i\kappa}^3\\&\underline{D}_i=D_i+C_i\varPi,\quad \tilde{A}_i=\tilde{C}_i=\tilde{E}_i=0,\quad d(t)=0\end{aligned}$$

$\varPsi_{i\kappa}$ 中的其他项均为适当维数的零矩阵.

注 9.9 令 $\underline{P}_{i\kappa}=\underline{P}_\kappa$ 和 $\mathcal{H}_{\kappa\kappa}=\underline{P}_\kappa\mathcal{H}_\kappa$，则非线性不等式约束式(9.54)、式(9.58)、式(9.64)和式(9.65)被转化为线性不等式约束. 利用 MATLAB 的 LMI 工具箱获得一组可行解时，控制增益 $\mathcal{H}_\kappa$ 能被设计为 $\underline{P}_\kappa^{-1}\mathcal{H}_{\kappa\kappa}$.

9.3.3 仿真算例

本节提出两个仿真例子来验证所提出方法的可行性与有效性.

例 9.3　河道内存在多个聚集生物层，如藻类、氨氮、溶解氧、生化需氧量等. 因此，河流的不同河段环境因素和水生态条件均不同，保持水质标准的操作并不完全相同. 此外，在执行清理水流操作后，需要一定的时间使水质成分回到其标准水平. 基于这些考虑，可将水质控制问题建模为切换随机时滞系统的控制问题. 文献[99]描述了多河段淡水流分别将水质成分保持在其标准水平. 将本章的结果应用到河流水质控制中，主要参数如下[209]：

$$A_1=\begin{bmatrix}-9 & 0.2\\ 0.3 & -2\end{bmatrix},\quad \tilde{A}_1=\begin{bmatrix}0.1 & 0\\ 0.1 & 0.3\end{bmatrix},\quad M_1=\begin{bmatrix}-0.5 & 2\\ 0.1 & 0.9\end{bmatrix},\quad C_1=\begin{bmatrix}1 & 0\\ 0 & 1\end{bmatrix}$$

$$A_2=\begin{bmatrix}-1 & 0\\ 0 & -2\end{bmatrix},\quad \tilde{A}_2=\begin{bmatrix}0.3 & 0\\ 0 & 0.1\end{bmatrix},\quad M_2=\begin{bmatrix}4 & 0.1\\ 0 & 0.2\end{bmatrix},\quad C_2=\begin{bmatrix}1 & 0\\ 1 & 3\end{bmatrix}$$

其他参数为

$$B_1=\begin{bmatrix}2 & 0\\ 0 & 1\end{bmatrix},\quad E_1=\begin{bmatrix}0.1 & 0.2\\ 0 & 0.5\end{bmatrix},\quad \tilde{E}_1=\begin{bmatrix}0.1 & 0.1\\ 0 & 0.6\end{bmatrix},\quad F_1=\begin{bmatrix}-0.2 & -0.3\\ 0.2 & -1.1\end{bmatrix}$$

$$B_2=\begin{bmatrix}1 & 0\\ 0 & 2\end{bmatrix},\quad E_2=\begin{bmatrix}0.2 & 0.4\\ 0 & 1\end{bmatrix},\quad \tilde{E}_2=\begin{bmatrix}0.2 & 0.2\\ 0 & 1.2\end{bmatrix},\quad F_2=\begin{bmatrix}0.1 & 0.1\\ 0 & 0.6\end{bmatrix}$$

$$f_i(t,x(t),x_d(t))=\sin t(J_i\mathcal{I}x(t)+\tilde{J}_i\mathcal{I}x_d(t)),\quad \tilde{C}_i=D_i=\tilde{E}_i=0$$

$$i\in\{1,2\},\quad J_1=0.2,\quad \tilde{J}_1=0.3,\quad J_2=0.2,\quad \tilde{J}_2=0.4$$

状态 $x=[x_1\ \ x_2]^{\mathrm{T}}$ 表示水质成分，其中 x_1 是藻类，x_2 是氨氮. 选择 $d(t)=0.3|\sin t|$，$d_1(t)=0.05$，$\Lambda=0$，

$$S=\begin{bmatrix}0 & -0.1\\ 0.1 & 0\end{bmatrix},\quad R_1=\begin{bmatrix}-0.7 & 0.7\\ -0.7 & 0.7\end{bmatrix},\quad R_2=\begin{bmatrix}-0.4 & 0.4\\ -0.7 & 0.7\end{bmatrix}$$

$$G_1=\begin{bmatrix}-3 & 0\\ 0 & -3\end{bmatrix},\quad G_2=\begin{bmatrix}-2 & 0\\ 0 & -1\end{bmatrix}$$

根据注 9.7，当

$$\Pi=\begin{bmatrix}0.2314 & 0.0272\\ -0.0834 & 0.9226\end{bmatrix}$$

时，假设 9.3 成立. 在常量 $\lambda_s=1.8$，$\lambda_u=0.1$，$\mu=1.001$ 和最小平均驻留时间 $\tau_a^*=0.3706$ 下，容易获得可行解，通过求解定理 9.5 中的 LMI 条件，调节器增益为

$$\mathcal{H}_1=\begin{bmatrix}1.2687 & -0.2993\\ 0.5397 & -0.1156\end{bmatrix}^{\mathrm{T}},\quad \mathcal{H}_2=\begin{bmatrix}0.1339 & 0.0042\\ -0.0933 & 0.0210\end{bmatrix}^{\mathrm{T}}$$

为了验证所提出方法的有效性，图 9.6 展示了随机干扰和切换信号. 在初始状态 $\chi(\theta)=[1\ 1\ -2\ 1]^{\mathrm{T}}$，$v(0)=[1\ 0]^{\mathrm{T}}$ 下，相应的闭环系统的状态响应和输出误差如

图 9.7 所示. 图 9.6(b) 中的虚线和实线之间的间隙是由控制输入 u 中的切换时滞引起的，这将导致异步现象. 图 9.7 中的收敛曲线说明了该方法的原理.

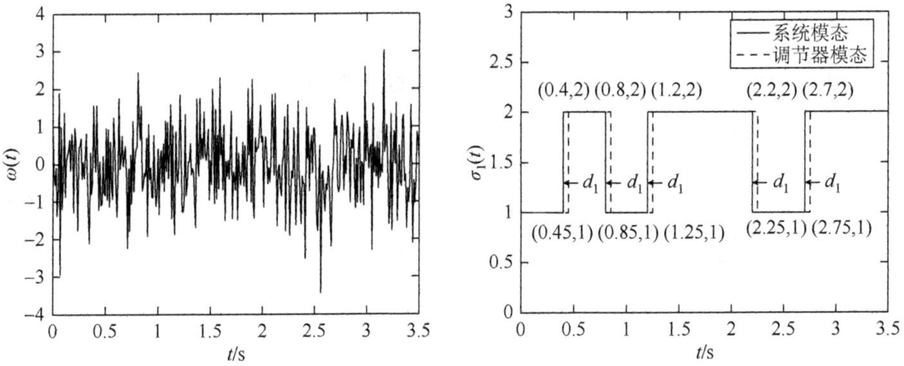

(a) 随机干扰$\omega(t)$　　(b) 切换信号$\sigma_1(t)$

图 9.6　随机干扰和切换信号（一）

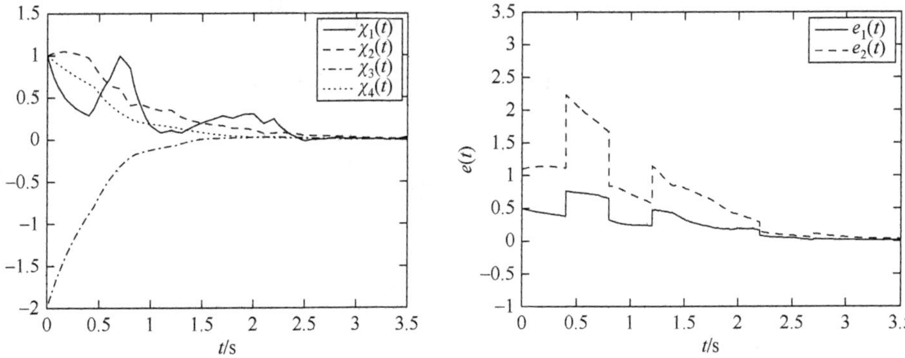

(a) 状态响应$\chi(t)$　　(b) 输出误差$e(t)$

图 9.7　状态响应和输出误差（一）

例 9.4　在实际应用中，引起微小变化的环境因素很多，有些环境因素的影响可以用零期望布朗运动来描述，如温度波动、电磁干扰、地面振动等. 将这些环境因素引入文献[183]提出的切换电阻–电感–电容(RLC)电路，我们考虑如下切换随机 RLC 电路：

$$\begin{cases} \mathrm{d}x = \left(\begin{bmatrix} 0 & \dfrac{1}{L_i} \\ -\dfrac{1}{C_i} & \dfrac{R_i}{L_i} \end{bmatrix} x + \begin{bmatrix} 0 & -\dfrac{1}{L_i} \\ 0 & 0 \end{bmatrix} v + \begin{bmatrix} 0 & 0 \\ 0 & 1 \end{bmatrix} u \right) \mathrm{d}t + f_i(t,x)\mathrm{d}\omega \\ e = \begin{bmatrix} 0 & \dfrac{1}{L_i} \end{bmatrix} x + \begin{bmatrix} 0 & -\dfrac{1}{L_i} \end{bmatrix} v, \quad v = 1,2 \end{cases}$$

式中，$x=[q_c \ \ \phi_L]^{\mathrm{T}}$；输入$u$是电压；$v$是假设由以下外部系统生成的外部信号：

$$\mathrm{d}v=\begin{bmatrix}0 & 0.1\\ -0.1 & 0\end{bmatrix}v\mathrm{d}t$$

电阻R，电感L和电容C使用文献[183]中的值：$L_1=3\mathrm{H}$，$L_2=1\mathrm{H}$，$C_1=50\mu\mathrm{F}$，$C_2=100\mu\mathrm{F}$，$R_1=9\Omega$和$R_2=8\Omega$. RLC 电路系统可被写为

$$\begin{cases}\mathrm{d}x(t)=(A_ix(t)+B_iv(t)+M_iu(t))\mathrm{d}t+f_i(t,x(t))\mathrm{d}\omega(t)\\ z(t)=C_ix(t)+D_iv(t)\\ e(t)=E_ix(t)+F_iv(t)\\ x(\theta)=\psi(\theta),\quad \theta\in[-2\tau,0],\quad i=1,2\end{cases}\tag{9.66}$$

式中，

$$A_1=\begin{bmatrix}0 & 0.3333\\ -0.02 & -3\end{bmatrix},\quad B_1=\begin{bmatrix}0 & -0.3333\\ 0 & 0\end{bmatrix}$$

$$A_2=\begin{bmatrix}0 & 1\\ -0.01 & -8\end{bmatrix},\quad B_2=\begin{bmatrix}0 & -1\\ 0 & 0\end{bmatrix},\quad M_i=\begin{bmatrix}0\\ 1\end{bmatrix}$$

$$E_1=[0 \ \ 0.3333],\quad F_1=[0 \ \ -0.3333],\quad E_2=[0 \ \ 1],\quad F_2=[0 \ \ -1]$$

其他参数被选为

$$C_1=\begin{bmatrix}-1.9 & 1.4\\ 0.7 & 1.1\end{bmatrix},\quad D_1=\begin{bmatrix}0.3 & 1.7\\ -0.9 & 1.3\end{bmatrix}$$

$$C_2=\begin{bmatrix}1.7 & 1.1\\ 1.5 & 0.4\end{bmatrix},\quad D_2=\begin{bmatrix}1 & 0.9\\ -0.8 & 1.6\end{bmatrix}$$

$$f_i(t,x(t))=\sin(t)J_ix(t),\quad J_1=0.2I,\quad J_2=0.3I,\quad d_1(t)=0.5$$

基于以上参数，在以下矩阵满足假设 9.3 成立：

$$\Lambda=0,\quad G_1=G_2=S,\quad R_1=[-0.9 \ \ 3],\quad R_2=[-0.4 \ \ 8]$$

$$\Pi=\begin{bmatrix}-6.4678 & -0.2068\\ 0.0124 & 0.0182\end{bmatrix}$$

给定参数$\lambda_s=0.01$，$\lambda_u=0.05$，$\mu=1.001$，根据推论 9.1，在最小平均驻留时间下容易得到下列控制增益：

$$\mathcal{H}_1=[0.8389 \ \ -1.2153]^{\mathrm{T}},\quad \mathcal{H}_2=[1.8268 \ \ -4.0627]^{\mathrm{T}}$$

图 9.8 描述了随机干扰ω和切换信号σ_2，系统(9.66)基于耗散性的完全异步误差反馈输出调节问题是可解的. 此外，在初始条件$\chi(\theta)=[-1.9 \ \ 8 \ \ -3.5 \ \ 5]^{\mathrm{T}}$，$v(0)=[1 \ \ 0]^{\mathrm{T}}$下，相应闭环系统的状态响应和输出误差如图 9.9 所示. 图 9.9 中的收敛曲线生动地说明了推论 9.1 的有效性.

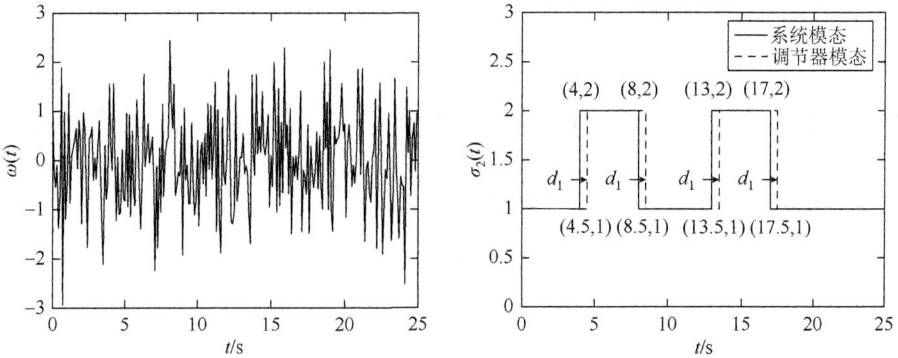

(a) 随机干扰$\omega(t)$ (b) 切换信号$\sigma_2(t)$

图 9.8 随即干扰和切换信号（二）

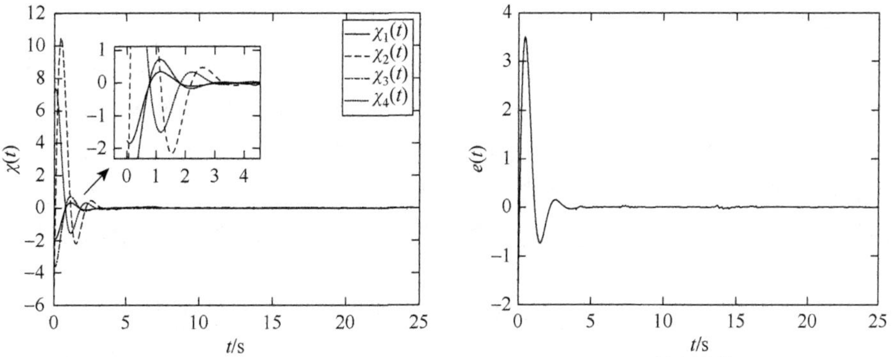

(a) 状态响应$\chi(t)$ (b) 输出误差$e(t)$

图 9.9 状态响应和输出误差（二）

9.4 小 结

本章基于随机耗散性研究了一类具有外部扰动输入的切换随机时滞系统的输出调节问题，以及调节器的切换信号中的时滞引起的子系统和候选调节器之间的异步切换. 为了分析外部扰动的影响，选择了耗散性而不是稳定性来减少结果的保守性. 首先，结合平均驻留时间方法和合并信号法，在全息反馈和误差反馈的情况下，通过提出具有较低保守性的 L-K 泛函作为二次供给率的存储函数来考虑基于部分异步调节器系统的输出调节问题. 其次，为了更好地利用时滞信息，在 L-K 泛函中加入误差相关的积分项. 通过结合自由权矩阵方法、Jensen 积分不等式和中心流形定理推导出基于完全异步调节器系统的输出调节问题. 同时得到了与状态时滞和切换时滞上限相关的切换信号的设计. 最后仿真例子说明了所提出方法的有效性和可行性.

10 基于切换技术的网络化飞行控制系统的事件触发异步输出调节问题

10.1 引　　言

前面几章在同步和异步的情况下，研究了切换系统基于耗散性及其特例无源性的输出调节问题. 本章利用切换技术，研究网络化飞行控制系统的事件触发异步输出调节问题.

随着现代飞行器任务越来越复杂，不可避免地增加了由传感器、控制器和执行器组成的闭环系统中的信息传输量. 飞行控制系统采样实时网络实现了内部组件之间的数据共享和数据传输，从而将飞行器建模为网络化飞行控制系统. 近年来，切换系统的理论研究成果不断涌现，极大地推动了切换技术在飞行控制系统的应用. 因此，利用飞机全包线内的每个操作点，可以将整个飞行动态建模为一个切换系统.

另外，传统的网络化切换系统中，数据的采样和传输被理想地认为是同时完成的，即所有数据被采样后都将通过网络传递给控制器. 然而，并不是所有的传输数据对系统性能都是有效的，大量的数据传输还会造成网络拥塞或者丢包，造成不必要的资源浪费. 基于以上原因，事件触发机制被提出. 文献[210]通过考虑一个切换子系统活跃期间有多个事件发生的情况，研究了基于连续事件触发的切换系统稳定性问题. 为了降低保守性，文献[211]设计了具有信息传输和模态传输的连续事件触发机制，给出了在异步切换下切换系统的稳定性. 然而在连续事件触发下，需要证明两个连续事件发生的时间间隔存在一个下界，以此避免 Zeno 现象. 为了从机制的设计上避免该现象，文献[212]基于与上一个触发时刻相关的周期事件触发机制，考虑了网络化切换系统的有限时间有界和有限时间 H_∞ 性能. 文献[213]设计了与目前时刻状态相关的周期时间触发机制，考虑了在异步切换下，网络化切换系统的有限时间控制问题. 显然，在周期事件触发机制下，事件发生在采样时刻，当有效信息处于两个连续采样时刻之间时，势必会影响系统性能. 随后，文献[214]提出一个在周期采样和连续事件触发机制之间交替的新型事件触发机制. 受该方法启发，利用交替式事件触发机制研究切换系统控制问题具有重要意义. 切换时刻和触发时刻之间的相互作用以及两种触发机制的交替使讨论变得更加复杂.

本章利用切换技术，研究网络化飞行控制系统的事件触发输出调节问题. 提出一个在周期采样和连续事件触发机制之间切换的交替式事件触发机制. 该机制不仅传输触发信息还有模态信息给控制器，同时考虑由控制器模态和系统模态更新时间不匹配造成的异步切换. 基于模态依赖平均驻留时间条件和交替式事件触发机制，设计了由异步切换引起的切换信号. 通过构造在输入时滞方法框架下的多 Lyapunov 函数和设计一个误差反馈控制器，根据线性矩阵不等式，提出网络化飞行控制系统的事件触发异步输出调节问题. 最后，仿真结果验证了提出方法的有效性.

10.2 网络化飞行控制系统模型

本章以麦克唐纳-道格拉斯公司（已与波音公司合并）研制的 F-18 飞机[215-217]为研究对象. F-18 飞机是一种舰载喷气推进多用途作战飞机. 它在空中电子战中具有强大的火力和良好的性能，是美国海军的主流飞机. 在整个飞行过程中，飞机纵向运动的初始阶段以短时运动为主. 由于其周期短、变化快，飞行员没有足够的时间采取纠正措施. 因此，纵向短周期运动对飞行安全和射击精度上有很大的影响，特别是在 F-18 飞机的研究中. F-18 飞机[217]的非线性动力学模型如下：

$$\begin{cases} mU_1(\dot{\alpha}-q) = -mg\sin\theta_1 - \overline{q}_1 S(C_{L_\alpha}+C_{D_1})\alpha + \overline{q}_1 S\left(-C_{L_{\dot{\alpha}}}\dfrac{\alpha\overline{c}}{2U_1} - C_{L_q}\dfrac{q\overline{c}}{2U_1} - C_{L_{\delta_e}}\delta_e\right) \\ I_{yy}\dot{q} = \overline{q}_1 S\overline{c}(C_{m_\alpha}+C_{m_{T_\alpha}})\alpha + \overline{q}_1 S\overline{c}\left(C_{m_{\dot{\alpha}}}\dfrac{\alpha\overline{c}}{2U_1} + C_{m_q}\dfrac{q\overline{c}}{2U_1} + C_{m_{\delta_e}}\delta_e\right) \end{cases} \tag{10.1}$$

式中，α 和 q 分别表示迎角角速度和俯仰角角速度；m 表示飞机的质量；$\overline{q}_1$ 和 $\overline{c}$ 分别表示飞机动压沿 OX 轴分量和平均几何弦；S 表示机翼面积；U_1 和 θ_1 分别表示飞机速度沿 OX 轴分量和飞机俯仰角摄动值；I_{yy} 表示飞机对 OY 轴的惯性矩；δ_e 和 C_{D_1} 分别表示升降舵偏转角和飞机阻力系数；C_{L_α}、$C_{L_{\dot{\alpha}}}$、C_{L_q}、$C_{L_{\delta_e}}$ 分别表示飞机升力系数随迎角、无量纲迎角变化率、无量纲俯仰角角速度、升降舵偏转角的变化；$C_{m_{T_\alpha}}$ 表示飞机俯仰力矩系数随迎角推力的变化；C_{m_α}、$C_{m_{\dot{\alpha}}}$、C_{m_q}、$C_{m_{\delta_e}}$ 分别表示飞机俯仰力矩系数随迎角、无量纲迎角变化率、俯仰角角速度、升降舵偏转角的变化.

通常，纵向短周期运动在飞行全包线内可被划分成多个操作点. 对每个操作点[209, 210]利用雅可比线性化方法，非线性动态模型(10.1)可被转化为如下线性化的动态模型：

$$\begin{cases}\dot{x}(t) = Ax(t) + Bu(t) + Dw(t) \\ e(t) = Cx(t) + Qw(t)\end{cases} \tag{10.2}$$

式中，$x(t)=[\alpha \ \ q]^{\mathrm{T}}$ 表示状态向量；$u(t)=[\delta_E \ \ \delta_{\mathrm{PTV}}]^{\mathrm{T}}$ 表示控制输入；$w(t)$ 表示外部输入信号，可被视为式(10.2)中状态方程的干扰或输出方程的参考信号；$e(t)$ 表示可测输出跟踪误差，即实际输出和期望输出之间的差；$A=[Z_\alpha \ \ Z_q; M_\alpha \ \ M_q]$ 和 $B=[Z_{\delta E} \ \ Z_{\delta\mathrm{PTV}}; M_{\delta E} \ \ M_{\delta\mathrm{PTV}}]$ 是系统矩阵；Z_α、Z_q、M_α、M_q 是纵向稳定性导数；$Z_{\delta E}$、$Z_{\delta\mathrm{PTV}}$、$M_{\delta E}$、$M_{\delta\mathrm{PTV}}$ 是纵向控制导数；δ_E 和 δ_{PTV} 表示对称的水平尾翼偏转和俯仰推力矢量喷管偏转；D 和 Q 表示添加到系统或输出跟踪误差上的干扰或参考信号的系数矩阵；C 表示输出跟踪误差系统矩阵.

每个操作点的线性模型都能描述相应操作点附近的动态行为. 我们假设存在12个模型涵盖了F-18飞机的整个动态行为，相应的12个操作点[218]如表10.1所示. 纵向短周期运动可视为相邻操作点之间的线性动态切换. 因此，飞机模型(10.1)能被建模为如下网络化线性切换系统：

表 10.1　F-18 飞机中 12 个操作点[218]

马赫数	高度/ft	压力/(lb/ft^2)	角度/(°)
0.3	26000	47.4	25.2
0.5	40000	68.5	16.8
0.6	30000	158.4	5.2
0.4	6000	189.9	6.0
0.7	14000	426.4	2.6
0.8	12000	603.0	1.9
0.95	20000	614.4	1.6
0.8	10000	652.0	1.7
0.8	5000	789.1	1.5
0.9	10000	825.2	1.4
0.85	5000	890.8	1.4
0.9	5000	998.7	1.3

注：1ft = 0.3048m；1lb≈0.4536kg.

$$\begin{cases}\dot{x}(t) = A_{\sigma(t)}x(t) + B_{\sigma(t)}u(t) + D_{\sigma(t)}w(t) \\ e(t) = C_{\sigma(t)}x(t) + Q_{\sigma(t)}w(t)\end{cases} \tag{10.3}$$

式中，系统状态 $x(t)\in\Re^{n}$；控制输入 $u(t)\in\Re^{q}$；外部系统输入 $w(t)\in\Re^{l}$；可测输出跟踪误差 $e(t)\in\Re^{p}$；$\sigma:[t_0,+\infty)\to \underline{M}=\{1,2,\cdots,m\}$ 是切换信号；$A_{\sigma(t)}$、$B_{\sigma(t)}$、$C_{\sigma(t)}$、$D_{\sigma(t)}$、$Q_{\sigma(t)}$ 是适当维数常数矩阵；$\underline{m}$ 是子系统数量；t_0 是初始时间；相应于切换信号 $\sigma(t)$，存在切换序列 $\{(i_0,t_0),\cdots,(i_k,t_k),\cdots \mid k=1,2,\cdots\}$，其中 (i_k,t_k) 表示

在区间$[t_k,t_{k+1})$，第i_k个子系统被激活；$w(t)\in\Re^l$表示参考信号和/或干扰的外部输入，假设由如下切换外部系统生成：

$$\dot{w}(t)=S_{\sigma(t)}w(t) \tag{10.4}$$

不失一般性，提出如下假设.

假设 10.1[219] 系统(10.4)是非稳的，即矩阵S_i的所有特征值具有非负实部，$i\in\underline{M}$.

假设 10.2[192] 矩阵对(A_i,B_i)是可镇定的，$i\in\underline{M}$.

假设 10.3[192] 矩阵对$\left\{\begin{bmatrix}A_i & D_i\\ 0 & S_i\end{bmatrix},[C_i\ \ Q_i]\right\}$是可观测的，$i\in\underline{M}$.

10.3 问题描述

根据相邻操作点之间的线性动态切换，将网络化飞行控制系统建模为切换系统. 通过设计一个交替式事件触发机制和基于控制输入δ_E和δ_{PTV}的控制器，网络化飞行控制系统的事件触发输出调节问题转化为切换系统的事件触发输出调节问题. 现在，我们给出网络化切换飞行控制系统的事件触发异步输出调节问题的定义.

1. 事件触发异步输出调节问题

定义 10.1 给出切换系统(10.3)和外部系统(10.4)，适当设计子系统的控制器、一个交替式事件触发机制和一个异步切换信号，使得：

(1) 当$w(t)=0$时，相应的闭环系统是指数稳定的，即如果存在独立于系统初始状态$x(t_0)=x_0$的常数$\bar{a}>0$和$\bar{b}>0$，使得

$$\|x(t,x_0)\|^2\leqslant\bar{a}\|x_0\|^2\mathrm{e}^{-\bar{b}t},\quad\forall t\geqslant 0$$

(2) 当$w(t)\neq 0$时，在零初始条件下，相应闭环系统的解满足

$$\lim_{t\to\infty}e(t)=\lim_{t\to\infty}(C_{\sigma(t)}x(t)+Q_{\sigma(t)}w(t))=0$$

则称切换系统(10.3)基于事件触发误差反馈控制器的异步输出调节问题可解.

为了求解网络化切换飞行控制系统的事件触发异步输出调节问题，提出以下假设.

假设 10.4 存在矩阵Π_i、Σ_i、H_i和E_i满足下列调节器方程：

$$\begin{cases}\Pi_iS_i=A_i\Pi_i+B_iH_i\Sigma_i+D_i\\ E_i\Sigma_i=\Sigma_iS_i\\ 0=C_i\Pi_i+Q_i\end{cases} \tag{10.5}$$

2. 误差反馈控制器

从图 10.1 所示的网络化切换系统的事件触发误差反馈控制框图可以看出，交替式事件触发机制不仅向控制器传输触发信息，还有模态信息. 引入零阶保持器(zero-order holder，ZOH)来保持控制输入信号和控制器模态连续. 当系统模态更新时，控制器可能还未接收到模态信息，模态信息不匹配导致了子系统与相应控制器之间的异步切换. 此外，交替式事件触发机制通过网络将基于可测输出跟踪误差的有效信息传输给控制器. 因此，本章设计如下形式的误差反馈控制器：

$$\begin{cases} u(t) = H_{\sigma(t)}\xi(t) \\ \dot{\xi}(t) = E_{\sigma(t)}\xi(t) + F_{\hat{\sigma}(t)}e(t) \end{cases} \tag{10.6}$$

式中，$E_{\sigma(t)}$ 和 $H_{\sigma(t)}$ 是满足假设 10.4 适当维数的矩阵；$F_{\hat{\sigma}(t)}$ 是待设计的误差反馈控制器增益；$\xi(t) \in \Re^{\underline{s}}$ 是内部状态；$\hat{\sigma}(t) = \sigma(t-d_k) \in \underline{M}$ 是控制器切换信号，其中 $d_0 = 0$，d_k 表示控制器 u_i 滞后于子系统 i 的时间，满足 $d_k = t_{r+1}^e - t_k$ 和 $0 \leqslant d_k < d_{Mi}$，d_{Mi} 是控制器 u_i 的最大时滞.

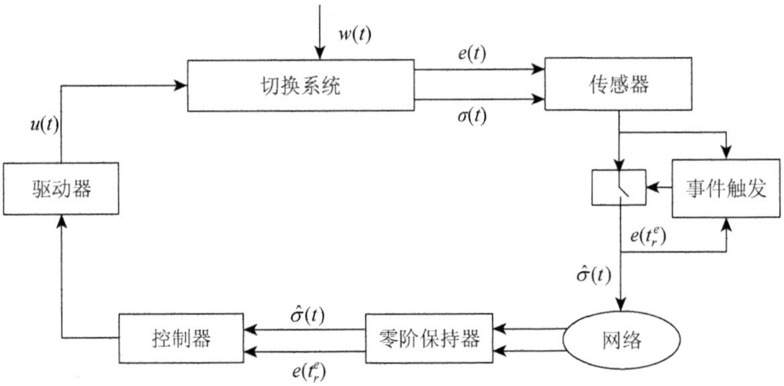

图 10.1 网络化切换系统的事件触发误差反馈控制框图

3. 交替式事件触发通信协议

受周期采样和连续事件触发结合方法的启发，提出与线性切换系统相关联的交替式事件触发机制，其被描述如下：

$$t_{r+1}^e = \inf_{i \in \underline{M}} \{t \geqslant t_r^e + h_i \,|\, \|\hat{e}(t)\|^2 > \eta_i \|e(t)\|^2\} \tag{10.7}$$

式中，$\hat{e}(t) = [e^{\mathrm{T}}(t_r^e) - e^{\mathrm{T}}(t) \quad \tilde{\xi}^{\mathrm{T}}(t_r^e) - \tilde{\xi}^{\mathrm{T}}(t)]^{\mathrm{T}}$；$\tilde{\xi}(t) = \xi(t) - \Sigma_i w(t)$；$h_i > 0$ 是每个子系统的采样时段；$\eta_i > 0$ 是阈值；$t_0^e < t_1^e < \cdots < t_{r-1}^e < t_r^e < t_{r+1}^e < \cdots$ 表示事件触发时刻. 根据图 10.2，对任意的 $t \in [t_k, t_{k+1})$，第 i 个子系统在切换时刻 t_k 被激活，式(10.7)

中的不等式 $\|\hat{e}(t)\|^2 > \eta_i \|e(t)\|^2$ 被持续检测，直到它被满足. 触发信息 $e(t_{r+1}^e)$ 和控制器模态信息在触发时刻 t_{r+1}^e 通过网络传递给控制器. 同时，传感器等待一个采样时段 h_i. 当时间到达 $t_{r+1}^e + h_i$ 时，式(10.7)中的条件仍然被持续检测，直到下个事件发生.

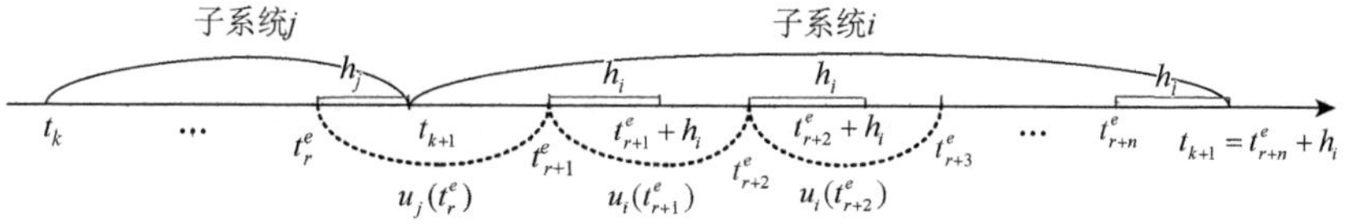

图 10.2 交替式事件触发机制下异步切换和触发时刻关系

不失一般性，在接下来的讨论中需要以下假设.

假设 10.5 当第 i 个子系统被激活时，至多有 n 个事件发生，其中 $n \geqslant 1$.

4. 交替式事件触发机制下误差反馈控制器

如图 10.2 所示，交替式事件触发机制和异步切换相互协作，则误差反馈控制器分为以下三种形式.

(1) 当 $t \in [t_k, t_{r+1}^e)$ 时，下个事件还未发生. 当系统模态在该时间段内已经切换到第 i 个子系统时，控制器输入仍然保持在上一个触发时刻 t_r^e 的传输信息，将会造成异步切换. 同时，交替式事件触发机制(10.7)中的不等式被持续检测，直到其被满足，即下个事件在触发时刻 t_{r+1}^e 发生时. 因此，此时的误差反馈控制器被描述为

$$\begin{cases} u(t) = H_i \xi(t_r^e) \\ \dot{\xi}(t) = E_i \xi(t) + F_j e(t_r^e) \end{cases} \tag{10.8a}$$

(2) 当 $t \in [t_{r+\upsilon}^e, t_{r+\upsilon}^e + h_i)$，$\upsilon \in \{1, 2, \cdots, n\}$ 时，控制器已经更新了它的内部状态且其模态在触发时刻 $t_{r+\upsilon}^e$ 已经切换到 i. 在这段时间内，传感器等待一个采样时段 h_i. 利用输入时滞方法[220]，我们将控制输入表示为具有时变延迟 $\tau(t) = t - t_{r+\upsilon}^e \leqslant h_i$ 的连续时间控制. 因而，误差反馈控制器被描述为

$$\begin{cases} u(t) = H_i \xi(t - \tau(t)) \\ \dot{\xi}(t) = E_i \xi(t) + F_i e(t - \tau(t)) \end{cases} \tag{10.8b}$$

(3) 当 $t \in [t_{r+\upsilon}^e + h_i, t_{r+\upsilon+1}^e), \upsilon \in \{1, 2, \cdots, n-1\}$ 时，控制器输入仍然保持在上一个触发时刻 $t_{r+\upsilon}^e$ 的传输信息. 同时，交替式事件触发机制(10.7)中的不等式被持续检

测，直到其被满足，即下个事件在触发时刻$t_{r+\upsilon+1}^{e}$发生时. 因此，误差反馈控制器被描述为

$$\begin{cases} u(t) = H_i \xi(t_{r+\upsilon}^{e}) \\ \dot{\xi}(t) = E_i \xi(t) + F_i e(t_{r+\upsilon}^{e}) \end{cases} \tag{10.8c}$$

5. 闭环系统模型

结合式(10.3)和假设 10.4，在基于事件触发的误差反馈控制器(10.8)下，闭环系统如下：

$$\begin{cases} \dot{\chi}(t) = (\tilde{A}_i + \tilde{B}_{ij}\bar{C}_i)\chi(t) + \tilde{B}_{ij}\bar{e}(t) \\ e(t) = \tilde{C}_i \chi(t) \end{cases}, \quad t \in [t_k, t_{r+1}^{e}) \tag{10.9a}$$

$$\begin{cases} \dot{\chi}(t) = \tilde{A}_i \chi(t) + \tilde{B}_i \bar{C}_i \chi(t-\tau(t)) \\ e(t) = \tilde{C}_i \chi(t) \end{cases}, \quad t \in [t_{r+\upsilon}^{e}, t_{r+\upsilon}^{e} + h_i), \quad \upsilon \in \{1, 2, \cdots, n\} \tag{10.9b}$$

$$\begin{cases} \dot{\chi}(t) = (\tilde{A}_i + \tilde{B}_i\bar{C}_i)\chi(t) + \tilde{B}_i\bar{e}(t) \\ e(t) = \tilde{C}_i \chi(t) \end{cases}, \quad t \in [t_{r+\upsilon}^{e} + h_i, t_{r+\upsilon+1}^{e}), \quad \upsilon \in \{1, 2, \cdots, n-1\} \tag{10.9c}$$

式中，

$$\chi(t) = [\tilde{x}^{\mathrm{T}}(t) \ \ \tilde{\xi}^{\mathrm{T}}(t)]^{\mathrm{T}}, \quad \tilde{x}(t) = x(t) - \Pi_i w(t)$$

$$\forall t \in [t_k, t_{r+1}^{e}), \quad \bar{e}(t) = \hat{e}(t) = [e^{\mathrm{T}}(t_r^{e}) - e^{\mathrm{T}}(t) \ \ \tilde{\xi}^{\mathrm{T}}(t_r^{e}) - \tilde{\xi}^{\mathrm{T}}(t)]^{\mathrm{T}}$$

$$\forall t \in [t_{r+\upsilon}^{e} + h_i, t_{r+\upsilon+1}^{e}), \quad \bar{e}(t) = [e^{\mathrm{T}}(t_{r+\upsilon}^{e}) - e^{\mathrm{T}}(t) \ \ \tilde{\xi}^{\mathrm{T}}(t_{r+\upsilon}^{e}) - \tilde{\xi}^{\mathrm{T}}(t)]^{\mathrm{T}}$$

$$\tilde{A}_i = \begin{bmatrix} A_i & 0 \\ 0 & E_i \end{bmatrix}, \quad \tilde{B}_i = \begin{bmatrix} 0 & B_i H_i \\ F_i & 0 \end{bmatrix}, \quad \tilde{B}_{ij} = \begin{bmatrix} 0 & B_i H_i \\ F_j & 0 \end{bmatrix}, \quad \bar{C}_i = \begin{bmatrix} C_i & 0 \\ 0 & I \end{bmatrix}, \quad \tilde{C}_i = [C_i \ \ 0]$$

特别地，当$t \in [t_k, t_{r+1}^{e}) \cup [t_{r+\upsilon}^{e} + h_i, t_{r+\upsilon+1}^{e})$时，下面的不等式可以由交替式事件触发机制(10.7)得出：

$$\| \bar{e}(t) \|^2 \leqslant \eta_i \| e(t) \|^2 \tag{10.10}$$

10.4 主要结果

本节将提出切换系统基于事件触发的异步输出调节问题的充分条件.

定理 10.1 考虑满足假设 10.1～假设 10.5 的系统(10.9). 给定常量$h_i > 0$，$\eta_i > 0$，$\beta_i > 0$，$\kappa_i > 0$，$\mu_i > 1$，$\hat{\mu}_i > 1$，$\Delta_{Mi} > 0$，如果存在适当维数矩阵$P_i > 0$，$P_{ij} > 0$，$R_i > 0$，$R_{ij} > 0$，$U_i > 0$，X_i，X_{1i}，$M_{\vartheta i}$，$N_{\rho i}$，Π_i，Σ_i，H_i，E_i和对称矩阵T_{ij}，其中$\vartheta = 1, 2$，$\rho = 1, 2, 3$，$i \neq j$，$i, j \in \underline{M}$使得下列不等式成立：

$$\Phi_i > 0, \quad \Theta_l < 0, \quad \Omega_i = \begin{bmatrix} \Omega_i^1 & \Omega_i^2 \\ * & -I \end{bmatrix} < 0, \quad \Xi_i = \begin{bmatrix} \Xi_i^1 & \Xi_i^2 \\ * & -I \end{bmatrix} < 0 \tag{10.11}$$

$$\Lambda_i = \begin{bmatrix} -\hat{\mu}_i P_j & T_{ij}^{\mathrm{T}} \\ * & P_{ij} - 2I \end{bmatrix} < 0, \quad P_i < \mu_i P_{ij}, \quad l \in \{i, ij\} \tag{10.12}$$

那么在依赖于触发时刻和系统模态的平均驻留时间条件：

$$\left\{ \tau_{ai} > \tau_{ai}^* = \frac{\ln(\mu_i \hat{\mu}_i) + 2(\beta_i + \kappa_i) d_{Mi}}{2\beta_i} \right\} \wedge \{\tau_{ai} = t_{r+n}^e + h_i\} \tag{10.13}$$

的异步切换信号和基于交替式事件触发机制(10.7)的误差反馈控制器(10.8)下，线性切换系统(10.3)的输出调节问题是可解的. 其中，t_{r+n}^e 是在 $t_k + \tau_{ai}^*$ 后的首次触发时刻，且该时刻可由后面的算法 10.1 计算得到；h_i 是系统(10.7)中第 i 个子系统的采样时段；d_{Mi} 是控制输入 u_i 滞后于子系统 i 的最大时延；

$$\Phi_i = \begin{bmatrix} P_i + h_i \dfrac{X_i + X_i^{\mathrm{T}}}{2} & h_i X_{1i} - h_i X_i \\ * & -h_i X_{1i} - h_i X_{1i}^{\mathrm{T}} + h_i \dfrac{X_i + X_i^{\mathrm{T}}}{2} \end{bmatrix}$$

$$\Theta_l = \begin{bmatrix} P_l \tilde{A}_i + \tilde{A}_i^{\mathrm{T}} P_l + \bar{C}_i^{\mathrm{T}} R_l^{\mathrm{T}} + R_l \bar{C}_i + 2\lambda_l P_l + \eta_i \tilde{C}_i^{\mathrm{T}} \tilde{C}_i & R_l \\ * & -I \end{bmatrix}$$

$$\Omega_i^1 = \begin{bmatrix} \phi_i^{11} + (2\beta_i h_i - 1)\dfrac{X_i + X_i^{\mathrm{T}}}{2} & \phi_i^{12} + h_i \dfrac{X_i + X_i^{\mathrm{T}}}{2} & \phi_i^{13} + (2\beta_i h_i - 1)(X_{1i} - X_i) \\ * & \phi_i^{22} + h_i U_i & \phi_i^{23} + h_i (X_{1i} - X_i) \\ * & * & \phi_i^{33} + (2\beta_i h_i - 1)\left(\dfrac{X_i + X_i^{\mathrm{T}}}{2} - X_{1i} - X_{1i}^{\mathrm{T}} \right) \end{bmatrix}$$

$$\Xi_i^1 = \begin{bmatrix} \phi_i^{11} - \dfrac{X_i + X_i^{\mathrm{T}}}{2} & \phi_i^{12} & \phi_i^{13} - (X_{1i} - X_i) & h_i N_{1i}^{\mathrm{T}} \\ * & \phi_i^{22} & \phi_i^{23} & h_i N_{2i}^{\mathrm{T}} \\ * & * & \phi_i^{33} - \left(\dfrac{X_i + X_i^{\mathrm{T}}}{2} - X_{1i} - X_{1i}^{\mathrm{T}} \right) & h_i N_{3i}^{\mathrm{T}} \\ * & * & * & -h_i e^{-2\beta_i h_i} U_i \end{bmatrix}$$

$$\Omega_i^2 = \mathrm{diag}\{M_{1i}^{\mathrm{T}}, M_{2i}^{\mathrm{T}}, \sqrt{2}\bar{C}_i^{\mathrm{T}} \tilde{B}_i^{\mathrm{T}}\}, \quad \Xi_i^2 = [\Omega_i^{2\mathrm{T}} \ \ 0]^{\mathrm{T}}$$

$$\phi_i^{11} = 2\beta_i P_i + M_{1i}^{\mathrm{T}} \tilde{A}_i + \tilde{A}_i^{\mathrm{T}} M_{1i} - N_{1i} - N_{1i}^{\mathrm{T}}, \quad \phi_i^{12} = P_i - M_{1i}^{\mathrm{T}} + \tilde{A}_i^{\mathrm{T}} M_{2i} - N_{2i}$$

$$\phi_i^{13} = N_{1i}^{\mathrm{T}} - N_{3i}, \quad \phi_i^{22} = -M_{2i}^{\mathrm{T}} - M_{2i}, \quad \phi_i^{23} = N_{2i}^{\mathrm{T}}, \quad \phi_i^{33} = N_{3i} + N_{3i}^{\mathrm{T}}$$

$R_l = P_l \tilde{B}_l$, $\lambda_i = \beta_i$, $\lambda_{ij} = -\kappa_i$, $l \in \{i, ij\}$

证明　**情况 1**：在区间 $[t_k, t_{r+1}^e)$ 内，第 i 个子系统被激活，控制器 u_i 仍然运行. 构造一个 Lyapunov 函数如下：

$$\bar{V}_{ij}(t) = \chi^{\mathrm{T}}(t) P_{ij} \chi(t) \tag{10.14}$$

利用引理 2.10 和式(10.10)，利用 Lyapunov 候选函数(10.14)沿闭环系统(10.9a)轨迹的时间导数给出

$$\begin{aligned}
&\dot{\bar{V}}_{ij}(t) - 2\kappa_i \bar{V}_{ij}(t) \\
&= \chi^{\mathrm{T}}(t)\tilde{A}_i^{\mathrm{T}} P_{ij}\chi(t) + \chi^{\mathrm{T}}(t)\bar{C}_i^{\mathrm{T}}\tilde{B}_{ij}^{\mathrm{T}} P_{ij}\chi(t) + \bar{e}^{\mathrm{T}}(t)\tilde{B}_{ij}^{\mathrm{T}} P_{ij}\chi(t) + \chi^{\mathrm{T}}(t) P_{ij}\tilde{A}_i\chi(t) \\
&\quad + \chi^{\mathrm{T}}(t) P_{ij}\tilde{B}_{ij}\bar{C}_i\chi(t) + \chi^{\mathrm{T}}(t) P_{ij}\tilde{B}_{ij}\bar{e}(t) - 2\kappa_i\chi^{\mathrm{T}}(t) P_{ij}\chi(t) \\
&\leqslant \chi^{\mathrm{T}}(t)(\tilde{A}_i^{\mathrm{T}} P_{ij} + P_{ij}\tilde{A}_i - 2\kappa_i P_{ij} + P_{ij}\tilde{B}_{ij}\bar{C}_i + \bar{C}_i^{\mathrm{T}}\tilde{B}_{ij}^{\mathrm{T}} P_{ij} + P_{ij}\tilde{B}_{ij}\tilde{B}_{ij}^{\mathrm{T}} P_{ij} + \eta_i\tilde{C}_i^{\mathrm{T}}\tilde{C}_i)\chi(t)
\end{aligned} \tag{10.15}$$

考虑条件 $\Theta_{ij} < 0$，应用引理 2.5 和 $R_{ij} = P_{ij}\tilde{B}_{ij}$，得到

$$\tilde{A}_i^{\mathrm{T}} P_{ij} + P_{ij}\tilde{A}_i - 2\kappa_i P_{ij} + P_{ij}\tilde{B}_{ij}\bar{C}_i + \bar{C}_i^{\mathrm{T}}\tilde{B}_{ij}^{\mathrm{T}} P_{ij} + P_{ij}\tilde{B}_{ij}\tilde{B}_{ij}^{\mathrm{T}} P_{ij} + \eta_i\tilde{C}_i^{\mathrm{T}}\tilde{C}_i < 0 \tag{10.16}$$

从而 $\dot{\bar{V}}_{ij}(t) - 2\kappa_i \bar{V}_{ij}(t) < 0$. 因此，对任意 $t \in [t_k, t_{r+1}^e)$，可得

$$\bar{V}_{ij}(t) < \mathrm{e}^{2\kappa_i(t-t_k)}\bar{V}_{ij}(t_k) \tag{10.17}$$

情况 2：在区间 $[t_{r+\upsilon}^e, t_{r+\upsilon}^e + h_i)$ 内，第 i 个子系统和相应的控制器 u_i 是同步运行的. 构造如下 Lyapunov 函数：

$$V_i(t) = V_{P_i}(t) + V_{U_i}(t) + V_{X_i}(t) \tag{10.18}$$

式中，

$$V_{P_i} = \chi^{\mathrm{T}}(t) P_i \chi(t)$$

$$V_{U_i} = (h_i - \tau(t))\int_{t-\tau(t)}^{t} \mathrm{e}^{2\beta_i(s-t)}\dot{\chi}^{\mathrm{T}}(s) U_i \dot{\chi}(s)\mathrm{d}s$$

$$V_{X_i} = (h_i - \tau(t))\begin{bmatrix} \chi(t) \\ \chi(t-\tau(t)) \end{bmatrix}^{\mathrm{T}} \begin{bmatrix} \dfrac{X_i + X_i^{\mathrm{T}}}{2} & -X_i + X_{1i} \\ * & -X_{1i} - X_{1i}^{\mathrm{T}} + \dfrac{X_i + X_i^{\mathrm{T}}}{2} \end{bmatrix} \begin{bmatrix} \chi(t) \\ \chi(t-\tau(t)) \end{bmatrix}$$

式(10.18)沿闭环系统(10.9b)轨迹的时间导数可得到

$$
\begin{aligned}
&\dot{V}_i(t)+2\beta_i V_i(t)\\
\leqslant{}& 2\chi^{\mathrm{T}}(t)P_i\dot{\chi}(t)-2\beta_i(h_i-\tau(t))\int_{t-\tau(t)}^{t}\mathrm{e}^{2\beta_i(s-t)}\dot{\chi}^{\mathrm{T}}(s)U_i\dot{\chi}(s)\mathrm{d}s\\
&-\mathrm{e}^{-2\beta_i h_i}\int_{t-\tau(t)}^{t}\dot{\chi}^{\mathrm{T}}(s)U_i\dot{\chi}(s)\mathrm{d}s+(h_i-\tau(t))\dot{\chi}^{\mathrm{T}}(t)U_i\dot{\chi}(t)\\
&-\begin{bmatrix}\chi(t)\\ \chi(t-\tau(t))\end{bmatrix}^{\mathrm{T}}\begin{bmatrix}\dfrac{X_i+X_i^{\mathrm{T}}}{2} & -X_i+X_{1i}\\ * & -X_{1i}-X_{1i}^{\mathrm{T}}+\dfrac{X_i+X_i^{\mathrm{T}}}{2}\end{bmatrix}\begin{bmatrix}\chi(t)\\ \chi(t-\tau(t))\end{bmatrix}\\
&+(h_i-\tau(t))\dot{\chi}^{\mathrm{T}}(t)((X_i+X_i^{\mathrm{T}})\chi(t)+2(X_{1i}-X_i)\chi(t-\tau(t)))\\
&+2\beta_i\chi^{\mathrm{T}}(t)P_i\chi(t)+2\beta_i(h_i-\tau(t))\int_{t-\tau(t)}^{t}\mathrm{e}^{2\beta_i(s-t)}\dot{\chi}^{\mathrm{T}}(s)U_i\dot{\chi}(s)\mathrm{d}s\\
&+2\beta_i(h_i-\tau(t))\begin{bmatrix}\chi(t)\\ \chi(t-\tau(t))\end{bmatrix}^{\mathrm{T}}\begin{bmatrix}\dfrac{X_i+X_i^{\mathrm{T}}}{2} & -X_i+X_{1i}\\ * & -X_{1i}-X_{1i}^{\mathrm{T}}+\dfrac{X_i+X_i^{\mathrm{T}}}{2}\end{bmatrix}\begin{bmatrix}\chi(t)\\ \chi(t-\tau(t))\end{bmatrix}
\end{aligned}
\tag{10.19}
$$

引入

$$
\gamma(t)=\frac{1}{\tau(t)}\int_{t-\tau(t)}^{t}\dot{\chi}(s)\mathrm{d}s
$$

结合引理 2.1，可得

$$
-\mathrm{e}^{-2\beta_i h_i}\int_{t-\tau(t)}^{t}\dot{\chi}^{\mathrm{T}}(s)U_i\dot{\chi}(s)\mathrm{d}s\leqslant-\tau(t)\mathrm{e}^{-2\beta_i h_i}\gamma^{\mathrm{T}}(t)U_i\gamma(t) \tag{10.20}
$$

对任意适当维数矩阵 M_{1i}、 M_{2i}、 N_{1i}、 N_{2i}、 N_{3i}，下列等式成立：

$$
\begin{cases}
2(\chi^{\mathrm{T}}(t)M_{1i}^{\mathrm{T}}+\dot{\chi}^{\mathrm{T}}(t)M_{2i}^{\mathrm{T}})(\tilde{A}_i\chi(t)+\tilde{B}_i\bar{C}_i\chi(t-\tau(t))-\dot{\chi}(t))=0\\
2(\chi^{\mathrm{T}}(t)N_{1i}^{\mathrm{T}}+\dot{\chi}^{\mathrm{T}}(t)N_{2i}^{\mathrm{T}}+\chi^{\mathrm{T}}(t-\tau(t))N_{3i}^{\mathrm{T}})(-\chi(t)+\chi(t-\tau(t))+\tau(t)\gamma(t))=0
\end{cases}
\tag{10.21}
$$

根据引理 2.2，得到

$$
\begin{cases}
\quad 2\chi^{\mathrm{T}}(t)M_{1i}^{\mathrm{T}}\tilde{B}_i\bar{C}_i\chi(t-\tau(t))\\
\leqslant\chi^{\mathrm{T}}(t)M_{1i}^{\mathrm{T}}M_{1i}\chi(t)+\chi^{\mathrm{T}}(t-\tau(t))\bar{C}_i^{\mathrm{T}}\tilde{B}_i^{\mathrm{T}}\tilde{B}_i\bar{C}_i\chi(t-\tau(t))\\
\quad 2\dot{\chi}^{\mathrm{T}}(t)M_{2i}^{\mathrm{T}}\tilde{B}_i\bar{C}_i\chi(t-\tau(t))\\
\leqslant\dot{\chi}^{\mathrm{T}}(t)M_{2i}^{\mathrm{T}}M_{2i}\dot{\chi}(t)+\chi^{\mathrm{T}}(t-\tau(t))\bar{C}_i^{\mathrm{T}}\tilde{B}_i^{\mathrm{T}}\tilde{B}_i\bar{C}_i\chi(t-\tau(t))
\end{cases}
\tag{10.22}
$$

令 $\xi(t)=[\chi(t)\ \ \dot{\chi}(t)\ \ \chi(t-\tau(t))\ \ \gamma(t)]$，结合式(10.19)～式(10.22)可得

$$
\dot{V}_i+2\beta_i V_i\leqslant\xi^{\mathrm{T}}(t)\varPsi_i(\tau)\xi(t) \tag{10.23}
$$

式中，

$$\Psi_i(\tau)=\begin{bmatrix}\psi_i^{11} & \psi_i^{12} & \psi_i^{13} & \psi_i^{14}\\ * & \psi_i^{22} & \psi_i^{23} & \psi_i^{24}\\ * & * & \psi_i^{33} & \psi_i^{34}\\ * & * & * & \psi_i^{44}\end{bmatrix}$$

其中，

$$\psi_i^{11}=\phi_i^{11}+(2\beta_i(h_i-\tau(t))-1)\frac{X_i+X_i^{\mathrm{T}}}{2}+M_{1i}^{\mathrm{T}}M_{1i}$$

$$\psi_i^{12}=\phi_i^{12}+(h_i-\tau(t))\frac{X_i+X_i^{\mathrm{T}}}{2},\quad \psi_i^{13}=\phi_i^{13}+(2\beta_i(h_i-\tau(t))-1)(X_{1i}-X_i)$$

$$\psi_i^{14}=\tau(t)N_{1i}^{\mathrm{T}},\quad \psi_i^{22}=\phi_i^{22}+(h_i-\tau(t))U_i+M_{2i}^{\mathrm{T}}M_{2i}$$

$$\psi_i^{23}=\phi_i^{23}+(h_i-\tau(t))(X_{1i}-X_i),\quad \psi_i^{24}=\tau(t)N_{2i}^{\mathrm{T}}$$

$$\psi_i^{33}=\phi_i^{33}+(2\beta_i(h_i-\tau(t))-1)\left(\frac{X_i+X_i^{\mathrm{T}}}{2}-X_{1i}-X_{1i}^{\mathrm{T}}\right)+2\bar{C}_i^{\mathrm{T}}\tilde{B}_i^{\mathrm{T}}\tilde{B}_i\bar{C}_i$$

$$\psi_i^{34}=\tau(t)N_{3i}^{\mathrm{T}},\quad \psi_i^{44}=-\tau(t)\mathrm{e}^{-2\beta_ih_i}U_i$$

矩阵函数$\Psi_i(\tau)$关于$\tau(t)$是仿射的. 应用引理 2.5，由条件$\Omega_i<0$推得$\Psi_i(0)<0$，且$\Xi_i<0$推得$\Psi_i(h_i)<0$. 结合文献[220]中的引理 2，对任意$\tau(t)\in[0,h_i)$，则$\Psi_i(\tau)<0$，表明$\dot{V}_i+2\beta_iV_i\leqslant 0$. 对该式两端从$t_{r+\upsilon}^e$到$t$进行积分，可得

$$V_i(t)<\mathrm{e}^{-2\beta_i(t-t_{r+\upsilon}^e)}V_i(t_{r+\upsilon}^e)\tag{10.24}$$

情况 3：在区间$[t_{r+\upsilon}^e+h_i,t_{r+\upsilon+1}^e)$内，第$i$个子系统和控制器$u_i$同步运行. 构造下列 Lyapunov 候选函数：

$$V_{P_i}(t)=\chi^{\mathrm{T}}(t)P_i\chi(t)\tag{10.25}$$

重复情况 1 中证明且$R_i=P_i\tilde{B}_i$，可获得

$$V_{P_i}(t)<\mathrm{e}^{-2\beta_i(t-t_{r+\upsilon}^e-h_i)}V_i(t_{r+\upsilon}^e+h_i)\tag{10.26}$$

结合情况 2 和情况 3，定义

$$\bar{V}_i(t)=\begin{cases}V_i(t), & t\in[t_{r+\upsilon}^e,t_{r+\upsilon}^e+h_i);\upsilon=1,2,\cdots,n\\ V_{P_i}(t), & t\in[t_{r+\upsilon}^e+h_i,t_{r+\upsilon+1}^e);\upsilon=1,2,\cdots,n-1\end{cases}\tag{10.27}$$

当$t=t_{r+\upsilon}^e+h_i$时，由$\tau(t)=h_i$可得到$V_i(t)=V_{P_i}(t)$，并且当$t=t_{r+\upsilon}^e$时，由$\tau(t)=0$也可得$V_i(t)=V_{P_i}(t)$. 因此，函数$\bar{V}_i(t)$是连续的. 同时，根据切换信号(10.13)，有$t_{r+n}^e+h_i=t_{k+1}$. 因此，在区间$[t_k,t_{k+1})$内可得

$$\begin{cases}\bar{V}_{ij}(t) < \mathrm{e}^{2\kappa_i(t-t_k)}\bar{V}_{ij}(t_k), & t\in[t_k,t_{r+1}^e) \\ \bar{V}_i(t) < \mathrm{e}^{-2\beta_i(t-t_{r+1}^e)}\bar{V}_i(t_{r+1}^e), & t\in[t_{r+1}^e,t_{k+1})\end{cases} \tag{10.28}$$

由非共同坐标变换可知，存在异步切换信号使得 $\bar{V}_j(t_k^-)\neq\bar{V}_{ij}(t_k^+)$. 结合 $\chi(t_k^+)=T_{ij}\chi(t_k^-)$，以及式(10.14)和式(10.25)得到

$$\bar{V}_{ij}(t_k^+)-\hat{\mu}_i\bar{V}_j(t_k^-)=\chi^{\mathrm{T}}(t_k^-)(T_{ij}^{\mathrm{T}}P_{ij}T_{ij}-\hat{\mu}_iP_j)\chi(t_k^-)$$

考虑 $\Lambda_i<0$，应用引理 2.5 和由 $(P_{ij}^{-1}-I)P_{ij}(P_{ij}^{-1}-I)>0$ 推导而来的 $-P_{ij}^{-1}<P_{ij}-2I$，可得 $T_{ij}^{\mathrm{T}}P_{ij}T_{ij}-\hat{\mu}_iP_j<0$. 因此，下列不等式成立：

$$\bar{V}_{ij}(t_k^+)\leqslant\hat{\mu}_i\bar{V}_j(t_k^-) \tag{10.29}$$

在触发时刻 t_{r+1}^e，根据条件 $P_i<\mu_iP_{ij}$，得到

$$\bar{V}_i((t_{r+1}^e)^+)\leqslant\mu_i\bar{V}_{ij}((t_{r+1}^e)^-) \tag{10.30}$$

对 $\forall t\in[t_{r+1}^e,t_{k+1})$，结合式(10.28)～式(10.30)和定义 2.4，可得

$$\begin{aligned}
\bar{V}(t) &\leqslant \mathrm{e}^{-2\beta_{\sigma(t_k)}(t-t_{r+1}^e)}\bar{V}_{\sigma(t_k)}(t_{r+1}^e) \\
&\leqslant \mu_{\sigma(t_k)}\mathrm{e}^{-2\beta_{\sigma(t_k)}(t-t_{r+1}^e)}\bar{V}_{\sigma(t_k)\sigma(t_{k-1})}(t_{r+1}^{e\,-}) \\
&\leqslant \mu_{\sigma(t_k)}\hat{\mu}_{\sigma(t_k)}\mathrm{e}^{-2\beta_{\sigma(t_k)}(t-t_{r+1}^e)}\mathrm{e}^{2\kappa_{\sigma(t_k)}(t_{r+1}^e-t_k)}\bar{V}_{\sigma(t_{k-1})}(t_k^-) \\
&\leqslant \mu_{\sigma(t_k)}\hat{\mu}_{\sigma(t_k)}\mathrm{e}^{-2\beta_{\sigma(t_k)}(t-t_{r+1}^e)}\mathrm{e}^{2\kappa_{\sigma(t_k)}(t_{r+1}^e-t_k)}\mu_{\sigma(t_{k-1})}\hat{\mu}_{\sigma(t_{k-1})} \\
&\quad\times\mathrm{e}^{-2\beta_{\sigma(t_{k-1})}(t_k-t_{r+1-n}^e)}\mathrm{e}^{2\kappa_{\sigma(t_{k-1})}(t_{r+1-n}^e-t_{k-1})}\bar{V}_{\sigma(t_{k-2})}(t_{k-1}^-) \\
&\leqslant \mu_{\sigma(t_k)}\hat{\mu}_{\sigma(t_k)}\cdots\mu_{\sigma(t_1)}\hat{\mu}_{\sigma(t_1)}\mathrm{e}^{-2\beta_{\sigma(t_k)}(t-t_{r+1}^e)}\mathrm{e}^{2\kappa_{\sigma(t_k)}(t_{r+1}^e-t_k)}\cdots \\
&\quad\times\mathrm{e}^{-2\beta_{\sigma(t_0)}(t_1-t_{r+1-kn}^e)}\mathrm{e}^{-2\kappa_{\sigma(t_0)}(t_{r+1-kn}^e-t_0)}\bar{V}_{\sigma(t_0)}(t_0) \\
&\leqslant \prod_{p=1}^{k}(\mu_{\sigma(t_p)}\hat{\mu}_{\sigma(t_p)})\mathrm{e}^{-2(\beta_{\sigma(t_k)}\varGamma(t_k,t)-\kappa_{\sigma(t_k)}\hat{\varGamma}(t_k,t))}\mathrm{e}^{-2\sum\limits_{p=0}^{k-1}(\beta_{\sigma(t_p)}\varGamma(t_p,t_{p+1})-\kappa_{\sigma(t_p)}\hat{\varGamma}(t_p,t_{p+1}))}\bar{V}(t_0) \\
&\leqslant \prod_{i=1}^{m}(\mu_i\hat{\mu}_i)^{N_{\sigma i}(0,t)}\mathrm{e}^{-2\sum\limits_{i=1}^{m}(\beta_i\varGamma_i(0,t)-\kappa_i\hat{\varGamma}_i(0,t))}\bar{V}(t_0) \\
&\leqslant \prod_{i=1}^{m}(\mu_i\hat{\mu}_i)^{N_{\sigma i}(0,t)}\mathrm{e}^{-2\sum\limits_{i=1}^{m}(\beta_iT_i(0,t)-(\kappa_i+\beta_i)\hat{\varGamma}_i(0,t))}\bar{V}(t_0) \\
&\leqslant \mathrm{e}^{\sum\limits_{i=1}^{m}N_{\sigma i}(0,t)\ln(\mu_i\hat{\mu}_i)}\mathrm{e}^{-2\sum\limits_{i=1}^{m}(\beta_iT_i(0,t)-(\kappa_i+\beta_i)d_{Mi}N_{\sigma i}(0,t))}\bar{V}(t_0)
\end{aligned}$$

$$\leqslant \mathrm{e}^{\sum_{i=1}^{m}(\ln(\mu_i\hat{\mu}_i)+2(\beta_i+\kappa_i)d_{Mi})N_{0i}(0,t)}\mathrm{e}^{\sum_{i=1}^{m}\left(\frac{\ln(\mu_i\hat{\mu}_i)+2(\beta_i+\kappa_i)d_{Mi}}{\tau_{ai}}-2\beta_i\right)T_i(0,t)}\bar{V}(t_0) \quad (10.31)$$

式中，$\varGamma(0,t)/\hat{\varGamma}(0,t)$ 表示在区间 $[0,t)$ 内，控制器和系统同步/异步的时间段；$\varGamma_i(0,t)/\hat{\varGamma}_i(0,t)$ 表示在区间 $[0,t)$ 内，第 i 个子系统和相应控制器同步/异步的时间段.

类似地，可知当 $\forall t\in[t_k,t_{r+1}^e)$ 时，不等式(10.31)成立. 再结合 $\varPhi_i>0$，显然可得

$$a\|\xi(t)\|^2\leqslant\bar{V}(t),\quad \bar{V}(t_0)\leqslant b\|\xi(t_0)\|^2 \quad (10.32)$$

式中，$a=\min\limits_{i,j\in\underline{M}}\{\lambda_{\min}(P_i),\lambda_{\min}(P_{ij}),\lambda_{\min}(\varPhi_i(h))\}$；$b=\max\limits_{i,j\in\underline{M}}\{\lambda_{\max}(P_{ij}),\lambda_{\max}(P_i)\}$. 应用式(10.31)和式(10.32)可得

$$\|\xi(t)\|\leqslant\varsigma_i\mathrm{e}^{\max\limits_{i\in\underline{M}}\left\{\frac{\ln(\mu_i\hat{\mu}_i)+2(\beta_i+\kappa_i)d_{Mi}}{2\tau_{ai}}-\beta_i\right\}(t-t_0)}\|\xi(t_0)\|$$

式中，$\varsigma_i=\sqrt{\dfrac{b}{a}}\mathrm{e}^{\frac{1}{2}\sum_{i=1}^{m}(\ln(\mu_i\hat{\mu}_i)+2(\beta_i+\alpha_i)d_{Mi})N_{0i}(0,t)}$. 因而由定义 10.1，可知当 $w(t)=0$ 时，闭环系统(10.9)是指数稳定. 此外

$$\lim_{t\to\infty}e(t)=\lim_{t\to\infty}\tilde{C}_{\sigma(t)}\chi(t)=0$$

因此输出调节问题可解.

注 10.1　为了得到切换系统输出调节的可解性，需要求解一组调节器方程. 文献[175]提出的非共同坐标变换方法突破了所有子系统调节器方程有共同解的限制. 然而，文献[175]中没有讨论如何计算描述切换时刻前后状态之间关系的变换矩阵. 从这个意义上说，定理 10.1 以线性矩阵不等式形式提供了一种得到变换矩阵 T_{ij} 的方法，使得结果的保守性显著降低.

注 10.2　为了得到最小的数据传输次数(number of transferred data，NTD)，我们需要计算最优的 (η_i^*,h_i^*). 首先，选择 $\eta=1(\eta=\eta_1=\eta_2=\cdots=\eta_{\underline{m}})$，通过计算定理 10.1 中的线性矩阵不等式(10.11)和(10.12)得到每个子系统最大的 h_i^*. 同时可得相应的 NTD. 接下来，η 将以一个小步长逐渐减小直到 $\eta=0$，每个 η 对应一个最大的 h_i^*. 那么，可以获得最小 NTD 的最优 (η^*,h_i^*) 被确定. 其次，固定 $\eta_2=\cdots=\eta_{\underline{m}}$，在 η 附近以一个小步长调节 η_1 以便获得最优 (η_1^*,h_1^*). 同样方法能被用来获得其他子系统的最优 (η_i^*,h_i^*). 最后，在系统稳定的情况下，确定使系统获得最小 NTD 的最优 (η_i^*,h_i^*).

接下来，基于模态依赖平均驻留时间方法和交替式事件触发机制，我们给出如下寻找切换点的算法.

算法 10.1

第一步：根据给定的参数 μ_i、$\hat{\mu}_i$、β_i、κ_i、$\varDelta_{Mi}$，可以得到模态依赖平均驻留

时间 τ_{ai}^* 和最优的 (η_i, h_i). 给出系统(10.3)的初始值 $\chi(0)=[4\ \ 2.5\ \ -2.5\ \ -4]^{\mathrm{T}}$，$\sigma(t_0)=1$ 和 $t_0=t_r^e=0$.

第二步：交替式事件触发机制(10.7)中的不等式被持续检测. 如果被满足，则事件发生，此时的时刻被记录为 t_r^e，继续第三步.

第三步：传感器开始等待一个采样周期 h_i. 然后需判断 $t_r^e+h_i<\tau_{ai}^*$ 和 $t_r^e+h_i \geqslant \tau_{ai}^*$. 如果 $t_r^e+h_i<\tau_{ai}^*$，返回第二步. 否则，τ_{ai} 设置为 $t_r^e+h_i$，切换时刻 t_k 被记为 $t_r^e+h_i$. 同时，下一个切换子系统被激活，返回第二步.

当 $h_i=0$ 时，无须以一个固定周期在交替式事件触发机制中进行采样，此时交替式事件触发机制(10.7)退化为类似于文献[211]中提出的如下连续事件触发机制：

$$t_{r+1}^e=\inf\{t \geqslant t_r^e \,|\, \|\hat{e}(t)\|^2>\eta_i \|e(t)\|^2\} \tag{10.33}$$

接下来，利用上述连续事件触发机制(10.33)，给出求解切换系统(10.3)的事件触发异步输出调节问题的推论.

推论 10.1 考虑满足假设 10.1～假设 10.5 的系统(10.9). 给定常量 $\eta_i>0$，$\beta_i>0$，$\kappa_i>0$，$\mu_i>1$，$\hat{\mu}_i>1$，$\varDelta_{M_i}>0$，如果存在适当维数矩阵 $P_i>0$，$P_{ij}>0$，$R_i>0$，$R_{ij}>0$，$\varPi_i$，$\varSigma_i$，H_i，E_i 和对称矩阵 T_{ij}，使得

$$\varTheta_l<0, \quad \varLambda_i=\begin{bmatrix} -\hat{\mu}_i P_j & T_{ij}^{\mathrm{T}} \\ * & P_{ij}-2I \end{bmatrix}<0, \quad P_i<\mu_i P_{ij}$$

那么在满足依赖模态的平均驻留时间条件：

$$\tau_{ai}>\tau_{ai}^*=\frac{\ln(\mu_i\hat{\mu}_i)+2(\beta_i+\kappa_i)d_{Mi}}{2\beta_i} \tag{10.34}$$

的异步切换信号和基于误差的连续事件触发机制(10.33)的误差反馈控制器(10.6)下，切换系统(10.3)的异步输出调节问题是可解的，其中 d_{Mi} 是控制输入 u_i 滞后于子系统 i 的最大时延；$l=\{i,ij\}$，$i\neq j$，$i,j\in \underline{M}$，$R_l=P_l\tilde{B}_l$，$\lambda_i=\beta_i$，$\lambda_{ij}=-\kappa_{ij}$，

$$\varTheta_l=\begin{bmatrix} P_l\tilde{A}_i+\tilde{A}_i^{\mathrm{T}}P_l+\bar{C}_i^{\mathrm{T}}R_l^{\mathrm{T}}+R_l\bar{C}_i+2\lambda_i P_l+\eta_i\tilde{C}_i^{\mathrm{T}}\tilde{C}_i & R_l \\ * & -I \end{bmatrix}$$

证明 与定理 10.1 中情况 1 的证明过程类似，结果很容易得到.

注 10.3 连续事件触发被广泛应用于降低 NTD 和控制器的更新频率. 然而，该机制可能会在有限的时间内产生无限多的事件(Zeno 现象). 为了避免该现象，文献[211]给出了两个连续事件触发间隔存在正下界的证明. 在我们提出的交替式事件触发机制(10.7)中，子系统运行时的传感器等待时间(即一个采样周期)被视为两个连续事件触发时间间隔的下界，从而该机制可避免 Zeno 现象.

当$\eta_i = 0$时，交替式事件触发机制(10.7)中的不等式总是成立，则交替式事件触发机制(10.7)可被简化为周期性采样，其中每个子系统都有自己的固定采样周期. 以下推论给出基于周期采样的切换系统(10.3)的事件触发异步输出调节问题的可解性条件.

推论 10.2　考虑满足假设 10.1～假设 10.5 的系统(10.9). 给定常量$h_i > 0$，$\eta_i > 0$，$\beta_i > 0$，$\kappa_i > 0$，$\mu_i > 1$，$\hat{\mu}_i > 1$，如果存在适当维数矩阵$P_i > 0$，$P_{ij} > 0$，$U_i > 0$，$U_{ij} > 0$，X_i，X_{ij}，X_{1i}，X_{1ij}，$M_{\vartheta i}$，$M_{\vartheta ij}$，$N_{\rho i}$，$N_{\rho ij}$，Π_i，Σ_i，H_i，E_i和对称矩阵T_{ij}，其中$\vartheta = 1,2$，$\rho = 1,2,3$，$i, j \in \underline{M}$，$i \neq j$使得

$$\Phi_l > 0, \quad \Omega_l = \begin{bmatrix} \Omega_l^1 & \Omega_l^2 \\ * & -I \end{bmatrix} < 0, \quad \Xi_l = \begin{bmatrix} \Xi_i^1 & \Xi_i^2 \\ * & -I \end{bmatrix} < 0$$

$$\Lambda_i = \begin{bmatrix} -\hat{\mu}_i P_j & T_{ij}^{\mathrm{T}} \\ * & P_{ij} - 2I \end{bmatrix} < 0, \quad P_i < \mu_i P_{ij}$$

那么在依赖于采样时刻和系统模态的平均驻留时间条件：

$$\left\{ \tau_{ai} > \tau_{ai}^* = \frac{\ln(\mu_i \hat{\mu}_i) + 2(\beta_i + \kappa_i) h_i}{2\beta_i} \right\} \wedge \{ \tau_{ai} = t_{r+n+1}^s \} \tag{10.35}$$

的异步切换信号和周期采样的误差反馈控制器(10.6)下，切换系统(10.3)的异步输出调节问题是可解的，其中t_{r+n+1}^s是在$t_k + \tau_{ai}^*$后的首次采样时刻，且该时刻可由算法 10.1 计算得到，$t_0^s < t_1^s < \cdots < t_r^s < \cdots < t_{r+n+1}^s < \cdots$表示采样时刻，$h_i$表示第$i$个子系统的采样步长和异步时段，$l \in \{i, ij\}, \lambda_i = \beta_i, \lambda_{ij} = -\kappa_i, \tilde{\lambda}_i = 1, \tilde{\lambda}_{ij} = 2\beta_i + 2\kappa_i + 1$，

$$\Phi_l = \begin{bmatrix} P_l + h_i \dfrac{X_l + X_l^{\mathrm{T}}}{2} & h_i X_{1l} - h_i X_l \\ * & -h_i X_{1l} - h_i X_{1l}^{\mathrm{T}} + h_i \dfrac{X_l + X_l^{\mathrm{T}}}{2} \end{bmatrix}$$

$$\Omega_l^1 = \begin{bmatrix} \phi_l^{11} + (2\lambda_i h_i - 1)\dfrac{X_i + X_i^{\mathrm{T}}}{2} & \phi_l^{12} + h_i \dfrac{X_l + X_l^{\mathrm{T}}}{2} & \phi_l^{13} + (2\lambda_i h_i - 1)(X_{1l} - X_l) \\ * & \phi_l^{22} + h_i U_l & \phi_l^{23} + h_i (X_{1l} - X_l) \\ * & * & \phi_l^{33} + (2\lambda_i h_i - 1)\left(\dfrac{X_l + X_l^{\mathrm{T}}}{2} - X_{1l} - X_{1l}^{\mathrm{T}} \right) \end{bmatrix}$$

$$\Xi_l^1=\begin{bmatrix}\phi_l^{11}-\dfrac{X_l+X_l^{\mathrm{T}}}{2} & \phi_l^{12} & \phi_l^{13}-(X_{1l}-X_l) & h_iN_{1l}^{\mathrm{T}}\\ * & \phi_l^{22} & \phi_l^{23} & h_iN_{2l}^{\mathrm{T}}\\ * & * & \phi_l^{33}-\left(\dfrac{X_l+X_l^{\mathrm{T}}}{2}-X_{1l}-X_{1l}^{\mathrm{T}}\right) & h_iN_{3l}^{\mathrm{T}}\\ * & * & * & -h_i\tilde{\lambda}_l\mathrm{e}^{-2\beta_ih_i}U_l\end{bmatrix}$$

$\Omega_l^2=\mathrm{diag}\{M_{1l}^{\mathrm{T}},M_{2l}^{\mathrm{T}},\sqrt{2}\bar{C}_i^{\mathrm{T}}\tilde{B}_i^{\mathrm{T}}\}$, $\quad\Xi_l^2=[\Omega_l^{2\mathrm{T}}\ \ 0]^{\mathrm{T}}$

$\phi_l^{11}=2\lambda_lP_l+M_{1l}^{\mathrm{T}}\tilde{A}_i+\tilde{A}_i^{\mathrm{T}}M_{1l}-N_{1l}-N_{1l}^{\mathrm{T}}$, $\quad\phi_l^{12}=P_l-M_{1l}^{\mathrm{T}}+\tilde{A}_i^{\mathrm{T}}M_{2l}-N_{2l}$

$\phi_l^{13}=N_{1l}^{\mathrm{T}}-N_{3l}$, $\quad\phi_l^{22}=-M_{2l}^{\mathrm{T}}-M_{2l}$, $\quad\phi_l^{23}=N_{2l}^{\mathrm{T}}$, $\quad\phi_l^{33}=N_{3l}+N_{3l}^{\mathrm{T}}$, $\quad R_l=P_l\tilde{B}_l$

证明 在区间$[t_k,t_{r+1}^s)$内，子系统i被激活，然而控制器u_i仍然运行. 构造如下 Lyapunov 候选函数：

$$V_{ij}(t)=V_{P_{ij}}(t)+V_{U_{ij}}(t)+V_{X_{ij}}(t) \tag{10.36}$$

式中，

$$V_{P_{ij}}(t)=\chi^{\mathrm{T}}(t)P_{ij}\chi(t)$$

$$V_{U_{ij}}(t)=(h_i-\tau(t))\int_{t-\tau(t)}^{t}\mathrm{e}^{2\beta_i(s-t)}\dot{\chi}^{\mathrm{T}}(s)U_{ij}\dot{\chi}(s)\mathrm{d}s$$

$$V_{X_{ij}}(t)=(h_i-\tau(t))\begin{bmatrix}\chi(t)\\ \chi(t-\tau(t))\end{bmatrix}^{\mathrm{T}}\begin{bmatrix}\dfrac{X_{ij}+X_{ij}^{\mathrm{T}}}{2} & -X_{ij}+X_{1ij}\\ * & -X_{1ij}-X_{1ij}^{\mathrm{T}}+\dfrac{X_{ij}+X_{ij}^{\mathrm{T}}}{2}\end{bmatrix}\begin{bmatrix}\chi(t)\\ \chi(t-\tau(t))\end{bmatrix}$$

给出式(10.36)沿闭环系统(10.9b)轨迹的时间导数：

$$\begin{aligned}&\dot{V}_{ij}(t)-2\kappa_iV_{ij}(t)\\ &\leqslant 2\chi^{\mathrm{T}}(t)P_{ij}\dot{\chi}(t)-2\beta_i(h_i-\tau(t))\mathrm{e}^{-2\beta_ih_i}\int_{t-\tau(t)}^{t}\dot{\chi}^{\mathrm{T}}(s)U_{ij}\dot{\chi}(s)\mathrm{d}s\\ &\quad-\mathrm{e}^{-2\beta_ih_i}\int_{t-\tau(t)}^{t}\dot{\chi}^{\mathrm{T}}(s)U_{ij}\dot{\chi}(s)\mathrm{d}s+(h_i-\tau(t))\dot{\chi}^{\mathrm{T}}(t)U_{ij}\dot{\chi}(t)\\ &\quad-\begin{bmatrix}\chi(t)\\ \chi(t-\tau(t))\end{bmatrix}^{\mathrm{T}}\begin{bmatrix}\dfrac{X_{ij}+X_{ij}^{\mathrm{T}}}{2} & -X_{ij}+X_{1ij}\\ * & -X_{1ij}-X_{1ij}^{\mathrm{T}}+\dfrac{X_{ij}+X_{ij}^{\mathrm{T}}}{2}\end{bmatrix}\begin{bmatrix}\chi(t)\\ \chi(t-\tau(t))\end{bmatrix}\\ &\quad+(h_i-\tau(t))\dot{\chi}^{\mathrm{T}}(t)((X_{ij}+X_{ij}^{\mathrm{T}})\chi(t)+2(X_{1ij}-X_{ij})\chi(t-\tau(t)))\\ &\quad-2\kappa_i\chi^{\mathrm{T}}(t)P_{ij}\chi(t)-2\kappa_i(h_i-\tau(t))\mathrm{e}^{-2\beta_ih_i}\int_{t-\tau(t)}^{t}\dot{\chi}^{\mathrm{T}}(s)U_{ij}\dot{\chi}(s)\mathrm{d}s\end{aligned}$$

$$-2\kappa_i(h_i-\tau(t))\begin{bmatrix}\chi(t)\\ \chi(t-\tau(t))\end{bmatrix}^{\mathrm{T}}\begin{bmatrix}\dfrac{X_{ij}+X_{ij}^{\mathrm{T}}}{2} & -X_{ij}+X_{1ij}\\ * & -X_{1ij}-X_{1ij}^{\mathrm{T}}+\dfrac{X_{ij}+X_{ij}^{\mathrm{T}}}{2}\end{bmatrix}\begin{bmatrix}\chi(t)\\ \chi(t-\tau(t))\end{bmatrix}$$

根据引理 2.1 和定理 10.1 中的情况 2 易得

$$V_{ij}(t)<\mathrm{e}^{2\kappa_i(t-t_k)}V_{ij}(t_k),\quad t\in[t_k,t_{r+1}^s)$$

$$V_i(t)<\mathrm{e}^{-2\beta_i(t-t_{r+1}^s)}V_i(t_{r+1}^s),\quad t\in[t_{r+1}^s,t_{k+1})$$

当 $t=t_{r+1}^s$ 时，由 $\tau(t)=0$ 可推出 $V_{ij}({t_{r+1}^s}^-)=V_{P_{ij}}({t_{r+1}^s}^-)$ 且 $V_i({t_{r+1}^s}^+)=V_{P_i}({t_{r+1}^s}^+)$. 类似地，可得 $V_j(t_k^-)=V_{P_j}(t_k^-)$ 和 $V_{ij}(t_k^+)=V_{P_{ij}}(t_k^+)$. 因此，根据 $\Lambda_i>0$，$P_i<\mu_iP_{ij}$，可得

$$V_{ij}(t_k^+)\leqslant\hat{\mu}_iV_j(t_k^-)$$

$$V_i({t_{r+1}^s}^+)\leqslant\mu_iV_{ij}({t_{r+1}^s}^-)$$

类似于定理 10.1 中的证明，容易得到当 $w(t)=0$ 时，闭环系统(10.9b)在异步切换信号(10.35)下是指数稳定的. 因此，$\lim\limits_{t\to\infty}e(t)=\lim\limits_{t\to\infty}\tilde{C}_{\sigma(t)}\chi(t)=0$. 证毕.

注 10.4　推论 10.2 基于周期采样方法提出了网络化切换系统的异步输出调节问题. 然而，并非所有的采样数据对系统性能都有效，并且 NTD 过大可能导致网络拥塞. 本章提出的交替式事件触发机制(10.7)通过将满足事件触发条件的数据传输给控制器，可以有效地弥补周期采样的缺陷.

注 10.5　文献[213]提出了一种切换系统中周期事件触发的方法，在周期采样的基础上可以避免出现 Zeno 现象. 值得注意的是，该方法仅在采样时刻显示系统的信息，会造成相邻采样时刻之间的重要信息被遗漏. 因此，文献[213]中的方法可能会影响结果的有效性. 本章提出的交替式事件触发机制(10.7)可被持续检测以避免遗漏重要信息.

10.5 仿真算例

为了便于说明，在表 10.1 所示的飞行包线内选择两个操作点来验证被建模为系统(10.3)和外部切换系统为(10.4)的网络化飞行控制系统的输出调节问题，其中实际系统矩阵如下：

$$A_1=A_{\mathrm{long}}^{m5h40}=\begin{bmatrix}-0.2423 & 0.9964\\ -2.342 & -0.1737\end{bmatrix},\quad B_1=B_{\mathrm{long}}^{5h40}=\begin{bmatrix}-0.0416 & -0.01141\\ -2.595 & -0.8161\end{bmatrix}$$

$$A_2=A_{\mathrm{long}}^{m6h30}=\begin{bmatrix}-0.5088 & 0.994\\ -1.131 & -0.2804\end{bmatrix},\quad B_2=B_{\mathrm{long}}^{6h30}=\begin{bmatrix}-0.09277 & -0.01787\\ -6.573 & -1.525\end{bmatrix}$$

$$C_1=\begin{bmatrix}0.2 & 0\\ -0.1 & 0.2\end{bmatrix},\quad C_2=\begin{bmatrix}0.1 & 0\\ 0 & 0.2\end{bmatrix},\quad D_1=\begin{bmatrix}-0.2405 & 0.4979\\ -1.7315 & -0.0828\end{bmatrix}$$

$$D_2=\begin{bmatrix}0.5107 & 0.0074\\ 0.2654 & 0.3836\end{bmatrix},\quad Q_1=\begin{bmatrix}-0.2 & 0\\ 0.1 & -0.2\end{bmatrix},\quad Q_2=\begin{bmatrix}0.1 & 0\\ 0 & 0.2\end{bmatrix}$$

$$S_1=\begin{bmatrix}0 & 0.5\\ -0.5 & 0\end{bmatrix},\quad S_2=\begin{bmatrix}0 & 1\\ -1 & 0\end{bmatrix}$$

A_{long}^{m5h40} 是马赫数为 0.5 和高度为 4 万 ft 时的纵向状态矩阵. 满足假设 10.4 的矩阵如下：

$$\Pi_1=\begin{bmatrix}1 & 0\\ 0 & 1\end{bmatrix},\quad \Pi_2=\begin{bmatrix}-1 & 0\\ 0 & -1\end{bmatrix},\quad \Sigma_1=\begin{bmatrix}1 & 0\\ 0 & 1\end{bmatrix},\quad \Sigma_2=\begin{bmatrix}0.5 & 0\\ 0 & 1.5\end{bmatrix}$$

$$H_1=\begin{bmatrix}-0.04 & -0.034\\ -0.0082 & -0.0033\end{bmatrix},\quad H_2=\begin{bmatrix}-0.0391 & -0.01\\ -0.0077 & -0.002\end{bmatrix}$$

$$E_1=\begin{bmatrix}0 & 0.5\\ -0.5 & 0\end{bmatrix},\quad E_2=\begin{bmatrix}0 & 0.3\\ -3 & 0\end{bmatrix}$$

选择参数 $\beta_1=1$，$\beta_2=1.3$，$\kappa_1=0.4$，$\kappa_2=0.5$，$\mu_1=5.3$，$\mu_2=3.2$，$\mu_{11}=5.6$，$\mu_{21}=3.6$，$d_{M1}=d_{M2}=1.5$. 为了便于与其他事件触发机制进行比较，设置 $\eta_1=\eta_2=0.45$ 和等待时间 $h_1=h_2=0.33$，仿真时间 $T_f=100$. 求解定理 10.1 中的条件，可得 $\tau_{a1}^*=3.7952$，$\tau_{a2}^*=5.0987$，

$$T_{12}=\begin{bmatrix}0.3112 & 0.3969 & 0.2187 & 0.0410\\ * & 0.0906 & 0.1238 & 0.3249\\ * & * & 0.0852 & 0.0107\\ * & * & * & 0.0200\end{bmatrix}$$

$$T_{21}=\begin{bmatrix}0.7881 & 0.1857 & 0.3948 & 0.2596\\ * & 0.6678 & 0.0764 & 0.3927\\ * & * & 0.3594 & 0.2907\\ * & * & * & 0.2664\end{bmatrix}$$

$$F_1=\begin{bmatrix}-3.4967 & -1.3796\\ -3.5133 & -4.2213\end{bmatrix},\quad F_2=\begin{bmatrix}-2.7230 & -0.9451\\ -0.3953 & -1.6760\end{bmatrix}$$

在误差反馈控制器下，网络化切换飞行控制系统的事件触发异步输出调节问题是可解的. 图 10.3 反映了在初始状态 $\chi(0)=[4\ \ 2.5\ \ -2.5\ \ -4]^{\mathrm{T}}$ 下闭环系统状态响应的仿真结果. 图 10.4 和图 10.5 的收敛曲线表示闭环系统的输出跟踪误差和被采样的输出跟踪误差渐近趋向于零. 在图 10.6 展示的基于交替式事件触发机制(10.7)的触发时刻下，图 10.7 展示了依赖触发时刻和系统模态的平均驻留时间条件的切换信号.

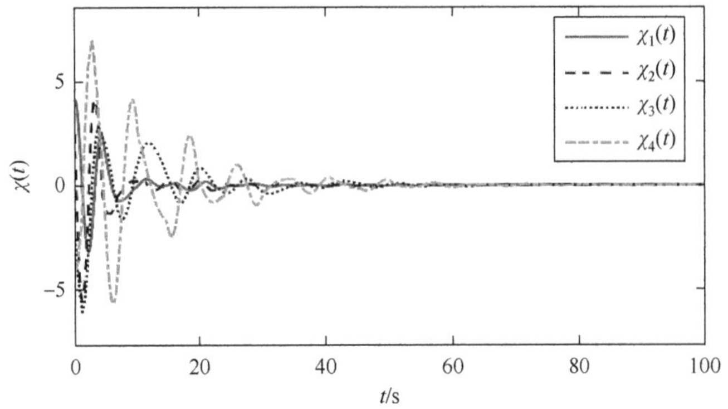

图 10.3　闭环系统的状态响应

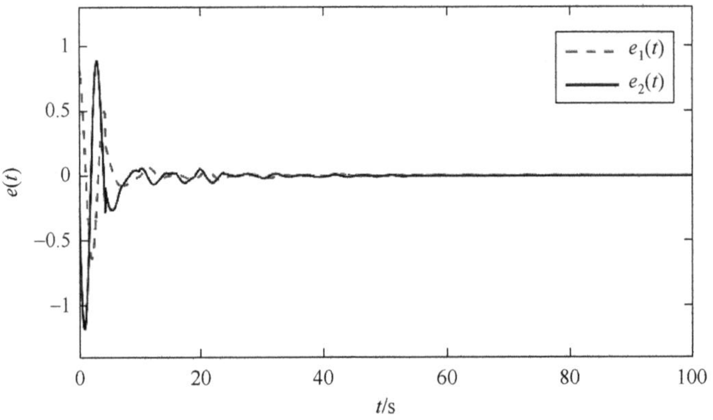

图 10.4　闭环系统的输出跟踪误差

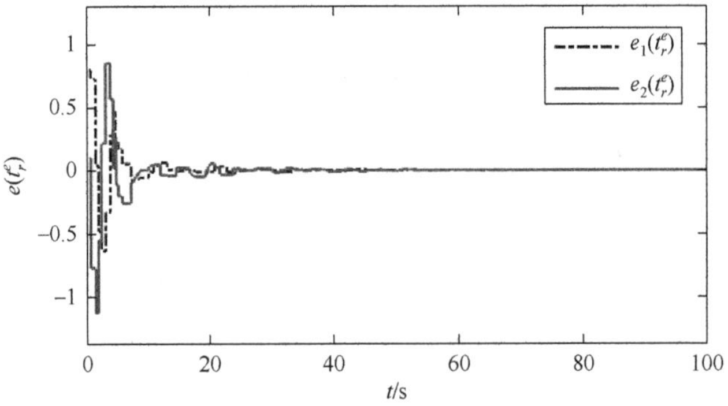

图 10.5　闭环系统的采样输出跟踪误差

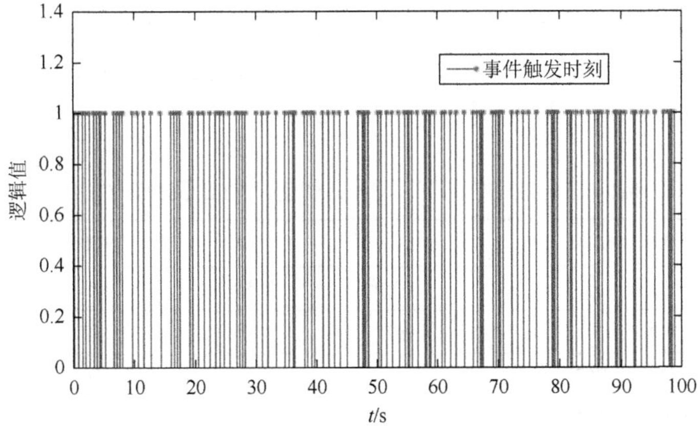

图 10.6 事件触发时刻：当事件发生时，逻辑值为真

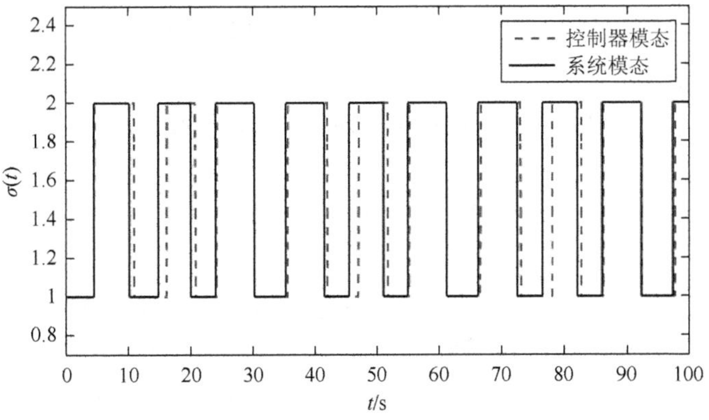

图 10.7 切换信号

接下来，在时间$[0,T_f]$内，$T_f=100\mathrm{s}$，根据先前提及的系统矩阵和参数，针对周期采样、连续事件触发机制[212,214]、周期事件触发机制[194]和交替式事件触发机制(10.7)四种不同的机制，比较其最优的η_i和h_i值、NTD 以及稳定性. 为了方便对照，选择$\eta=\eta_i$，$h=h_i$.

在交替式事件触发机制(10.7)下，利用注 10.2 和算法 10.1，得到(η,h)的最优值为$(\eta^*,h^*)=(0.451,0.33)$，表 10.2 中展示了相应的最小 NTD 为 133. 当$\eta=0$时，式(10.7)退化成周期采样机制. 在系统稳定的前提下，通过求解推论 10.2 中的线性矩阵不等式，可获得最大采样间隔h，那么根据$[T_f/h]+1$可计算出该情况下的 NTD = 179. 当$h=0$时，式(10.7)被简化成连续事件触发机制. 通过求解推论 10.1 中的线性矩阵不等式，最优η被选为$\eta^*=0.067$，该值保证了切换系统的稳定性，表 10.2 中展示了相应的最小 NTD 为 342. 在与交替式事件触发机制同样的阈值

$\eta=0.451$ 下，尽管在推论 10.1 下的 NTD 小于在交替式事件触发机制下的 NTD，但不能保证切换系统稳定. 在以上系统矩阵，参数及任意 η 、 h 下，利用文献[214]中的周期事件触发无法保证切换系统是稳定的.

表 10.2　不同触发机制下 η 和 h 最优值、NTD 及稳定性的比较

采样/触发机制	η	h	NTD	稳定性
周期采样	0	0.56	179	是
连续事件触发机制[212]	0.067	0	342	是
连续事件触发机制[214]	0.451	0	118	否
周期事件触发机制[214]	—	—	—	否
交替式事件触发机制(10.7)	0.451	0.33	133	是

通过表 10.2 可以看出，连续事件触发方法与周期性采样相比，在 NTD 方面没有显著改善，而交替式事件触发机制减少了 26%的 NTD. 因此，我们可以得出交替式事件触发机制不仅解决了线性切换系统的异步输出调节问题，而且减少了 NTD.

10.6　小　　结

本章研究了在切换技术下，网络化飞行控制系统的事件触发异步输出调节问题. 受周期采样和连续事件触发相结合的方法的启发，本章提出了交替式事件触发机制，该方法可有效减少 NTD 和避免 Zeno 现象. 同时，根据异步切换，设计基于模态依赖平均驻留时间条件和交替式事件触发机制的切换信号. 通过构造多 Lyapunov 函数，在输入时滞框架下设计误差反馈控制器，提出了系统事件触发异步输出调节问题可解的充分条件. 最后，仿真例子验证了所提出方法的可行性和有效性.

参 考 文 献

[1] Witsenhausen H S. A class of hybrid-state continuous-time dynamic systems[J]. IEEE Transactions on Automatic Control, 1966, 11(2): 161-167.

[2] Pettersson S. Analysis and Design of Hybrid System[D]. Goteborg: Chalmers University of Technology, 1999.

[3] Ye H, Michel A N, Hou L. Stability theory for hybrid dynamical systems[J]. IEEE Transactions on Automatic Control, 1998, 43(4): 461-474.

[4] Antsaklis P J, Nerode A. Hybrid control systems:An introductory discussion to the special issue[J]. IEEE Transactions on Automatic Control, 1998, 43(4): 457-460.

[5] Hu B, Michel A N. Towards a stability theory of general hybrid dynamical systems[J]. Automatica, 1999, 35(3): 371-384.

[6] Decarlo R A, Branicky M S, Pettersson S, et al. Perspectives and results on the stability and stabilizability of hybrid systems[J]. Proceedings of the IEEE, 2000, 88(7): 1069-1082.

[7] Varaiya P. Smart cars on smart roads: Problems of control[J]. IEEE Transactions on Automatic Control, 1993, 38(2): 195-207.

[8] Jeon D, Tomizuka M. Learning hybrid force and position control of robot manipulators[J]. IEEE Transactions on Robotics & Automation, 1992, 9(4): 423-431.

[9] Liberzon D. Switching in Systems and Control[M]. Boston: Birkhäuser, 2003.

[10] Sun Z D, Ge S S. Switched Linear Systems: Control and Design[M]. New York: Springer-Verlag, 2004.

[11] Orlov Y. Finite time stability and robust control synthesis of uncertain switched systems[J]. SIAM Journal on Control and Optimization, 2004, 43(4): 1253-1271.

[12] Xie G M, Wang L. Stabilization of switched linear systems with time-delay in detection of switching signal[J]. Journal of Mathematical Analysis and Applications, 2009, 305(1): 277-290.

[13] Cheng D Z. Stabilization of planar switched systems[J]. Systems & Control Letters, 2004, 51(2): 79-88.

[14] Zhai G S. Quadratic stabilizability of discrete-times switched systems via state and output feedback[C]. Proceedings of the 40th IEEE Conference on Decision and Control, Orlando, 2001: 2165-2166.

[15] 林相泽, 田玉平. 切换系统的不变性原理与不变集的状态反馈镇定[J]. 控制与决策, 2005, 20(2): 127-131.

[16] 王泽宁, 费树岷, 冯纯伯. 一类开关切换系统的输出反馈镇定[J]. 控制与决策, 2003, 18(2): 169-172.

[17] Muleromartinez J I. Robust GRBF static neurocontroller with switch logic for control of robot

manipulators[J]. IEEE Transactions on Neural Networks & Learning Systems, 2012, 23(7): 1053-1064.

[18] Lázaro A, Valdivia V, Bryan F J, et al. Behavioural modelling of a switched reluctance motor drive for aircraft power systems[J]. IET Electrical Systems in Transportation, 2014, 4(4): 107-113.

[19] Narendra K S, Driollet O A, Feiler M, et al. Adaptive control using multiple models, switching and tuning[J]. International Journal of Adaptive Control and Signal Processing, 2003, 17(2): 87-102.

[20] Savkin A V, Skafidas E, Evans R J. Robust output feedback stabilizability via controller switching[J]. Automatica, 1996, 35(1): 69-74.

[21] Zhao J, Spong M W. Hybrid control for global stabilization of the cart-pendulum system[J]. Automatica, 2001, 37(12): 1941-1951.

[22] Cronin B, Spong M W. Switching control for multi-input cascade nonlinear systems[C]. Proceedings of the 42nd IEEE International Conference on Decision and Control, Maui,2003: 4277-4282.

[23] Zefran M, Burdick J W. Design of switching controllers for systems with changing dynamics[C]. Proceedings of the IEEE Conference on Decision and Control, Tampa, 1998: 2113-2118.

[24] Athans M. Command and control (C2) theory: A challenge to control science[J]. IEEE Transactions on Automatic Control, 1987, 32(4): 286-293.

[25] Schutter B D, Heemels W P M H. Modeling and Control of Hybrid Systems[R]. Delft: Lecture Notes of the DISC Course, 2008.

[26] Gibbs J W. Elementary principles in statistical mechanics[J]. Monatshefte Für Mathematik Und Physik, 1902, 14(1): A55-A59.

[27] Itô K. Stochastic integral[J]. Proceedings of the Imperial Academy, 1944, 20(8): 519-524.

[28] Itô K. On stochastic differential equations[J]. Memoirs American Mathematical Society, 1951, (4): 663-677.

[29] Black F, Scholes M S. The pricing of options and corporate liabilities[J]. Journal of Political Economy, 1973, 81(3): 637-654.

[30] 龚光鲁, 钱敏平. 应用随机过程教程及在算法和智能计算中的随机模型[M]. 北京: 清华大学出版社, 2004.

[31] Mamontov Y V, Willander M. Model for thermal noise in semiconductor bipolar transistors at low-current operation as multidimensional diffusion stochastic process[J]. IEICE Transactions on Electronics, 1997, 80(7): 1025-1042.

[32] Grigoriu M. Dynamic systems with Poisson white noise[J]. Nonlinear Dynamics, 2004, 36(2/3/4): 255-266.

[33] Kundu A, Chatterjee D. Stabilizing switching signals for switched linear systems[J]. IEEE Transactions on Automatic Control, 2013, 60(3): 882-888.

[34] Kundu A, Chatterjee D, Liberzon D. Generalized switching signals for input-to-state stability of switched systems[J]. Automatica, 2016, 64(2): 270-277.

[35] Lee T C, Tan Y, Mareels I. Analyzing the stability of switched systems using common zeroing-

output systems[J]. IEEE Transactions on Automatic Control, 2017, 62(10): 5138-5153.

[36] Vu L, Liberzon D. Common Lyapunov functions for families of commuting nonlinear systems[J]. Systems & Control Letters, 2005, 54(5): 405-416.

[37] Liberzon D, Hespanha J P, Morse A S. Stability of switched systems: A lie-algebraic condition[J]. Systems & Control Letters, 1999, 37(3): 117-122.

[38] Shorten R, Narendra K S, Mason O. A result on common quadratic Lyapunov functions[J]. IEEE Transactions on Automatic Control, 2003, 48(1): 110-113.

[39] Shorten R N, Narendra K S. On common quadratic Lyapunov functions for pairs of stable LTI systems whose system matrices are in companion form[J]. IEEE Transactions on Automatic Control, 2003, 48(4): 618-621.

[40] Shaker H R, How J P. Stability analysis for class of switched nonlinear systems[J]. Automatica, 2011, 47(10): 2286-2291.

[41] Daafouz J, Riedinger P, Iung C. Stability analysis and control synthesis for switched systems: A switched Lyapunov function approach[J]. IEEE Transactions on Automatic Control, 2002, 47(11): 1883-1887.

[42] Morse A S. Supervisory control of families of linear set-point controllers. II. Robustness[J]. IEEE Transactions on Automatic Control, 1999, 42(11): 1500-1515.

[43] Hespanha J P, Morse A S. Stability of switched systems with average dwell-time[C]. Proceedings of the 38th IEEE Conference on Decision and Control, Phoenix, 1999: 2655-2660.

[44] Zhai G S, Hu B, Yasuda K, et al. Stability analysis of switched systems with stable and unstable subsystems: An average dwell time approach[J]. International Journal of Systems Science, 2001, 32(8): 1055-1061.

[45] Sun X M, Zhao J, Hill D J. Stability and L_2-gain analysis for switched delay systems: A delay-dependent method[J]. Automatica, 2006, 42(10): 1769-1774.

[46] Zhao X D, Zhang L X, Shi P, et al. Stability and stabilization of switched linear systems with mode-dependent average dwell time[J]. IEEE Transactions on Automatic Control, 2012, 57(7): 1809-1815.

[47] Peleties P, Decarlo R. Asymptotic stability of m-switched systems using Lyapunov functions[C]. Proceedings of the American Control Conference, Tucson, 1992: 1679-1684.

[48] Branicky M S. Multiple Lyapunov functions and other analysis tools for switched and hybrid systems[J]. IEEE Transactions on Automatic Control, 1998, 43(4): 475-482.

[49] Zhao J, Hill D J. On stability, L_2-gain and H_∞ control for switched systems[J]. Automatica, 2008, 44(5): 1220-1232.

[50] Sun Z, Ge S S, Lee T H. Controllability and reachability criteria for switched linear systems[J]. Automatica, 2002, 38(5): 775-786.

[51] Cheng D Z. Controllability of switched bilinear systems[J]. IEEE Transactions on Automatic Control, 2005, 50(4): 511-515.

[52] Das T, Mukherjee R. Optimally switched linear systems[J]. Automatica, 2008, 44(5): 1437-1441.

[53] Seatzu C, Corona D, Giua A, et al. Optimal control of continuous-time switched affine systems[J].

IEEE Transactions on Automatic Control, 2006, 51 (5) : 726-741.

[54] Mahmoud M S, Xia Y. Robust stability and stabilization of a class of nonlinear switched discrete-time systems with time-varying delays[J]. Journal of Optimization Theory & Applications, 2009, 143 (2) : 329-355.

[55] Mhaskar P, El-Farra N H, Christofides P D. Robust hybrid predictive control of nonlinear systems[J]. Automatica, 2005, 41 (2) : 209-217.

[56] Zhang D L. Adaptive control of switched systems[C]. Proceedings of the 42nd IEEE Conference on Decision and Control, Hawaii, 2003: 6260-6264.

[57] Williams S M, Hoft R G. Adaptive frequency domain control of PWM switched power line conditioner[J]. IEEE Transactions on Power Electronics, 1991, 6 (4) : 665-670.

[58] Dong K K, Park P G, Ko J W. Output-feedback control of systems over communication networks using a deterministic switching system approach[J]. Automatica, 2004, 40 (7) : 1205-1212.

[59] Wang R, Liu M, Zhao J. Reliable H_∞ control for a class of switched nonlinear systems with actuator failures[J]. Nonlinear Analysis Hybrid Systems, 2007, 1 (3) : 317-325.

[60] Kharitonov V L, Zhabko A P. Lyapunov-Krasovskii approach to the robust stability analysis of time-delay systems[J]. Automatica, 2003, 39 (1) : 15-20.

[61] Medvedeva I V, Zhabko A P. Synthesis of Razumikhin and Lyapunov-Krasovskii approaches to stability analysis of time-delay systems[J]. Automatica, 2015, 51 (1) : 372-377.

[62] Jankovic M. Control Lyapunov-Razumikhin functions and robust stabilization of time delay systems[J]. IEEE Transactions on Automatic Control, 2001, 46 (7) : 1048-1060.

[63] Fridman E. Stability of systems with uncertain delays: A new “Complete” Lyapunov-Krasovskii functional[J]. IEEE Transactions on Automatic Control, 2006, 51 (5) : 885-890.

[64] Mazenc F, Malisoff M. Extensions of Razumikhin's theorem and Lyapunov-Krasovskii functional constructions for time-varying systems with delay[J]. Automatica, 2017, 78 (4) : 1-13.

[65] Fridman E, Shaked U, Xie L. Robust H_∞ filtering of linear systems with time-varying delay[J]. IEEE Transactions on Automatic Control, 2003, 48 (1) : 159-165.

[66] Shen Y J, Shen W M, Gu J. On delay-dependent stability for linear neutral systems[C]. Proceedings of the IEEE International Conference on Mechatronics and Automation, Ontario, 2005: 1209-1213.

[67] Quan Q, Yang D D, Hu H, et al. A new model transformation method and its application to extending a class of stability criteria of neutral type systems[J]. Nonlinear Analysis: Real World Applications, 2010, 11 (5) : 3752-3762.

[68] 吴敏, 何勇. 时滞系统鲁棒控制: 自由权矩阵方法[M]. 北京: 科学出版社, 2008.

[69] Kim J. Further improvement of Jensen inequality and application to stability of time-delayed systems[J]. Automatica, 2016, 64 (2) : 121-125.

[70] Liu Z X, Yu J, Xu D Y. Vector Wirtinger-type inequality and the stability analysis of delayed neural network[J]. Communications in Nonlinear Science & Numerical Simulation, 2013, 18 (5) : 1246-1257.

[71] Park M, Kwon O, Park J H, et al. Stability of time-delay systems via Wirtinger-based double integral inequality[J]. Automatica, 2015, 55(5): 204-208.

[72] Zeng H, He Y, Wu M, et al. Free-matrix-based integral inequality for stability analysis of systems with time-varying delay[J]. IEEE Transactions on Automatic Control, 2015, 60(10): 2768-2772.

[73] Gyurkovics É. A note on Wirtinger-type integral inequalities for time-delay system[J]. Automatica, 2015, 61(11): 44-46.

[74] Hetel L, Daafouz J, Iung C. Stabilization of arbitrary switched linear systems with unknown time-varying delays[J]. IEEE Transactions on Automatic Control, 2006, 51(10): 1668-1674.

[75] Sun X M, Liu G P, Rees D, et al. Delay-dependent stability for discrete systems with large delay sequence based on switching techniques[J]. Automatica, 2008, 44(11): 2902-2908.

[76] 张榆平. 切换中立型控制系统概论[M]. 武汉: 武汉理工大学出版社, 2010.

[77] 刘毅, 孙丽颖. 一类不确定切换模糊时滞系统的保性能控制[J]. 控制工程, 2013, 20(3): 521-525.

[78] Chen W H, Zheng W X. Delay-independent minimum dwell time for exponential stability of uncertain switched delay systems[J]. IEEE Transactions on Automatic Control, 2010, 55(10): 2406-2413.

[79] Zhang W A, Yu L. Stability analysis for discrete-time switched time-delay systems[J]. Automatica, 2009, 45(10): 2265-2271.

[80] Sun X M, Wang W, Liu G P, et al. Stability analysis for linear switched systems with time-varying delay[J]. IEEE Transactions on Systems Man & Cybernetics Part B, 2008, 38(2): 528-533.

[81] Li Q K, Liu X, Zhao J, et al. Observer based model reference output feedback tracking control for switched linear systems with time delay constant delay case[J]. International Journal of Innovative Computing, Information and Control, 2010, 6(11): 5047-5060.

[82] Thanh N, Niamsup P, Phat V. Finite-time stability of singular nonlinear switched time-delay systems: A singular value decomposition approach[J]. Journal of the Franklin Institute, 2017, 354(8): 3502-3518.

[83] Liu X W, Yu Y B, Chen H. Stability of perturbed switched nonlinear systems with delays[J]. Nonlinear Analysis: Hybrid Systems, 2017, 25(4): 114-125.

[84] Tian Y Z, Cai Y L, Sun Y G. Stability of switched nonlinear time-delay systems with stable and unstable subsystems[J]. Nonlinear Analysis Hybrid Systems, 2017, 24(5): 58-68.

[85] Zhang L, Guan C, Shi X J, et al. State feedback reliable control for a class of switched fuzzy time-delay systems[C]. Proceedings of the 29th Chinese Control and Decision Conference, Mianyang, 2017: 2931-2936.

[86] Li Y N, Sun Y G, Meng F W, et al. Exponential stabilization of switched time-varying systems with delays and disturbances[J]. Applied Mathematics and Computation, 2018, 324(5): 131-140.

[87] Gao H J, Wang C H, Wang J L. On H_∞ performance analysis for continuous-time stochastic systems with polytopic uncertainties[J]. Circuits Systems Signal Processing, 2005, 24(4): 415-429.

[88] Hua M G, Deng F Q, Liu X Z, et al. Robust delay-dependent exponential stability of uncertain

stochastic system with time-varying delay[J]. Circuits Systems Signal Processing, 2010, 29(6): 515-526.

[89] Chen Y, Zheng W X, Xue A K. A new result on stability analysis for stochastic neutral systems[J]. Automatica, 2010, 46(12): 2100-2104.

[90] Niu Y G, Ho D W C, Lam J. Robust integral sliding mode control for uncertain stochastic systems with time-varying delay[J]. Automatica, 2005, 41(5): 873-880.

[91] Niu Y G, Ho D W C, Wang X Y. Robust H_∞ control for nonlinear stochastic systems: A sliding-mode approach[J]. IEEE Transactions on Automatic Control, 2008, 53(7): 1695-1701.

[92] Basin M, Loukianov A, Hernandez-Gonzalez M. Mean-square filtering for uncertain linear stochastic systems[J]. Signal Processing, 2010, 90(6): 1916-1923.

[93] Liu M, Ho D W C, Niu Y G. Robust filtering design for stochastic system with mode-dependent output quantization[J]. IEEE Transactions on Signal Processing, 2010, 58(12): 6410-6416.

[94] Ding S X, Zhang D F, Wu Z J. Stability of a class of stochastic switched systems with time delays[C]. Proceedings of the 25th Chinese Control and Decision Conference, Guiyang, 2013: 4717-4722.

[95] Wu X T, Tang Y, Zhang W B. Stability analysis of switched stochastic neural networks with time-varying delays[J]. Neural Networks, 2014, 51(3): 39-49.

[96] Wang Y E, Sun X M, Zhao J. Stabilization of a class of switched stochastic systems with time delays under asynchronous switching[J]. Circuits Systems and Signal Processing, 2013, 32(1): 347-360.

[97] Lian J, Mu C W, Shi P. Asynchronous H_∞ filtering for switched stochastic systems with time-varying delay[J]. Information Sciences, 2013, 224(1): 200-212.

[98] Wang D, Shi P, Wang W, et al. H_∞ control for stochastic switched delay systems with missing measurements: An average dwell time approach[C]. Proceedings of the American Control Conference, Montreal, 2012: 3204-3209.

[99] Wang D, Shi P, Wang W, et al. Non-fragile control for switched stochastic delay systems with application to water quality process[J]. International Journal of Robust and Nonlinear Control, 2014, 24(11): 1677-1693.

[100] Wang H Q, Liu L, Xie X J, et al. Global output-feedback stabilisation of switched stochastic non-linear time-delay systems under arbitrary switchings[J]. IET Control Theory & Applications, 2015, 9(2): 283-292.

[101] Wang G L, Cai H Y, Zhang Q L. Stabilization of stochastic delay systems via a disordered controller[J]. Applied Mathematics and Computation, 2017, 314: 98-109.

[102] Shokouhi-Nejad H, Ghiasi A R, Badamchizadeh M A. Robust simultaneous fault detection and control for a class of nonlinear stochastic switched delay systems under asynchronous switching[J]. Journal of the Franklin Institute, 2017, 354(12): 4801-4825.

[103] Ma H J, Liu Y L, Ye D. Adaptive output feedback tracking control for non-linear switched stochastic systems with unknown control directions[J]. IET Control Theory & Applications, 2018, 12(4): 484-494.

[104] Willems J C. Dissipative dynamical systems Part Ⅰ: General theory[J]. Archive for Rational

Mechanics and Analysis, 1971, 45(5): 321-351.

[105] Willems J C. Dissipative dynamical systems Part II: Linear systems with quadratic supply rates[J]. Archive for Rational Mechanics and Analysis, 1972, 45(5): 352-393.

[106] Zhao J, Hill D J. Dissipativity theory for switched systems[J]. IEEE Transactions on Automatic Control, 2008, 53(4): 941-953.

[107] Zhao J, Hill D J. Dissipativity based stability of switched systems with state-dependent switchings[C]. Proceedings of the 46th IEEE Conference on Decision and Control, New Orleans, 2007: 4027-4032.

[108] 冯纯伯, 张侃健. 非线性系统的鲁棒控制[M]. 北京: 科学出版社, 2004.

[109] Wu M Y, Desoer C A. Input-output properties of multiple-input, multiple-output discrete systems: Part II[J]. Journal of the Franklin Institute, 1970, 290(2): 85-101.

[110] Popov V M. Hyperstability of Control Systems[M]. Berlin: Springer-Verlag, 1973.

[111] Moylan P. Implications of passivity in a class of nonlinear systems[J]. IEEE Transactions on Automatic Control, 1974, 19(4): 373-381.

[112] Hill D, Moylan P. The stability of nonlinear dissipative systems[J]. IEEE Transactions on Automatic Control, 1976, 21(5): 708-711.

[113] Byrnes C I, Isidori A, Willems J C. Passivity, feedback equivalence, and the global stabilization of minimum phase nonlinear-systems[J]. IEEE Transactions on Automatic Control, 2002, 36(11): 1228-1240.

[114] Byrnes C I, Lin W. Losslessness, feedback equivalence, and the global stabilization of discrete-time nonlinear systems[J]. IEEE Transactions on Automatic Control, 1994, 39(1): 83-98.

[115] Ortega R, Nicklasson P J, Sira-Ramirez H J. Passivity-based Control of Euler-Lagrange Systems[M]. New York: Springer, 1998.

[116] Ortega R, Schaft A V D, Maschke B, et al. Interconnection and damping assignment passivity-based control of port-controlled Hamiltonian systems[J]. Automatica, 2002, 38(4): 585-596.

[117] Colgate J E, Schenkel G G. Passivity of a class of sampled-data systems: Application to haptic interfaces[J]. Journal of Field Robotics, 1997, 14(1): 37-47.

[118] Schaft A. L_2-Gain and Passivity in Nonlinear Control[M]. New York: Springer-Verlag, 2000.

[119] Tan Z, Soh Y C, Xie L. Dissipative control for linear discrete-time systems[J]. Automatica, 1999, 35(9): 1557-1564.

[120] Tan Z, Soh Y C, Xie L. Dissipative control of linear discrete-time systems with dissipative uncertainty[J]. International Journal of Control, 2000, 73(4): 317-328.

[121] Brogliato B, Lozano R, Maschke B, et al. Dissipative Systems Analysis and Control[M]. London: Kluwer Academic Publishers, 2000.

[122] Ortega R, Spong M W. Adaptive motion control of rigid robots: A tutorial[J]. Automatica, 1989, 25(6): 877-888.

[123] Ortega R, Loria A, Kelly R, et al. On passivity-based output feedback global stabilization of Euler-Lagrange systems[C]. Proceedings of the 33rd Conference on Decision & Control, Lake Buena Vista, 1994: 381-386.

[124] Sira-Ramirez H, Perez-Moreno R A, Ortega R, et al. Passivity-based controllers for the stabilization of Dc-to-Dc Power converters[J]. Automatica, 1997, 33 (4) : 499-513.

[125] Sira-Ramirez H, Angulo-Nunez M I. Passivity-based control of nonlinear chemical processes[J]. International Journal of Control, 1997, 68 (5) : 971-996.

[126] Hill D J. A notion of passivity for switched systems with state-dependent switching[J]. Journal of Control Theory and Applications, 2006, 4 (1) : 70-75.

[127] Liu Y Y, Zhao J. Stabilization of switched nonlinear systems with passive and non-passive subsystems[J]. Nonlinear Dynamics, 2012, 67 (3) : 1709-1716.

[128] Li C S, Zhao J. Robust passivity-based H_∞ control for uncertain switched nonlinear systems[J]. International Journal of Robust & Nonlinear Control, 2016, 26 (14) : 3186-3206.

[129] Wang H M, Zhao J. Finite-time passivity of switched non-linear systems[J]. IET Control Theory & Applications, 2018, 12 (3) : 338-345.

[130] Wu L, Zheng W X, Gao H. Dissipativity-based sliding mode control of switched stochastic systems[J]. IEEE Transactions on Automatic Control, 2013, 58 (3) : 785-791.

[131] Mahmoud M S. Delay-dependent dissipativity analysis and synthesis of switched delay systems[J]. International Journal of Robust and Nonlinear Control, 2011, 21 (1) : 1-20.

[132] Chen G C, Zhou J Z, Zhang Y C. Dissipative delay-feedback control for nonlinear stochastic systems with time-varying delay[J]. Mathematical Problems in Engineering, 2014, 15 (4) : 819-829.

[133] McCourt M J. Control of networked switched systems using passivity and dissipativity[J]. At Automatisierungstechnik, 2013, 61 (10) : 712-721.

[134] Das D K, Ghosh S, Subudhi B. Tolerable delay-margin improvement for systems with input-output delays using dynamic delayed feedback controllers[J]. Applied Mathematics and Computation, 2014, 230 (3) : 57-64.

[135] Qi W H, Gao X W. Finite-time H_∞ control for stochastic time-delayed Markovian switching systems with partly known transition rates and nonlinearity[J]. International Journal of Systems Science, 2016, 47 (2) : 500-508.

[136] Jia H, Xiang Z, Karimi H R. Robust reliable passive control of uncertain stochastic switched time-delay systems[J]. Applied Mathematics and Computation, 2014, 231 (3) : 254-267.

[137] Lian J, Shi P, Feng Z. Passivity and passification for a class of uncertain switched stochastic time-delay systems[J]. IEEE Transactions on Cybernetics, 2013, 43 (1) : 3-13.

[138] Wu Y H, Guan Z H, Liao R Q, et al. Dissipativity and stabilization for delayed stochastic systems with switched control[C]. Proceedings of the 29th Chinese Control Conference, Beijing, 2010: 1085-1090.

[139] Byrnes C I, Isidori A. Output regulation of nonlinear systems[J]. IEEE Transactions on Automatic Control, 1990, 35 (2) : 131-140.

[140] Byrnes C I, Priscoli F D, Isidori A, et al. Structurally stable output regulation of nonlinear systems[J]. Automatica, 1997, 33 (3) : 369-385.

[141] Isidori A. Nonlinear Control Systems[M]. 3rd ed. Berlin: Springer, 1995.

[142] Francis B A, Wonham W M. The internal model principle of control theory[J]. Automatica,

1976, 12 (5) : 457-465.

[143] Davison E J. The robust control of a servo-mechanism problem for linear time-invariant multivariable systems[J]. IEEE Transactions on Automatic Control, 1976, 21 (1) : 25-34.

[144] Huang J, Rugh W J. On a nonlinear multivariable servomechanism problem[J]. Automatica, 1994, 26 (6) : 963-972.

[145] Isidori A. A remark on the problem of semiglobal nonlinear output regulation[J]. IEEE Transactions on Automatic Control, 1997, 42 (12) : 1734-1738.

[146] Khalil H K. Robust servomechanism output feedback controllers for feedback linearizable systems[J]. Automatica, 1994, 30 (10) : 1587-1599.

[147] Huang J, Chen Z. A general framework for tackling the output regulation problem[J]. IEEE Transactions on Automatic Control, 2004, 49 (12) : 2203-2218.

[148] Serrani A, Isidori A. Semiglobal nonlinear output regulation with adaptive internal model[J]. IEEE Transactions on Automatic Control, 2001, 46 (8) : 1178-1194.

[149] Ye X D, Huang J. Decentralized adaptive output regulation for a class of large-scale nonlinear systems[J]. IEEE Transactions on Automatic Control, 2003, 48 (2) : 276-281.

[150] Liu L, Chen Z, Huang J Y. Parameter convergence and minimal internal model with an adaptive output regulation problem[J]. Automatica, 2009, 45 (5) : 1306-1311.

[151] Ding Z T. Global stabilization and disturbance suppression of a class of nonlinear systems with uncertain internal model[J]. Automatica, 2003, 39 (3) : 471-479.

[152] Byrnes C I, Isidori A. Nonlinear internal models for output regulation[J]. IEEE Transactions on Automatic Control, 2003, 49 (12) : 2244-2247.

[153] Jia H W, Zhao J. Output regulation of multiple heterogeneous switched linear systems[J]. International Journal of Automation and Computing, 2018, 15 (4) : 492-499.

[154] Li J, Zhao J. Incremental passivity and incremental passivity-based output regulation for switched discrete-time systems[J]. IEEE Transactions on Cybernetics, 2017, 47 (5) : 1122-1132.

[155] Francis, B A. The linear multivariable regulator problem[J]. SIAM Journal of Control and Optimization, 1977, 15 (3) : 486-505.

[156] Hepburn J, Wonham W. Error feedback and internal models on differentiable manifolds[J]. IEEE Transactions on Automatic Control, 2003, 29 (5) : 397-403.

[157] Huang J, Lin C F. On a robust nonlinear servomechanism problem[J]. IEEE Transactions on Automatic Control, 1994, 39 (7) : 1510-1513.

[158] Gao W, Jiang Z P. Adaptive dynamic programming and adaptive optimal output regulation of linear systems[J]. IEEE Transactions on Automatic Control, 2016, 61 (12) : 4164-4169.

[159] Huang J, Chen Z Y. A general framework for output regulation problem[C]. Proceedings of the 2002 American Control Conference, Anchorage, 2002: 102-109.

[160] Chen Z Y, Huang J. Global robust output regulation for output feedback systems[J]. IEEE Transactions on Automatic Control, 2005, 50 (1) : 117-121.

[161] Gong Q, Lin W. A note on global output regulation of nonlinear systems in the output feedback form[J]. IEEE Transactions on Automatic Control, 2003, 48 (6) : 1049-1054.

[162] Liu L, Huang J. Global robust stabilization of cascade-connected systems with dynamic uncertainties

without knowing the control direction[J]. IEEE Transactions on Automatic Control, 2006, 51(10): 1693-1699.
[163] Liu L, Huang J. Global robust output regulation of lower triangular systems with unknown control direction[J]. Automatica, 2008, 44(5): 1278-1284.
[164] Lu M B, Huang J. A class of nonlinear internal models for global robust output regulation problem[J]. International Journal of Robust and Nonlinear Control, 2015, 25(12): 1831-1843.
[165] Xu D B. Robust internal models for nonlinear output regulation with uncertain exosystems[C]. Proceedings of the 35th Chinese Control Conference, Chengdu, 2016: 989-994.
[166] Xu D B, Wang X H, Chen Z Y. Output regulation of nonlinear output feedback systems with exponential parameter convergence[J]. Systems & Control Letters, 2016, 88(2): 81-90.
[167] Yan Y M, Huang J. Robust output regulation problem for discrete-time linear systems with both input and communication delays[J]. Journal of Systems Science and Complexity, 2017, 30(1): 68-85.
[168] 刘玉忠, 赵军. 一类带扰动线性开关系统的误差反馈输出调节问题[J]. 控制与决策, 2001, 16(增刊): 815-817.
[169] Liu Y, Zhao J. Output regulation of a class of switched linear systems with disturbances[C]. Proceedings of the American Control Conference, Arlington, 2001: 882-883.
[170] 宋政一, 聂宏, 赵军, 等. 线性离散切换系统的输出调节问题[J]. 控制与决策, 2006, 21(11): 1249-1252.
[171] Lee J W, Khargonekar P P. Optimal output regulation for discrete-time switched and Markovian jump linear systems[J]. SIAM Journal on Control and Optimization, 2008, 47(1): 40-72.
[172] Lee J W, Dullerud G E, Khargonekar P P. An output regulation problem for switched linear systems in discrete time[C]. Proceedings of the 46th IEEE Conference on Decision and Control, New Orleans, 2007: 4993-4998.
[173] Gazi V. Output regulation of a class of linear systems with switched exosystems[J]. International Journal of Control, 2007, 80(10): 1665-1675.
[174] Dong X X, Zhao J. Output regulation for a class of switched nonlinear systems: An average dwell-time method[J]. International Journal of Robust & Nonlinear Control, 2013, 23(4): 439-449.
[175] Dong X X, Sun X M, Zhao J, et al. Output regulation for switched linear systems with different coordinate transformations[C]. UKACC International Conference on Control 2012, Cardiff, 2012: 92-95.
[176] Li J, Zhao J. Output regulation for switched discrete-time linear systems via error feedback: An output error-dependent switching method[J]. IET Control Theory & Applications, 2014, 8(10): 847-854.
[177] Long L J, Zhao J. Robust and decentralized output regulation of switched non-linear systems with switched internal model[J]. IET Control Theory & Applications, 2014, 8(8): 561-573.
[178] Long L J, Zhao J. Global robust output regulation for a class of switched nonlinear systems with nonlinear exosystems[J]. Asian Journal of Control, 2014, 16(6): 1811-1819.
[179] Pavlov A, Marconi L. Incremental passivity and output regulation[J]. Systems & Control Letters,

2008, 57(5): 400-409.

[180] Dong X X, Zhao J. Incremental passivity and output tracking of switched nonlinear systems[J]. International Journal of Control, 2012, 85(10): 1477-1485.

[181] Pang H B, Liu S. Incremental passivity-based output track for switched nonlinear systems[J]. Journal of Liaoning University of Technology, 2017, 37(5): 332-339.

[182] Pang H B, Zhao J. Output regulation of switched nonlinear systems using incremental passivity[J]. Nonlinear Analysis: Hybrid Systems, 2018, 27(2): 239-257.

[183] Pang H B, Zhao J. Incremental passivity and output regulation for switched nonlinear systems[J]. International Journal of Control, 2017, 90(10): 2072-2084.

[184] Mao X. Stochastic Differential Equation and Application[M]. Cambridge: Woodhead Publishing, 1997.

[185] Wang Y E, Sun X M, Zhao J. Asynchronous H_∞ control of switched delay systems with average dwell time[J]. Journal of the Franklin Institute, 2012, 349(10): 3159-3169.

[186] Shiriaev A S. New tests of zero state detectability[J]. IFAC Proceedings Volumes, 1998, 31(17): 511-516.

[187] Zhao X D, Shi P, Zheng X L, et al. Adaptive tracking control for switched stochastic nonlinear systems with unknown actuator dead-zone[J]. Automatica, 2015, 60(10): 193-200.

[188] Seuret A, Gouaisbaut F. Wirtinger-based integral inequality: Application to time-delay systems[J]. Automatica, 2013, 49(9): 2860-2866.

[189] 刘健辰, 章兢, 张红强, 等. 时滞系统稳定性分析和镇定: 一种基于 Finsler 引理的统一观点[J]. 控制理论与应用, 2011, 28(11): 1577-1582.

[190] 闵颖颖, 刘允刚. Barbalat 引理及其在系统稳定性分析中的应用[J]. 山东大学学报, 2007, 37(1): 51-55.

[191] Wu M, He Y, She J H. Stability Analysis and Robust Control of Time-Delay Systems[M]. Berlin: Springer, 2010.

[192] Fridman E. Output regulation of nonlinear systems with delay[J]. Systems & Control Letters, 2003, 50(2): 81-93.

[193] Vu L, Morgansen K A. Stability of time-delay feedback switched linear systems[J]. IEEE Transactions on Automatic Control, 2010, 55(10): 2385-2390.

[194] Chen X, Hao F. Observer-based event-triggered control for certain and uncertain linear systems[J]. IMA Journal of Mathematical Control & Information, 2013, 30(4): 527-542.

[195] Wu L, Ho D W C. Fuzzy filter design for Itô stochastic systems with application to sensor fault detection[J]. IEEE Transactions on Fuzzy Systems, 2009, 17(1): 233-242.

[196] Liu M, Zhang L X, Shi P, et al. Robust control of stochastic systems against bounded disturbances with application to flight control[J]. IEEE Transactions on Industrial Electronics, 2013, 61(3): 1504-1515.

[197] Wang D, Wang J L, Shi P, et al. Output regulation of time delay systems based on internal model principle[C]. Control and Automation, Hangzhou, 2013: 1633-1638.

[198] Zhang B Y, Xu S Y, Zong G D, et al. Delay-dependent exponential stability for uncertain stochastic Hopfield neural networks with time-varying delays[J]. IEEE Transactions on Circuits &

Systems I Regular Papers, 2009, 56(6): 1241-1247.

[199] Wimmer H K. Contour integral solutions of Sylvester type matrix equations[J]. Linear Algebra and its Applications, 2016, 493(4): 537-543.

[200] Zames G. On the input-output stability of time-varying nonlinear feedback systems Part I: Conditions derived using concepts of loop gain, conicity and positivity[J]. IEEE Transactions on Automatic Control, 1996, 11(2): 228-238.

[201] Fromion V, Scorletti G, Ferreres G. Nonlinear performance of a PI controlled missile: An explanation[J]. International Journal of Robust and Nonlinear Control, 1999, 9(8): 485-518.

[202] Zhang L X, Gao H J. Asynchronously switched control of switched linear systems with average dwell time[J]. Automatica, 2010, 46(5): 953-958.

[203] Liu H, Shen Y, Zhao X D. Asynchronous finite-time H_∞ control for switched linear systems via mode-dependent dynamic state-feedback[J]. Nonlinear Analysis Hybrid Systems, 2013, 8(5): 109-120.

[204] Zhao X D, Zhang L X, Shi P. Robust control of continuous-time systems with state-dependent uncertainties and its application to electronic circuits[J]. IEEE Transactions on Industrial Electronics, 2014, 61(8): 4161-4170.

[205] Sakthivel R, Saravanakumar T, Kaviarasan B, et al. Dissipativity based repetitive control for switched stochastic dynamical systems[J]. Applied Mathematics & Computation, 2016, 291(12): 340-353.

[206] 王月娥, 吴保卫, 汪锐. 切换系统的异步镇定: 相邻模型依赖平均驻留时间[J]. 物理学报, 2015, 64(5): 50-56.

[207] Ma D, Zhao J. Stabilization of networked switched linear systems: An asynchronous switching delay system approach[J]. Systems & Control Letters, 2015, 77(3): 46-54.

[208] Huang J. Nonlinear Output Regulation: Theory and Applications[M]. Philadelphia: SIAM, 2004.

[209] Wang R, Wu Z G, Shi P. Dynamic output feedback control for a class of switched delay systems under asynchronous switching[J]. Information Sciences, 2013, 225(4): 72-80.

[210] Li T F, Fu J. Event-triggered control of switched linear systems[J]. Journal of the Franklin Institute, 2017, 354(15): 6451-6462.

[211] Li T F, Fu J, Deng F, et al. Stabilization of switched linear neutral systems: An event-triggered sampling control scheme[J]. IEEE Transactions on Automatic Control, 2018, 63(10): 3537-3544.

[212] Wang S, Zeng M, Ju H P, et al. Finite-time control for networked switched linear systems with an event-driven communication approach[J]. International Journal of Systems Science, 2017, 48(2): 236-246.

[213] Ren H L, Zong G D, Li T S. Event-triggered finite-time control for networked switched linear systems with asynchronous switching[J]. IEEE Transactions on Systems Man & Cybernetics Systems, 2018, 48(11): 1874-1884.

[214] Selivanov A, Fridman E. Event-triggered H_∞ control: A switching approach[J]. IEEE Transactions on Automatic Control, 2016, 61(10): 3221-3226.

[215] Jafarov E M, Tasaltm R. Design of longitudinal variable structure flight control system for the F-18 aircraft model with parameter perturbations[C]. IEEE International Symposium on Computer Aided Control System Design, Kohala Coast, 1999: 607-612.

[216] Jafarov E M, Tasaltin R. Robust sliding-mode control for the uncertain MIMO aircraft model F-18[J]. IEEE Transactions on Aerospace & Electronics Systems, 2000, 36(4): 1127-1141.

[217] Roskam J. Airplane Flight Dynamics and Automatic Flight Controls. Part I[M]. Lawrence: DARcorporation, 2018.

[218] Adams R J, Buffington J M, Sparks A G, et al. Robust Multivariable Flight Control[M]. London: Springer, 1994.

[219] Knobloch H W, Isidori A, Flockerzi D. Topics in Control Theory[M]. Berlin: Birkhauser Verlag, 1993.

[220] Fridman E. A refined input delay approach to sampled-data control[J]. Automatica, 2010, 46(2): 421-427.